W0260053

W. Thirring

Lehrbuch der Mathematischen Physik

Band 3: Quantenmechanik von Atomen und Molekülen

Zweite, neubearbeitete Auflage

Springer-Verlag Wien GmbH

o. Univ.-Prof. Dr. Walter Thirring
Institut für Theoretische Physik
Universität Wien, Österreich

Gedruckt auf säurefreiem, chlorfrei gebleichtem Papier – TCF

Mit 23 Abbildungen

ISBN 978-3-211-82535-8   ISBN 978-3-7091-6646-8 (eBook)
DOI 10.1007/978-3-7091-6646-8

Vorwort zur 1. Auflage

In diesem dritten Teil der mathematischen Physik habe ich versucht, die Quantenmechanik axiomatisch aufzubauen und zu relevanten Anwendungen zu gelangen. In der axiomatischen Literatur gewinnt man manchmal den Eindruck, es gehe vornehmlich darum, durch veredelnde Abstraktionsprozesse die Physik von allen irdischen Schlacken zu befreien und sie dementsprechend dem einfachen Verstand zu entrücken. Hier wird jedoch das Ziel verfolgt, konkrete Resultate zu liefern, die sich mit experimentellen Tatsachen vergleichen lassen. Alles andere ist nur als Hilfsmittel zu betrachten und nach pragmatischen Gesichtspunkten auszuwählen. Aber gerade deswegen scheint es mir geboten, die Methoden der neueren Mathematik heranzuziehen. Nur durch sie gewinnt das Gewebe des logischen Fadens eine glatte Struktur, sonst verfilzt es sich, besonders bei der Theorie unbeschränkter Operatoren, in einem Gestrüpp unüberschaubarer Details. Ich habe mich bemüht, dieses mathematische Rüstzeug, welches auch den Grundstock für den nächsten Band bildet, möglichst vollständig zu bringen. Viele Beweise mußten allerdings in Übungsaufgaben untergebracht werden. Das Hauptaugenmerk habe ich darauf gelegt, die üblichen Rechnungen ungewisser Genauigkeit durch solche mit Fehlergrenze zu ersetzen, um so die rauhen Sitten der theoretischen Physik zu den kultivierteren der Experimentalphysik zu verfeinern.

Die vorangegangenen Bände werden im Text mit (I,...) und (II,...) zitiert, die allgemeine mathematische Terminologie ist in I zu finden. Die riesige Literatur über den Gegenstand konnte nur sporadisch angeführt werden, der historisch interessierte Leser kann etwas mehr darüber in dem umfassenden Werk von M. Reed und B. Simon finden.

Unter den vielen Kollegen, denen ich Dank für ihre Hilfe schulde, seien F. Gesztesy, H. Grosse, P. Hertel, M. und T. Hoffmann-Ostenhof, H. Narnhofer, L. Pittner, A. Wehrl, E. Weimar genannt und last but not least F. Wagner, die unleserliche Skizzen in ein kalligraphisches Meisterwerk verwandelte.

Wien, im Februar 1979   Walter Thirring

Vorwort zur 2. Auflage

In der neuen Auflage hat Herr Doz. Dr. Bernhard Baumgartner versucht, Fehler auszumerzen und Details leserfreundlicher zu gestalten, was ihm, glaube ich, im Rahmen der Möglichkeiten auch sehr gut gelungen ist. Ich bin ihm für diese mühevolle und undankbare Arbeit zu großem Dank verpflichtet. Auf die vielen neuen Erkenntnisse, die in der Zwischenzeit gefunden wurden, konnten wir aus Platzgründen nur sporadisch eingehen, sie sind ein Zeichen für die Lebendigkeit des Gebietes, und ihre Anzahl wird sich weiter mehren.

Ebenfalls danken möchte ich Herrn Dr. Franz Hinterleitner, der den aufwendigen LATEX-Formelsatz am Computer ausgeführt hat.

Schließlich sei der Österreichischen Akademie der Wissenschaften für die finanzielle Unterstützung des Neusatzes gedankt.

Wien, im Januar 1994   Walter Thirring

Inhaltsverzeichnis

Im Text erklärte Symbole

1 Einleitung

1.1 Die Struktur der Quantentheorie

Die Quantentheorie verändert die Struktur der klassischen Theorie auf eine unerwartete Art. Wir haben in I gesehen, daß in der klassischen Mechanik die Observablen eine Algebra von Funktionen im Phasenraum (der p und q) bilden und Zustände Wahrscheinlichkeitsmaße darauf sind. Die Zeitentwicklung wird durch ein Hamiltonsches Vektorfeld bestimmt. Man könnte nun vermuten, daß für die Atomphysik dieses Vektorfeld etwas abgeändert werden muß oder gar seine Hamiltonsche Struktur verliert. Tatsächlich tritt ein wesentlich drastischerer Bruch mit den klassischen Vorstellungen ein. Die Algebra der Observablen ist nicht mehr kommutativ, vielmehr genügen Ort und Impuls den berühmten **Vertauschungsrelationen**

$$qp - pq = i\hbar. \tag{1.1.1}$$

Da Matrixalgebren nicht kommutativ sind, hat man die Quantenmechanik zunächst Matrixmechanik genannt. Allerdings sieht man sofort, daß für endlichdimensionale Matrizen der **Kommutator** (1.1.1) nie proportional zur Einheitsmatrix sein kann (man nehme die Spur beider Seiten), und so hat man zunächst versucht, p und q durch unendlichdimensionale Matrizen darzustellen. Dies hat jedoch auf eine schlechte Fährte geführt, unendlichdimensionale Matrizen sind kein günstiger mathematischer Rahmen. Den richtigen Weg hat J. v. Neumann gewiesen, und durch die Theorie der C^*- und W^*-Algebren hat man heute ein ausgefeiltes und verhältnismäßig durchsichtiges Werkzeug für die Quantentheorie zur Verfügung. Es gibt allerdings etliche technische Komplikationen, wenn man mit unbeschränkten Operatoren hantiert, und deshalb ist die **Weyl-Relation**

$$e^{i\alpha q}e^{i\beta p}e^{-i\alpha q} = e^{i\beta(p-\alpha)} \tag{1.1.2}$$

($\hbar = 1$ gesetzt) die bessere Charakterisierung der Nichtkommutativität.

Historisch hat freilich Schrödinger die Quantenmechanik zunächst in eine andere Richtung gelenkt. In der nach ihm benannten Gleichung werden q und p durch Multiplikations- und Differentialoperatoren dargestellt, die auf die **Schrödingersche ψ-Funktion** wirken. Diese wurde als **Wahrscheinlichkeitsamplitude** gedeutet, sie ist komplexwertig, und $|\psi|^2$ gibt die Wahrscheinlichkeitsverteilung in dem durch sie bestimmten Zustand an. Bei Superposition der Lösungen dieser linearen Gleichung ergibt sich dann **Interferenz der Wahrscheinlichkeiten**, ein klassisch gänzlich unbegreifliches Phänomen. ψ wurde später axiomatisch als Vektor im Hilbertraum charakterisiert, doch es blieb äußerst sonderbar, daß hier ein (komplexer) Hilbertraum auftritt, aus dem dann die Wahrscheinlichkeiten herauskommen. Im Laufe der

Zeit wurde nun der Ursprung dieses Hilbertraumes ausgegraben: Für einen Zustand wird man allgemein fordern, daß er durch ein **positives lineares Funktional** dargestellt wird, wobei positiv heißen soll, daß der Erwartungswert $\langle a^2 \rangle$ des Quadrates einer Observablen a immer positiv ausfallen muß. Es stellt sich nun heraus, daß jedem Zustand eine Darstellung der Observablen durch lineare Operatoren in einem Hilbertraum zugeordnet ist. Es mag zunächst beunruhigen, daß jeder Zustand eine neue Darstellung der durch (1.1.2) charakterisierten Algebra bringt, wie sich zeigt, sind sie jedoch alle äquivalent. Das Schema der Quantentheorie fügt also nicht neue Postulate zu den klassischen hinzu, es läßt nur dasjenige der Kommutativität der Algebra der Observablen fallen. Dies bedingt, daß es jetzt keine Zustände mehr gibt, in denen immer Erwartungswert des Produktes = Produkt der Erwartungswerte gilt. Ein solcher wäre ja ein algebraischer Isomorphismus in die gewöhnlichen Zahlen, was nur bei ganz speziellen nicht kommutativen Algebren möglich ist. Daher ist dann das Auftreten von **Schwankungsquadraten** $(\triangle a)^2 := \langle a^2 \rangle - \langle a \rangle^2 \neq 0$ unvermeidlich, was die indeterministischen Züge der Theorie bewirkt. Da die Quantenmechnik experimentell glänzend bestätigt ist, sprechen die zahlreichen daraus entstehenden Paradoxa nur gegen das an klassischen Objekten geschulte menschliche Denken.

Die Quantentheorie sagt einem, an welcher Stelle die klassische Logik fehl geht: die logische Maxime „tertium non datur" ist nicht gültig. Dies heißt etwa bei dem berühmten Zwei-Schlitz-Experiment folgendes: Nachdem „das Teilchen geht durch Schlitz 1" und „das Teilchen geht durch Schlitz 2" die einzigen einander ausschließenden Möglichkeiten sind, schließt die klassische Logik, daß „das Teilchen geht durch Schlitz 1 und trifft dann auf dem Schirm auf" und „das Teilchen geht durch Schlitz 2 und trifft dann auf dem Schirm auf" ebenfalls die einzigen und einander ausschließenden Möglichkeiten sind. Die **Quantenlogik** bestreitet diesen Schluß mit dem Hinweis auf die irreparablen Veränderungen des Zustands, welche die Kontrolle der Aussagen am System bewirkt. Die Regeln der Quantenlogik lassen sich ebenso wie die der klassischen Logik konsistent formalisieren. Dennoch dringt die Quantenphysik in eine dem menschlichen Geist fremdere Welt ein als etwa die Relativitätstheorie, sie fordert ein radikaleres Umdenken.

Die mathematischen Schwierigkeiten, die aus der Nichtkommutativität entstehen, hat man zu meistern gelernt. Ja, die ihr entsprechenden Schwankungen vereinfachen manche Probleme. So entschärfen die Schwankungen der kinetischenEnergie (**Nullpunktsenergie**) die Singularitäten der Coulombpotentiale, so daß das in der klassischen Mechanik so lästige Problem der Zusammenstoßbahnen wegfällt. Die eindeutige Fortsetzbarkeit der Zeitentwicklung von $t = -\infty$ bis $t = +\infty$ ist für (nichtrelativistische) Systeme mit $1/r$-Potentialen in der Quantentheorie gewährleistet. In einem gewissen Sinne sind letztere nur eine kleine Störung der kinetischen Energie, und freie Teilchen sind eine brauchbare Vergleichsbasis. Auch rechentechnisch ist man in der Quantenmechanik vielfach weiter als klassisch. So lassen sich etwa die Energieniveaus des He-Atoms quantenmechanisch mit phantastischer Genauigkeit ermitteln, während für das entsprechende klassische Problem nur relativ grobe Abschätzungen vorliegen.

1.2 Größenordnungen atomarer Systeme

In groben Zügen lassen sich die Eigenschaften quantenmechanischer Systeme verstehen, indem man der klassischen Mechanik Diskretheit und Schwankungen verschiedener Größen aufpfropft. Ihre Größe wird durch das Plancksche **Wirkungsquantum** $\hbar$ bestimmt, welches besser Drehimpulsquantum heißen sollte. Der Bahndrehimpuls L kann nämlich in der Quantentheorie nur die Werte $\ell\hbar$, $\ell = 0, 1, 2\ldots$ annehmen. Bewegt sich etwa ein Elektron im Coulombfeld eines Kernes (Kernladung Z), so ist seine Energie

$$E = \frac{p_r^2}{2m} + \frac{L^2}{2mr^2} - \frac{Ze^2}{r}. \tag{1.2.1}$$

Für Kreisbahnen ($p_r = 0$) besagt die Quantisierung des Drehimpulses

$$E(r) = \frac{\ell^2\hbar^2}{2mr^2} - \frac{Ze^2}{r}. \tag{1.2.2}$$

Dies nimmt für

$$r = \frac{\ell^2\hbar^2}{mZe^2} =: \frac{\ell^2}{Z}r_b, \tag{1.2.3}$$

wo r_b **Bohrscher Radius** genannt wird, das Minimum

$$E = -\frac{(Ze^2)^2}{2}\frac{m}{\ell^2\hbar^2} = \frac{-Z^2}{\ell^2}\frac{e^2}{2r_b} =: -\frac{Z^2}{\ell^2}(\text{Rydberg} =: \text{Ry}) \tag{1.2.4}$$

an (**Balmersche Formel**). Für $\ell = 0$ wäre allerdings $r = 0$, $E = -\infty$, aber hier kommt die aus (1.1.1) entspringende Ungleichung für die Schwankungen $\Delta p\Delta q \geq \hbar/2$ (**Unschärferelation**) zu Hilfe, um das System zu stabilisieren. Es wird $\langle p_r^2 \rangle \geq (\Delta p_r)^2 \approx \hbar^2/r^2$ (**Nullpunktsenergie**) und somit trägt dieser Teil der kinetischen Energie soviel wie der Zentrifugalterm mit $\ell = 0$ bei. So bekommt man tatsächlich die richtige Energie des Grundzustands. Natürlich ist dies keine mathematisch strenge Deduktion aus der Unschärferelation, es könnte ja $1/r$ im Mittel groß werden, ohne daß Δr klein werden muß. Wir werden aber aus der Schrödingergleichung Verallgemeinerungen von $\Delta p\Delta q \geq \hbar/2$ ableiten, die obigen Schluß rechtfertigen.

Nach dem Virialtheorem ist die Geschwindigkeit v des Elektrons durch

$$\frac{mv^2}{2} = -E = \frac{Z^2e^4m}{2\ell^2\hbar^2} \Rightarrow v = \frac{Z}{\ell}\frac{e^2}{\hbar}$$

gegeben. Die universelle Geschwindigkeit $e^2/\hbar$ ist etwa $1/137 \times$ Lichtgeschwindigkeit. Mit wachsendem Z verliert die nichtrelativistische Theorie bald an Genauigkeit. Die relativistischen Korrekturen (durch die Massenveränderung und magnetische Wechselwirkungen) sind $\approx v^2/c^2 \approx 10^{-5}Z^2$ und erscheinen zunächst als Feinstruktur, erreichen aber für schwere Kerne beachtliche Größen. Bei $Z = 137$ geht überhaupt die Stabilität des Systems verloren. Relativistisch ist nämlich die kinetische Energie $\sqrt{m^2c^4 + p^2c^2} - mc^2$, steigt also für hohe Impulse nur mehr $\approx cp \approx c\hbar/r$ an. Entsprechend hat man dann anstelle von (1.2.2)

$$E(r) \approx \frac{c\hbar}{r} - \frac{Ze^2}{r} = \frac{c\hbar}{r}\left(1 - \frac{Z}{137}\right), \tag{1.2.5}$$

was für $Z \geq 137$ nicht mehr von unten beschränkt ist. Was dann geschieht, kann nur die relativistische Quantentheorie beantworten und dies würde über den hier behandelten Stoff hinausführen.

Fügt man noch ein Elektron hinzu, wie etwa im Helium-Atom, so stört die Abstoßung der Elektronen die Lösbarkeit des Problems. Um uns über deren Auswirkung zu orientieren, versuchen wir eine möglichst einfache Annahme. Nachdem das Elektron nicht streng lokalisiert sein kann, stellen wir uns vor, seine Ladung erfülle homogen eine Kugel mit Radius R. Eine solche Ladungswolke erzeugt ein elektrostatisches Potential (Fig. 1.1)

$$V(r) = \begin{cases} -\dfrac{3e}{2R} + \dfrac{e}{2R}\left(\dfrac{r}{R}\right)^2 & \text{für } r \leq R \\[2ex] -\dfrac{e}{r} & \text{für } r \geq R. \end{cases} \tag{1.2.6}$$

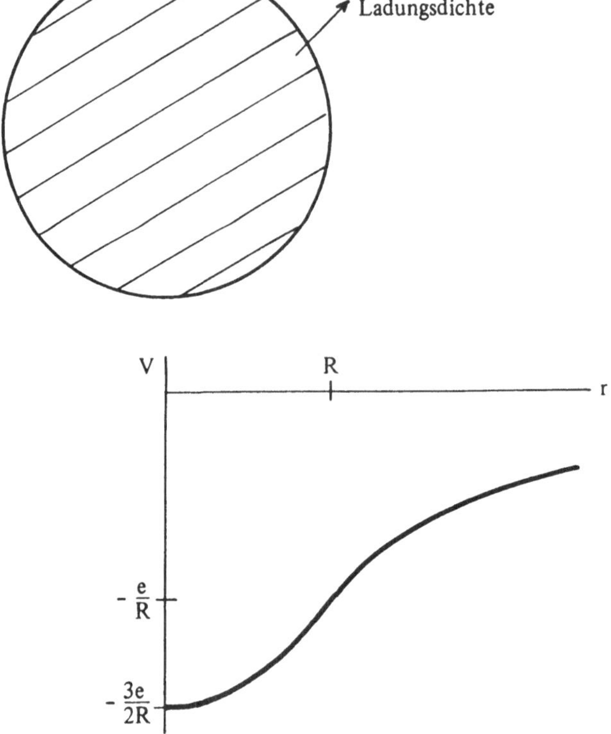

Fig. 1.1 Potential einer homogenen Ladungsverteilung

Die potentielle Energie von einem Elektron und dem Kern ist somit $ZeV(0) = -3Ze^2/2R$. Die kinetische Energie eichen wir am Wasserstoffatom, bei dem folgende Faustregel die richtige Zahl für die Grundzustandsenergie liefert: Eine Ladungswolke mit potentieller Energie $-Ze^2/r_b$ kostet $\hbar^2/2mr_b^2$ an kinetischer Energie. Wir setzen letztere $9\hbar^2/8mR^2$, denn $R = 3r_b/2 =: R_H$ liefert dieselbe potentielle Energie. Ist das zweite Elektron ebenfalls eine homogen geladene Kugel, die sich mit der anderen überdeckt, so ist die Abstoßung der Elektronen

$$-\frac{3}{4\pi R^3} \, 4\pi e^2 \int_0^R r^2 \, dr \, V(r) = \frac{6e^2}{5R}, \tag{1.2.7}$$

somit wird das Verhältnis

$$\frac{|\text{Anziehung Kern - Elektronen}|}{\text{Abstoßung der Elektronen}} = \frac{2 \cdot \frac{3Ze^2}{2R}}{\frac{6e^2}{5R}} = \frac{5Z}{2}. \tag{1.2.8}$$

Die Gesamtenergie wird somit

$$E(R) = \text{Kinetische Energie} + \text{Kernenergie} + \text{Elektronenabstoßung} =$$

$$= 2 \cdot \frac{9\hbar^2}{8mR^2} - 2 \cdot \frac{3Ze^2}{2R} \left(1 - \frac{2}{5Z}\right). \tag{1.2.9}$$

Das Minimum bezüglich R ergibt sich bei $R = R_{\min} = R_H / \left(Z - \frac{2}{5}\right)$:

$$E(R_{\min}) = -\text{Ry} \cdot 2Z^2 \left(1 - \frac{2}{5Z}\right)^2. \tag{1.2.10}$$

Ist $Z = 2$, wird $R_{\min} = 5R_H/8$, und die Energie hat den Wert $-2\text{Ry} \cdot 64/25 = -2\text{Ry} \cdot 2,56$. Für so eine primitive Abschätzung kommt dies dem experimentellen Resultat $-\text{Ry} \cdot 2,9$ recht nahe, und tatsächlich ist ein Helium-Atom nur etwa halb so groß wie das Wasserstoff-Atom. Aber in Wirklichkeit ist sogar für $Z = 1$ (H^-) die Energie etwas unter $-\text{Ry}$, während (1.2.10) nur $-18/25\text{Ry}$ anzeigt. Hier wird die Vorstellung zweier gleicher Kugeln unzutreffend, das äußere Elektron kann weit entweichen.

Hat man mehr als zwei Elektronen, so müssen einige parallele Spins haben, und das **Ausschließungsprinzip** wird für den räumlichen Aufbau der Atome wesentlich. Es verbietet Elektronen mit gleichem Spin, denselben Platz einzunehmen. So steht in einem Atom mit N Elektronen und Radius R nur ein Volumen $\approx R^3/N$ pro Teilchen zur Verfügung. Elektronen bestehen darauf, in diesem Volumen Privatquartiere zu beziehen, und so wird $\triangle q \approx$ Abstand zum nächsten Nachbarn $= R/N^{1/3}$. Dadurch wird in ganz roher Näherung die Nullpunktsenergie eines Elektrons $\approx \hbar^2 N^{2/3}/2mR^2$, während die potentielle Energie $\approx -e^2 Z/R$ sein wird. Das Minimum wird für $R_{\min} = \hbar^2 N^{2/3}/me^2 Z$ erreicht und ist für die Gesamtenergie aller Elektronen

$$E(R_{\min}) = -\frac{e^4 Z^2 m}{2\hbar^2} N^{1/3}. \tag{1.2.11}$$

R_{min} ist ein mittlerer Radius, er geht für $N = Z$ wie $N^{-1/3}$, und dementsprechend ist $E \approx N^{7/3}$. Die äußersten Elektronen, welche für die Chemie maßgeblich sind, sehen allerdings nur die abgeschirmte Kernladung, und ihre Bahnen haben Radien $\approx \hbar^2/me^2$. Ihr Beitrag $\approx 10\,\mathrm{eV}$ zur Gesamtenergie (1.2.11) $\approx \mathrm{MeV}$ für $Z \sim 10^2$ ist jedoch unwesentlich.

Die chemischen Kräfte werden ebenfalls durch den energetisch günstigen Kompromiß zwischen elektrostatischer und Nullpunktsenergie bedingt, wofür sich die unglückliche Bezeichnung **Austauschkräfte** eingebürgert hat. Betrachten wir zunächst H_2^+, also ein System von zwei Protonen und einem Elektron. Offensichtlich ergibt sich eine negative potentielle Energie, wenn das Elektron gerade in der Mitte zwischen den Protonen sitzt. Aber kann man genügend gewinnen, um unter die Energie von H zu kommen, oder muß man das Elektron zu sehr einengen, so daß sich seine Nullpunktsenergie ungebührlich erhöht? Um diese Frage etwas quantitativer anzugehen, stellen wir uns das Elektron wieder als homogen geladene Kugel mit dem Potential (1.2.6) vor. Dabei sei R wie bei H gewählt, so daß bezüglich der Nullpunktsenergie relativ zu Wasserstoff kein Unterschied besteht. Setzen wir, wie bei H, ein Proton in den Mittelpunkt (Fig. 1.2a), wird die potentielle Energie $e\,V(0)$. Berücksichtigt man die Coulomb-Abstoßung der Protonen, so verspürt das zweite Proton kein Potential, solange es außerhalb der Kugel ist. Dringt es bis zu einem Abstand $r < R$ ein, so wächst seine Energie, denn

$$V(0) + V(r) + \frac{e^2}{r} \geq V(0). \tag{1.2.12}$$

So ergibt sich daher keine Bindung. Setzen wir jedoch die Protonen diametral zueinander im Abstand r vom Zentrum (Fig. 1.2b), so hat die gesamte potentielle Energie

$$2V(r) + \frac{e^2}{2r} = -\frac{3e^2}{R} + \frac{e^2}{R}\left(\frac{r}{R}\right)^2 + \frac{e^2}{2r} \tag{1.2.13}$$

für $r = 2^{-2/3} \cdot R$ das Minimum

$$-\frac{3e^2}{2R}[2 - 2^{-1/3}] = -\frac{3e^2}{2R}1,2. \tag{1.2.14}$$

Sie ist um den Faktor $1,2$ gegenüber $V(0)$, der Energie von einem Proton außerhalb der Kugel, verstärkt, und es ist eine Bindung von H_2^+ zu erwarten.

Minimieren wir die Gesamtenergie bezüglich R, ist $R_{\mathrm{min}} = R_H/1,2$ und $E(R_{\mathrm{min}}) = = -(1,2)^2 \mathrm{Ry}$. Der Abstand $2r$ der Protonen ist am Minimum $2^{1/3}R_{\mathrm{min}} = 1,57 r_b$ beträchtlich kleiner als der experimentelle Wert $2r_3$. Die Bindungsenergie $((1,2)^2 - 1)\mathrm{Ry}$ beträgt auch mehr als das Doppelte des gemessenen Wertes, so daß hier das einfache Bild recht ungenau ist.

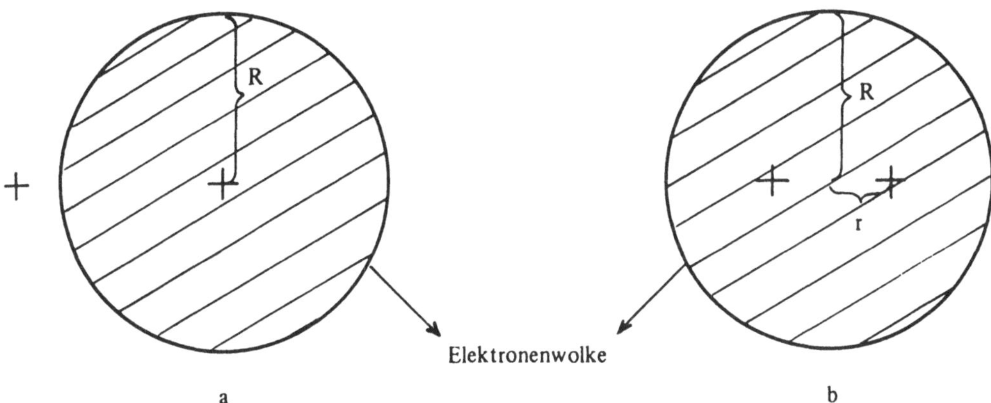

Fig. 1.2 Zwei Elektronenverteilungen für H_2^+

Betrachten wir schließlich noch das H_2-Molekül, und nehmen wir die H-Atome wieder als Kugeln an. Überlappen sie sich nicht, dann ist die elektrostatische Energie 2× derjenigen eines H-Atoms, und sie üben keine Kräfte aufeinander aus. Durchdringen sich die Kugeln, so sinkt zunächst die Energie, da sich die Abstoßung der Elektronen vermindert (die Energie zweier homogen geladener Kugeln mit Abstand $r < 2R$ ist $< e^2/r$), während die anderen Verhältnisse gleich bleiben. Um zu sehen, wieviel Energie man gewinnen kann, bringen wir die Kugeln zur Überdeckung und setzen die Protonen wieder diametral zueinander im Abstand r vom Zentrum. Die Abstoßung der Elektronen ist wie beim He-Atom wieder $6e^2/5r$, und dadurch wird die gesamte potentielle Energie

$$V_{H_2}(r) = -\frac{6e^2}{R} + 2\frac{e^2 r^2}{R^3} + \frac{e^2}{2r} + \frac{6e^2}{5R}. \tag{1.2.15}$$

Das Minimum bei $r = R/2$ ist jetzt mit $2V(0)$ zu vergleichen:

$$V_{H_2}\left(\frac{R}{2}\right) = -2\frac{3e^2}{2R}1,1. \tag{1.2.16}$$

Hier wird das Minimum bezüglich R bei $R_H/1,1$ erreicht, und der entsprechende Protonenabstand $3r_b/2 \cdot 1,1 = 1,36r_b$ stimmt ausgezeichnet mit dem tatsächlichen Abstand überein. Dementsprechend ist die resultierende Bindungsenergie $2Ry((1,1)^2 - 1) \sim 5,7eV$ ziemlich nahe an der gemessenen Dissoziationsenergie 4,74eV. Wesentlich ist dabei, daß die Elektronen antiparallele Spins haben, damit durch das Ausschließungsprinzip ihr Lebensraum nicht beschnitten wird.

Diese rohen Überlegungen zeigen, daß es bei delikateren Fragen wie Stabilitätsproblemen auf kleine Differenzen der Energie ankommt. Nur eine feingeschliffene Rechentechnik wird hier imstande sein, schlüssige Aussagen zu liefern.

2 Die mathematische Formulierung der Quantenmechanik

2.1 Lineare Räume

Die unendlich vielen Richtungen eines unendlichdimensionalen Raumes bieten erstaunliche Aspekte. Sie gebieten, sorgfältig zu untersuchen, was sich vom Endlichdimensionalen direkt übernehmen läßt und woran man scheitert.

Wir beginnen mit einer Zusammenstellung der wesentlichen Definitionen und Sätze:

Definition (2.1.1)

Ein **linearer Raum** (oder **Vektorraum**) $\mathbf{E} \ni v_i$ über den komplexen Zahlen $\mathbf{C} \ni \alpha_i$ ist eine Menge, in der die Summe $\mathbf{E} \times \mathbf{E} \to \mathbf{E}$, $(v, u) \to v + u = u + v$ und das Produkt mit Skalaren $\mathbf{E} \times \mathbf{C} \to \mathbf{E}$, $(v, \alpha) \to \alpha v$ so erklärt ist, daß $\alpha_1(\alpha_2 v) = (\alpha_1 \alpha_2)v$, $\alpha(v + u) = \alpha v + \alpha u$, $1 \cdot v = v$, $(\alpha_1 + \alpha_2)v = \alpha_1 v + \alpha_2 v$ gilt.

Beispiele (2.1.2)

1. Vektoren in $\mathbf{C}^n$.

2. Komplexe $n \times n$-Matrizen.

3. Polynome in komplexen Variablen.

4. $\mathbf{C}^r$: r-mal stetig differenzierbare Funktionen.

5. Analytische Funktionen.
   etc.

Summe und Produkt mit α seien wie üblich erklärt.

Bemerkung (2.1.3)

Eine Untermenge $\mathbf{E}_1 \subset \mathbf{E}$, die Vektorraum ist, heißt **Unterrraum**. (Etwa 5) ist Unterraum von 4), 3) von 5).) Der **Quotientenraum** $\mathbf{E}/\mathbf{E}_1$ hat als Elemente Äquivalenzklassen von Vektoren, die sich nur um Elemente aus $\mathbf{E}_1$ unterscheiden. Mangels eines Skalarprodukts ist eine Zerlegung $\mathbf{E} \ni v = v_1 + v_2$, $v_1 \in \mathbf{E}_1$, zunächst nicht eindeutig definiert. Gibt man aber $\mathbf{E}_2$ so vor, daß $\mathbf{E}_1 + \mathbf{E}_2 = \mathbf{E}$, $\mathbf{E}_1 \cap \mathbf{E}_2 = \{0\}$, dann ist obige Zerlegung mit $v_2 \in \mathbf{E}_2$ eindeutig. ($\mathbf{E}$ ist **Summe** von $\mathbf{E}_1$ und $\mathbf{E}_2$, $\mathbf{E}_2$ ist ein

Komplement zu $\mathbf{E}_1$.) Durch induktives Vorgehen kann man gemäß dem Auswahlaxiom immer eine **Hamelbasis** e_γ, $\gamma \in \mathbf{I}$, finden, so daß sich jeder Vektor eindeutig

$$v = \sum_{\text{endlich}} \alpha_i \, e_{\gamma_i}, \qquad \alpha \in \mathbf{C},$$

schreiben läßt. $\mathbf{I}$ ist aber im Unendlichdimensionalen meistens nicht abzählbar, und die Hamelbasis hat kaum praktische Bedeutung. Die Kardinalzahl von $\mathbf{I}$ ist die sogenannte algebraische Dimension des Raumes.

Definition (2.1.4)

Ein **normierter** linearer Raum ist ein Vektorraum $\mathbf{E}$, in dem eine Abbildung (**Norm**): $\mathbf{E} \to \mathbf{R}^+$, $v \to \|v\|$ so erklärt ist, daß $\|\alpha v\| = |\alpha| \|v\|$, $\|v + u\| \leq \|v\| + \|u\|$, $\|v\| = 0 \Leftrightarrow v = 0$ gilt.

Beispiele (2.1.5)

1. $\mathbf{E} = \mathbf{C}^n \ni v = (v_1, v_2, \ldots, v_n)$, $\|v\|_p = [\sum_{i=1}^n |v_i|^p]^{1/p}$, $1 \leq p < \infty$, $\|v\|_\infty = \max_i |v_i|$.

2. $\mathbf{E} = n \times n$-Matrizen, $m = (m_{ij})$, $\|m\| = \left(\sum_{i,j} |m_{ij}|^2\right)^{1/2} = (\operatorname{Tr} m\, m^*)^{1/2}$.

3. $\mathbf{E} = n \times n$-Matrizen, $\|m\|^2 = \displaystyle\sup_{\sum_i |v_i|^2 = 1} \sum_i |\sum_k m_{ik}\, v_k|^2$.

4. Polynome $P(z_i)$, $z \in$ Kompaktum $\mathbf{K} \subset \mathbf{C}^n$, $\|P\| = \displaystyle\sup_{z \in \mathbf{K}} |P(z_i)|$.

5. r-mal stetig differenzierbare Funktionen $f(z_i)$ über $\mathbf{K}$, $\|f\| = \displaystyle\sup_{z \in \mathbf{K}} |f(z_i)|$.

6. Ist auf $\mathbf{K}$ ein Maß μ gegeben, definiert es die Normen $\|f\|_p = [\int d\mu |f|^p]^{1/p}$, $1 \leq p < \infty$. (Wir verwenden **Maß = positives Maß**.) $L^p(\mathbf{K}, \mu) := \{f : \|f\|_p < \infty\}$.

Bemerkungen (2.1.6)

1. Für $p \to \infty$ geht $\|f\|_p$ gegen die Supremums-Norm aus 5) und sei mit $\| \ \|_\infty$ bezeichnet.

2. Ist μ Summe von n Punktmaßen, ist der Raum von Beispiel 6 gleich dem von Beispiel 1. Mit n unendlich bezeichnet man ihn mit ℓ^p.

3. Wir sehen, daß auf einem Raum verschiedene Normen gegeben sein können, andererseits muß man einen Raum manchmal einengen, damit die Norm überall endlich bleibt.

Definition (2.1.7)

Gilt für eine Norm die **Parallelogramm-Gleichung** $\|u+v\|^2 + \|u-v\|^2 = 2\|u\|^2 + 2\|v\|^2$, dann heißt **E** ein **Prähilbertraum**. Es existiert dann ein **Skalarprodukt**: $\mathbf{E} \times \mathbf{E} \to \mathbf{C}$, $(u,v) \to \langle u|v \rangle := 1/4\,(\|u+v\|^2 - \|u-v\|^2 - i\|u+iv\|^2 + i\|u-iv\|^2)$ mit den Eigenschaften

$$\|v\|^2 = \langle v|v \rangle,$$
$$\langle v|u \rangle = \langle u|v \rangle^*,$$
$$\langle v|\alpha u \rangle = \alpha \langle v|u \rangle,$$
$$\langle u|v + w \rangle = \langle u|v \rangle + \langle u|w \rangle$$
$$\text{und } \langle v|v \rangle = 0 \Leftrightarrow v = 0.$$

Beispiele (2.1.8)

In (2.1.5) sind (für $n > 1$ nur 1) mit $p = 2$ und 6) mit $p = 2$ Prähilberträume.

Bemerkungen (2.1.9)

1. In einem normierten Raum ist nur die Länge eines Vektors erklärt, im Prähilbertraum erfahren wir auch, wann zwei Vektoren orthogonal sind. So kommen wir näher an unsere geometrischen Vorstellungen heran: Es gilt (Aufgabe 10)
   (i) $|\langle u|v \rangle| \le \|u\|\,\|v\|$ (**Cauchy-Schwarz**)
   (ii) $\langle u|v \rangle = 0 \Leftrightarrow \|u + v\|^2 = \|u\|^2 + \|v\|^2$ (**Pythagoras**)

2. Sind $\mathbf{E}_i$ Prähilberträume, kann man $\mathbf{E} := \mathbf{E}_1 \oplus \mathbf{E}_2$ durch $\langle (u_1, u_2)|(v_1, v_2) \rangle = \langle u_1|v_1 \rangle + \langle u_2|v_2 \rangle$ zu einem Prähilbertraum machen (**Hilbertsche Summe**). Die Vektoren aus $\mathbf{E}_1$ sind dann zu denen aus $\mathbf{E}_2$ orthogonal.
   Umgekehrt gilt für den zu einem Unterraum $\mathbf{E}_1 \subset \mathbf{E}$ orthogonalen Unterraum $\mathbf{E}_1^\perp := \{v \in \mathbf{E} : \langle v|u \rangle = 0\,\forall u \in \mathbf{E}_1\}$, daß $\mathbf{E}_1 \cap \mathbf{E}_1^\perp = \{0\}$. Man könnte daher versuchen, durch $\mathbf{E}_1^\perp$ ein Komplement zu $\mathbf{E}_1$ auszusondern. Im Unendlichdimensionalen kann allerdings $\mathbf{E}_1 \oplus \mathbf{E}_1^\perp \ne \mathbf{E}$ eintreten: Seien $\mathbf{E}_1 \subset \ell^2$ die Vektoren mit nur endlich vielen Komponenten $\ne 0$, dann ist $\mathbf{E}_1^\perp = \{0\}$, aber $\mathbf{E}_1 \ne \ell^2$. Dies hängt damit zusammen, daß im Unendlichdimensionalen nicht jeder lineare Unterraum topologisch abgeschlossen sein muß, worauf wir bald zurückkommen werden.

3. Das **Tensorprodukt** $\mathbf{E}_1 \otimes \mathbf{E}_2$ bzw. **antisymmetrische Tensorprodukt** $\mathbf{E}_1 \wedge \mathbf{E}_2$ läßt sich wie im Endlichdimensionalen definieren (I, 2.4), das Skalarprodukt ist dabei multiplikativ: $\langle v_1 \otimes v_2|u_1 \otimes u_2 \rangle = \langle v_1|u_1 \rangle \langle v_2|u_2 \rangle$.

4. Gilt für zwei Normen $\|\cdot\|_1 \le a\|\cdot\|_2 \le b\|\cdot\|_1$, $a \in \mathbf{R}^+$, $b > 1$, dann nennt man die Normen **äquivalent**, sie geben offenbar dieselbe Topologie (siehe unten). Bemerkenswerterweise sind in endlichdimensionalen Räumen alle Normen äquivalent.

5. Eine Abbildung $a : \mathbf{E} \to \mathbf{F}$ mit $\|ax\| = \|x\| \quad \forall x \in \mathbf{E}$ heißt **isometrisch**. Unter **Isomorphismus** normierter Räume wollen wir eine lineare isometrische Bijektion verstehen.

6. Umgekehrt definiert ein Skalarprodukt $\langle u|v \rangle$ mit den Eigenschaften (2.1.7) eine Norm $\|x\| = \langle x|x \rangle^{1/2}$, mit der die Parallelogramm-Gleichung gilt.

Während bei den bisher besprochenen algebraischen Regeln die Dimension des Raumes eine untergeordnete Rolle spielt, beeinträchtigen unendlich viele Dimensionen die topologischen Eigenschaften. Zu ihrem Studium verwenden wir die Norm (2.1.4). Sie erlaubt, einen Vektorraum $\mathbf{E}$ metrisch zu topologisieren, indem man den Abstand $d(u, v) = \|u - v\|$ einführt. Umgebungsbasen eines Vektors $v \in \mathbf{E}$ sind dann $\{v' \in \mathbf{E} : \|v - v'\| \leq \epsilon\}$. Die Definition (2.1.4) garantiert, daß in dieser Topologie Summe und Produkt stetig sind (Aufgabe 3), also sind Limes von Summe oder Produkt jeweils Summe oder Produkt der Limiten. Allerdings steht den Methoden der klassischen Analysis noch im Wege, daß nicht jede **Cauchy-Folge** $v_n : \forall \epsilon > 0$ gibt es ein N, so daß $\|v_n - v_m\| \leq \epsilon \, \forall n, m > N$, konvergieren muß. Etwa im Beispiel (2.1.5,4) kann jede stetige Funktion als Limes einer Cauchy-Folge von Polynomen auftreten. Um solche Pannen bei Grenzprozessen auszuschließen, dient

Definition (2.1.10)

Ein normierter Raum heißt **vollständig**, wenn jede Cauchy-Folge konvergiert. Ein vollständiger, normierter, linearer Raum (bzw. Prähilbertraum) heißt **Banachraum** (bzw. **Hilbertraum**).

Beispiele (2.1.11)

Von den Beispielen (2.1.5) sind nur 1), 2), 3), 5) mit $r = 0$ und 6) vollständig.

Bemerkungen (2.1.12)

1. Wesentlich ist, daß der Grenzwert als Element des betreffenden Raumes existiert. Natürlich kann man Räume vervollständigen, indem man die Grenzelemente hinzufügt, doch wird man sich dabei unter Umständen seltsame Objekte einwirtschaften. Vervollständigt man etwa die Polynome (2.1.5,4) mit den Normen (2.1.5,6), erhält man einen Raum $L^p(\mathbf{K}, \mu)$, dessen Elemente nicht Funktionen sind, sondern Äquivalenzklassen von Funktionen, die sich nur auf Nullmengen unterscheiden.

2. Der Begriff der Vollständigkeit ist der Anschauung weniger vertraut, da endlichdimensionale normierte Vektorräume immer vollständig sind. Er ist von dem Begriff der Abgeschlossenheit zu trennen: Auch ein nicht vollständiger Raum ist wie jeder topologische Raum abgeschlossen. Nur als Teilraum seiner Vervollständigung ist er nicht abgeschlossen, diese ist dann sein Abschluß, er liegt in ihm dicht.

3. Da jetzt konvergente unendliche Summen erklärt sind und deren Limiten existieren, lassen sich wesentlich kleinere **Basen** einführen. Man nennt ein Vektor-

system e_γ, $\gamma \in \mathbf{I}$, **total**, falls die endlichen Kombinationen dicht liegen. Ist $\mathbf{I}$ abzählbar, ist $\mathbf{E}$ (als topologischer Raum) separabel.

4. Nach dem Auswahlaxiom lassen sich im Hilbertraum die e_γ sogar orthonormal wählen. Ist dann $v = \sum_\gamma c_\gamma e_\gamma$, $c_\gamma = \langle e_\gamma | v \rangle$, ist $\|v\|^2 = \sum_\gamma |c_\gamma|^2$, und der Hilbertraum läßt sich als $L^2(\mathbf{I}, \mu)$ darstellen. Dabei gibt μ jedem Element aus $\mathbf{I}$ das Maß 1, für abzählbare $\mathbf{I}$ ist der Hilbertraum dann zu einem ℓ^2-Raum isomorph. Ist $\mathbf{I}$ überabzählbar, sind die abzählbaren Mengen und deren Komplemente die meßbaren Mengen. Der so dargestellte Hilbertraum ist nicht separabel.

5. Im Hilbertraum läßt sich jeder Vektor mit einer Orthogonalbasis als konvergente unendliche Summe $|v\rangle = \sum_\gamma |e_\gamma\rangle\langle e_\gamma | v \rangle$ schreiben. Dementsprechend kann man die Summe (2.1.9,2) von Hilberträumen ohne weiteres auf unendliche Summen ausdehnen, das unendliche Tensorprodukt erfordert größere Vorsicht (siehe IV).

Stellt man jedoch einen Vektor v mit einer beliebigen totalen Menge $\{e_j\}$ dar, etwa $v_n = \sum_{j=1}^n c_j e_j$, $\|v - v_n\| \leq 1/n$, dann kann es notwendig werden, manche Komponenten c_j bei $n \to \infty$ drastisch zu ändern, und die Darstellung $v = \sum_{j=1}^\infty c_j e_j$ existiert vielleicht gar nicht. Zum Beispiel sind in ℓ^2 die Vektoren

$$e_n = \left(1, 1/2^2, \ldots, 1/n^2, 0, 0, \ldots\right)$$

total. Entwickeln wir $v = \lim_{n\to\infty} v_n := (1, 1/2, \ldots, 1/n, 0, 0, \ldots)$, dann ist $v_n = -e_1 - e_2 - \ldots - e_{n-1} + n e_n$. Also kann v mit den e_n beliebig genau angenähert werden, während der formale Limes $v = -e_1 - e_2 \ldots - \infty\, e_\infty$ keinen Sinn hat.

In einem Banachraum, wo man keine Orthonormalbasis zur Verfügung hat, ist es i.a. nicht sicher, ob es eine Basis gibt, mit der jeder Vektor als konvergente Summe dargestellt werden kann. Wenn es eine Menge von Vektoren gibt, mit der sich jeder Vektor als konvergente Summe schreiben läßt, nennt man sie **vollständig**. Diese Unterscheidung mag ungewohnt sein, da für n Vektoren im $\mathbf{C}^n$ linear unabhängig $\Leftrightarrow$ total $\Leftrightarrow$ vollständig. In einem unendlichdimensionalen Raum gelten diese Folgerungen nur in einer Richtung, eine unendliche Menge linear unabhängiger Vektoren muß nicht total, eine totale Menge nicht vollständig sein. Etwa $\{e^{inx}, n \in \mathbf{Z}\}$ ist total und vollständig in $\mathcal{L}^2((0, 2\pi), dx)$, aber total und doch nicht vollständig im Banachraum der stetigen Funktionen auf $(0, 2\pi)$ mit der Supremumsnorm.

Definition (2.1.13)

Ein **lineares Funktional** w über einem Vektorraum $\mathbf{E}$ ist eine Abbildung: $\mathbf{E} \to \mathbf{C}$, $v \to (w|v)$ mit $(w|v_1 + v_2) = (w|v_1) + (w|v_2)$, $(w|\alpha v) = \alpha(w|v)$.

Beispiele (2.1.14)

In den Beispielen (2.1.2) sind die linearen Funktionale bei
1. Skalarprodukt mit einem Vektor,
2. Spur von einem Produkt mit einer anderen Matrix.
Bei den restlichen Beispielen: Integrale der Funktionen mit Distributionen, aber noch viel mehr (Siehe 2.2.19,3).

Bemerkungen (2.1.15)

1. Den Raum der linearen Funktionale nennt man den algebraischen Dualraum, er besitzt eine natürliche Struktur: $(w_1 + w_2|v) = (w_1|v) + (w_2|v)$, $(\alpha w|v) = \alpha^*(w|v)$. Der Dualraum von $\mathbf{R}^n$ läßt sich mit $\mathbf{R}^n$ selbst identifizieren, im Unendlichdimensionalen nicht, so daß wir ihn zunächst abstrakt einführen mußten.

2. Der durch (2.1.13) definierte Begriff ist für unsere Zwecke etwas zu weit gefaßt, da nur im Endlichdimensionalen (Beispiele 1) und 2)) $v \to (w|v)$ automatisch stetig ist. Nehmen wir etwa in $\ell^1 = \{v = (v_1, v_2, v_3, \ldots), \|v\| := \sum_i |v_i| < \infty\}$, als Hamelbasis $e_i = (0, 0, \ldots \underset{\text{i-te Stelle}}{1}, \ldots, 0)$ und ergänzen sie für Vektoren mit unendlich vielen Komponenten durch andere $\bar{e}_\gamma$. Jeder Vektor schreibt sich dann als endliche Summe $v = \underset{\text{i, endl.}}{\sum} c_i e_i + \underset{\gamma, \text{ endl.}}{\sum} \bar{c}_\gamma \bar{e}_\gamma$. Setzt man $(w|v) = \sum_{i=1}^\infty i\, c_i$ (nur endlich viele $c_i \neq 0$!), so ist w offensichtlich ein lineares Funktional, aber nicht stetig. w ist nicht einmal, was man **abgeschlossen** nennt, d.h. es gibt eine Folge $v_n \to 0$, so daß $(w|v_n) \to 1 \neq (w|0)$. Dazu brauchen wir nur $v_n = (0, \ldots, 0, \underset{\text{n-te Stelle}}{1/n}, 0, \ldots)$ zu nehmen. Dieses Phänomen kann man so verstehen, daß die Steigung von w in der i-ten Richtung gleich i ist, also beliebig groß wird. Formal rührt es wieder daher, daß im Unendlichdimensionalen nicht abgeschlossene (lineare) Unterräume vorkommen. Der **Kern** von $w := \{v : (w|v) = 0\}$ ist ein Unterraum und wäre als Urbild von Null für stetiges w abgeschlossen, hier enthält er die Vektoren $v_{nm} = (0, \ldots, 0, \underset{\text{n-te Stelle}}{1}, 0, \ldots, 0, \underset{\text{m-te Stelle}}{-n/m}, 0, \ldots)$ und ist daher in ℓ^1 dicht. Solche Pathologien wollen wir ausschließen. Dies motiviert

Definition (2.1.16)

Den linearen Raum $\mathbf{E}'$ der **stetigen** linearen Funktionale eines Banachraumes $\mathbf{E}$ nennt man seinen **Dualraum**.

Beispiele (2.1.17)

Wie erwähnt sind $\mathbf{C}^n$ und der Raum der $n \times n$-Matrizen ihre eigenen Dualräume. Allgemeiner ist jeder Hilbertraum $\mathcal{H}$ sein eigener Dualraum: Nach einem Satz von Riesz und Fréchet [3] läßt sich jedes stetige lineare Funktional als Skalarprodukt $v \to \langle w|v \rangle$ mit einem $w = \sum e_\gamma(w|e_\gamma) \in \mathcal{H}$, darstellen, wobei w eindeutig ist. Noch allgemeiner ist $(L^p(M, \mu))' = L^q(M, \mu)$, $1/p + 1/q = 1$ für $1 < p < \infty$. $(L^1)' = L^\infty$, doch $(L^\infty)'$ ist (im Unendlichdimensionalen) echt größer als L^1: Die stetigen Funktionen über einem Kompaktum mit der $\underset{z \in \mathbf{K}}{\sup} |f(z)|$-Norm haben die (nicht notwendig positiven) Maße als Dualraum.

Bemerkung (2.1.18)

Bei diesen Aussagen ist die Vollständigkeit der Räume wesentlich. Nehmen wir etwa den Prähilbertraum $\mathbf{E}$ der Vektoren aus ℓ^2 mit nur endlich vielen Komponenten $\neq 0$, dann ist $(v_i) \to \sum_{i=1}^{\infty} v_i/i$ ein stetiges lineares Funktional, das sich nicht als $\langle w|v \rangle$, $w \in \mathbf{E}$ darstellen läßt, denn $(1, 1/2, 1/3, \ldots) \notin \mathbf{E}$.

$\mathbf{E}'$ ist wieder ein linearer Raum und wir wollen ihn nun topologisieren:

Definition (2.1.19)

Umgebungsbasen von $w \in \mathbf{E}'$ seien durch

$$U_{v,\epsilon}(w) = \{w' \in \mathbf{E}' : |(w - w'|v)| < \epsilon\}, \quad v \in \mathbf{E}, \quad \epsilon \in \mathbf{R}^+, \tag{2.1.19}$$

oder durch

$$U_{\epsilon}(w) = \bigcap_{\|v\|=1} U_{v,\epsilon}(w) \tag{2.1.20}$$

definiert. Die entsprechenden Topologien nennt man **schwach*** oder **stark**. Letztere entspricht der Norm

$$\|w\| = \sup_{\|v\|=1} |(w|v)|, \tag{2.1.21}$$

durch sie wird $\mathbf{E}'$ sogar zu einem Banachraum (Aufgabe 4). Sein Dualraum heiße $\mathbf{E}''$, und $\mathbf{E}'' \supset \mathbf{E}$ (im Sinne der natürlichen Einbettung.) Ist $\mathbf{E}'' = \mathbf{E}$, nennt man $\mathbf{E}$ **reflexiv**

Beispiele (2.1.22)

Räume mit $\mathbf{E}' = \mathbf{E}$ (Hilberträume) sind natürlich reflexiv. Nach (2.1.17) ist es auch L^p für $1 < p < \infty$, für $p = 1$ oder ∞ aber nicht, da $\mathbf{E}$ nicht reflexiv sein kann, wenn es $\mathbf{E}'$ nicht ist.

Bemerkungen (2.1.23)

1. Man kann umgekehrt $\mathbf{E}$ schwach topologisieren, und zwar mit $U_{w,\epsilon}(v) = \{v \in \mathbf{E} : |(w|v - v')| < \epsilon, \ w \in \mathbf{E}', \ \epsilon \in \mathbf{R}^+\}$. Daß dies eine Hausdorff-Topologie ist, geht aus einem Satz von Hahn-Banach hervor. Sie ist mit der linearen Struktur in dem Sinne verträglich, daß Summe und Multiplikation mit Skalaren stetige Abbildungen sind.

2. Die schwache Topologie ist gröber als die starke, in ihr ist die Abbildung $w \to \|w\|$ i.a. nicht stetig, sondern als Supremum stetiger Abbildungen nur unterhalbstetig. Diese Vergröberung der Topologie erzeugt mehr kompakte Mengen: Die Einheitskugel $\{v : \|v\| \leq 1\}$ ist in einem unendlichdimensionalen Banachraum nicht normkompakt, aber schwach* kompakt bezüglich des Raumes, dessen Dualraum er ist, wenn dieser Prädualraum existiert. In reflexiven Banachräumen ist sie daher schwach* kompakt. (Vgl. Aufgabe 7.)

3. Die schwachen Topologien haben keine abzählbaren Umgebungsbasen und lassen sich nicht allein durch Folgen, sondern nur durch Netze oder Filter charakterisieren. Dann fallen die Begriffe vollständig und folgenvollständig oder kompakt und folgenkompakt nicht mehr zusammen. So ist etwa der Hilbertraum

schwach folgen-abgeschlossen, aber nicht schwach abgeschlossen. Auch läßt sich dann nicht jeder Häufungspunkt durch konvergente Folgen erreichen (Aufgabe 8). Allerdings sind in Banachräumen mit separablem Dualraum **beschränkte Mengen** (also $\{v : \|v\| \leq M\}$) schwach topologisiert ein metrisierbarer Raum, und beschränkt man sich auf solche, fallen diese Komplikationen weg.

Lineare Funktionale sind ein Spezialfall linearer Operatoren:

Definition (2.1.24)

$\mathcal{L}(\mathbf{E}, \mathbf{F})$ bezeichne den Raum der **stetigen linearen Abbildungen** des Banachraumes $\mathbf{E}$ in den Banachraum $\mathbf{F}$, $\mathcal{L}(\mathbf{E}, \mathbf{E}) =: \mathcal{B}(\mathbf{E})$. $a \in \mathcal{L}(\mathbf{E}, \mathbf{F})$ heiße **Operator**.

Beispiele (2.1.25)

1. $\mathcal{L}(\mathbf{E}, \mathbf{C}) = \mathbf{E}'$.

2. $\mathcal{L}(\mathbf{C}^n, \mathbf{C}^m) = n \times m$-Matrizen.

Bemerkungen (2.1.26)

1. $\mathcal{L}(\mathbf{E}, \mathbf{F})$ ist ein Vektorraum, $(\sum \alpha_i a_i)x := \sum \alpha_i a_i x \; \forall \alpha_i \in \mathbf{C}, \; a_i \in \mathcal{L}(\mathbf{E}, \mathbf{F})$.

2. Eine lineare Abbildung a heißt **beschränkt**, wenn sie beschränkte Mengen in solche überführt, also $\|a\| := \sup_{\|x\|=1} \|ax\|_{\mathbf{F}} < \infty$. Allgemein sind für lineare Abbildungen die Merkmale

   (i) stetig

   (ii) stetig am Nullpunkt

   (iii) beschränkt

   äquivalent (Aufgabe 11).

3. Die Transponierte einer reellen endlichdimensionalen Matrix verallgemeinert sich wie folgt: $a \in \mathcal{L}(\mathbf{E}, \mathbf{F})$ induziert eine Abbildung $a^* : \mathbf{F}' \to \mathbf{E}'$ (**adjungierter Operator**), denn $\mathbf{E} \ni x \to (y'|ax)$, $y' \in \mathbf{F}'$ ist eine stetige lineare Abbildung $\mathbf{E} \to \mathbf{C}$, somit existiert genau ein $x' \in \mathbf{E}' : (y'|ax) = (x'|x)$. Nun definiert man $a^* y' := x'$. Linearität ist trivial, in der Norm-Topologie ist a^* stetig (Aufgabe 5).

$\mathcal{L}(\mathbf{E}, \mathbf{F})$ läßt sich auf verschiedene Weise topologisieren:

Definition (2.1.27)

Umgebungsbasen von $a \in \mathcal{L}(\mathbf{E}, \mathbf{F})$ seien durch

$$U_{y',x,\epsilon}(a) = \{a' : |(y'|(a - a')x)| < \epsilon\}$$

oder

$$U_{x,\epsilon} = \{a' : \|(a - a')x\| < \epsilon\} = \bigcap_{\|y'\|=1} U_{y',x,\epsilon}(a)$$

oder

$$U_\epsilon(a) = \bigcap_{\|x\|=1} U_{x,\epsilon}(a)$$

gegeben. Diese Topologien heißen **schwach**, **stark** und **uniform**, die entsprechenden Konvergenzen sollen durch $\rightharpoonup$, $\rightarrow$, $\Rightarrow$ bezeichnet werden. (Vielfach w-lim, s-lim und lim geschrieben.)

Bemerkungen (2.1.28)

1. Die uniforme Topologie entspricht der Norm $\|a\| = \sup\limits_{\|x\|=1} \|ax\|_{\mathbf{F}}$, durch sie wird $\mathcal{L}(\mathbf{E}, \mathbf{F})$ zum Banachraum (Aufgabe 4). Man nennt sie daher auch Norm-Topologie.

2. Obgleich $\mathbf{E}$ und $\mathbf{F}$ metrisierbar sind, haben die starke und schwache Topologie wieder keine abzählbaren Umgebungsbasen (vgl. Aufgabe 9), nur ihre Einschränkungen auf normbeschränkte Mengen sind metrisierbar. Sie sind wohl mit der linearen, nicht aber mit der algebraischen Struktur verträglich, Multiplikation ist i.a. keine stetige Abbildung. In den Topologien $\mathcal{B}(\mathbf{E})$ (schwach) $\times \mathcal{B}(\mathbf{E})$ (stark) $\rightarrow \mathcal{B}(\mathbf{E})$ (schwach) und $\mathcal{B}(\mathbf{E})$ (stark) $\times \mathcal{B}(\mathbf{E})$ (stark) $\rightarrow \mathcal{B}(\mathbf{E})$ (stark) ist sie allerdings folgenstetig. In einem Faktor allein ist die Multiplikation natürlich in allen Topologien stetig.

3. Die Adjunktion (2.1.26,3) $\mathcal{L}(\mathbf{E}, \mathbf{F}) \xrightarrow{*} \mathcal{L}(\mathbf{F}', \mathbf{E}') : a \rightarrow a^*$ ist wegen $\|a\| = \|a^*\|$ in der Norm-Topologie und offensichtlich in den schwachen Topologien für reflexive Banachräume eine stetige Abbildung; in den starken Topologien jedoch nicht. Wir werden Beispiele mit $\Omega_n \rightarrow \Omega$, aber nur $\Omega_n^* \rightharpoonup \Omega^*$ kennenlernen.

4. Die technischen Komplikationen in der Quantenmechanik rühren daher, daß die Norm-Topologie für Operatoren zu scharf ist – oft ist man am Limes-Operator einer Folge von Operatoren interessiert, die in der Norm-Topologie nicht konvergiert. In den schwächeren Topologien existieren Limiten zwar öfter, in ihnen sind aber nicht alle algebraischen Operationen stetig und Grenzprozesse verlangen Vorsicht.

5. Konvergiert $x_n \in$ Hilbertraum $\mathcal{H}$ schwach gegen $x \in \mathcal{H}$ und ist $\lim_{n\to\infty} \|x_n\| = \|x\|$, dann konvergiert die Folge sogar stark: $\langle x_n - x | x_n - x \rangle = \|x_n\|^2 + \|x\|^2 - 2\mathrm{Re}\langle x_n | x \rangle \rightarrow 0$. Daher fallen auf unitären Operatoren U die starke und die schwache Topologie zusammen, da für sie $\|Ux\| = \|x\|$. Konvergieren unitäre Operatoren schwach, aber nicht stark, wird der Limes nicht unitär sein.

6. Die Toplogien ermöglichen es auch, das Integrieren und Differenzieren von operatorwertigen Funktionen zu definieren. Ist etwa $a(t) \in \mathcal{L}(\mathbf{E}, \mathbf{F})$ beschränkt und schwach meßbar, d.h.,

   $$\forall t \in (s, u) : \|a(t)\| \leq M; \quad \forall v \in \mathbf{E}, \ \forall \ell \in \mathbf{F}' : t \rightarrow (\ell \,|\, a(t)v) \text{ ist meßbar},$$

so ist $\forall v \in \mathbf{E}$ die Abbildung $\ell \to \int_s^u (\ell \,|\, a(t)v)\,dt$ ein mit $(u-s)M\|v\|$ beschränktes, auf ganz $\mathbf{F}'$ definiertes lineares Funktional. Wir schreiben es als $\int_s^u a(t)v\,dt = (\int_s^u a(t)\,dt)\,v$, denn wegen (2.1.26,2) ist $\forall v \in \mathbf{E}: \int_s^u a(t)v\,dt \in \mathbf{F}''$ und

$$a = \int_s^u a(t)\,dt \in \mathcal{L}(\mathbf{E}, \mathbf{F}'').$$

Bei einem Hilbertraum $\mathbf{E}$ ist dann für $a(t) \in \mathcal{B}(\mathbf{E})$ auch $a \in \mathcal{B}(\mathbf{E})$. Gilt überdies die starke oder Norm-Stetigkeit von $t \to a(t)$, so ist das Integral ein starker oder Norm-Limes:

$$\int_s^u a(t)\,dt = \text{(s-)} \lim_{N\to\infty} \frac{1}{N} \sum_{n=1}^{N} a\left(s + \frac{n}{N}(u-s)\right).$$

Wir nennen $a(t)$ schwach, stark oder uniform differenzierbar, wenn es eine operatorwertige Funktion $b(t)$ gibt, so daß $a(t)$ in der entsprechenden Topologie als Integral darstellbar ist:

$$a(t) = a(s) + \int_s^t b(t')\,dt'.$$

Aufgaben (2.1.29)

1. Zeige, daß der Raum ℓ^∞ nicht separabel ist. (Es gibt eine überabzählbare Menge von Elementen v_i, $i \in \mathbf{I}$, so daß $\|v_i\| = 1$, $\|v_i - v_j\| \geq 1$, falls $i \neq j$.)

2. Zeige, daß für Operatoren im Hilbertraum die übliche Operatornorm die Dreiecksungleichung erfüllt.

3. Beweise die Dreiecksungleichung für die Räume L^p ($p \geq 1$). (Aus der Ungleichung $xy \leq x^p/p + y^q/q$; $x,y \geq 0$, $1/p + 1/q = 1$, folgt die „**Höldersche Ungleichung**" $|\int fg\,d\mu| \leq \int |fg|d\mu \leq \|f\|_p\|g\|_q$, $\|f\|_p = (\int |f|^p d\mu)^{1/p}$. Man zeige nun, daß $\|f\|_p = \sup_{g:\|g\|_q=1} \int |fg|d\mu$ und folgere daraus die „**Minkowskische Ungleichung**"

$$\|f + g\|_p \leq \|f\|_p + \|g\|_p.)$$

4. Es seien $\mathbf{E}$ und $\mathbf{F}$ zwei Banachräume. Zeige, daß der Raum $\mathcal{L}(\mathbf{E}, \mathbf{F})$ der stetigen linearen Abbildungen $\mathbf{E} \to \mathbf{F}$ ein Banachraum ist. Zeige weiters, daß, wenn $\mathbf{F}$ ein normierter, aber nicht vollständiger Raum ist, auch $\mathcal{L}(\mathbf{E}, \mathbf{F})$ nicht vollständig ist.

5. Es sei $a: \mathbf{E} \to \mathbf{F}$ eine stetige lineare Abbildung zweier Hilberträume. Zeige, daß auch $a^*: \mathbf{F} \to \mathbf{E}$ stetig ist.

6. Beweise, daß im Hilbertraum $\mathbf{E}$ $\|ax\| = \|a^*x\| = \|x\|$ $\forall x \in \mathbf{E} \Leftrightarrow aa^* = a^*a = 1$.

7. Zeige, daß die Einheitskugel in einem separablen Hilbertraum $\mathcal{H}$ schwach folgenkompakt ist. Folgere, daß der „Hilbertwürfel" $\subset \ell^2 : \{v = (v_n) : |v_n| \leq 1/n\}$ sogar stark ($\equiv$ norm-) kompakt ist.

8. Zeige, daß ein unendlichdimensionaler Hilbertraum in der schwachen Topologie nicht metrisierbar ist. (Betrachte in ℓ^2 die Vektoren $x_n = (0, 0, \ldots, \sqrt{n}, 0, \ldots)$. Diese Menge hat 0 als schwachen Häufungspunkt, enthält aber keine konvergenten Teilfolgen und das ist in einem metrisierbaren Raum unmöglich.)

9. Zeige, daß in der schwachen Operator-Topologie „kompakt" nicht „folgenkompakt" bedingt (außer wenn der Hilbertraum separabel ist).

10. Beweise die Cauchy-Schwarzsche Ungleichung $|\langle v_1|v_2\rangle| \leq \|v_1\|\|v_2\|$ und zeige, daß $|\langle v_1|v_2\rangle| = \|v_1\|\|v_2\| \Leftrightarrow v_1 = zv_2$, $z \in \mathbf{C}$ $(v_i \neq 0)$.

11. Zeige die Äquivalenz der Eigenschaften (2.1.26,2)

Lösungen (2.1.30)

1. Die v_i seien die Vektoren der Gestalt $(c_1, c_2, \ldots, c_n, \ldots)$ mit $c_n = 0$ oder 1. Diese Menge hat die Mächtigkeit des Kontinuums, $\|v_i\| = \sup |c_n| = 1$ (außer für $v_i \equiv 0$), $\|v_i - v_j\| \geq 1$, da nicht alle Koeffizienten von v_i und v_j gleich sein können. Gäbe es nun eine abzählbare, dichte Menge $A \subset \ell^\infty$, so gäbe es zu jedem v_i ein $a_i \in A$ mit $\|v_i - a_i\| \leq 1/3$. Wegen $\|v_i - v_j\| \geq 1$ ist die Abbildung $v_i \to a_i$ eineindeutig, somit wäre die Menge der v_i gleichmächtig mit einer Teilmenge von A.

2. $\|a + b\| = \sup_{\|x\|=1} \|ax + bx\| \leq \sup_{\|x\|=1} \|ax\| + \sup_{\|x\|=1} \|bx\| = \|a\| + \|b\|$.

3. Für $p = 1$ ist die Ungleichung trivial. Es sei also $p > 1$. Für $t \geq 0$ ist $t \leq t^p/p + 1/q$ (Man suche das Minimum der Funktion $\varphi(t) = t^p/p - t$) und für $t = x/y^{q/p}$ erhält man $xy \leq x^p/p + y^q/q$. Es seien f und g zwei Funktionen mit

$$\int |f|^p d\mu = \int |g|^q d\mu = 1.$$

Da

$$\left|\int fg\, d\mu\right| \leq \int |fg| d\mu \quad \text{und} \quad \int |fg| d\mu \leq 1/p \int |f|^p d\mu + 1/q \int |g|^q d\mu = 1,$$

ist die Höldersche Ungleichung für diesen Spezialfall bewiesen. Der allgemeine Fall ergibt sich durch Betrachten von $f/\|f\|_p$, $g/\|g\|_q$ anstelle von f und g.
Weiters ist $\|f\|_p = \int |fg| d\mu$ mit $g = |f|^{p-1}/\|f\|_p^{p/q}$:

$$\int |fg| d\mu = \|f\|_p^p/\|f\|_p^{p/q} = \|f\|_p, \quad \|g\|_q^q = \|f\|_p^{-p}\|f\|_p^p = 1.$$

Daher ist $\|f + g\|_p = \sup_{\|h\|_q=1} \int |(f + g)h| d\mu \leq \sup_h \int |fh| d\mu + \sup_h \int |gh| d\mu = \|f\|_p + \|g\|_p$.

4. Vektorraumstruktur ist trivial. Norm: Sei $a : \mathbf{E} \to \mathbf{F}$. $\|a\| = \sup \|ax\|/\|x\|$, $x \in \mathbf{E}$. $\|\lambda a\| = |\lambda|\|a\|$, $\|a + b\| \leq \|a\| + \|b\|$ wie in Beispiel 2. $\|a\| = 0 \Rightarrow \|ax\| = 0 \,\forall x \in \mathbf{E} \Rightarrow ax = 0 \Rightarrow a = 0$.
Vollständigkeit: a_n sei eine Cauchyfolge. Dann ist auch $a_n x$ eine Cauchyfolge in $\mathbf{F}$ $\forall x \in \mathbf{E}$, also existiert $\lim a_n x \in \mathbf{F}$. Diese Abbildung ist linear, beschränkt (da $\|a_n\| \leq C < \infty \,\forall n$, ist $\|a_n x\| \leq C\|x\| \Rightarrow \|ax\| \leq C\|x\|$); $\|a - a_n\| =$

$\sup \|ax - a_n x\| / \|x\| \to 0$. Beim Beweis geht die Vollständigkeit von $\mathbf{F}$ wesentlich ein.

Bemerkung: Daß $\mathcal{L}(\mathbf{E}, \mathbf{F}) \neq \{0\}$, folgt aus dem Satz von Hahn-Banach.

5. $\|a\| = \displaystyle\sup_{\substack{\|x\|=1 \\ x \in \mathbf{E}}} \|ax\| = \sup_{\substack{\|x\|=1,\, x \in \mathbf{E} \\ \|y\|=1,\, y \in \mathbf{F}}} |\langle y | ax \rangle| = \sup |\langle a^* y | x \rangle| = \|a^*\|$.

(Dies gilt auch dann, wenn $\mathbf{E}$ und $\mathbf{F}$ nur Banachräume sind.)

6. $aa^* = a^* a = 1 \to \langle x | aa^* x \rangle = \|a^* x\|^2 = \langle x | a^* a x \rangle = \|ax\|^2 = \|x\|^2$.

$\|ax\| = \|x\| \Rightarrow \langle x | a^* a x \rangle = \langle x | x \rangle \Rightarrow a^* a = 1$,

ebenso $\|a^* x\| = \|x\| \Rightarrow aa^* = 1$.

$(4 \langle y | ax \rangle = \langle x+y | a(x+y) \rangle - \langle x-y | a(x-y) \rangle + i \langle x+iy | a(x+iy) \rangle - i \langle x-iy | a(x-iy) \rangle$;

also folgt aus $\langle x | ax \rangle = 0 \; \forall x$, daß $\langle y | ax \rangle = 0 \; \forall x, y \Rightarrow a = 0$.)

7. Sei x_n eine totale Menge von Vektoren. Da die Matrixelemente $(x_n | a_k x_m)$ einer Folge $s_k \in \mathcal{B}(\mathcal{H})$ durch $\|x_n\| \|x_m\| \sup_k \|a_k\|$ beschränkt sind, haben sie für jedes n, m einen Häufungspunkt a_{nm}. Wir definieren $a \in \mathcal{B}(\mathcal{H})$ durch $ax_m = \sum_n a_{nm} x_n$ und zeigen $a_k \rightharpoonup a$, also $(y | a_k | x) \to (y | a | x) \; \forall x, y \in \mathcal{H}$. Da wir $\forall \epsilon > 0$ x und y als $\displaystyle\sum_{\text{endl.}} c_n x_n + \eta$

mit $\|\eta\| < \epsilon$ schreiben können und bei dem Teil $\displaystyle\sum_{\text{endl.}}$ die Konvergenz nach Definition

folgt, können wir wegen $\sup_n \|a_n\| < \infty$ die Konvergenz des allgemeinen Matrixelementes innerhalb beliebiger Genauigkeit zeigen. Auf dem Hilbertwürfel stimmen nun starke und schwache Topologie überein: Es sei $v^{(n)} \to v$. Wir wählen zu vorgegebenem ϵ r so, daß $\sum_{j=r+1}^{\infty} 1/j^2 < \epsilon$, und N so, daß $\sum_{j=1}^{r} |v_j^{(n)} - v_j|^2 < \epsilon$ für $n > N$. Dann ist $\sum_{j=1}^{\infty} |v_j^{(n)} - v_j|^2 < 5\epsilon$, also $v^{(n)} \to v$. Er ist somit stark folgenkompakt, und da die starke Topologie metrisch ist, auch stark kompakt.

8. Eine schwache Umgebung von 0 hat die Gestalt $U = \{x : |\langle v^{(1)} | x \rangle| + |\langle v^{(2)} | x \rangle| + \ldots + |\langle v^{(\ell)} | x \rangle| \leq \epsilon\}$. U enthält stets irgendein x_n, andernfalls wäre $|\langle v^{(1)} | x_n \rangle| + \ldots + |\langle v^{(\ell)} | x_n \rangle| > \epsilon \; \forall n$, d.h. $|v_n^{(1)}| + \ldots + |v_n^{(\ell)}| > \epsilon / \sqrt{n}$ und $\sum_{n=1}^{\infty} |v_n^{(1)}|^2 + \ldots + |v_n^{(\ell)}|^2 = \infty$, andererseits aber $\leq \ell \left(\sum_n |v_n^{(1)}|^2 + \ldots \sum_n |v_n^{(\ell)}|^2 \right) < \infty$. Aber $\nexists N : x_n \in U \; \forall n > N$. Die Folge x_n enthält aber keine schwach konvergente Teilfolge x_{n_k}. Denn betrachte den Vektor $v : v_j = 1/r$ falls $j = n_{10^r}$, sonst 0. $\langle v | x_{n_k} \rangle = \sqrt{n_k} \frac{1}{r}$ falls $k = 10^r$, sonst 0, aber $n_k \geq k = 10^r$.

9. Gemäß allgemeinen Sätzen ist die Einheitskugel in der schwachen Operator-Topologie stets kompakt. – Wir betrachten nun den nichtseparablen Hilbertraum $\mathcal{H} = L^2([0,1], \mu)$, wobei μ jedem Punkt das Maß 1 zuordnet. Die Multiplikationsoperatoren, welche jede Funktion $\in \mathcal{H}$ mit der Funktion φ_n multiplizieren, welche in jedem Teilintervall $[k/10^n, (k+1)/10^n]$, $k \in \mathbf{Z} \cap [0, 10^n)$, linear von 0 bis 1 geht („Sägezahn"), haben alle die Norm 1, doch gibt es zu jeder Teilfolge φ_{n_m} einen Punkt x, so daß $\varphi_{n_m}(x)$ nicht konvergiert; daher ist die Operatorenfolge nicht schwach folgenkompakt.

10. Es sei $v_2' = v_2 \exp(-i \arg \langle v_1 | v_2 \rangle)$. Dann ist $|\langle v_1 | v_2 \rangle| = \langle v_1 | v_2' \rangle$ und wegen

$$\left\| \left(\|v_1\| v_2' - \|v_2'\| v_1 \right) \right\|^2 = 2 \|v_1\|^2 \|v_2'\|^2 - 2 \|v_1\| \|v_2'\| \langle v_1 | v_2' \rangle \geq 0$$

ist $\langle v_1 | v_2' \rangle \leq \|v_1\| \|v_2'\| = \|v_1\| \|v_2\|$. Gleichheit kann nur dann bestehen, wenn $\|v_1\| v_2' - \|v_2'\| v_1 = 0$, also $v_1 = z v_2$ mit $z = \|v_1\| / \|v_2\| \exp(-i \arg \langle v_1 | v_2 \rangle)$.

11. (ii)$\Rightarrow$(iii): (ii) bedeutet $\forall \delta \, \exists \, \epsilon$, so daß $\|x\| < \epsilon \Rightarrow \|ax\| < \delta \Rightarrow$
$\|a\| = \sup\limits_{\|x\|=1} \|ax\|/\|x\| < \delta/\epsilon \Rightarrow$(iii).
(iii) $\Rightarrow$ (i): $\forall \delta \, \exists \, \epsilon = \delta/\|a\|$, so daß $\forall \, x' \in \mathbf{E}$

$$\|x - x'\| \leq \epsilon \Rightarrow \|ax - ax'\| \leq \|a\| \cdot \|x - x'\| \leq \delta.$$

(i) $\Rightarrow$ (ii) ist trivial.

2.2 Algebren

C- und W*-Algebren verallgemeinern Matrizen und Funktionen, indem
sie ihre wesentlichen algebraischen und topologischen Eigenschaften axio-
matisieren.*

Definition (2.2.1)

Eine **Algebra** $\mathcal{A}$ ist ein Vektorraum, in welchem noch eine Abbildung $\mathcal{A} \times \mathcal{A} \to \mathcal{A}$
(**Multiplikation**) mit den Eigenschaften

$$(a_1 + a_2)b = a_1 b + a_2 b, \qquad a(b_1 + b_2) = ab_1 + ab_2, \qquad a(bc) = (ab)c,$$
$$(\alpha a)b = a(\alpha b) = \alpha ab, \qquad a, b, b_i \in \mathcal{A}, \qquad \alpha \in \mathbf{C}$$

definiert ist. Ferner setzen wir die Existenz eines Elementes $\mathbf{1} : a \cdot \mathbf{1} = \mathbf{1} \cdot a = a \; \forall a \in \mathcal{A}$
voraus; fehlt es, nennen wir $\mathcal{A}$ eine **Algebra ohne Einheit**. Gilt $ab = ba \; \forall a, b \in \mathcal{A}$,
heißt $\mathcal{A}$ **abelsch**.

Beispiele (2.2.2)

Die Beispiele (2.1.2) sind alle Algebren, falls man bei Vektoren die Multiplikation
komponentenweise, bei Funktionen punktweise und bei Matrizen wie üblich definiert.
Bis auf die Matrizen sind diese Algebren dann abelsch. L^p, $p < \infty$ ist i.a. keine Algebra (z.B. $x^{-1/2} \in L^1([0,1], dx)$, $x^{-1} \notin L^1([0,1], dx)$). Die Räume ℓ^p sind Algebren,
für $p < \infty$ ohne Einheit. $\ell^0 = \{(v_1, v_2, \ldots) \in \ell^\infty : \lim_i |v_i| = 0\}$ ist eine Unteralgebra
von ℓ^∞ ohne Einheit.

Bemerkungen (2.2.3)

Für einen Vektorraum ist jeder Unterraum Kern eines Homomorphismus π (d.h.
$\pi^{-1}(0)$). Für eine Algebra sind dies nur die **beidseitigen Ideale**, d.h. eine Unteral-
gebra $\mathcal{B} \subset \mathcal{A}$, so daß außerdem $a\mathcal{B} \subset \mathcal{B}$, $\mathcal{B}a \subset \mathcal{B} \; \forall a \in \mathcal{A}$ gilt. Für diese ist dann der
Quotientenraum wieder eine Algebra (**Quotientenalgebra**).

Da wir mit komplexen Zahlen arbeiten, gibt es noch die Operation des Komplex-
Konjugierens, welche wir axiomatisch wie folgt fassen:

Definition (2.2.4)

Eine $*$-**Algebra** ist eine Algebra, in der eine Abbildung $* : \mathcal{A} \to \mathcal{A}$ mit den Eigenschaften $(ab)^* = b^* a^*$, $(a + b)^* = a^* + b^*$, $(\alpha a)^* = \alpha^* a^*$ für $\alpha \in \mathbf{C}$, $a^{**} = a$ definiert
ist. a^* heißt das zu a **adjungierte** Element.

Beispiele (2.2.5)

Ist $*$ Komplex-Konjugieren, (resp. Hermitisch-Konjugieren bei Matrizen), sind die
Beispiele (2.1.2) mit Ausnahme der analytischen Funktionen $*$-Algebren.

Bemerkung (2.2.6)

Hier wird zum ersten Mal der Körper der komplexen Zahlen wesentlich. Wer diesen
nicht mag, kann für i die reelle Matrixdarstellung

$$\begin{pmatrix} 0 & 1 \\ -1 & 0 \end{pmatrix}$$

einführen, oder ein Element $\mathbf{I}$ mit den Eigenschaften $\mathbf{I}^2 = -1$, $\mathbf{I}^* = -\mathbf{I}$, $\mathbf{I}a = a\mathbf{I}\ \forall a$ postulieren.

Da Matrizen den Prototyp einer *-Algebra darstellen, nennt man deren Elemente oft Operatoren, und es liegt folgende Terminologie nahe:

Definition (2.2.7)

$a = \mathbf{normal} \Leftrightarrow aa^* = a^*a$

$a = \mathbf{hermitisch} \Leftrightarrow a = a^*$

$a = \mathbf{unit\ddot{a}r} \Leftrightarrow aa^* = a^*a = \mathbf{1}$

$a = \mathbf{Projektor}^1 \Leftrightarrow a = a^* = a^2$

$a = \mathbf{positiv} \Leftrightarrow \exists b : a = bb^*$

$a = \text{zu } b \ \mathbf{inverses\ Element} \Leftrightarrow ab = ba = \mathbf{1} \Leftrightarrow a = b^{-1}$.

Bemerkungen (2.2.8)

1. Die Überschneidung dieser Begriffe läßt sich so vor Augen führen:

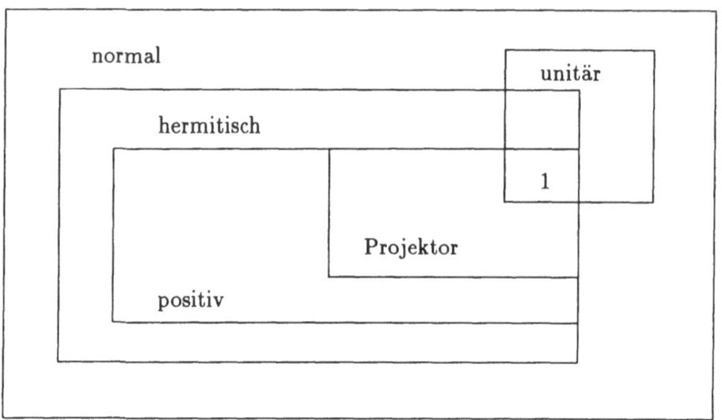

2. Die Implikation $ab = \mathbf{1} \Rightarrow ba = \mathbf{1}$ gilt zwar im Endlichdimensionalen, aber nicht allgemein, die unendlichen Matrizen

$$a = \begin{bmatrix} 0 & 1 & 0 & 0 & 0 & \cdots \\ 0 & 0 & 1 & 0 & 0 & \cdots \\ 0 & 0 & 0 & 1 & 0 & \cdots \\ & \cdots\cdots\cdots\cdots\cdots & \end{bmatrix} \qquad \text{und} \qquad b = a^*$$

---

[1]In diesem Buch wird ein „orthogonaler Projektor" kurz Projektor genannt.

bilden ein Gegenbeispiel. Es genügt daher nicht, für die Inverse a von b nur $ab = 1$ zu verlangen.

Von den Definitionen (2.2.7) gelangt man zu den

Folgerungen (2.2.9)

1. $(a^{-1})^{-1} = a$

2. $(ab)^{-1} = b^{-1}a^{-1}$

3. $(a^*)^{-1} = (a^{-1})^*$

4. Die unitären Elemente bilden eine Untergruppe der Gruppe der invertierbaren Elemente

Wir kommen nun zur Topologie der Algebra und müssen trachten, diese mit den bisher besprochenen Eigenschaften verträglich zu gestalten. So können wir dann die von den Matrizen gewohnten Regeln der Analysis verallgemeinern.

Definition (2.2.10)

Eine **C*-Algebra** ist sowohl eine $*$-Algebra als auch ein Banachraum, wobei die Norm den Bedingungen

(i) $\|ab\| \leq \|a\|\|b\|$

(ii) $\|a^*\| = \|a\|$

(iii) $\|aa^*\| = \|a\|\|a^*\|$

(iv) $\|\mathbf{1}\| = 1$

genügt.

Beispiele (2.2.11)

Betrachten wir wieder (2.1.5):

1. Ist nur für $p = \infty$ eine C^*-Algebra, für $p < \infty$ ist (iii) verletzt.

2. Keine C^*-Algebra, etwa für
$$a = \begin{pmatrix} \alpha & 0 \\ 0 & \beta \end{pmatrix}$$
ist $\|aa^*\| = \sqrt{\alpha^4 + \beta^4} \neq \|a\|^2\|a^*\|^2 = \alpha^2 + \beta^2$.

3. Ist C^*-Algebra, sogar allgemeiner $\mathcal{B}(\mathcal{H})$ wie in (2.1.24), $\mathcal{H} = $ Hilbertraum, mit der Norm (2.1.28,1), denn $\|a^*a\| = \sup_{\|x\|=1=\|y\|} |\langle y|a^*ax \rangle| = \sup_{\|x\|=1} \langle x|a^*ax \rangle = \sup_{\|x\|=1} \|ax\|^2 = \|a\|^2$ gibt mit (i) und (ii) die Bedingung (iii).

4. Ist nicht vollständig.

5. Nur für $r = 0$ vollständig, dann C^*-Algebra.

6. L^p, $p < \infty$ ist keine Algebra. $\mathcal{L}^\infty$ ist eine C^*-Algebra.

Bemerkungen (2.2.12)

1. Die Bedingungen (i) und (ii) gewährleisten, daß Multiplikation und Konjugation stetig sind (Aufgabe 3). (iii) verankert die Topologie so weit in der algebraischen Struktur, daß dadurch (algebraische) Homomorphismen von C^*-Algebren automatisch normtreu und somit stetig werden (Aufgabe 2). (iv) ist eine bequeme Normierung.

2. Es kann geschehen, daß (iii) in einer Norm verletzt, aber in einer anderen erfüllt ist, obgleich beide dieselbe Topologie bewirken. Dies zeigen (2.2.11,2 und 3) oder etwa die stetigen Funktionen über [0,1] mit

$$\|f\| = \sup_{x \in [0,1]} |f(x)|, \quad \|f\|_e = \sup_{x \in [0,1]} e^{-x}|f(x)|$$

mit der Relation $\|\cdot\| \geq \|\cdot\|_e \geq e^{-1}\|\cdot\|$. Hier ergibt $\|\cdot\|$ eine C^*-Algebra, $\|\cdot\|_e$ aber nicht, da $\|(e^x - 1)\|_e^2 = (1 - 1/e)^2 \leq \|(e^x - 1)^2\|_e = e + 1/e - 2$. In solchen Fällen wird man sich der Norm bedienen, die (2.2.10) erfüllt.

3. $\mathbf{C} \setminus \{0\}$ ist offen und $\{z \in \mathbf{C} : |z| = 1\}$, $\{z \in \mathbf{C} : \mathrm{Im}\, z = 0\}$ sind abgeschlossen. Wegen der Stetigkeit von * und der Multiplikation verallgemeinert sich dies zur Aussage, daß die invertierbaren Elemente einer C^*-Algebra offene und die unitären und hermitischen Elemente abgeschlossene Mengen bilden (Aufgabe 4). Desgleichen sind auch die Mengen der normalen, positiven und der Projektionsoperatoren abgeschlossen. Norm-Limiten führen daher aus diesen Operatorklassen nicht heraus.

4. Aus (iii) folgt: $aa^* = \mathbf{0} \Rightarrow a = \mathbf{0}$ und weiter, wenn b ein Projektor ist, was ja impliziert, daß auch $\mathbf{1} - b$ ein Projektor ist:

$$aba^* = aa^* \Rightarrow a(\mathbf{1} - b)^2 a^* = \mathbf{0} \Rightarrow a(\mathbf{1} - b) = \mathbf{0} \Rightarrow ab = a, \quad ba^* = a^*.$$

Invertierbarkeit läßt sich stets durch Hinzufügen eines Vielfachen von $\mathbf{1}$ erreichen:

Definition (2.2.13)

$\{z \in \mathbf{C} : \exists (a - z)^{-1}\}$ heißt **Resolventenmenge** von $a \in \mathcal{A}$, ihr Komplement $\mathrm{Sp}(a)$ das **Spektrum** von a.

Beispiele (2.2.14)

Für Matrizen sind die Eigenwerte, für Funktionen der Abschluß ihres Wertebereiches das Spektrum.

Bemerkungen (2.2.15)

1. Wesentlich in (2.2.13) ist, daß $(a - z)^{-1}$ als Element von $\mathcal{A}$ und nicht in irgend-einem anderen Sinn existiert, etwa als unbeschränkter Operator. Auch müßte man, falls $\mathcal{A}$ Unteralgebra einer Algebra $\mathcal{B}$ ist, angeben, ob $(a - z)^{-1}$ jetzt in $\mathcal{A}$ oder $\mathcal{B}$ existieren soll. Allerdings liegt, sofern $\mathcal{A}$ eine C^*-Algebra, das Inverse in der von a erzeugten C^*-Algebra (Normabschluß der Polynome in a und a^*), so daß sich erübrigt anzugeben, in welcher Algebra es das Inverse geben soll.

2. Für $z > \|a\|$ läßt sich $(z - a)^{-1}$ in die konvergente Reihe $z^{-1} \sum_{n=0}^{\infty} (a/z)^n$ ent-wickeln, also $\mathrm{Sp}(a) \subset \{z \in \mathbf{C} : |z| \leq \|a\|\}$, (z.B. Elemente mit $\|a - \mathbf{1}\| < 1$ sind invertierbar). Überhaupt ist die Abbildung $\mathbf{C} \to \mathcal{A} : z \to (a - z)^{-1}$ in der Resolventenmenge (welche stets offen ist, Aufgabe 7) analytisch.

3. Man überlegt sich leicht $\mathrm{Sp}(a^*) = (\mathrm{Sp}\, a)^*$, $\mathrm{Sp}(P(a)) = P(\mathrm{Sp}(a))$, P ein Poly-nom, $a \in \mathcal{A}$. Es liegt dann das Spektrum der unitären, hermitischen, positiven und Projektionselemente auf Einheitskreis, reeller Achse, positiver reeller Achse und $\{0, 1\}$. Diese Spektraleigenschaften charakterisieren (für normale Operato-ren) sogar die Operatorklassen (2.2.7) (Aufgabe 5).

4. Wie der Name Spektrum sagt, stellen die Spektralwerte $\in \mathbf{C}$ in einem gewissen Sinn das Element der Algebra dar, sie sind die möglichen Werte, die es annehmen kann. Wir werden in (2.2.31,2) sehen, daß die konvexen Kombinationen die möglichen Erwartungswerte (2.2.18) des Elements bilden.

Positivität ist für die Analysis eine wesentliche Eigenschaft, sie verleiht einer Algebra zusätzlich eine Verbandsstruktur:

Definition (2.2.16)

Auf $\mathcal{A}$ sei eine **Teilordnung** $a \geq b$ durch $a - b = \text{positiv}$ definiert.

Bemerkungen (2.2.17)

1. Nach (2.2.15,3) ist positiv mit positivem Spektrum gleichbedeutend, so daß wegen (2.2.15,4) die Summe zweier positiver Elemente wieder positiv ist. Daher gilt $a \geq b$ und $b \geq c \Rightarrow a \geq c$ und es folgt aus $a \geq \mathbf{0}$ und $-a \geq \mathbf{0}$, daß $a = \mathbf{0}$, da $\mathbf{0}$ das einzige hermitische Element mit $\mathrm{Sp}(a) = \{0\}$ ist, und weiters $a \geq b$ und $b \geq a \Rightarrow a = b$. Auch gilt $a \geq a$, so daß wir es mit einer Ordnungsrelation zu tun haben. Da positiv $\Rightarrow$ hermitisch, sind zunächst hermitische Elemente Kandidaten, auf denen $\geq$ definiert ist, aber auch auf ihnen herrscht keine totale Ordnung: Etwa

$$\begin{pmatrix} 1 & 0 \\ 0 & 0 \end{pmatrix} \qquad \text{und} \qquad \begin{pmatrix} 0 & 0 \\ 0 & 1 \end{pmatrix}$$

stehen in keiner Ordnungsrelation zueinander.

2. $\geq$ ist zwar mit der linearen Struktur von $\mathcal{A}$ verträglich, $a_i \geq b_i \Rightarrow \sum_i a_i \geq \sum_i b_i$, aber beim Produkt ergibt sich die Schwierigkeit, daß das Produkt nichtkommu-tierender hermitischer Elemente im allgemeinen nicht hermitisch ist. Aber sogar

falls es so ist, kann man Ungleichungen nicht multiplizieren, $a \geq b \not\Rightarrow a^2 \geq b^2$ (Aufgabe 10). Immerhin ist die Inversion positiver Operatoren mit der Ordnung verträglich, $a \geq b > 0 \Rightarrow b^{-1} \geq a^{-1} > 0$, und damit läßt sich für einige Funktionen die Monotonie bezüglich der Operatorordnung zeigen (Aufgabe 11). Auch gilt offensichtlich $a \geq b \Rightarrow c^*ac \geq c^*bc$, jedoch für $a \geq 0$ und $P = $ Projektor gilt nicht stets $a \geq PaP$, z.B.

$$\begin{pmatrix} 1 & 1 \\ 1 & 1 \end{pmatrix} \not\geq \begin{pmatrix} 1 & 0 \\ 0 & 0 \end{pmatrix}.$$

3. Mit der topologischen Struktur ist die Teilordnung verträglich, $\geq$ vertauscht mit Limesbildungen.

4. Bei Homomorphismen $\pi : \mathcal{A} \to \mathcal{B}$ von C^*-Algebren bleibt Positivität erhalten: $\pi(a^*a) = \pi(a)^*\pi(a) \geq 0$, also $a \geq b \Rightarrow \pi(a) \geq \pi(b)$. Für andere Abbildungen von C^*-Algebren ist die Forderung nach Positivität eine weitere Einschränkung.

Definition (2.2.18)

Ein lineares Funktional heißt **positiv**, falls $f(aa^*) \geq 0 \; \forall a \in \mathcal{A}$. Gilt auch $f(\mathbf{1}) = 1$, nennen wir f einen **Zustand**. $f(a)$ wird manchmal als **Erwartungswert** von a im Zustand f bezeichnet. Wenn $f(aa^*) > 0 \; \forall a \neq \mathbf{0}$, heißt f **treu**.

Beispiele (2.2.19)

1. Positive Maße über Funktionsalgebren (Wahrscheinlichkeitsmaße sind Zustände).

2. Für $n \times n$-Matrizen ist $m \to \text{Tr}\, \rho m$ positiv, wenn ρ positiv (im Sinne von: alle Eigenwerte ≥ 0), ein Zustand, wenn auch $\text{Tr}\, \rho = 1$.

3. Auf der C^*-Unteralgebra von $\ell^\infty : \{v \in \ell^\infty : \exists \lim_{i \to \infty} v_i\}$ ist $f(v) = \lim_{i \to \infty} v_i$ ein Zustand.

Bemerkungen (2.2.20)

1. Stetigkeit (d.h. es gibt ein $M \in \mathbf{R}^+ : |f(a)| < M\|a\| \; \forall a \in \mathcal{A}\}$ wird in (2.2.18) nicht gefordert, sie folgt automatisch. Es gilt sogar $|f(b^*ab)| \leq \|a\| f(b^*b)$ und als Verallgemeinerung der Cauchyschen Ungleichung

$$|f(b^*a)|^2 \leq f(b^*b) f(a^*a)$$

(Aufgabe 8). Wir können daher immer zu einem Zustand normieren, für sie ist $\|f\| = \sup_{a \in \mathcal{A}} |f(a)|/\|a\| = 1$.

2. Konvexe Kombinationen von Zuständen sind wieder Zustände; solche, die sich nicht so zerlegen lassen, nennt man **extremal** (oder **rein**). Etwa in den Beispielen (2.2.19) geben Integrale mit δ-Funktionen oder Spur mit eindimensionalen Projektoren reine Zustände. Nach einem Satz von Krein-Milman

[1, 12.5] ist unsere naive Vorstellung für konvexe kompakte Mengen anwendbar, es gibt Extremalpunkte und ihre konvexen Kombinationen sind im Raum der Zustände dicht. Nach Choquet läßt sich jeder Zustand als Integral über reine Zustände schreiben. Das zugehörige Maß ist allerdings nur für abelsche Algebren eindeutig. Etwa läßt sich der Zustand $m \to \frac{1}{n}\mathrm{Tr}\, m$ von $n \times n$-Matrizen als $\frac{1}{n}\sum_{k=1}^{n} \langle\, e_k \,|\, me_k \,\rangle$ schreiben, wobei die e_k ein beliebiges orthonormales System sind. $m \to \langle\, e_k \,|\, me_k \,\rangle$ (ohne Summe) ist ein reiner Zustand, so daß wir $1/n\,\mathrm{Tr}$ auf verschiedene Weise als konvexe Kombination reiner Zustände darstellen können. Stellt man sich den Raum der Zustände als Kugel vor, so bilden die reinen Zustände die Oberfläche. Für abelsche Systeme entartet die Kugel zum Simplex, und nur die Eckpunkte sind extremal. Allerdings können im Unendlichdimensionalen die Extremalpunkte eines Simplex eine zusammenhängende abgeschlossene Menge bilden. Etwa für die abelsche C^*-Algebra der stetigen Funktionen über einem zusammenhängendem Kompaktum sind die Wahrscheinlichkeitsmaße die Zustände, und Diracsche δ-Funktionen sind die reinen Zustände. Sie bilden in der schwach*-Topologie eine zusammenhängende abgeschlossene Menge, doch sind ihre konvexen Kombinationen schwach*-dicht im Raum der Zustände.

3. Es gibt sogar Zustände, für die die Ungleichungen $|f(a)| \le \|a\|$ von 1) zu Gleichungen werden. Etwa kann man für ein festes $a \in \mathcal{A}$ einen Zustand mit $f(a^*a) = \|a\|^2$ konstruieren, indem man auf dem von $\mathbf{1}$ und a^*a aufgespannten Unterraum $f(\alpha + \beta a^*a) = \alpha + \beta\|a\|^2$ setzt: Wie man sich überzeugt, ist dies ein positives Funktional mit $f(\mathbf{1}) = 1$ und $f(a^*a) = \|a\|^2$. Nach Sätzen von Hahn-Banach und Krein läßt es sich (natürlich auf vielfältige Weise) zu einem Zustand über ganz $\mathcal{A}$ ausdehnen. Sei nun Z_a die konvexe Menge der Zustände mit $f(a^*a) = \|a\|^2$. Ihre Extremalpunkte f_e sind reine Zustände, denn wäre $f_e = \lambda f_1 + (1-\lambda)f_2$, $0 < \lambda < 1$, hätten wir $\|a\|^2 = \lambda f_1(a^*a) + (1-\lambda)f_2(a^*a) \Rightarrow$ $f_i(a^*a) = \|a\|^2$ und f_e wäre nicht extremal in Z_a.

4. Positive lineare Funktionale können noch den Schönheitsfehler haben, daß sie nicht mit Supremumsbildung bezüglich der Teilordnung $\ge$ vertauschen. Ist etwa $v^{(n)} = (1,1,\ldots,\ \underset{\text{n-te Stelle}}{1},\ 0,0,\ldots)$, so gibt Beispiel (2.2.19,3) $f\left(v^{(n)}\right) = 0$, aber $v := \sup_n v^{(n)} = (1,1,1,\ldots)$ ergibt $f(v) = 1$. (Natürlich $v^{(n)} \not\to v$.)

Die makelhaften Zustände werden abgesondert durch die

Definition (2.2.21)

Ein **aufsteigender Filter** F ist eine normbeschränkte Menge $\subset \mathcal{A}$, in der es zu je zwei Elementen ein größeres gibt. Das **Supremum** $\sup F$ ist das kleinste Element $\in \mathcal{A}$ mit $a \le \sup F \ \forall a \in F$. Ein Zustand f heißt **normal**, wenn $\sup_{a \in F} f(a) = f(\sup F)$ für alle aufsteigenden Filter F.

Gibt es stets das Supremum in $\mathcal{A}$ und genügend viele normale Zustände, so verleiht dies der Algebra so erfreuliche Eigenschaften, daß sie einen besonderen Namen verdient:

Definition (2.2.22)

Eine **W*-Algebra** $\mathcal{A}$ ist eine C^*-Algebra, bei der

   (i) jeder aufsteigende Filter sein Supremum in $\mathcal{A}$ annimmt,

   (ii) $a \in \mathcal{A}$, $a \neq \mathbf{0}$ ein normaler Zustand f mit $f(a) \neq 0$ existiert.

Beispiele (2.2.23)

Matrizen sind W^*-Algebren, stetige Funktionen über einem Kompaktum $\subset \mathbf{C}^n$ nicht, ihr Supremum muß nicht stetig sein. Die C^*-Algebra der meßbaren beschränkten Funktionen L^∞ ist wieder eine W^*-Algebra, denn (i) ist erfüllt und $L^1 \subset (L^\infty)'$ gibt normale Zustände, die (ii) erfüllen.

Bemerkungen (2.2.24)

1. Obgleich sich die W^*-Eigenschaft zunächst auf die Ordnungsstruktur bezieht, werden wir algebraischen und topologischen Konsequenzen begegnen.

2. In der Integrationstheorie verwendet man Funktionsklassen, die stets Supremumsbildung zulassen. Ihre Vertauschbarkeit mit der Integration ist das wesentliche Charakteristikum von Maßen und unterscheidet sie etwa von abstrakten Mittelwerten. Durch die W^*-Algebren werden viele Resultate der Maßtheorie auf den nichtkommutativen Fall verallgemeinert.

3. Der Unterschied zwischen C^* und W^* kommt erst in Band IV zum Tragen.

Unter den Homomorphismen von C^*-Algebren sind diejenigen in $\mathbf{C}$ wegen ihrer trivialen Natur am einfachsten. Sie sind nur für abelsche C^*-Algebren interessant, klären hier aber vollständig deren Struktur:

Definition (2.2.25)

Einen algebraischen *-Homomorphismus χ (also $\chi(\alpha a + \beta b) = \alpha\chi(a) + \beta\chi(b)$, $\chi(ab) = \chi(a)\chi(b)$, $\chi(a^*) = \chi(a)^*$ $\forall a, b \in \mathcal{A}$, $\alpha, \beta \in \mathbf{C}$) einer abelschen C^*-Algebra in $\mathbf{C}$ nennt man **Charakter**, ihre Menge sei mit $X(\mathcal{A})$ bezeichnet.

Beispiele (2.2.26)

1. Für die Algebra der $n \times n$-Diagonalmatrizen sind $\chi_m : a \to a_{mm}$, $1 \leq m \leq n$, die Charaktere, für einen beliebigen Einheitsvektor e ist der Zustand $a \to \langle\, e \,|\, a\, e\,\rangle$ aber nicht immer ein Charakter.

2. In der Algebra $C(\mathbf{K})$ der stetigen Funktionen über einem Kompaktum $\mathbf{K} \subset \mathbf{C}^n$ sind die $\chi_z : f \to f(z)$, $z \in \mathbf{K}$, die Charaktere.

Bemerkungen (2.2.27)

1. Da die algebraischen Relationen unter χ erhalten bleiben, existiert mit $(a-z)^{-1}$ auch $(\chi(a)-z)^{-1}$. $\forall \chi \in X(\mathcal{A})$ ist daher $\chi(a) \in \mathrm{Sp}(a)$ und somit $|\chi(a)| \leq \|a\|$.

2. Wegen $\chi(a^*a) = \chi^*(a)\chi(a) = |\chi(a)|^2 \geq 0$ und $\chi(\mathbf{1}) = 1$ ist jeder Charakter ein Zustand, somit die Abbildung $\mathcal{A} \xrightarrow{\chi} \mathbf{C}$ automatisch stetig. Jedes χ muß sogar ein reiner Zustand sein, denn eine konvexe Kombinaton $\alpha_1 \chi_1 + \alpha_2 \chi_2$, $0 < \alpha_i < 1$, $\alpha_1 + \alpha_2 = 1$, kann nicht multiplikativ sein: $(\alpha_1 \chi_1 + \alpha_2 \chi_2)(a^2)$ ist einerseits $(\alpha_1 \chi_1(a) + \alpha_2 \chi_2(a))^2$, andererseits $\alpha_1 \chi_1(a^2) + \alpha_2 \chi_2(a^2)$. Soll dies $\forall a \in \mathcal{A}$ gelten, muß $\chi_1 = \chi_2$ gelten, $X(\mathcal{A})$ hat daher keine lineare Struktur. Aus den Resultaten des nächsten Kapitels (2.3.24,2) wird folgen, daß $X(\mathcal{A})$ alle reinen Zustände enthält: Sie geben die irreduziblen Darstellungen von $\mathcal{A}$, und die sind für abelsche Algebren eindimensional, also Charaktere.

3. Der Kern $\{a \in \mathcal{A} : \chi(a) = 0\}$ ist ein abgeschlossenes beidseitiges Ideal von $\mathcal{A}$. Da $\mathbf{C}$ keine echten Ideale hat, ist der Kern maximal, es gibt keine ihn umfassenden Ideale. Dieser Tatbestand läßt sich umkehren, jedem maximalen Ideal entspricht ein Charakter. Es gibt also Bijektionen zwischen Charakteren, reinen Zuständen und maximalen Idealen.

4. Als Teil von $\mathcal{A}'$ ist auf $X(\mathcal{A})$ die schwach*-Topologie gegeben. Die algebraische Charakterisierung von $X(\mathcal{A})$ bleibt offenbar bei schwach*-Limiten erhalten (etwa $\chi_n(a) \to \chi(a)$, $\chi_n(b) \to \chi(b) \Rightarrow \chi_n(ab) = \chi_n(a)\chi_n(b) \to \chi(a)\chi(b))$. $X(\mathcal{A})$ ist also ein schwach*-abgeschlossener Teil der Einheitskugel von $\mathcal{A}'$, daher nach (2.1.23,2) schwach*-kompakt. $\forall a \in \mathcal{A}$ sind nach Definition die Abbildungen $X(\mathcal{A}) \to \mathbf{C} : \chi \to \chi(a)$ schwach*-stetig.

Da $\mathcal{A}$ ein Teil von $\mathcal{A}''$ ist, können wir die $a \in \mathcal{A}$ als Funktionen über $X(\mathcal{A})$ auffassen, $a(\chi) := \chi(a)$. Es herrscht sogar eine vollständige Korrespondenz:

Gelfandscher Isomorphismus (2.2.28)

Eine abelsche C^*-Algebra $\mathcal{A}$ ist zur C^*-Algebra der stetigen Funktionen $C(X(\mathcal{A}))$: $X(\mathcal{A})$ (schwach* topologisiert) $\to \mathbf{C}$ isomorph.

Beweis

Die Abbildung $\mathcal{A} \to C(X(\mathcal{A}))$, $a \to a(\chi)$ erhält die algebraischen Eigenschaften, etwa $a_1 a_2(\chi) = \chi(a_1 a_2) = \chi(a_1)\chi(a_2) = a_1(\chi) a_2(\chi)$. Da $X(\mathcal{A})$ die reinen Zustände enthält, gilt nach (2.2.20,3) $\|a\| = \sup_{\chi \in X(\mathcal{A})} |a(\chi)|$, so daß die Normen von $\mathcal{A}$ und $C(X(\mathcal{A}))$ übereinstimmen. Daraus folgt auch $a(\chi) = 0 \ \forall \chi \Rightarrow a = \mathbf{0}$, und es verbleibt nur zu zeigen, daß $\mathcal{A}$ sogar alle stetigen Funktionen über $X(\mathcal{A})$ liefert: Nach einem Satz von Weierstraß sind die Polynome von z und $z^* \in \mathbf{C}$ auf einem Kompaktum in der Supremumstopologie in den stetigen Funktionen dicht. Nach Stone [1, 7.3] verallgemeinert sich dies zu der Aussage, daß eine *-Algebra komplexwertiger Funktionen (mit Einheit und der Eigenschaft, daß für alle $\chi_1 \neq \chi_2$ ein f existiert mit $f(\chi_1) \neq f(\chi_2)$) im Normabschluß alle stetigen Funktionen liefert, und die $a(\chi)$

erfüllen genau diese Bedingungen. Somit ist $a \to a(\chi)$ eine Bijektion, welche die algebraische und topologische Struktur erhält. $\qquad\qquad\qquad\qquad\qquad\qquad\qquad\qquad$ $\square$

Beispiele (2.2.29)

1. In (2.2.26,1) ist $X(\mathcal{A}) = \{\chi_1, \chi_2, \ldots, \chi_n\}$ (mit diskreter Topologie) und $C(X(\mathcal{A})) = \{m \to a_{mm} \in \mathbf{C} : m = 1, 2, \ldots, n : \chi_m \to a_{mm}\chi_m\}$, gleicht also der Menge der Diagonalmatrizen.

2. In (2.2.26,2) haben wir schon eine Bijektion zwischen $\mathbf{K}$ und $X(C(\mathbf{K}))$ gefunden: $z \to \chi_z$. Laut (2.2.28) ist dies sogar ein Homöomorphismus, wenn wir $X(C(\mathbf{K}))$ mit der schwach*-Topologie versehen.

Bemerkungen (2.2.30)

1. Der Dualraum von stetigen Funktionen $\mathcal{F}$ ist der Raum der Maße $M(\mathcal{F})$. Die folgende Kette von stetigen Abbildungen in $\mathbf{C}$ faßt die verschiedenen Identifizierungen zusammen:

$$\mathcal{A} \xrightarrow{\;\mathcal{A}' \supset X(\mathcal{A})\;} \mathbf{C}$$

$$X(\mathcal{A}) \xrightarrow{\;C(X(\mathcal{A})) \equiv \mathcal{A}\;} \mathbf{C}$$

$$C(X(\mathcal{A})) \xrightarrow{\;M(C(X(\mathcal{A}))) \equiv \mathcal{A}'\;} \mathbf{C}.$$

2. Diese Resultate für abelsche C^*-Algebren geben bequeme Darstellungen von normalen Elementen a einer beliebigen C^*-Algebra, man muß ja nur die von $\mathbf{1}, a, a^*$ erzeugte Algebra betrachten.

3. (2.2.28) gilt a fortiori auch für abelsche W^*-Algebren. Die lassen sich auch als L^∞-Funktionen über einem geeigneten Maßraum darstellen.

Da Funktionsalgebren leicht zu handhaben sind, ziehen wir aus dem Gelfandschen Isomorphismus (2.2.28) die

Folgerungen (2.2.31)

1. Die Potenzreihe von $a(\chi) \to (a(\chi) - z)^{-1}$ konvergiert $\forall \chi \in X(\mathcal{A})$, solange $z > \sup_{\chi \in X(\mathcal{A})} |a(\chi)| = \|a\|$. Wir sehen, daß für normale a einer C^*-Algebra die Potenzreihe von $a \to (a - z)^{-1}$ genau dann konvergiert, wenn $|z| > \|a\|$. (Für nicht normale gilt dies nicht, $\forall z \neq 0$ ist

$$\left(\begin{pmatrix} 0 & 1 \\ 0 & 0 \end{pmatrix} - z\mathbf{1} \right)^{-1} = -\frac{1}{z}\mathbf{1} - \frac{1}{z^2}\begin{pmatrix} 0 & 1 \\ 0 & 0 \end{pmatrix},$$

obwohl $\left\| \begin{pmatrix} 0 & 1 \\ 0 & 0 \end{pmatrix} \right\| = 1$.) Allgemein gilt, daß $\mathrm{Sp}(a)$ genau das Bild von $X(\mathcal{A})$ unter a ist.

2. Stetige Funktionen $f(a)$ sind im Bild des Gelfandschen Isomorphismus durch $f(a(\chi))$ definiert. Sie existieren daher für normale a in jeder C^*-Algebra. Insbesondere läßt sich ein hermitisches Element in einen positiven und einen negativen Teil zerlegen und aus positiven Elementen eindeutig die Wurzel ziehen. In einer W^*-Algebra gibt es zu jedem hermitischen Element a alle Projektoren $\Theta(a - \alpha)$, $\alpha \in \mathbf{R}$, da die Stufenfunktion Supremum stetiger Funktionen ist. Allgemein wird $\|f(a)\| = \sup_{\chi} |f(a(\chi))| = \sup_{\alpha \in \mathrm{Sp}(a)} |f(\alpha)|.$

3. Für hermitische Elemente gilt $-\mathbf{1} \leq a/\|a\| \leq \mathbf{1}$, die positiven lassen sich durch $\|\mathbf{1} - a/\|a\|\| \leq 1$ charakterisieren.

4. Nach (2.2.30,1) bildet der Gelfandsche Isomorphismus einen Zustand w in ein Wahrscheinlichkeitsmaß $d\mu_w$ über $C(X(\mathcal{A}))$ ab: $w(a) = \int_{X(\mathcal{A})} d\mu_w(\chi)\, a(\chi)$, $a =$ normal. Die reinen Zustände sind die Punktmaße $d\mu_w = \delta(\chi - \chi_0)$, $\chi_0 \in X(\mathcal{A}) \Rightarrow w(a) = a(\chi_0)$. Wir sehen wieder

$$\|a\| = \sup_{\chi \in X(\mathcal{A})} |a(\chi)| = \sup_{w=\mathrm{rein}} |w(a)|.$$

5. Da a das Kompaktum $X(\mathcal{A})$ stetig in das Kompaktum $\mathrm{Sp}(a)$ abbildet, können wir wie in 4) $a(\chi)$ als Integrationsvariable einführen und über das Bildmaß $dw = a(d\mu_w)$ integrieren:

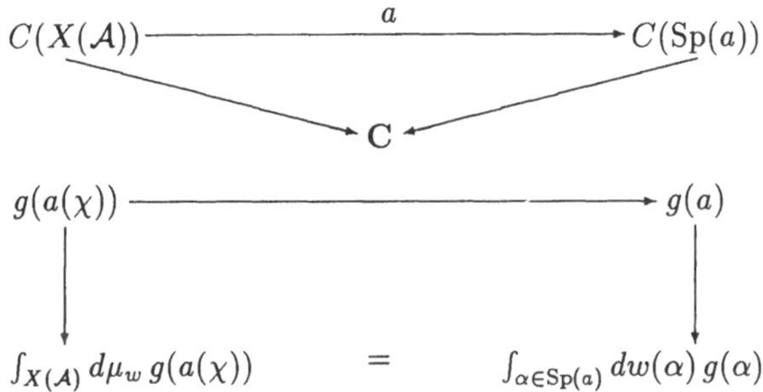

Jeder Zustand w liefert also ein Wahrscheinlichkeitsmaß dw über dem Spektrum eines normalen Elementes a, so daß für $w(a) = \int_{\alpha \in \mathrm{Sp}(a)} dw(\alpha)\, \alpha$. Insbesondere für hermitische oder unitäre Elemente sind dies Maße auf der reellen Achse oder dem Einheitskreis.

Die bisher gewonnenen mathematischen Strukturen erlauben, das begriffliche Schema der Quantentheorie zu formulieren.

Grundannahme der Quantentheorie (2.2.32)

Observable und Zustände werden durch hermitische Elemente a einer C^*-Algebra $\mathcal{A}$ und durch Zustände über $\mathcal{A}$ beschrieben. Die möglichen Meßresultate für a sind in $\mathrm{Sp}(a)$, und deren Wahrscheinlichkeitsverteilung in einem Zustand w wird durch dw, das von ihm auf $\mathrm{Sp}(a)$ induzierte Wahrscheinlichkeitsmaß, gegeben.

Bemerkungen (2.2.33)

1. Da man zunächst nur reelle Zahlen mißt, sind Observable hermitische Elemente, sie bilden aber nur im abelschen Fall eine Unteralgebra (über den reellen Zahlen).

2. Klassisch waren die Observablen eine reelle Funktionenalgebra, für die ist Spektrum = Wertevorrat. (2.2.32) verallgemeinert dieses Schema nur insofern, als die Kommutativität nicht gefordert wird.

3. In diesem Band wird $\mathcal{A}$ meistens $\mathcal{B}(\mathcal{H})$ sein und wir werden nur normale Zustände über $\mathcal{B}(\mathcal{H})$ betrachten.

4. Für abelsche Algebren hatten wir: Maximales Ideal = Charakter = reiner Zustand = Punktwahrscheinlichkeitsmaß. Diese Zustände sind für alle Observablen streuungsfrei, das **Schwankungsquadrat** $(\triangle_w(a))^2 := w(a^2) - w(a)^2$ verschwindet für sie. Für nicht kommutative Algebren wird es im allgemeinen solche Zustände nicht geben, denn aus der Operatorungleichung (w ein beliebiger Zustand)

$$\left(\frac{a - w(a)}{\triangle_w(a)} + i\, \frac{b - w(b)}{\triangle_w(b)} \right) \left(\frac{a - w(a)}{\triangle_w(a)} - i\, \frac{b - w(b)}{\triangle_w(b)} \right) \geq 0$$

folgern wir die **Unschärferelation**

$$\left| w\left(\frac{ab - ba}{2i} \right) \right| \leq \triangle_w(a)\, \triangle_w(b).$$

Ein Zustand, der für alle Observablen streuungsfrei ist, müßte auf allen Kommutatoren $[a, b] := ab - ba$ Null ergeben. Für $\mathcal{A} = \mathcal{B}(\mathcal{H})$ und normale Zustände ist dies nicht möglich: Hier gibt es aufsteigende Folgen von Projektoren, die **1** als Supremum haben, aber jeder läßt sich durch den Kommutator zweier hermitischer Elemente darstellen (Aufgabe 9).

5. Obgleich es offensichtlich ist, wie die Funktion einer Observablen zu messen ist – man bilde die Funktion des Meßwertes – ist es weniger klar, wie man dies für Summe oder Produkt nichtkommutierender Größen tun soll. Für sie ist das Spektrum keineswegs die entsprechende Funktion der Spektren. So werden wir sehen, daß xp_y und yp_x als Spektrum $\mathbf{R}$ haben, ihre Differenz, der Drehimpuls, aber $\mathbf{Z}$. Die möglichen Meßwerte des Drehimpulses sind also ganze Zahlen, während einzelnes Messen von x, y, p_x, p_y jede beliebige Zahl ergeben

kann. Daher ist die algebraische Struktur der Observablen problematisch, und man hat nach sparsameren Axiomen gesucht. Diese gleich zu besprechenden Vorschläge führen aber, bis auf uninteressante Ausnahmen, letztlich stets auf das Schema (2.2.32) zurück, so daß die Einbettung der Observablen in eine C^*-Algebra empfehlenswert erscheint.

Wir können hier nicht die ganze Problematik des Meßprozesses aufrollen, sondern weisen nur auf knappere mathematische Strukturen hin, die zur Formulierung der Quantentheorie vorgeschlagen wurden.

Jordan-Algebren (2.2.34)

Sucht man nach einer Algebra, die nur aus Observablen besteht, so hat man zunächst die Schwierigkeit, daß zwar die Summe, nicht aber das Produkt zweier nichtkommutierender Elemente wieder hermitisch ist. Das symmetrisierte Produkt $a \circ b :=$ $\frac{1}{2}((a+b)^2 - a^2 - b^2)$ führt nicht aus den hermitischen Elementen heraus und kann als zweite Verknüpfung für eine Observablenalgebra (über **R**) dienen. Abstrahiert man davon das kommutative und distributive Gesetz, kann man die Regeln einer (nicht assoziativen) Algebra formulieren. Modulo einiger topologischer Annahmen, die physikalisch mehr oder weniger überzeugend sind, lassen sich solche **Jordan**-Algebren in $\mathcal{B}(\mathcal{H})$ einbetten, wobei $a \circ b = (ab + ba)/2$

Propositions-Systeme (2.2.35)

Hier läßt man als Observable **Propositionen** $p_i \in \mathcal{P}$ zu. Sie entsprechen etwa der Aussage „das Teilchen ist im Gebiet G" und lassen sich durch ja-nein-Experimente prüfen. In der algebraischen Formulierung werden sie durch Projektoren dargestellt, oben etwa durch die charakteristische Funktion von G. Anstelle der algebraischen verwendet man nur verbandstheoretische Operationen, sie entsprechen logischen Schlüssen und scheinen weniger von der Meßproblematik beschwert. Zunächst postuliert man für $\mathcal{P}$ eine Teilordnung mit einem maximalen Element **1** und einem minimalen **0**. Ferner soll existieren

(i) $\inf\{p_1, p_2, \ldots, p_n\} \equiv p_1 \wedge p_2 \wedge \ldots \wedge p_n$,

(ii) $\sup\{p_1, p_2, \ldots, p_n\} \equiv p_1 \vee p_2 \vee \ldots \vee p_n$,

(iii) eine Komplementbildung$'$ $\mathcal{P} \to \mathcal{P}$ mit $p \wedge p' = \mathbf{0}$, $p'' = p$, $p_1 \geq p_2 \Leftrightarrow p_1' \leq p_2'$.

Es folgt dann $(p_1 \wedge p_2)' = p_1' \wedge p_2'$, also $p \vee p' = \mathbf{1}$. Der Zusammenhang mit der Logik ist so, daß die größere Proposition die schwächere Aussage liefert, also $p_1 \leq p_2$ heißt $p_1 \Rightarrow p_2$, die Proposition **1** ist auf jeden Fall richtig und **0** immer falsch. $p_1 \wedge p_2$ (bzw. $p_1 \vee p_2$) sind also die schwächsten (bzw. stärksten) Propositionen, die p_1 und p_2 implizieren (bzw. von p_1 und p_2 impliziert werden). $p \wedge p' = \mathbf{0}$ heißt, es gibt keine richtige Proposition, die sowohl p als auch p' implizieren würde, eine Proposition kann nicht gleichzeitig mit ihrem Komplement richtig sein. In der klassischen Logik ist p' die Negation von p, $p_1 \wedge p_2$ heißt sowohl p_1 als auch p_2, $p_1 \vee p_2$ ist entweder p_1 oder p_2 oder beide zusammen.

In der algebraischen Darstellung ist $\mathcal{P}$ die Menge der Projektoren mit der Ordnung (2.2.16) und $p' = 1 - p$. Im klassischen Fall sind die p_i charakteristische Funktionen von Mengen G_i im Phasenraum. (p_1' entspricht dann dem Komplement CG_1, $p_1 \wedge p_2$ (bzw. $p_1 \vee p_2$) dem Durchschnitt (bzw. der Vereinigung) von G_1 mit G_2.) Natürlich läßt sich dies auch durch die algebraischen Operationen ausdrücken, wobei sich im nichtkommutativen Fall das Produkt der charakteristischen Funktionen zu $p_1 \wedge p_2 = \lim_{n \to \infty} p_1 (p_2 p_1)^n$ verallgemeinert.

Im Hilbertraum $\mathcal{H}$ sind die p_i die Projektoren auf $\mathcal{H}_i$, p_i' projiziert auf den Orthogonalraum $\mathcal{H}_i^\perp$, $p_1 \wedge p_2$ auf $\mathcal{H}_1 \cap \mathcal{H}_2$, $p_1 \vee p_2$ auf den von $\mathcal{H}_1$ und $\mathcal{H}_2$ aufgespannten Raum.

Bemerkungen (2.2.36)

1. Bei der algebraischen Realisierung des Propositionssystems brauchen wir die W^*-Eigenschaft, damit die verbandstheoretischen Operationen definierbar sind. Dann existieren alle Projektoren und der Limes $n \to \infty$ der positiven fallenden Folge $p_1 (p_2 p_1)^n$ existiert.

2. Charakteristische Funktionen $\chi_I : \mathbf{R} \supset I \to 1$, $CI \to 0$, von Observablen sind Projektoren, $\chi_I(A)$ entspricht der Aussage, daß ein Spektralwert $a \in I$ realisiert ist. $\chi_I(A)'$ heißt dann, daß ein Wert aus CI vorliegt.

3. Im kommutativen Fall sind die p_i als charakteristische Funktionen realisierbar, das distributive Gesetz: $p_1 \wedge (p_2 \vee p_3) = (p_1 \wedge p_2) \vee (p_1 \wedge p_3)$ folgt aus der Korrespondenz zu den mengentheoretischen Operationen. Sie werden algebraisch folgendermaßen realisiert: $p_1 \wedge p_2 \leftrightarrow \chi_1 \chi_2$, $p_1 \vee p_2 \leftrightarrow \chi_1 + \chi_2 - \chi_1 \chi_2$. Das distributive Gesetz besagt $\chi_1(\chi_2 + \chi_3 - \chi_2 \chi_3) = \chi_1 \chi_2 + \chi_1 \chi_3 - \chi_1 \chi_2 \chi_1 \chi_3$. Gilt für $p_i \in \mathcal{B}(\mathcal{H})$ $p_1 > p_2$, dann vertauscht p_1 mit p_2, und innerhalb des von p_1, p_2, p_1', p_2' gebildeten Propositionssystems gilt das distributive Gesetz. Allgemein ist es aber nicht erfüllt, ebensowenig die Operatorungleichung $p_1 \vee p_2 \leq p_1 + p_2$.

Beispiel (2.2.37)

In $\mathcal{H} = \mathbf{C}^2$ bilden wir mit den Spinmatrizen

$$(\sigma_x, \sigma_y, \sigma_z) = \left(\begin{pmatrix} 0 & 1 \\ 1 & 0 \end{pmatrix}, \begin{pmatrix} 0 & -i \\ i & 0 \end{pmatrix}, \begin{pmatrix} 1 & 0 \\ 0 & -1 \end{pmatrix} \right)$$

die eindimensionalen Projektoren

$$p_{\vec{n}} = \frac{1 + \vec{\sigma}\vec{n}}{2}, \quad \vec{n} \in \mathbf{R}^3, \quad \vec{n}^2 = 1.$$

Physikalisch entsprechen sie den Aussagen „Eine Messung von $\vec{\sigma}$ in Richtung $\vec{n}$ gibt mit Sicherheit den Wert 1". $\forall \vec{n}_1 \neq \vec{n}_2$ gilt $p_{\vec{n}} \wedge p_{\vec{n}_2} = 0$. Sind daher die n_i verschieden, ist

$$p_{\vec{n}_1} \wedge (p_{\vec{n}_2} \vee p_{\vec{n}_3}) = p_{\vec{n}_1} \wedge 1 = p_{\vec{n}_1},$$

aber

$$(p_{\vec{n}_1} \wedge p_{\vec{n}_2}) \vee (p_{\vec{n}_1} \wedge p_{\vec{n}_3}) = 0 \vee 0 = 0.$$

Der klassische Schluß: Ist das Teilchen im Gebiet G_1 und entweder in G_2 oder G_3, dann ist es entweder in G_1 und G_2 oder in G_1 und G_3, versagt bei nichtkommutativen Größen. Die Proposition „Der Spin zeigt sowohl in die $\vec{n}_2$- als auch in die $\vec{n}_3$-Richtung" ist sicher falsch ($p_{\vec{n}_2} \wedge p_{\vec{n}_3} = 0$). Die komplementäre Aussage ist die triviale Proposition (der Spin zeigt irgendwo hin) und ist die schärfste, welche von sowohl $p_{\vec{n}_2}$ als auch $p_{\vec{n}_3}$ impliziert wird ($p_{\vec{n}_2} \vee p_{\vec{n}_3} = 1$). Aber sie impliziert nicht, daß eine der Messungen von $\vec{\sigma}\vec{n}_2$ oder $\vec{\sigma}\vec{n}_3$ mit Sicherheit den Wert 1 ergibt. Somit ist $p_{\vec{n}_1} \wedge (p_{\vec{n}_2} \vee p_{\vec{n}_3})$ nicht als „Der Spin hat die Richtungen $\vec{n}_1$ und $\vec{n}_2$ oder $\vec{n}_3$" auszusprechen und auch nicht als „Der Spin hat die Richtungen $\vec{n}_1$ und $\vec{n}_2$ oder $\vec{n}_1$ und $\vec{n}_3$".

Es läßt sich nun zeigen, daß modulo technischer Annahmen ein Propositionssystem, bei dem für $p_1 \geq p_2$ innerhalb von (p_1, p_2, p_1', p_2') das distributive Gesetz gilt, durch Projektoren im Hilbertraum darstellbar ist. Es scheint daher der von uns gewählte algebraische Rahmen gerade der für die Quantenmechanik passende zu sein.

Aufgaben (2.2.38)

1. Zeige (2.2.15,2)

2. Zeige, daß ein *-Homomorphismus π einer C^*-Algebra stetig ist.

3. Zeige, daß in einer C^*-Algebra die Multiplikation (in beiden Faktoren gleichzeitig) stetig ist.

4. Zeige (2.2.12,3)

5. Zeige die Behauptungen (2.2.15,3)

6. Mischung zweier Zustände: Zeige, daß für $w = \alpha w_1 + (1-\alpha)w_2, 0 < \alpha < 1, (\triangle_w a)^2 \geq \alpha(\triangle_{w_1})^2 + (1-\alpha)(\triangle_{w_2}a)^2$; das Gleichheitszeichen gilt genau dann, wenn $w_1(a) = w_2(a)$.

7. Zeige, daß die Resolventenmenge offen und das Spektrum nicht leer ist.

8. Beweise die Ungleichungen (2.2.20,1)

9. Stelle die Projektoren P_n auf den von den ersten n Basisvektoren aufgespannten Unterraum in ℓ^2 als Kommutatoren (mal i) zweier hermitischer Elemente dar.

10. Finde ein Beispiel mit 2×2-Matrizen, in dem $0 \leq a \leq b \nleq a^2 \leq b^2$. (Verwende, daß $a \geq 0 \Leftrightarrow a = a^*$, $\operatorname{Tr} a \geq 0$, $\operatorname{Det} a \geq 0$.)

11. Sei $0 \leq a \leq b$. Zeige, daß (i) falls a^{-1} existiert, $b^{-1} \leq a^{-1}$, (ii) falls $\ln a$ existiert, $\ln a \leq \ln b$, (iii) $a^\gamma \leq b^\gamma$ für $0 \leq \gamma \leq 1$. (Verwende
$b \geq a \geq 0 \Rightarrow \int_0^\infty d\lambda\, \sigma(\lambda)(a + \lambda)^{-1} \geq \int_0^\infty d\lambda\, \sigma(\lambda)(b + \lambda)^{-1}$ für $\sigma \geq 0$.
Man kann sogar zeigen, daß alle Funktionen f, für welche aus $b \geq a \geq 0$ folgt $f(b) \leq f(a)$, diese Form haben.)

Lösungen (2.2.39)

1. $(a - z)^{-1} = -\frac{1}{z}\sum_{n=0}^{\infty}(a/z)^n$, der Konvergenzkreis dieser Reihe ist genau $|z| = \lim \|a^n\|^{1/n} = \operatorname{spr} a$ (**Spektralradius**). I.a. ist $\operatorname{spr} a \leq \|a\|$, für normale a ist wegen $\|a^2\| = \|a\|^2$ usw. $\operatorname{spr} a = \|a\|$ (vgl. 2.2.31,1 und 2).

2. Existiert $(a-z)^{-1}$, dann auch $(\pi(a)-z)^{-1}$, somit ist nach 1) für a hermitisch $\|\pi(a)\| \leq \|a\|$ und daher allgemein $\|\pi(a)\|^2 = \|\pi(a^*a)\| \leq \|a^*a\| = \|a\|^2$. Unter Zuhilfenahme von (2.2.17,4) kann man auch so argumentieren:
$a^*a \leq \|a\|^2 \cdot 1 \Rightarrow \pi(a^*a) \leq \|a\|^2\pi(1) \Rightarrow \|\pi(a)\|^2 \leq \|a\|^2$.

3. $\|(a+\delta a)(b+\delta b)-ab\| < \epsilon$ für $\|\delta a\|$ und $\|\delta b\| < (\epsilon+((\|a\|+\|b\|)/2)^2)^{1/2} - (\|a\|+\|b\|)/2$.

4. $(a - \delta)^{-1} = a^{-1}(1 - \delta \cdot a^{-1})^{-1} = a^{-1}\sum(\delta \cdot a^{-1})^n$, die Reihe konvergiert $\forall\delta$ mit $\|\delta\| < \|a^{-1}\|^{-1}$. Die Abbildungen $a \to a^*a - aa^*$, $a \to a - a^*$, $a \to aa^* - 1$, $a \to a^*a - 1$, $a \to a^2 - a$ sind stetig, daher ist das Urbild von $\mathbf{0}$ stets abgeschlossen. Aufgrund des Isomorphismus (2.2.31,3) läßt sich für hermitische a Positivität durch $\|a\| - \|\,\|a\| - a\| \leq 0$ charakterisieren; das Urbild von $[0,\infty)$ ist ebenfalls abgeschlossen.

5. $\operatorname{Sp}(a^*) = (\operatorname{Sp} a)^*$ ist trivial. – Es sei $P(a) - \lambda = \alpha \prod(a - \lambda_i)$ für λ, λ_i und $\alpha \in \mathbf{C}$. $\lambda \in \operatorname{Sp}(P(a)) \Leftrightarrow (P(a) - \lambda)^{-1}$ existiert nicht $\Leftrightarrow$ ein $\lambda_i \in \operatorname{Sp}(a) \Leftrightarrow \lambda = P(\lambda_i) \in P(\operatorname{Sp} a)$.
$aa^* = a^*a = 1 \Rightarrow \|a\| = \|a^{-1}\| = 1 \Rightarrow \operatorname{Sp}(a) \subset \{z \in \mathbf{C} : |z| = 1\}$.
$a = a^* : \alpha + i\beta \in \operatorname{Sp}(a) \Leftrightarrow \alpha + i(\beta + \lambda) \in \operatorname{Sp}(a + i\lambda) \Rightarrow \alpha^2 + (\beta + \lambda)^2 \leq \|a + i\lambda\|^2 = \|a^*a + \lambda^2\| \leq \|a\|^2 + \lambda^2 \; \forall\lambda \in \mathbf{R} \Rightarrow \beta = 0$.
$a^2 - a = \mathbf{0}$, $a = a^* : \operatorname{Sp}(a^2 - a) = (\operatorname{Sp} a)^2 - (\operatorname{Sp} a) = 0$, $\operatorname{Sp}(a) \subset \{0,1\}$.
Für $a = b^*b$ ist der Beweis der Positivität des Spektrums umständlicher. Man kann jedoch zeigen, daß man sich auf hermitische b beschränken kann, für welche die Positivität aus $\operatorname{Sp} b^2 = (\operatorname{Sp} b)^2$ folgt.
Daß die Spektraleigenschaften für normale Operatoren die verschiedenen Operatorrelationen bedingen, folgt aus dem Gelfandschen Isomorphismus (2.2.28), da dies für Funktionsalgebren evident ist.

6. $(\triangle_w a)^2 - \alpha(\triangle_{w_1} a)^2 - (1 - \alpha)(\triangle_{w_2} a)^2 = (\alpha - \alpha^2)[w_1(a) - w_2(a)]^2$.

7. Die Resolventenmenge ist offen wegen der Konvergenz von
$(a - z)^{-1} = (a - z_0)^{-1} \cdot \sum_{n=0}^{\infty}(a - z_0)^{-n}(z - z_0)^n$ für $|z - z_0| \leq \|(a - z_0)^{-1}\|^{-1}$. Wäre sie ganz $\mathbf{C}$, so wäre $(a - z)^{-1}$ eine (operatorwertige) ganze beschränkte Funktion und somit nach dem Satz von Liouville konstant (vgl. dazu [7], IX,11).

8. $|f(a^*b)|^2 \leq f(a^*a)\,f(b^*b)$ wird nach der Methode von (2.1.29,10) gezeigt. – Ist $a \geq \mathbf{0}$, so ist nach (2.2.17,2) und (2.2.31,3) $b^*ab \leq \|a\|b^*b$ und $f(b^*ab) \leq \|a\|f(b^*b)$. Für beliebiges a ist $|f(bab^*)|^2 \leq f(baa^*b^*)\,f(bb^*) \leq \|aa^*\|f(bb^*)^2 = \|a\|^2 f(bb^*)^2$.

9. Sei
$$S_n = \begin{pmatrix} 0 & 0 & \dots & 0 & \overset{n-\text{te Stelle}}{1} & 0 & 0 & \dots \\ 0 & 0 & \dots & 0 & 0 & 1 & 0 & \dots \\ 0 & 0 & \dots & 0 & 0 & 0 & 1 & \dots \end{pmatrix},$$
dann ist $P_n = [S_n, S_n^\dagger] = \frac{i}{2}[S_n + S_n^\dagger, i(S_n - S_n^\dagger)]$.

10. $a \geq \mathbf{0} \Leftrightarrow$ beide Eigenwerte $\geq 0 \Leftrightarrow$ Summe und Produkte der beiden Eigenwerte ≥ 0, d.h. Tr $a \geq 0$, Det $a \geq 0$. Sei nun

$$\mathbf{0} \leq a = \begin{pmatrix} 1 & 1 \\ 1 & 1 \end{pmatrix} \leq \begin{pmatrix} \lambda & 1 \\ 1 & 1 \end{pmatrix} = b, \quad (\lambda > 1).$$

$$\text{Det}\,(b^2 - a^2) = \begin{vmatrix} \lambda^2 - 1 & \lambda - 1 \\ \lambda - 1 & 0 \end{vmatrix} = -(\lambda - 1)^2 < 0 \Rightarrow b^2 - a^2 \not\geq \mathbf{0}.$$

11. (i) $\mathbf{0} < a \leq b \Rightarrow \mathbf{0} < b^{-1/2}ab^{-1/2} \leq \mathbf{1} \Rightarrow \mathbf{1} \leq b^{1/2}a^{-1}b^{1/2} \Rightarrow b^{-1} \leq a^{-1}$.

(ii) $\ln b - \ln a = \int_0^\infty d\lambda\,[(\lambda + a)^{-1} - (\lambda + b)^{-1}]$.

(iii) $\int_0^\infty d\lambda\,\lambda^{-\gamma}(a + \gamma)^{-1} = \text{const} \cdot a^{-\gamma}$ für $0 < \gamma < 1 \Rightarrow a^{-\gamma} \geq b^{-\gamma} \Rightarrow a^\gamma \leq b^\gamma$.

2.3   Darstellungen im Hilbertraum

Matrixalgebren sind insoferen fast typische Beispiele von C^*-Algebren, als sich letztere stets durch beschränkte Operatoren im Hilbertraum darstellen lassen.

Die Begriffe lineares Funktional oder Charakter erweitern sich durch die

Definition (2.3.1)

Eine **Darstellung** π einer C^*-Algebra ist ein *-Homomorphismus von $\mathcal{A}$ in $\mathcal{B}(\mathcal{H})$ (also $\pi(\lambda_1 a_1 + \lambda_2 a_2) = \lambda_1 \pi(a_1) + \lambda_2 \pi(a_2)$, $\pi(a_1 a_2) = \pi(a_1)\pi(a_2)$, $\pi(a^*) = \pi(a)^*$, $a_i \in \mathcal{A}$, $\lambda_i \in \mathbf{C}$). Gilt $a \neq 0 \Rightarrow \pi(a) \neq 0$, heißt π **treu**. Zwei Darstellungen π_1 und π_2 in $\mathcal{H}_1$ und $\mathcal{H}_2$ nennt man **äquivalent**, wenn es einen Isomorphismus $U : \mathcal{H}_1 \to \mathcal{H}_2$ gibt, so daß $\forall a \in \mathcal{A}$, $\pi_2(a) = U\pi_1(a)U^{-1}$.

Beispiele (2.3.2)

1. Matrixalgebren stellen sich selbst dar.

2. Stetige Funktionen über einem Kompaktum $\mathbf{K}$ stellen sich als Multiplikationsoperatoren in $L^2(\mathbf{K}, \mu)$ dar, indem man $(\pi(a)\varphi)(x) = a(x)\varphi(x)$ $\forall a \in \mathcal{A}$, $\varphi \in L^2$, $x \in \mathbf{K}$, setzt. $(\|\pi(a)\varphi\| \leq \|a\|\|\varphi\|.)$

Bemerkungen (2.3.3)

1. Die Stetigkeit von π muß nicht gefordert werden, sie folgt aus der Positivität (2.2.17,4): $\mathbf{0} \leq a^* a \leq \|a\|^2 \cdot \mathbf{1} \Rightarrow \mathbf{0} \leq \pi(a^*) \leq \|a\|^2 \cdot \pi(\mathbf{1}) \Rightarrow \|\pi(a)\| \leq \|a\|$. Es ist nämlich $\|\pi(\mathbf{1})\| = 0$ oder 1, da $\|\pi(\mathbf{1})\| = \|\pi(\mathbf{1})^*\pi(\mathbf{1})\| = \|\pi(\mathbf{1})\|^2$. Falls $\|\pi(\mathbf{1})\| = 0$, hat man die triviale Darstellung $\pi(\mathcal{A}) = \mathbf{0}$.

2. Der Kern $\mathcal{K} = \pi^{-1}(\mathbf{0})$ ist ein abgeschlossenes beidseitigen Ideal von $\mathcal{A}$. $\pi = $ treu heißt $\mathcal{K} = \{\mathbf{0}\}$, also π injektiv. Das Positivitätsargument von 1) gilt dann auch für $\pi^{-1} : \pi(\mathcal{A}) \to \mathcal{A}$ und daher $\pi = $ treu $\Leftrightarrow \|\pi(a)\| = \|a\|$ $\forall a \in \mathcal{A}$. Hat $\mathcal{A}$ keine echten beidseitigen Ideale, so nennt man es einfache Algebra, und es ist jede nichttriviale Darstellung treu. Allgemein ist π eine treue Darstellung der Quotientenalgebra $\mathcal{A}/\mathcal{K}$. Mit der Quotientennorm $(:= \inf \|a + b\|, b \in \mathcal{K})$ topologisiert, bildet diese eine C^*-Algebra. Auf jeden Fall ist $\pi(\mathcal{A})$ selbst einer C^*-Algebra isomorph und daher eine normabgeschlossene Teilalgebra von $\mathcal{B}(\mathcal{H})$.

3. Im folgenden werden nur Darstellungen betrachtet, die auch auf keinem Teilraum von $\mathcal{H}$ trivial sind, d.h. $\forall \varphi \in \mathcal{H} \ \exists a \in \mathcal{A} : a\varphi \neq 0$.

Da π weder injektiv noch surjektiv sein muß, benötigen wir folgende Terminologie zur Einteilung von Teilalgebren:

Definition (2.3.4)

Sei $\mathcal{M}$ eine Teil*-Algebra von $\mathcal{B}(\mathcal{H})$. Die Teil*-Algebra

$$\mathcal{M}' := \{b \in \mathcal{B}(\mathcal{H}) : ba = ab \ \forall a \in \mathcal{M}\}$$

heißt **Kommutante** (nicht zu verwechseln mit dem Dualraum (2.1.16)).

$\mathcal{M}' \cap \mathcal{M} =: \mathcal{Z}$ (**Zentrum**)

$\mathcal{M} \subset \mathcal{M}' : \mathcal{M} =$ **abelsch**

$\mathcal{M} = \mathcal{M}' : \mathcal{M} =$ **maximal abelsch**

$\mathcal{M} = \mathcal{M}'' : \mathcal{M} =$ **von Neumann Algebra**

$\mathcal{M}' = \lambda \cdot \mathbf{1} : \mathcal{M} =$ **irreduzibel**

$\mathcal{Z} = \lambda \cdot \mathbf{1} : \mathcal{M}'' =$ **Faktor**.

Ist $\mathcal{T}$ ein Unterraum von $\mathcal{H}$:

$\mathcal{M} \cdot \mathcal{T} \subset \mathcal{T} : \mathcal{T} =$ **invarianter Teilraum**

$\mathcal{M} \cdot \mathcal{T}$ dicht in $\mathcal{H}$: $\mathcal{T} =$ **Totalisator**, ist $\mathcal{T}$ eindimensional, heißen seine Vektoren **zyklisch** (bezüglich $\mathcal{M}$).

Beispiele (2.3.5)

1. Aus den Spinmatrizen (2.2.37) bilden wir (α, β durchlaufen $\mathbf{C}$ oder $\mathbf{C}^3$)

    (i) $\mathcal{M} = \{\alpha \cdot \mathbf{1} + \vec{\beta}\vec{\sigma}\} = \mathcal{M}''$, $\mathcal{M}' = \mathcal{Z} = \{\alpha \cdot \mathbf{1}\}$: irreduzibel, Faktor, nicht abelsch, jeder Vektor zyklisch, keine invarianten echten Unterräume.

    (ii) $\mathcal{M} = \{\alpha \cdot \mathbf{1} + \beta\sigma_z\} = \mathcal{M}''$, $\mathcal{M}' = \mathcal{M} = \mathcal{Z}$; reduzibel, kein Faktor, maximal abelsch; $\begin{pmatrix} a \\ b \end{pmatrix}$ nur für a und $b \neq 0$ zyklisch, $\begin{pmatrix} a \\ 0 \end{pmatrix}$ und $\begin{pmatrix} 0 \\ b \end{pmatrix}$ sind invariante Unterräume.

    (iii) $\mathcal{M} = \{\alpha \cdot \mathbf{1}\} = \mathcal{Z} = \mathcal{M}''$, $\mathcal{M}' = \{\alpha \cdot \mathbf{1} + \vec{\beta}\vec{\sigma}\}$; reduzibel, Faktor, abelsch, keine zyklischen Vektoren, jeder Unterraum invariant.

2. $L^\infty(\mathbf{R}, dx)$ als Multiplikationsoperatoren in $L^2(\mathbf{R}, dx)$ ist maximal abelsch. Jede Funktion $\in L^2$, die fast überall $\neq 0$ ist, ist zyklischer Vektor. Funktionen, die auf $\mathbf{I} \subset \mathbf{R}$ verschwinden, bilden invariante Unterrräume. L^∞ ist reduzibel, kein Faktor.

Bemerkungen (2.3.6)

1. Die folgenden drei Bedingungen für Ireduzibilität sind äquivalent (Aufgabe 1)

    (i) $\mathcal{M}' = \lambda \cdot \mathbf{1}$.

    (ii) Jeder Vektor $\neq 0$ ist zyklisch.

    (iii) Es gibt keine invarianten echten Unterräume.

2. Summe von zwei Darstellungen $\pi_1 \oplus \pi_2$ (bzw. Tensorprodukt $\pi_1 \otimes \pi_2$ als Darstellung von $\mathcal{A} \times \mathcal{A}$) ist wie im Endlichdimensionalen definiert: Für $x := x_1 \oplus x_2 \in \mathcal{H}_1 \oplus \mathcal{H}_2 =: \mathcal{H}$ (bzw. $x_1 \otimes x_2 \in \mathcal{H}_1 \otimes \mathcal{H}_2 =: \mathcal{H}$) ist

$$\pi(a)\, x = \pi_1(a)\, x_1 \oplus \pi_2(a)\, x_2 \ (\text{bzw. } \pi_1(a)\, x_1 \otimes \pi_2(a)\, x_2).$$

    Summen von Darstellungen sind reduzibel, die $\mathcal{H}_i$ sind invariante Unterräume.

3. Die Kommutante erfüllt offenbar

   (i) $\mathcal{N} \supset \mathcal{M} \Rightarrow \mathcal{N}' \subset \mathcal{M}'$,

   (ii) $\mathcal{M}'' \supset \mathcal{M}$.

   (iii) $(\mathcal{M} \cap \mathcal{N})' \supset \mathcal{M}' \cup \mathcal{N}'$, $(\mathcal{M} \cup \mathcal{N})' \supset \mathcal{M}' \cap \mathcal{N}'$.

   Dann ist aber $\mathcal{M}''' = \mathcal{M}'$, denn $(\mathcal{M}'')' \subset \mathcal{M}' \subset (\mathcal{M}')''$. Es stellt sich heraus, daß $\mathcal{M}''$ der Abschluß von $\mathcal{M}$ in der starken oder schwachen Topologie ist (Aufgabe 4). Stark abgeschlossene *-Unteralgebren sind also von Neumann-Algebren und nach einem Satz von Vigier (Aufgabe 11) haben sie die Eigenschaft (2.2.22), sind also W^*-Algebren.

4. Im Endlichdimensionalen ist $\mathcal{M} = \mathcal{M}''$ und
   irreduzibel $\Leftrightarrow \mathcal{B}(\mathbf{C}^n)$,
   Faktor $\Leftrightarrow \mathcal{B}(\mathbf{C}^n) \otimes \mathbf{1}$,
   abelsch $\Leftrightarrow$ alle $a \in \mathcal{A}$ gleichzeitig diagonalisierbar,
   maximal abelsch $\Leftrightarrow$ in der Diagonaldarstellung gibt es zu je zwei verschiedenen Diagonalstellen Elemente mit verschiedenen Eigenwerten.

5. Enthält $\mathcal{M}$ eine maximal abelsche Unteralgebra $\mathcal{N}$, ist $\mathcal{M}' \subset \mathcal{N}' = \mathcal{N} \subset \mathcal{M}$, also $\mathcal{Z} = \mathcal{M}'$. In diesem Falle ist Faktor $\Leftrightarrow$ irreduzibel, allgemein nur Faktor $\Leftarrow$ irreduzibel.

6. $\mathcal{M} = $ abelsch $\Rightarrow \mathcal{M} = \mathcal{Z}$, so daß abelsche Faktoren die triviale Form $\lambda \cdot \mathbf{1}$ haben.

7. Ist $\pi(\mathcal{A})$ reduzibel, sagt man $s = s^* \in \pi(\mathcal{A})'$, $s \neq \lambda \cdot \mathbf{1}$, erzeugt eine **Superauswahlregel**. Der Hilbertraum zerfällt dann in Unterräume, die durch Observable nicht verbunden werden, und es existiert ein hermitischer Operator s, der den invarianten Unterräumen verschiedene Quantenzahlen zuordnet. Ist $\pi(\mathcal{A})$ ein Faktor, gehört s nicht zu $\pi(\mathcal{A})$ und ist daher keine Observable, sondern eine Art verborgener Parameter. $\pi(\mathcal{A})$ enthält dann keine maximal abelsche Unteralgebra, weil man s ja stets dazu nehmen kann.

In einer Darstellung π gibt jeder Vektor $x \in \mathcal{H}$, $\|x\| = 1$, einen Zustand $a \to \langle x \,|\, \pi(a)\, x \rangle$, $x \in \mathcal{A}$. Wie wir nun zeigen wollen, gibt umgekehrt jeder Zustand eine Darstellung, in der er obige Form hat. Da Algebren eine lineare Struktur haben, stellt sich $a \in \mathcal{A}$ durch $b \to ab$, $b \in \mathcal{A}$ als Operator in einem linearen Raum dar. Letzterer ist für C^*-Algebren nur ein Banachraum, aber ein Zustand liefert gerade das für einen Hilbertraum noch fehlende Skalarprodukt.

Lemma (2.3.7)

Sei w ein Zustand, so ist $\mathcal{N} := \{a \in \mathcal{A} : w(a^*a) = 0\}$ ein abgeschlossenes linksseitiges Ideal. Durch das Skalarprodukt $\langle b \,|\, a \rangle = w(b^*a)$ wird der Quotientenraum $\mathcal{A}/\mathcal{N}$ zu einem Prähilbertraum und die kanonische Abbildung $\mathcal{A} \to \mathcal{A}/\mathcal{N}$ ist eine stetige lineare Abbildung von $\mathcal{A}$ (als Banachraum) auf $\mathcal{A}/\mathcal{N}$ (als Prähilbertraum).

Beweis

Daß $\mathcal{N}$ linksseitiges Ideal ist, folgt aus (2.2.20,1), etwa $w(a^*b^*ba) \leq \|b^*b\| \cdot w(a^*a)$, Abgeschlossenheit aus Stetigkeit. Auf $\mathcal{A}/\mathcal{N}$ genügt das Skalarprodukt $\langle\,|\,\rangle$ den Postulaten (2.1.7) und $|\langle\,b\,|\,a\,\rangle| = |w(b^*a)| \leq \|b\|\|a\|$ garantiert die Stetigkeit der Abbildung. $\qquad\square$

Bemerkungen (2.3.8)

1. Wegen $|w(a)|^2 \leq w(a^*a)$ ist $\mathcal{N} \subset \operatorname{Ker} w = \{a \in \mathcal{A} : w(a) = 0\}$. Etwa in Beispiel (2.3.5,1) mit $w(\cdot) = \begin{pmatrix} 1 \\ 0 \end{pmatrix} (\cdot) \begin{pmatrix} 1 \\ 0 \end{pmatrix}$ ist $\mathcal{N} = \left\{ \begin{pmatrix} 0 & \alpha \\ 0 & \beta \end{pmatrix} \right\}$, $\operatorname{Ker} w = \left\{ \begin{pmatrix} 0 & \alpha \\ \beta & \gamma \end{pmatrix} \right\}$, $\alpha, \beta, \gamma \in \mathbf{C}$.

2. Trotz der Norm-Vollständigkeit von $\mathcal{A}$ muß $\mathcal{A}/\mathcal{N}$ keinen Hilbertraum ergeben. Nehmen wir z.B. $\mathcal{A}$ = stetige Funktionen in $x \in [0,1]$, $w(a) = \int_0^1 dx\, a(x)$, dann ist $\mathcal{N} = \{0\}$, aber $\mathcal{A}$ ist echt kleiner als die Vervollständigung $L^2([0,1], dx)$.

3. Hat man das Produkt $\mathcal{A} \times \mathcal{B}$ zweier Algebren $\mathcal{A}$ und $\mathcal{B}$ (also jedes Element ist Linearkombination von $a_i b_j = b_j a_i$, $a_i \in \mathcal{A}$, $b_j \in \mathcal{B}$), ist der mit einem Produktzustand konstruierte Hibertraum das Tensorprodukt der von $\mathcal{A}$ und $\mathcal{B}$ erzeugten Hilberträume.

Definition (2.3.9)

Die einem Zustand w entsprechende **GNS-Darstellung**[1] π_w in $\mathcal{B}(\mathcal{H})$, $\mathcal{H}$ = Vervollständigung von $\mathcal{A}/\mathcal{N}$, ist durch stetige Fortsetzung von $\pi_w(a) : b \to ab$, $a \in \mathcal{A}$, $b \in \mathcal{A}/\mathcal{N}$ auf ganz $\mathcal{H}$ erklärt.

Bemerkungen (2.3.10)

1. Die Elemente von $\mathcal{A}/\mathcal{N}$ sind Äquivalenzklassen der Form $b+n$, $n \in \mathcal{N}$, doch da $\mathcal{N}$ linksseitiges Ideal ($an \in \mathcal{N}$), ist die Abbildung $\pi_w(a)$ vom Repräsentanten b unabhängig.

2. Die allgemeine Stetigkeitseigenschaft (2.2.20,1) kann man hier direkt auch so sehen: $\|\pi_w(a)\| = \sup_{w(b^*b)=1} (w(b^*a^*ab))^{1/2} \leq \|a^*a\|^{1/2} = \|a\|$. $\pi_w(a)$ ist daher ein stetiger Operator in $\mathcal{A}/\mathcal{N}$ und läßt sich eindeutig auf $\mathcal{H}$ fortsetzen.

3. $\operatorname{Ker} \pi_w = \{a \in \mathcal{A} : w(b^*ac) = 0 \; \forall b, c \in \mathcal{A}\}$ ist ein in $\mathcal{N}$ enthaltenes abgeschlossenes beidseitiges Ideal. In (2.3.8,1) reduziert es sich auf $\{0\}$, was zeigt, daß auch für $\mathcal{N} \neq \{0\}$ die GNS-Darstellung treu sein kann. Allgemein ist die Situation so:

---

[1] Nach Gelfand, Naimark und Segal benannt.

$\operatorname{Ker} w = $ linearer Raum: $w(a) = 0$

$\mathcal{N} = $ linksseitiges Ideal: $w(a^*a) = 0$

$\operatorname{Ker} \pi_w = $ beidseitiges Ideal: $w(b^*ac) = 0$

4. Der $\mathbf{1} \in \mathcal{A}/\mathcal{N}$ entsprechende Vektor ist zyklisch.

5. π_w ist genau dann irreduzibel, wenn w rein ist (Aufgabe 2).

6. Liegt umgekehrt eine Darstellung π mit zyklischem Vektor Ω vor, definiert sie den Zustand $w(a) = (\Omega|\pi(a)\Omega)$. π_w ist dann zu π äquivalent. Nach dem Auswahlaxiom ist jede Darstellung Summe von Darstellungen mit zyklischem Vektor.

7. Da es $\forall a \in \mathcal{A}$ einen Zustand mit $w(a^*a) = \|a\|^2$ gibt, kann man von jeder C^*-Algebra eine treue Darstellung konstruieren, indem man die Summe der Darstellungen über alle w nimmt.

8. Wie wir sehen, entspricht einem Vektor Ω im Hilbertraum ein reiner Zustand von $\mathcal{B}(\mathcal{H})$ und letzterem ein Strahl im Hilbertraum, d.h. $\{e^{i\alpha}\Omega, \alpha \in \mathbf{R}\}$. Dieser Sachverhalt wird in der Wellenmechanik durch das **Superpositionsprinzip** ausgedrückt, nach welchem ein Vektor $\Omega = \alpha_1\Omega_1 + \alpha_2\Omega_2$, $|\alpha_1|^2 + |\alpha_2|^2 = 1$, eine **quantenmechanische Superposition** der Zustände Ω_1 und Ω_2 darstellt. Allerdings enthält Ω noch in den Ω_1 und Ω_2 entsprechenden Zuständen nicht vorhandene Information, nämlich die relative Phase der Vektoren Ω_1 und Ω_2.

Um die Form der Darstellung für ein hermitisches Element a genauer zu sehen, betrachten wir die Einschränkung auf die von a erzeugte C^*-Algebra. Gemäß dem Auswahlaxiom können wir $b_i \in \mathcal{H}$ so auswählen, daß die $\mathcal{H}_i :=$ Vervollständigung von Linearkombinationen der $a^n b_i$, $n = 0, 1, \ldots$ ganz $\mathcal{H}$ aufspannen. Jedes $\mathcal{H}_i$ gibt eine Darstellung der von a erzeugten (abelschen) C^*-Algebra mit zyklischem Vektor b_i. Dem Zustand $w_i : w_i(a^n) = \langle b_i \,|\, a^n b_i \rangle$ entspricht nach (2.2.31,5) ein Maß μ_i über $\operatorname{Sp}(a)$, so daß $w_i(\varphi(a)) = \int d\mu_i(\alpha)\,\varphi(\alpha)$. Normabschluß der Polynome gibt für $\varphi(a)$ zunächst alle stetigen Funktionen $\varphi \in C(\operatorname{Sp}(a))$. Die Vervollständigung mit der w_i-Norm erweitert dies zu $\mathcal{H}_i = L^2(\operatorname{Sp}(a), \mu_i)$ und $\pi(a)$ wirkt darin als Multiplikationsoperator $\varphi(\alpha) \to \alpha\varphi(\alpha)$, $\alpha \in \operatorname{Sp}(a)$, $\varphi \in L^2(\operatorname{Sp}(a), \mu_i)$. Diese Schreibweise liefert den

Spektralsatz (2.3.11)

Jede Darstellung von $\mathcal{A}$ ist für ein gegebenes hermitisches $a \in \mathcal{A}$ einer Darstellung in $\mathcal{H} = \oplus\mathcal{H}_i$ äquivalent, in welcher a als **Multiplikationsoperator** wirkt:

$$\mathcal{H}_i = L^2(\mathrm{Sp}(a), \mu_i), \ \pi(a)|_{\mathcal{H}_i} : \varphi(\alpha) \to \alpha\varphi(\alpha).$$

Bemerkungen (2.3.12)

1. (2.3.11) verallgemeinert die Aussage, daß jede endlichdimensionale hermitische Matrix durch eine unitäre Transformation diagonalisierbar ist. Natürlich sind nicht alle Elemente aus $\mathcal{A}$ in dieser Darstellung Multiplikationsoperatoren, es sei denn, $\mathcal{A}$ ist abelsch.

2. Wir sind zunächst von der GNS-Darstellung ausgegangen, aber die zu (2.3.11) führenden Argumente gelten wegen (2.3.10,6) bei einer beliebigen vorgegebenen Darstellung.

3. (2.3.11) zeigt, daß jeder hermitische Operator aus $\mathcal{B}(\mathcal{H})$ unitär zu einem Multiplikationsoperator transformiert werden kann.

4. $\varphi \to 2^{n/2}\varphi$ ist ein Isomorphismus $L^2(\mathrm{Sp}(a), \mu_n) \to L^2(\mathrm{Sp}(a), 2^{-n}\mu_n)$. Daher ist $\mathcal{H}$ (wenn separabel) auch $\oplus_{n=1}^{\infty} L^2(\mathrm{Sp}(a), 2^{-n}\mu_n)$ isomorph und da die μ_n Wahrscheinlichkeitsmaße sind, ist $\mathcal{H}$ auch zum L^2 eines endlichen Maßraumes isomorph. Dies zeigt übrigens, daß die μ_n keineswegs eindeutig bestimmt sind.

5. Wir haben bisher nur verwendet, daß die von a und a^* erzeugte Algebra kommutativ ist. Es gelten daher alle Resultate sogar für normale Operatoren, nur daß dann $\mathrm{Sp}(a)$ ein Teil von $\mathbf{C}$ und nicht von $\mathbf{R}$ ist. m miteinander kommutierende $a_j = a_j^*$ kann man so durch Multiplikationsoperatoren in $L^2(\mathbf{R}^m, \mu)$ darstellen.

Beispiele (2.3.13)

1. Eine hermitische $n \times n$-Matrix a mit Eigenwerten α_i: $\mathbf{C}^n$ ist isometrisch zu $L^2(\mathbf{R}, \mu)$ mit $\mu(\alpha) = \sum_{i=1}^n \delta(\alpha - \alpha_i)$, $\langle w \, | \, v \rangle = \sum_{i=1}^n w_{\alpha_i}^* v_{\alpha_i}$ und $\langle w \, | \, av \rangle = \sum_{i=1}^n w_{\alpha_i}^* \alpha_i v_{\alpha_i}$.

2. $\ell^2(-\infty, \infty) = \{(v_n) : -\infty < n < \infty\}$, $(av)_n = v_{n+1} + v_{n-1}$ ist ein hermitischer Operator $\in \mathcal{B}(\ell^2)$. Um ihn als Multiplikationsoperator zu schreiben, bilden wir $\ell^2(-\infty, \infty)$ auf $L^2([-\pi, \pi], dx)$ durch $(v_n) \to \sum_{n=-\infty}^{\infty} v_n e^{inx}$ ab, a wird Multiplikation mit $e^{ix} + e^{-ix} = 2\cos x$. Nun ist $L^2([-\pi, \pi], dx) = L^2([-\pi, 0], dx) \oplus L^2([0, \pi], dx)$ und führt man die neue Variable $\eta = 2\cos x$ ein, wird dies zu $L^2\left([-2, 2], d\eta/\sqrt{4 - \eta^2}\right) \oplus L^2\left([-2, 2], d\eta/\sqrt{4 - \eta^2}\right)$ isomorph. Auf diesem Raum ist a jetzt der Multiplikationsoperator η.

Wir haben nun Darstellungen der von a erzeugten C^*-Algebra in $L^2(\mathrm{Sp}(a), \mu)$ gefunden, wobei jedem Element dieser Algebra Multiplikation mit einer stetigen Funktion auf $\mathrm{Sp}(a)$ entspricht. So erhält man jedoch nicht alle Multiplikationsoperatoren in $L^2(\mathrm{Sp}(a), \mu)$, diese sind vielmehr $L^{\infty}(\mathrm{Sp}(a), \mu)$ (Aufgabe 5). Nach Aufgabe 4 lassen sie sich topologisch durch starken Abschluß, rein algebraisch durch die Bikommutante $\pi(a)''$ charakterisieren. Durch starke Grenzprozesse gelangt man auch zu einer Spektraldarstellung, die es erlaubt, den Operator $f(a)$, $f \in L^{\infty}$, expliziter anzugeben.

Hat man nämlich alle integrablen Funktionen eines hermitischen Elementes a, insbesondere charakteristische Funktionen, gewinnt man durch sie die

Spektralschar (2.3.14)

$a = a^* \in \mathcal{A}$ läßt sich

$$a = \int_{-\infty}^{\infty} dP_a(\alpha)\, \alpha, \quad P_a(\alpha) = \Theta(\alpha - a), \quad \Theta(x) = \left\{ \begin{array}{ll} 1 & \text{für } x > 0 \\ 0 & \text{sonst} \end{array} \right. ,$$

schreiben und es wird für jedes $f \in L^\infty$

$$f(a) = \int_{-\infty}^{\infty} dP_a(\alpha)\, f(\alpha).$$

Die Projektionsoperatoren $P_a(\alpha)$ bilden die sogenannte **Spektralschar** von a.

Bemerkungen (2.3.15)

(2.3.14) ist eine Verallgemeinerung des Stieltjes-Integrals für Operatoren. Wie für Funktionen ist es durch den Limes der Summe

$$a = \lim_{N \to \infty} \sum_{j=1}^{2^N} \|a\| \left\{ \frac{j-1}{2^N} \left[\Theta\left(a - \frac{\|a\|}{2^N} j \right) - \Theta\left(a - \frac{\|a\|}{2^N}(j-1) \right) \right] - \right.$$
$$\left. - \frac{j}{2^N} \left[\Theta\left(a + \frac{\|a\|}{2^N} j \right) - \Theta\left(a + \frac{\|a\|}{2^N}(j-1) \right) \right] \right\}$$

erklärt. Der Satz von Vigier (Aufgabe 11) garantiert die Existenz des starken Limes, da es sich um eine aufsteigende beschränkte Folge handelt.

Das Spektrum eines hermitischen Elementes läßt sich auf verschiedenste Weise einteilen. Wir wollen die Lebesguesche Aufteilung eines Maßes auf $\mathbf{R}$ verwenden. Danach ist ein Maß die Summe eines bezüglich des Lebesgue-Maßes $d\alpha$ absolut stetigen Teiles $d\mu_{\text{a.c.}} = f(\alpha)\, d\alpha$, $f \geq 0$, lokal integrabel; eines Teiles $d\mu_{\text{p}}$, der nur auf einzelnen Punkten konzentriert ist, $d\mu_{\text{p}} = d\alpha \sum_n c_n \delta(\alpha - \alpha_n)$, $\alpha_n \in \mathbf{R}$, und schließlich eines Restes $d\mu_{\text{s}}$, des singulären Spektrums [2]. Letzterer hat etwas pathologische Züge (Aufgabe 7) und wird bei unseren Anwendungen nicht auftreten. Jedes dieser Maße ist auf Nullmengen bezüglich der anderen Maße konzentriert und so zerlegt sich $L^2(\mathbf{R}, d\mu)$ in orthogonaler Weise (Aufgabe 6)

$$L^2(\mathbf{R}, d\mu) = L^2(\mathbf{R}, d\mu_{\text{p}}) \oplus L^2(\mathbf{R}, d\mu_{\text{a.c.}}) \oplus L^2(\mathbf{R}, d\mu_{\text{s}}).$$

Führt man dies für alle $d\mu_i$ in (2.3.11) durch, so läßt sich $\mathcal{H}$ nach den Spektraleigenschaften eines normalen Elementes a in orthogonale, unter a invariante Unterräume zerlegen:

Definition (2.3.16)

Zerlegt man den Hilbertraum für ein normales a nach (2.3.15) in

$$\mathcal{H} = \mathcal{H}_{\text{p}} \oplus \mathcal{H}_{\text{a.c.}} \oplus \mathcal{H}_{\text{s}},$$

so sind **Punktspektrum, absolut stetiges** und **singuläres Spektrum** von a durch die Einschränkungen

$$\sigma_{\rm p}(a) = {\rm Sp}\,(a|_{\mathcal{H}_{\rm p}}), \quad \sigma_{\rm a.c.}(a) = {\rm Sp}\,(a|_{\mathcal{H}_{\rm a.c.}})$$

und

$$\sigma_{\rm s}(a) = {\rm Sp}\,(a|_{\mathcal{H}_{\rm s}})$$

definiert.

Beispiele (2.3.17)

1. Bei endlichen Matrizen (2.3.13,1) ist $d\mu$ ein reines Punktmaß und $\mathcal{H}_{\rm a.c.} = \mathcal{H}_{\rm s} = \{0\}$, ${\rm Sp} = \sigma_{\rm p}(a)$.

2. Sei a Multiplikation mit α in $L^2([0,1], d\alpha)$. Hier ist $\mathcal{H}_{\rm p} = \mathcal{H}_{\rm s} = \{0\}$. ${\rm Sp} = \sigma_{\rm a.c.}(a)$.

Bemerkungen (2.3.18)

1. $\mathcal{H}_{\rm p}$ wird von den Eigenvektoren aufgespannt. Um dies zu sehen, nehme man $\psi_n \in L^2(\mathbf{R}, d\mu_{\rm p})$ von vorher, so daß $\psi_n(\alpha_n) = 1$, 0 sonst. In $\mathcal{H}_{\rm p}$ ist $\|\psi_n\| = c_n$, aber da einpunktige Mengen bezüglich $d\mu_{\rm a.c.}$ und $d\mu_{\rm s}$ Maß Null haben, ist $\int d\mu_{\rm a.c.}\,|\psi_n|^2 = \int d\mu_{\rm s}\,|\psi_n|^2 = 0$. Also ist $\psi \in \mathcal{H}_{\rm p}$ und $a\psi_n = \alpha_n \psi_n$. Die ψ_n bilden eine Basis in $\mathcal{H}_{\rm p}$.

2. Man wird fragen, ob eine Zerlegung (2.3.16) von der Wahl der μ_i in (2.3.11) unabhängig ist. Tatsächlich sind die μ_i bis auf Äquivalenz: $\mu_i \to \mu_i f(\alpha)$, $f > 0$, lokal integrabel, eindeutig und äquivalente Maße geben dieselbe Zerlegung von $\mathcal{H}$.

3. $\sigma_{\rm p}$, $\sigma_{\rm a.c.}$ und $\sigma_{\rm s}$ sind abgeschlossene Mengen, die weder disjunkt sein müssen, noch muß das Lebesgue-Maß von $\sigma_{\rm p}$ oder $\sigma_{\rm s}$ gleich Null sein. Sei etwa α_n eine Numerierung der rationalen Zahlen zwischen 0 und 1 und $\mathcal{H} = L^2([0,1], d\alpha \sum_n \delta(\alpha - \alpha_n))$ und a der Multiplikationsoperator $\cdot\alpha$. Dann ist $\mathcal{H} = \mathcal{H}_{\rm p}$, $\sigma_{\rm p} = [0,1]$, da das Spektrum abgeschlossen ist, aber fast kein Punkt von $\sigma_{\rm p}$ Eigenwert. (Die irrationalen Punkte sind viel mehr als die rationalen.) Manche Autoren definieren $\sigma_{\rm p}$ als die Menge der Eigenwerte. In diesem Fall kann $\sigma_{\rm p} \cup \sigma_{\rm a.c.} \cup \sigma_{\rm s}$ ungleich ${\rm Sp}(a)$ sein.

4. Das **wesentliche Spektrum** $\sigma_{\rm ess}$ nennt man alles von ${\rm Sp}(a)$, was nicht isolierter Eigenwert endlicher Multiplizität ist. (Der Raum der Eigenvektoren hat endliche Dimension.) $\sigma_{\rm ess}$ fehlt im Endlichdimensionalen, aber im Unendlichdimensionalen hat jeder beschränkte hermitische Operator ein wesentliches Spektrum.

5. Obgleich nicht zu jedem Punkt α aus $\sigma_{\rm ess}$ ein Eigenvektor existiert, so gibt es doch in der Spektraldarstellung Folgen von Funktionen, die immer mehr um α

konzentriert sind. Damit beweist man folgenden Satz: $\forall a = a^*$, $\alpha \in \mathrm{Sp}(a)$ gibt es eine Folge $\{\psi_n\}_{n=1}^{\infty}$, $\|\psi_n\| = 1$, so daß $\lim_{n\to\infty} \|(a-\alpha)\psi_n\| = 0$. $\alpha \in \sigma_{\mathrm{ess}}(a) \Leftrightarrow$ es gibt orthogonale $\{\psi_n\}$, oder, was dasselbe bedeutet, solche, für die $\|\psi_n\| = 1$ und $\psi_n \rightharpoonup 0$.

Die Summe der Eigenwerte einer diagonalisierbaren $n \times n$-Matrix m ist durch die Spur

$$\mathrm{Tr}\, m = \sum_{i=1}^{n} \langle\, e_i \,|\, m e_i \,\rangle, \quad \langle\, e_i \,|\, e_j \,\rangle = \delta_{ij},$$

gegeben. Sie ist unitär invariant und daher von der Wahl der orthonormalen Basis $\{e_i\}$ unabhängig. In einer Darstellung kann man versuchen, die Spur von $a \in \mathcal{A}$ zu definieren, doch wird hier σ_{ess} Schwierigkeiten machen. Im Unendlichdimensionalen erhebt sich ja zunächst die Frage nach der Konvergenz von $\sum_i$ und leider garantiert die Konvergenz in einer Basis nicht die in einer anderen, sogar wenn die Eigenwerte nach 0 streben: Etwa $a \in \mathcal{B}(\ell^2)$

$$a = \begin{pmatrix} 0 & 1 & & & & & \\ 1 & 0 & & & & & \\ & & 0 & 1/2 & & & \\ & & 1/2 & 0 & & & \\ & & & & 0 & 1/3 & \\ & & & & 1/3 & 0 & \\ & & & & & & \ddots \end{pmatrix}$$

hat in dieser Basis die absolut konvergente Spur $\sum_{i=1}^{\infty} |a_{ii}| = 0$. In einer anderen Basis hat a die Form

$$a = \begin{pmatrix} 1 & 0 & & & & & \\ 0 & -1 & & & & & \\ & & 1/2 & 0 & & & \\ & & 0 & -1/2 & & & \\ & & & & 1/3 & 0 & \\ & & & & 0 & -1/3 & \\ & & & & & & \ddots \end{pmatrix}.$$

Hier ist $\sum_i a_{ii}$ nur bedingt konvergent und kann daher durch Umordnung (=Basiswechsel) jeden beliebigen Wert annehmen (oder auch divergieren). Für positive Operatoren existiert diese Unbestimmtheit nicht, schlimmstenfalls divergiert die Summe, hat aber die üblichen

Eigenschaften der Spur (2.3.19)

Die Abbildung $m \to \mathrm{Tr}\, m := \sum_i \langle\, e_i \,|\, m e_i \,\rangle$ für $\langle\, e_i \,|\, e_j \,\rangle = \delta_{ij}$, bildet die positiven Operatoren in $\overline{\mathbf{R}}_+$ ab, und es gilt ($m_i \geq 0$)

   (i) $\mathrm{Tr}(\alpha_1 m_1 + \alpha_2 m_2) = \alpha_1 \,\mathrm{Tr}\, m_1 + \alpha_2 \,\mathrm{Tr}\, m_2$, $\alpha_i \in \mathbf{R}_+$,

(ii) $\operatorname{Tr} U^{-1} m U = \operatorname{Tr} m$, $U = $ unitär,

(iii) $m_1 \leq m_2 \Rightarrow \operatorname{Tr} m_1 \leq \operatorname{Tr} m_2$.

Ist m_i nicht notwendig positiv, aber $\operatorname{Tr} |m_i| < \infty$, $|m| := (m^* m)^{1/2}$, gilt

(i) und (ii) noch immer und außerdem

(iv) $\operatorname{Tr} |m_1 + m_2| \leq \operatorname{Tr} |m_1| + \operatorname{Tr} |m_2|$,

(v) $(\operatorname{Tr} |m_1 m_2|)^2 \leq \operatorname{Tr} |m_1|^2 \operatorname{Tr} |m_2|^2$,

(vi) $\operatorname{Tr} ma = \operatorname{Tr} am \ \forall a \in \mathcal{B}(\mathcal{H})$.

Beweis

(i) und (iii) sind trivial, für den Rest siehe Aufgabe 10.

Bemerkungen (2.3.20)

1. Die unitäre Invarianz (ii) besagt, daß die Definition von der Wahl der Basis unabhängig ist, solange $\operatorname{Tr} |m| < \infty$.

2. Die Spur ist im Unendlichdimensionalen ein unbeschränktes positives lineares Funktional. Dies steht mit (2.2.20,1) nicht im Widerspruch, da sie nicht auf einer ganzen C^*-Algebra endlich ist, insbesondere ist $\operatorname{Tr} \mathbf{1} = \infty$.

3. In (vi) mußten wir nicht $\operatorname{Tr} |a| < \infty$ voraussetzen, denn es gilt $|\operatorname{Tr} am| \leq \|a\| \operatorname{Tr} |m|$. Dies sieht man mit Hilfe der **Polarzerlegung** $m = V|m|$, (siehe [3], VIII.9), wobei $V^* V = |m|^{-1} |m|^2 |m|^{-1} = $ Projektor auf den Raum ortrhogonal zum Nullraum von $|m|$, also $\|Vx\| \leq \|x\| \ \forall x \in \mathcal{H}$:

$$|\operatorname{Tr} am| = \left| \sum_i \langle |m|^{1/2} e_i \,|\, aV|m|^{1/2} e_i \rangle \right| \leq \sum_i \|a\| \, \||m|^{1/2} e_i\|^2 = \|a\| \operatorname{Tr} |m|.$$

4. Die meisten Spurungleichungen für endliche Matrizen lassen sich auf den Hilbertraum übertragen und sollen im nächsten Band[1] besprochen werden.

5. Die Spur hat rechentechnische Vorteile gegenüber der Operatornorm, die nur in der Spektraldarstellung leicht ersichtlich ist. Etwa $K \in L^2(\mathbf{R}^n \times \mathbf{R}^n, d^n x \, d^n x')$ entspreche einem beschränkten Integraloperator in $L^2(\mathbf{R}^n, d^n x)$, $\psi(x) \to \int K(x, x') \psi(x') \, d^n x'$, dessen Norm schwer anzugeben ist. Aber $\operatorname{Tr} K^* K = \int d^n x \, d^n x' \, K^*(x, x') K(x', x)$, wie man durch Entwicklung in einer Basis sieht:

$$K(x, x') = \sum_{ij} K_{ij} \, e_i^*(x) \, e_j(x'),$$

$$\operatorname{Tr} K^* K = \sum_i K_{ij}^* K_{ji} = \int d^n x \, d^n x' \, K^*(x, x') K(x', x).$$

---

[1] Quantenmechanik großer Systeme.

Da nach (2.3.19,iv) Tr $|m|$ die Eigenschaften (2.1.4) einer Norm hat, liegt es nahe, durch sie die Operatoren endlicher Spur auszusondern. Sie haben große Ähnlichkeit mit endlichen Matrizen.

Definition (2.3.21)

Es sei $\mathcal{E} \subset \mathcal{B}(\mathcal{H})$ der Raum der Operatoren endlichen Ranges, die also $\mathcal{H}$ in einen endlichdimensionalen Raum abbilden. Die Vervollständigung von **E** mit den Normen $\|a\|_1 := \mathrm{Tr}\,|a|$, $\|a\|_2^2 := \mathrm{Tr}\,a^*a$ und $\|a\|_\infty := \|a\|$ heiße $\mathcal{C}_1$ (**Spurklasse-Operatoren**), $\mathcal{C}_2$ (**Hilbert-Schmidt-Operatoren**) und $\mathcal{C}$ (**kompakte Operatoren**).

Beispiele (2.3.22)

In $\mathcal{B}(\ell^2)$ sind Matrizen mit nur endlich vielen Zeilen oder Spalten $\neq 0$ aus $\mathcal{E}$. Diagonalmatrizen mit Eigenwerten α_i sind aus $\mathcal{C}_1$, falls $\sum_i |\alpha_i| < \infty$, aus $\mathcal{C}_2$, falls $\sum_i |\alpha_i|^2 < \infty$ und aus $\mathcal{C}$, falls $\lim_{i\to\infty} \alpha_i = 0$.

Bemerkungen (2.3.23)

1. Daß die $\|\ \|_p$ Normen sind, folgt aus (2.3.19). Nach (2.3.18,5) ist für endliche Spur $\sigma_{\mathrm{ess}} = \{0\}$ notwendig, das Spektrum ist also rein diskret. Sind die $\alpha_i > 0$ die Eigenwerte von $(a^*a)^{1/2}$, schließen wir aus $\sum_i \alpha_i^2 < \sum_i \alpha_i \sum_j \alpha_j$, daß $\|\ \|_p \leq \|\ \|_q$ für $p \geq q$, $p, q = 1, 2, \infty$. Also ist eine Cauchy-Folge bezüglich $\|\ \|_q$ auch eine bezüglich $\|\ \|_p$ für $p \geq q$, und wir haben die Inklusionen

$$\mathcal{E} \subset \mathcal{C}_1 \subset \mathcal{C}_2 \subset \mathcal{C} \subset \mathcal{B}(\mathcal{H}).$$

2. Sei a ein Operator mit $\|a\|_1 < \infty$ (bzw. $\|a\|_2 < \infty$) und α_i die Eigenwerte von $(a^*a)^{1/2}$. Die Operatoren $a_N = P_N a P_N$ sind offenbar aus $\mathcal{E}$ und sie konvergieren in der $\|\ \|_1$- (bzw. $\|\ \|_2$-) Norm gegen a. $\mathcal{C}_1$ (bzw. $\mathcal{C}_2$) enthält also alle Operatoren mit endlicher $\|\ \|_1$- (bzw. $\|\ \|_2$-) Norm. $\mathcal{C}$ ist aber nicht ganz $\mathcal{B}(\mathcal{H})$: $\|a\|$ entspricht $\sup |\alpha_i|$ und in dieser Norm genügt $\|a\| < \infty$ im allgemeinen (schon bei $a = \mathbf{1}$) nicht für die Normkonvergenz von a_N nach a. Die Analogie zu den ℓ^p-Räumen ist: $\ell^0 \leftrightarrow \mathcal{C}$, $\ell^1 \leftrightarrow \mathcal{C}_1$, $\ell^2 \leftrightarrow \mathcal{C}_2$, $\ell^\infty \leftrightarrow \mathcal{B}(\mathcal{H})$.

3. $\mathcal{E}$ ist beidseitiges Ideal von $\mathcal{B}(\mathcal{H})$ und wegen $\|ab\|_p \leq \min(\|a\|\|b\|_p, \|b\|\|a\|_p)$ überträgt sich diese Eigenschaft auch auf die Vervollständigungen $\mathcal{C}_p$.

4. Für jeden Operator aus $\mathcal{E}$ ist $\sigma_{\mathrm{ess}} = \{0\}$. Auch diese Eigenschaft überträgt sich auf ganz $\mathcal{C}$ und ist für die kompakten hermitischen Operatoren charakteristisch (Aufgabe 9).

5. $a \in \mathcal{E}$ bilden eine beschränkte Menge $\mathcal{G} \subset \mathcal{H}$ in eine endlichdimensionale beschränkte und daher relativkompakte ab. Letzteres bleibt bei der Normvervollständigung erhalten: $c \in \mathcal{C}$ läßt sich $\forall \epsilon$ als $a + \delta$ schreiben, $a \in \mathcal{E}$, $\|\delta\| \leq \epsilon / \sup_{v \in \mathcal{G}} \|v\|$ und $c\mathcal{G}$ ist das Relativkompaktum $a\mathcal{G}$ + einer Menge mit Durchmesser $\leq \epsilon$. Relativkompakt heißt aber, daß es $\forall \epsilon$ eine endliche Überdeckung mit Kugeln mit Durchmesser $< \epsilon$ gibt, und dies ist also für das Bild

von $\mathcal{G}$ unter $c \in \mathcal{C}$ gewährleistet. Diese Charakterisierung erklärt den Namen von $\mathcal{C}$: Kompakte Operatoren machen aus beschränkten Mengen relativkompakte Mengen.

6. Bei Vervollständigung in der starken Topologie gibt $\mathcal{E}$ ganz $\mathcal{B}(\mathcal{H})$ (Aufgabe 8) und die Eigenschaften 4) und 5) gehen verloren.

7. $\mathcal{B}(\mathcal{H})$ ist kein separabler topologischer Raum, im separablen Hilbertraum ist jedoch $\mathcal{C}$ separabel.

8. Für $1 \leq p < \infty$ kann man $\mathcal{C}_p$ als vollständige normierte Algebra mit Norm $\| \ \|_p$ definieren:
$$\mathcal{C}_p = \{a \in \mathcal{C} : \|a\|_p = \operatorname{Tr}(a^*a)^{p/2} < \infty\}.$$
Die $\mathcal{C}_p$ sind keine C^*-Algebren, $\mathcal{C}$ ist schon, und $\mathcal{B}(\mathcal{H})$ ist sogar W^*-Algebra.

Aufgaben (2.3.24)

1. Zeige die Äquivalenz der drei Bedingungen in (2.3.6,1). (Unter der Einschränkung, daß dabei in der Bedingung (iii) unter „Unterraum" ein abgeschlossener Unterraum verstanden werden soll.)

2. Zeige: w rein $\Leftrightarrow$ π_w irreduzibel. (Benütze dabei (i), w ist genau dann rein, wenn für jedes positive lineare Funktional w_1 mit $w_1 \leq w$ gilt: $w_1 = \lambda w$, $\lambda \in \mathbf{R}^+$, und (ii), wenn $w_1 \leq w$, dann gibt es einen positiven Operator $t_0 \in \pi_w(\mathcal{A})'$ mit $\mathbf{0} \leq t_0 \leq \mathbf{1}$, so daß $w_1(b^*a) = \langle\, \pi_w(b)\Omega \,|\, t_0\pi_w(a)\Omega \,\rangle$.)

3. Zeige, daß $\operatorname{Ker}\pi_w = \{a : w(b^*a^*ab) = 0 \ \forall b \in \mathcal{A}\}$.

4. Es sei $\mathcal{A}$ $(\ni \mathbf{1})$ eine *-Algebra von Operatoren in $\mathcal{B}(\mathcal{H})$. Zeige, daß $\mathcal{A}'' =$ sowohl schwacher als auch starker Abschluß von $\mathcal{A}$. **Dichtheitssatz von v. Neumann.** (Um zu sehen, daß $\mathcal{A}''$ im starken Abschluß von $\mathcal{A}$ enthalten ist, gehe man folgendermaßen vor:

    (i) Es sei $x \in \mathcal{H}$. Die Projektion P auf den Abschluß von $\{ax : a \in \mathcal{A}\}$ ist $\in \mathcal{A}'$.

    (ii) Es sei $b \in \mathcal{A}''$. Dann ist $P\mathcal{H}$ unter b stabil, daher gibt es zu jedem $\epsilon > 0$ ein $a \in \mathcal{A}$, so daß $\|bx - ax\| < \epsilon$.

    (iii) Es verbleibt noch zu zeigen, daß endliche Durchschnitte der zuletzt in (ii) erhaltenen Umgebungen mit verschiedenen x_i auch Elemente aus dem starken Abschluß enthalten. Dazu nehme man $x_1, x_2, \ldots, x_n$, n Vektoren $\neq 0$, und betrachte die Darstellung π von $\mathcal{A}$ in $\mathcal{H} \oplus \mathcal{H} \oplus \ldots \oplus \mathcal{H} : \pi(a) = a \oplus a \oplus \ldots \oplus a$ (sog. **Amplifikation**). $\pi(b) \in \{\pi(a)\}''$, dasselbe Argument wie vorhin, mit $x = x_1 \oplus x_2 \oplus \ldots \oplus x_n$ zeigt: es existiert ein $a \in \mathcal{A}$, so daß $\sum_{i=1}^n \|(b-a)x_i\|^2 < \epsilon^2$.)

5. Zeige, daß der starke Abschluß der Multiplikationsoperatoren mit stetigen Funktionen über $L^2(\mathbf{R}^n, d^n x)$ gleich L^∞ ist. (Für $f \in L^\infty$ betrachte das stetige $(\rho * f)(x) := \int d^n x' \, \rho(x - x') \, f(x')$, ρ stetig, $\int \rho \, d^n x = 1$, und lasse ρ gegen eine δ-Funktion gehen.)

6. Zeige, daß es sich in (2.3.16) um eine **orthogonale** Summe handelt.

7. Konstruiere einen Operator mit rein singulärem Spektrum.

8. Zeige, daß $\mathcal{E}$ in $\mathcal{B}(\mathcal{H})$ stark dicht liegt. (Verwende, daß jeder Vektor für $\mathcal{E}$ zyklisch ist.)

9. Zeige, daß für hermitische Operatoren kompakt $\Leftrightarrow \sigma_{\text{a.c.}} = \sigma_s = $ leer, $\sigma_{\text{ess}} = \{0\}$.

10. Zeige die Eigenschaften (2.3.19).

11. Zeige den Satz von Vigier: Jeder beschränkte, aufsteigende Filter F von Operatoren besitzt ein Supremum s, d.h. es gibt einen Operator s, so daß $a \leq s \ \forall a \in F$ und $a \leq s' \ \forall a \in F \Rightarrow s \leq s'$. s ist eindeutig und liegt im starken Abschluß von F.

Lösungen (2.3.25)

1. (iii)$\Rightarrow$(ii): Es sei $x \neq 0$. Der von den $\pi(a)x$, $a \in \mathcal{A}$, aufgespannte abgeschlossene Unterraum ist stabil für alle $\pi(a)$, daher identisch mit ganz $\mathcal{H}$.
   (ii)$\Rightarrow$(iii): Es sei $\mathcal{H}'$ ein abgeschlossener invarianter Teilraum $(\neq 0) \subset \mathcal{H}$, $x \in \mathcal{H}'$. Da $\pi(a)x \in \mathcal{H}' \ \forall a \in \mathcal{A}$, muß $\mathcal{H}'$ dicht sein $\Rightarrow \mathcal{H}' = \mathcal{H}$.
   (i)$\Rightarrow$(iii): Es sei $\mathcal{H}' \subset \mathcal{H}$ stabil, P der Projektionsoperator auf $\mathcal{H}'$. Dann ist $P\pi(a)P = \pi(a)P$ für alle $a \in \mathcal{A} \Rightarrow P\pi(a^*)P = \pi(a^*)P \ \forall a \in \mathcal{A} \Rightarrow P\pi(a) = \pi(a)P$, da $\pi(a^*) = \pi(a)^*$, $\Rightarrow P = \mathbf{0}$ oder $\mathbf{1}$.
   (iii)$\Rightarrow$(i): Wenn $a \in \pi(\mathcal{A})'$, dann auch a^* und somit $a + a^* = b$, $i(a - a^*) = c$, daher sind auch alle Spektralprojektoren von b und $c \in \pi(\mathcal{A})' \Rightarrow a$ ist ein Vielfaches der Einheit, denn jeder Projektor in $\pi(\mathcal{A})'$ definiert einen stabilen, abgeschlossenen Unterraum:
   Bemerkung: Man kann auch zeigen, daß für C^*-Algebren die Bedingungen (i) - (iii) äquivalent sind mit der **algebraischen Irreduzibilität**: Die einzigen invarianten, **dabei nicht notwendig abgeschlossenen**, Unterräume sind 0 und $\mathcal{H}$.

2. Beweis von Lemma (i): w rein $\Leftrightarrow$ alle $w_i \leq w$ sind λw:
   $\Rightarrow$: $w = \frac{w_1}{w_1(\mathbf{1})}w_1(\mathbf{1}) + \frac{w - w_1}{1 - w_1(\mathbf{1})}(1 - w_1(\mathbf{1}))$ ist konvexe Kombination zweier Zustände. $\Rightarrow w_1 = \lambda w$.
   $\Leftarrow$: $w \neq$ rein $\Leftrightarrow w = \alpha w_1 + (1 - \alpha)w_2$, $\lambda w \neq w_1 \leq w$.
   Beweis von Lemma (ii): Die Abbildung $(\pi_w(b), \pi_w(a)) \rightarrow w_1(b^*a)$ kann in eindeutiger Weise stetig zu einer positiven, durch 1 beschränkten Bilinearform über $\mathcal{H} \times \mathcal{H}$ fortgesetzt werden, daher gibt es einen Operator t_0, $0 \leq t_0 \leq 1$, so daß $w_1(b^*a) = \langle \pi_w(b)\Omega \,|\, t_0\pi_w(a)\Omega \rangle$. (Dies folgt unmittelbar aus dem Satz von Riesz-Frêchet (2.1.17) und wird auch manchmal **Satz von Lax-Milgram** genannt.) Die Substitution $a \rightarrow ca$ gibt
   $\langle \pi_w(b)\Omega \,|\, t_0\pi_w(c)\pi_w(a)\Omega \rangle = w_1(b^*ca) = w_1((c^*b)^*a) = \langle \pi_w(c)^*\pi_w(b)\Omega \,|\, t_0\pi_w(a)\Omega \rangle =$
   $= \langle \pi_w(b)\Omega \,|\, \pi_w(c)^*t_0\pi_w(b)\Omega \rangle \ \forall a, b \in \mathcal{A} \Rightarrow [t_0, \pi_w(c)] = \mathbf{0} \ \forall c \in \mathcal{A} \Rightarrow t_0 \in \pi(\mathcal{A})'$.
   Beweis des Theorems:
   $\Rightarrow$: Es sei P ein Projektionsoperator $\in \pi_w(\mathcal{A})'$. Die Abbildung $a \rightarrow \langle P\Omega \,|\, \pi_w(a)P\Omega \rangle$ ist ein positives, lineares Funktional $\leq w \Rightarrow \langle P\Omega \,|\, \pi_w(a)P\Omega \rangle = \lambda\langle \Omega \,|\, \pi_w(a)\Omega \rangle$, und indem man a durch b^*a ersetzt, $\langle P\pi_w(b)\Omega \,|\, \pi_w(a)\Omega \rangle = \langle \lambda\pi_w(b)\Omega \,|\, \pi_w(a)\Omega \rangle \Rightarrow P = \lambda \mathbf{1}$, da Ω zyklisch $\Rightarrow P = \mathbf{0}$ oder $\mathbf{1}$.
   $\Leftarrow$: Es sei $0 \leq w_1 \leq w$. Dann ist $w_1(a) = \langle \Omega \,|\, t_0\pi_w(a)\Omega \rangle = \lambda\langle \Omega \,|\, \pi_w(a)\Omega \rangle$, da $\pi_w(\mathcal{A})'$ nur aus den Skalaren besteht.

3. $w(b^*ac) = 0 \ \forall b, c \in \mathcal{H} \Rightarrow w(b^*a^*ab) = 0 \ \forall b$ aufgrund der Substitution $b^* \rightarrow b^*a^*$, $c \rightarrow b$. Umgekehrt:
   $w(b^*a^*ab) = 0 \ \forall b \Rightarrow |w(b^*ac)|^2 \leq w(b^*b) \cdot w(c^*a^*ac) = 0$, also $w(b^*ac) = 0$.

4. Da Multiplikation in einem Faktor in jeder Topologie stetig ist, sieht man sofort, daß starker Abschluß von $\mathcal{A} \subset$ schwacher Abschluß von $\mathcal{A} \subset \mathcal{A}''$. Also genügt es zu zeigen, daß $\mathcal{A}'' \subset$ starker Abschluß von $\mathcal{A}$.

    (i) Es sei $\mathcal{K} = \{ax : a = a^* \in \mathcal{A}\}$. $a\mathcal{K} \subset \mathcal{K} \Rightarrow a\overline{\mathcal{K}} \subset \overline{\mathcal{K}}, \overline{\mathcal{K}} =$ Abschluß von $\mathcal{K}$. Für $\bar{x}$ beliebig $\in \mathcal{H}$ ist $PaP\bar{x} = aP\bar{x} \Rightarrow aP = PaP = (PaP)^* = Pa \Rightarrow [a, P] = \mathbf{0}$.

    (ii) $bPb = bP = Pb \Rightarrow b\overline{\mathcal{K}} \subset \overline{\mathcal{K}} \Rightarrow bx \in \overline{\mathcal{K}}$.

    (iii) Operatoren t in $\mathcal{H} \oplus \ldots \oplus \mathcal{H}$ können in Matrixdarstellung (t_{ik}) mit Elementen $\in \mathcal{B}(\mathcal{H})$ geschrieben werden, insbesondere ist $(\pi(a))_{ik} = a\delta_{ik}$. $([t, \pi(a)])_{ik} = t_{ik}a - at_{ik}$, d.h. $\{\pi(a)\}'$ besteht aus allen t mit $t_{ik} \in \mathcal{A}' \Rightarrow \pi(b) \in \{\pi(a)\}''$.

5. Da f und $\rho^* f$ beschränkt sind, genügt es, $\|(f - \rho^* f)\varphi\|_2 \to 0$ für die dichte Menge $\varphi \in L^\infty$ und kompakten Träger K zu zeigen. Auf K ist dann f auch L^2 und

$$\|(f - \rho^* f)\varphi\|_2 \leq \|\varphi\|_\infty \|f - \rho^* f\|_2.$$

Im Fourier-Raum ist $\|f - \rho^* f\|_2^2 = \int d^n k \, |\tilde{f}(k)|^2 \, |1 - \tilde{\rho}(k)|^2 \to 0$, wenn $\tilde{\rho}(k)$ monoton gegen 1 strebt.

6. Es sei $a = \int dP_a(\alpha)\, \alpha$. Wir ordnen jedem Vektor x ein Maß $d\mu_x$ zu: $d\mu_x = d\langle x \,|\, P_a(\alpha)x \rangle$, und bilden

$$\mathcal{H}_{\mathrm{a.c.}} = \{x : d\mu_x \text{ absolut stetig bezüglich } d\alpha\},$$
$$\mathcal{H}'_{\mathrm{s}} = \{x : d\mu_x \text{ singulär bezüglich } d\alpha\}.$$

$\mathcal{H}_{\mathrm{a.c.}}$ und $\mathcal{H}'_{\mathrm{s}}$ sind orthogonal: Sei $x \in \mathcal{H}_{\mathrm{a.c.}}, y \in \mathcal{H}'_{\mathrm{s}}$. Es gibt eine Lebesgue-Nullmenge M, so daß $d\mu_y$ darauf konzentriert ist. Bezeichnet man $P(M) = \int_M dP_a(\alpha)$, so ist $(1 - P(M))y = 0 \Rightarrow \langle x \,|\, y \rangle = \langle x \,|\, P(M)y \rangle = \langle P(M)x \,|\, y \rangle = 0$.
Sei nun $x \in \mathcal{H}$ beliebig. $d\mu_x$ kann in singulären und absolut stetigen Teil zerlegt werden: $d\mu_x = d\mu_x^{\mathrm{s}} + d\mu_x^{\mathrm{a.c.}}$ (**Lebesgue-Zerlegung**, siehe [1, 13.18,7]. Es gibt dann wieder eine Lebesgue-Nullmenge M, auf der $d\mu_x^{\mathrm{s}}$ konzentriert ist, $P(M)x \in \mathcal{H}'_{\mathrm{s}}, (1 - P(M))x \in \mathcal{H}_{\mathrm{a.c.}}, \mathcal{H}'_{\mathrm{s}} + \mathcal{H}_{\mathrm{a.c.}} = \mathcal{H}$ bewirkt $\mathcal{H} = \mathcal{H}'_{\mathrm{s}} \oplus \mathcal{H}_{\mathrm{a.c.}}$: Offenbar ist $\mathcal{H}_{\mathrm{p}} \subset \mathcal{H}'_{\mathrm{s}}$, $\mathcal{H}_s \subset \mathcal{H}'_s$; ist andererseits $x \in \mathcal{H}'_s \ominus \mathcal{H}_{\mathrm{p}}$, so ist $x \in \mathcal{H}_s \Rightarrow \mathcal{H}'_s = \mathcal{H}_{\mathrm{p}} \oplus \mathcal{H}_s$.

7. Sei f die sogenannte **Cantorfunktion**: Die **Cantormenge** $\mathcal{C}$ ist in $[0, 1]$ das Komplement zu $(1/3, 2/3) \cup (1/9, 2/9) \cup (7/9, 8/9) \cup (1/27, 2/27) \cup \ldots$ Sie ist abgeschlossen und eine Lebesgue-Nullmenge. f sei nun $= 1/2$ in $(1/3, 2/3)$, $= 1/4$ in $(1/9, 2/9)$, $= 3/4$ in $(7/9, 8/9)$, usw. (siehe Figur). f ist monoton wachsend und kann in eindeutiger Weise zu einer stetigen Funktion fortgesetzt werden.

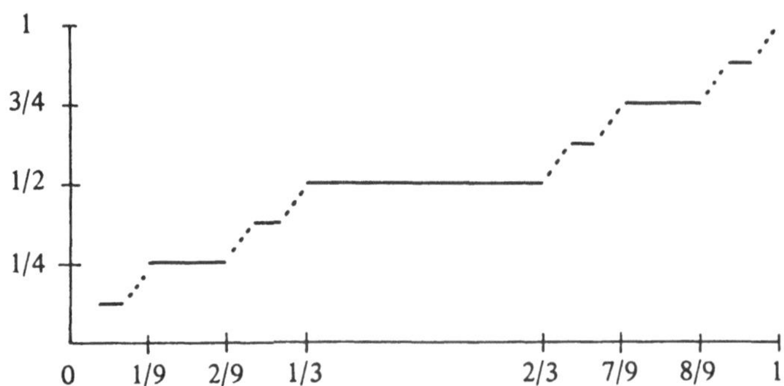

Sei a der Multiplikationsoperator in $\mathcal{H} = L^2([0,1], df)$, definiert durch $\varphi(x) \to x\varphi(x)$. Dann ist $P_a(\alpha)\mathcal{H} = \{\varphi : \varphi(x) = 0,\text{ falls } x > \alpha\}$. Daher ist für $M \subset [0,1]$

$$\|P(M)\varphi\|^2 = \int_M |\varphi(x)|^2 df.$$

Insbesondere ist $\|P(\mathcal{C})\varphi\|^2 = \|\varphi\|^2$, daher ist $\mathcal{H}_{\text{a.c.}} = 0$.
Das Punktspektrum ist leer, da f keine Sprünge hat, also ist $\int_{\{\lambda\}} |\varphi(x)|^2 df = 0$ über alle einpunktigen Mengen $\{\lambda\}$.

8. Es seien $x, y \in \mathcal{H}$; der Operator $a : v \to \langle x \,|\, v \rangle\, y$ (welcher x auf y abbildet), ist von endlichem Rang und daher kompakt; also ist jeder Vektor zyklisch für die kompakten Operatoren, diese bilden somit eine irreduzible C^*-Algebra und sind wegen des v. Neumannschen Dichtheitssatzes stark dicht in $\mathcal{B}(\mathcal{H})$.

9. $\sigma_{\text{a.c.}} \subset \sigma_{\text{ess}}$, $\sigma_s \subset \sigma_{\text{ess}}$; beide können nicht aus einem isolierten Punkt bestehen, daher impliziert $\sigma_{\text{ess}} = \{0\}$ bereits $\sigma_{\text{a.c.}} = \sigma_s = $ leer.
a kompakt, $\lambda \in \sigma_{\text{ess}}(a)$: es gibt ein Orthonormalsystem ψ_n, so daß $\|(a - \lambda)\psi_n\| \to 0$. a bildet die beschränkte Menge $\{\psi_n\}$ in ein Kompaktum ab, $a\psi_n$ enthält daher eine stark konvergente Teilfolge $a\psi_{n_k}$. Es folgt daraus $\lambda = 0$, da keine Teilfolge von ψ_n stark konvergiert. $\sigma_{\text{ess}}(a) = \{0\}$: Sei $P_\epsilon = P_a(\epsilon) - P_a(-\epsilon)$. Dann ist $\dim(1 - P_\epsilon)$ endlich $\forall \epsilon > 0$. $\Rightarrow a_n = \int_{-\infty}^{-1/n} dP_a(\alpha)\,\alpha + \int_{1/n}^{\infty} dP_a(\alpha)\,\alpha$ ist von endlichem Rang (und a fortiori kompakt), $\|a - a_n\| \le 1/n \Rightarrow a$ ist kompakt.

10. (ii) $\operatorname{Tr} a = \sum_i \langle e_i \,|\, ae_i \rangle = \sum_i \|a^{1/2}e_i\|^2 = \sum_i \sum_k |\langle Ue_k \,|\, a^{1/2}e_i \rangle|^2 =$
$= \sum_k \sum_i |\langle Ue_k \,|\, a^{1/2}e_i \rangle|^2$ (da alle Summanden ≥ 0) $=$
$= \sum_k \|a^{1/2}Ue_k\|^2 = \operatorname{Tr} U^*aU$.

(iv) Die Polarzerlegungen seien
$m_1 + m_2 = U|m_1 + m_2|, \quad m_1 = V|m_1|, \quad m_2 = W|m_2|,$
$\operatorname{Tr}|m_1 + m_2| = \sum_k \langle e_k \,|\, U^*(m_1 + m_2)e_k \rangle \le$
$\le \sum_k (|\langle e_k \,|\, U^*V|m_1|e_k \rangle| + +|\langle e_k \,|\, U^*W|m_2|e_k \rangle|) \le \operatorname{Tr}|m_1| + \operatorname{Tr}|m_2|$.
Für den letzten Schritt verwende man für e_k Eigenvektoren von $|m_1|$ und $|m_2|$ und beachte $\|V^*Ue_k\| \le 1$.

(v) Tr ist für $n \times n$-Matrizen ein stetiges, positives lineares Funktional, für sie folgt (v) aus (2.2.20,1). Da sich die $m_i \in \mathcal{C}_2$ als endliche Matrix $+$ etwas beliebig kleiner $\|\ \|_2$-Norm schreiben lassen, gilt wegen (2.3.20,3) dann (v) auf ganz $\mathcal{C}_2$.

(vi) folgt aus (ii), denn jedes $a \in \mathcal{B}(\mathcal{H})$ ist Linearkombination zweier hermitischer Elemente, und letztere sind Kombinationen der positiven Elemente $|a| \pm a$ oder der unitären Elemente $\|a\|^{-1}[a \pm i(\|a\|^2 - a^2)^{1/2}]$.

11. F ist schwach relativkompakt, daher ist $\bigcap_{a \in F} \overline{\{b \in F : b \geq a\}}^{\text{schwach}}$ nicht leer, enthält somit mindestens ein Element s. $s \geq a \ \forall a \in \overline{F}^{\text{schwach}}$, da die schwache Topologie durch die Halbnormen $\langle x \,|\, \cdot \, x \rangle$ charakterisiert wird, somit der schwache Abschluß die Ordnung erhält. Eindeutigkeit: Enthielte $\bigcap_a \ldots$ zwei Elemente $s_1 \neq s_2$, so gäbe es ein $x \in \mathcal{H}$, so daß $|(x \,|\, s_1 x) - (x \,|\, s_2 x)| = \epsilon > 0$ sowie $a_1, a_2 \in F$, so daß $|(x \,|\, s_i x) - (x \,|\, a_i x)| < \epsilon/2$ $(i = 1, 2)$. Dann existiert aber $c \in F : c \geq a_1, c \geq a_2 \Rightarrow \epsilon = |(x \,|\, s_1 x) - (x \,|\, s_2 x)| \leq |(x \,|\, s_1 x) - (x \,|\, c x)| + |(x \,|\, s_2 x) - (x \,|\, c x)| < \epsilon/2 + \epsilon/2 = \epsilon$, somit ergibt sich ein Widerspruch.

$s \in \overline{F}^{\text{stark}}$ wegen der Ungleichung

$$((b - a)x \,|\, (b - a)x) = ((b - a)^{1/2} x \,|\, (b - a)^{3/2} x) \leq (x \,|\, (b - a)x)^{1/2} \cdot \|x\| \|b\|^{3/2},$$

falls $b \geq a \geq \mathbf{0}$. $s' \geq a \ \forall a \in F \Rightarrow s' \geq a' \ \forall a' \in \overline{F}^{\text{schwach}} \Rightarrow s' \geq s$.

2.4 Einparametrige Gruppen

Die Zeitentwicklung ist quantenmechanisch wie klassisch eine Gruppe. Mangelhafte Stetigkeit von Gruppen spiegelt sich in Unbeschränktheit ihrer Erzeugenden wider.

Die Dynamik eines abgeschlossenen Systems beschreibt man quantenmechanisch wie klassisch durch eine Gleichung der Struktur

$$\frac{d}{dt}f = af, \tag{2.4.1}$$

wobei a ein zeitunabhängiger Operator ist. In diesem Abschnitt wollen wir untersuchen, wann der formalen Lösung

$$f(t) = U_t\,f(0), \qquad\qquad U_t = e^{at}, \tag{2.4.2}$$

ein Sinn zu geben ist. Bei unseren Anwendungen wird f Element eines Banachraums sein, auf dem a linear wirkt. Von (2.4.2) abstrahieren wir die folgenden Desiderata:

Definition (2.4.3)

Eine Abbildung $\mathbf{R}^+ \to \mathcal{B}(\mathbf{E}) : t \to U_t$ heißt **einparametrige Halbgruppe** von Operatoren im Banachraum $\mathbf{E}$, wenn

(i) $U_{t_1+t_2} = U_{t_1} \cdot U_{t_2} \qquad \forall t_1, t_2 \geq 0,$

(ii) $U(0) = \mathbf{1}.$

Falls $\|U_t\| \leq 1$ (bzw. $\|U_t x\| = \|x\| \quad \forall x \in \mathbf{E}$), spricht man von Halbgruppen von **Kontraktionen** (bzw. **Isometrien**). Gilt (i) und (ii) $\forall t \in \mathbf{R}$ einer Abbildung $\mathbf{R} \to \mathcal{B}(\mathbf{E})$, handelt es sich um entsprechende Gruppen.

Bemerkungen (2.4.4)

1. Wegen $U_{t_1} U_{t_2} = U_{t_1+t_2} = U_{t_2} U_{t_1}$ kommutieren alle Elemente der Halbgruppe.

2. Kontraktionsgruppen sind wegen $\|U_{-t}\| \leq 1 \ \forall t \in \mathbf{R}$ Isometriegruppen. Im Hilbertraum sind dies unitäre Gruppen mit $U_{-t} = U_t^*$, denn dann ist $\forall x \in \mathbf{E}$:

$$\|x\| = \|U_{-t}\,U_t\,x\| \leq \|U_t\,x\| \leq \|x\| \Rightarrow \|U_t\,x\| = \|x\|.$$

   U und U^{-1} isometrisch $\Leftrightarrow$ U unitär.

3. Man wird an die Abbildung $\mathbf{R}^+ \to \mathcal{B}(\mathbf{E})$ Stetigkeitsforderungen stellen, da verrückte lineare, aber unstetige Funktionen $\mathbf{R} \to \mathbf{R}$ bekannt sind. Schon die schwache Topologie in $\mathcal{B}(\mathbf{E})$ garantiert (Aufgabe 1), daß für ein Intervall die Normen beschränkt sind: $\sup_{0 \leq t \leq \delta} \|U_t\| = M < \infty.$

Die schärfste Stetigkeitsforderung ist die mit der Normtopologie in $\mathcal{B}(\mathbf{E})$ und dies bedingt sofort Analytizität.

Satz (2.4.5)

Für eine Halbgruppe sind äquivalent:

(i) U_t ist normstetig,

(ii) $\lim_{t\to 0} \|U_t - \mathbf{1}\| = 0$,

(iii) $\exists a \in \mathcal{B}(\mathbf{E})$, so daß $\lim_{t\to 0} \left\|\frac{1}{t}(U_t - \mathbf{1}) - a\right\| = 0$,

(iv) $U_t = \sum_{n=0}^{\infty} a^n \frac{t^n}{n!}$.

Wir schreiben dann $U_t = e^{at}$. U_t läßt sich zu einer Gruppe erweitern, und es gilt $\|U_t\| \leq e^{\|a\|\|t\|} \ \forall t \in \mathbf{R}$.

Beweis

Offensichtlich gilt (iv) $\Rightarrow$ (i) $\Rightarrow$ (ii) $\Leftarrow$ (iii) $\Leftarrow$ (iv), so daß wir nur (ii) $\Rightarrow$ (iv) zeigen müssen. Aus $U(0) = \mathbf{1}$ und der Normstetigkeit bei $t = 0$ folgt, daß

$$\frac{1}{\tau} \int_0^{\tau} dt\, U_t$$

für genügend kleine τ's nahe an der Einheit liegt und daher invertierbar ist. Daher ist

$$a_\tau = \frac{U_\tau - \mathbf{1}}{\tau} \frac{1}{\frac{1}{\tau} \int_0^{\tau} dt\, U_t}$$

für genügend kleine τ definiert. a_τ hängt nur scheinbar von τ ab, da

$$a_{n\tau} = \frac{U_\tau^n - \mathbf{1}}{\int_0^{n\tau} dt\, U_t} = \frac{(U_\tau - \mathbf{1})(1 + U_\tau + \ldots + U_\tau^{n-1})}{\int_0^{\tau} dt\, U_t (1 + U_\tau + \ldots + U_\tau^{n-1})} = a_\tau.$$

Somit ist a_τ für alle rationalen Vielfachen τ' von τ gleich, wegen der Stetigkeit daher für alle τ' und wir können es umbenennen in a. Also ist

$$U_t = \mathbf{1} + a \int_0^t ds\, U_s,$$

und durch Iteration erhält man (iv). Daraus folgt dann die Abschätzung $\|U_t\| \leq e^{\|a\|\|t\|}$. $\qquad \square$

Bemerkungen (2.4.6)

1. Die exponentielle Beschränktheit entspricht der klassischen Aussage (I, 3.5.4) für Flüsse von beschränkten Vektorfeldern. Jedes stärkere Anwachsen, wie etwa, daß Teilchen in endlicher Zeit Unendlich erreichen, widerspricht der Gruppenstruktur.

2. Es kann natürlich eintreten, daß U_t weniger stark (wie etwa für $a = \begin{pmatrix} 0 & 1 \\ 0 & 0 \end{pmatrix}$,

$e^{at} = \mathbf{1} + at$) oder gar nicht (wie etwa für $a = i \begin{pmatrix} 0 & 1 \\ 1 & 0 \end{pmatrix}$, $e^{at} = \cos t + a \sin t$)

anwächst.

Wie wir sehen, entspricht jedem $a \in \mathcal{B}(\mathbf{E})$ ein U_t und umgekehrt. Wir wollen nun die Methoden der Störungstheorie (I, 3.5) auf den gegenwärtigen Fall übertragen, um die Änderung von U_t bei $a_0 \to a_0 + a_1$ abzuschätzen.

Satz (2.4.7)

Sei $U_t = e^{a_0 t}$, $V_t = e^{(a_0 + a_1)t}$, $a_i \in \mathcal{B}(\mathbf{E})$. Dann ist

(i) $\|U_t - V_t\| \leq |t| \|a_1\| e^{|t|(\|a_0\| + \|a_1\|)}$,

und umgekehrt $\forall \lambda \geq \|a_0\| + \|a_1\|$,

(ii) $\|a_1\| \leq (\|a_0\| + \lambda)(\|a_0 + a_1\| + \lambda) \int_0^\infty dt\, e^{-\lambda t} \|U_t - V_t\|$.

Bemerkungen (2.4.8)

1. (i) ist das genaue Analogon der klassischen Schranke (I, 3.5.4) und (ii) sagt, daß sich die Störung schon nach kürzeren Zeiten bemerkbar machen muß.

2. Für große Zeiten wird die Störungstheorie sehr ungenau und ist daher zum Studium des Limes $t \to \infty$ ungeeignet.

Beweis

(i) Integrieren wir

$$\frac{d}{d\lambda} e^{a_0 t \lambda} e^{(a_0 + a_1)t(1-\lambda)} = -t e^{a_0 t \lambda} a_1 e^{(a_0 + a_1)t(1-\lambda)}$$

zwischen 0 und 1, bekommen wir

$$V_t - U_t = t \int_0^1 d\lambda\, U_{\lambda t}\, a_1\, V_{t(1-\lambda)}.$$

Dies gibt mit (2.4.5) die Schranke (i).

(ii) Folgt aus der Identität

$$a_1 = (a_0 - \lambda) \int_0^\infty dt\, e^{-\lambda t}(U_t - V_t)(\lambda - a_0 - a_1),$$

wobei wir $\lambda \geq \|a_0\| + \|a_1\| \geq \max\{\|a_0\|, \|a_0 + a_1\|\}$ vorausgesetzt haben, damit das Integral sicher existiert. $\qquad\qquad\square$

V_t läßt sich auf verschiedene Weise durch U_t und a_1 konstruieren. Hier ergeben sich für nichtkommutative Operatoren charakteristische Komplikationen.

Satz (2.4.9)

Sei $a_1(t) =: e^{-a_0 t} a_1 e^{a_0 t}$, so ist

(i) $e^{(a_0+a_1)t} = e^{a_0 t} \left(1 + \sum_{n=1}^{\infty} \int_0^t dt_1 \ldots \int_0^{t_{n-1}} dt_n \, a_1(t_1) \ldots a_1(t_n) \right)$ (Dyson)

(ii) $e^{(a_0+a_1)t} = \lim_{n\to\infty} \left(e^{a_0 t/n} e^{a_1 t/n} \right)^n.$ (Trotter)

Bemerkungen (2.4.10)

1. Die Summe und $\lim_{n\to\infty}$ konvergieren in der Norm-Topologie.

2. Die **Dyson-Entwicklung** (i) ist mit der klassischen Formel (I, 3.5.7) identisch und auch die **Trottersche Produkt-Formel** (ii) läßt sich für Flüsse formulieren.

3. Mit dem Zeitordnungssymbol **T**

$$\mathbf{T}(a(t_1)\, a(t_2)\ldots a(t_n)) := a(t_{i_1})\, a(t_{i_2})\ldots a(t_{i_n}),$$

falls $t_{i_1} \geq t_{i_2} \geq t_{i_3} \geq \ldots \geq t_{i_n}$, läßt sich (i) als

$$e^{-a_0 t} e^{(a_0+a_1)t} = \mathbf{T} e^{\int_0^t dt' \, a_1(t')}$$

schreiben.

Beweis

(i) $\frac{d}{dt} e^{-a_0 t} e^{(a_0+a_1)t} = a_1(t)\, e^{-a_0 t} e^{(a_0+a_1)t} \Rightarrow$
$e^{(a_0+a_1)t} = e^{a_0 t} \left[1 + \int_0^t dt_1 \, a_1(t_1)\, e^{-a_0 t_1} e^{(a_0+a_1)t_1} \right],$
daraus (i) durch Iteration.

(ii) Sei $S_n = e^{(a_0+a_1)/n}$, $T_n = e^{a_0/n} e^{a_1/n}$.
$$S_n^n - T_n^n = \sum_{m=0}^{n-1} S_n^m (S_n - T_n) T_n^{n-m-1}.$$
Da $\forall k \leq n$, $\|S_n^k\|$ und $\|T_n^k\| \leq e^{\|a_0\|+\|a_1\|}$, ist

$$\|S_n^n - T_n^n\| \leq n\|S_n - T_n\| \, e^{2(\|a_0\|+\|a_1\|)},$$

aber

$$\|S_n - T_n\| =$$
$$= \left\| \sum_{m=0}^{\infty} \frac{1}{m!} \left(\frac{a_0+a_1}{n} \right)^m - \left(\sum_{m=0}^{\infty} \frac{1}{m!} \left(\frac{a_0}{n} \right)^m \right) \cdot \left(\sum_{m=0}^{\infty} \frac{1}{m!} \left(\frac{a_1}{n} \right)^m \right) \right\| \leq \frac{c}{n^2},$$

so daß

$$\|S_n^n - T_n^n\| \to 0.$$

$\square$

Beispiel (2.4.11)

Störung der Larmorpräzession eines Spins:
Mit den σ's (2.2.37) sei $a_0 = i\sigma_x$, $a_1 = ig\sigma_y$. Aus $(\vec{b}\vec{\sigma})^2 = \vec{b}^2$ folgt

$$e^{(a_0+a_1)t} = \cos t\sqrt{1+g^2} + i(\sigma_x + g\sigma_y)\frac{1}{\sqrt{1+g^2}}\sin t\sqrt{1+g^2}.$$

$\forall t \in \mathbf{R}$ ist dies eine ganze Funktion von g und (2.4.9,(i)) ist davon die Taylor-Entwicklung. Letztere muß natürlich mühsam sein, denn das t-Verhalten ändert sich grundlegend, wenn g in $\mathbf{C}$ variiert: Für reelle g ist es oszillatorisch, für $g = \pm i$ linear, sonst exponentiell anwachsend.

Wir kommen nun zu dem in der Physik wichtigen Fall, in dem U_t nur stark stetig ist. Hier wird $\frac{1}{\tau}\int_0^\tau dt\, U_t$ nicht uniform gegen $\mathbf{1}$ konvergieren und daher auch für noch so kleine τ nicht invertierbar sein. Übernehmen wir formal die frühere Konstruktion der Erzeugenden

$$a = \frac{U_\tau - \mathbf{1}}{\tau}\left[\frac{1}{\tau}\int_0^\tau dt\, U_t\right]^{-1},$$

so führt dies nicht auf ein Element aus $\mathcal{B}(\mathbf{E})$, aber immerhin ist a auf einer dichten Menge von $\varphi \in \mathbf{E}$ definiert: Die Inverse existiert natürlich auf den Vektoren $\psi \in \mathbf{E}$ der Form

$$\psi = \frac{1}{\tau}\int_0^\tau dt\, U_t \cdot \varphi, \quad \varphi \in \mathbf{E}, \quad \tau > 0 \text{ und } a\psi = \frac{U_\tau - \mathbf{1}}{\tau}\varphi.$$

Da nun $\frac{1}{\tau}\int_0^\tau dt\, U_t\varphi$ wegen der starken Stetigkeit mit $\tau \to 0$ gegen φ konvergiert, läßt sich jedes $\varphi \in \mathbf{E}$ beliebig genau durch ein solches ψ approximieren. Für solche Vektoren gilt dann auch

$$a\psi = \lim_{h\to 0}\frac{U_h - \mathbf{1}}{h}\psi,$$

denn

$$(U_h - \mathbf{1})\int_0^\tau dt\, U_t = \int_\tau^{\tau+h} dt\, U_t - \int_0^\tau dt\, U_t = (U_\tau - \mathbf{1})\int_0^h dt\, U_t,$$

also

$$\frac{U_h - \mathbf{1}}{h} = \frac{U_\tau - \mathbf{1}}{\tau}\left[\int_0^\tau \frac{dt}{\tau}U_t\right]^{-1}\frac{1}{h}\int_0^h ds\, U_s.$$

Der letzte Faktor konvergiert aber stark gegen $\mathbf{1}$ und wir kommen so zur

Definition (2.4.12)

Die **Erzeugende** a einer stark stetigen Halbgruppe U_t ist eine lineare Abbildung $\mathrm{D}(a) \to \mathbf{E}$, wobei der **Definitionsbereich**

$$\mathrm{D}(a) = \left\{\psi \in \mathbf{E} : \exists \lim_{h\to 0}\frac{U_h - \mathbf{1}}{h}\psi =: a\psi\right\}$$

in $\mathbf{E}$ dicht liegt. $\mathrm{Ran}\,(a) := a\,\mathrm{D}(a) \subset \mathbf{E}$ bezeichne das Bild von $\mathrm{D}(a)$.

Beispiel (2.4.13)

$\mathbf{E} = \ell^2$, $\psi = (v_1, v_2, \ldots, v_n, \ldots)$, $U_t\psi = (e^{it}v_1, e^{2it}v_2, \ldots, e^{nit}v_n, \ldots)$ ist stark, aber nicht uniform, stetig. $a\psi = i(v_1, 2v_2, \ldots, nv_n, \ldots)$.

$$\mathrm{D}(a) = \left\{ \psi \in \ell^2 : \sum_{n=1}^{\infty} |nv_n|^2 < \infty \right\}$$

ist in ℓ^2 dicht, aber nicht ganz ℓ^2.

Bemerkungen (2.4.14)

1. Starke Stetigkeit kann zu schwacher Stetigkeit abgeschwächt werden, etwa auf unitären Operatoren im Hilbertraum fallen diese Topologien zusammen.

2. Für unitäre Gruppen auf separablen Hilberträumen $\mathcal{H}$ ist sogar die schwache Meßbarkeit (d.h. $t \to \langle \psi | U_t\varphi \rangle$ muß $\forall \psi, \varphi \in \mathcal{H}$ meßbar sein) der starken Stetigkeit äquivalent. Ist $\mathcal{H}$ nicht separabel, gilt dies nicht mehr: Sei $\mathcal{H} = \oplus_x \mathcal{H}_x$, $\mathcal{H}_x = \mathbf{C} \ \forall x \in \mathbf{R}$. Diese überabzählbare Summe ist so zu verstehen, daß von den Komponenten ψ_x eines Vektors ψ nur abzählbar viele $\neq 0$ sind und

$$\|\psi\|^2 = \sum_x |\psi_x|^2.$$

Sei $(U_t\psi)_x = \psi_{x+t}$, so ist $t \to U_t$ eine unitäre Gruppe, nicht schwach stetig, aber schwach meßbar: $\langle \psi | U_t\varphi \rangle = \|\psi\|^2$ für $t = 0$ und sonst $\neq 0$ nur für abzählbar viele t's. Hier gibt es überhaupt keine Erzeugende.

3. Damit $t \to U_t$ stark differenzierbar ist, brauchen wir $a \in \mathcal{B}(\mathbf{E})$, $\mathrm{D}(a) = \mathbf{E}$. Dann ist $t \to U_t$ sogar uniform analytisch, so daß starke Differenzierbarkeit zu den Bedingungen (2.4.5) äquivalent ist.

4. Handelt es sich um eine unitäre Gruppe in einem Hilbertraum, muß ia hermitisch sein:
$$\langle ia\psi | \varphi \rangle = \langle \psi | ia\varphi \rangle \ \forall \psi, \varphi \in \mathrm{D}(a).$$

Dies sieht man wie bei endlichen Matrizen

$$\langle a\psi | \varphi \rangle = \lim_{h \to 0} \left\langle \frac{U_h - \mathbf{1}}{h}\psi \,\middle|\, \varphi \right\rangle = \lim_{h \to 0} \left\langle \psi \,\middle|\, \frac{U_{-h} - \mathbf{1}}{h}\varphi \right\rangle = -\langle \psi | a\varphi \rangle,$$

nur daß jetzt auf Bereichfragen zu achten ist. Unitäre Halbgruppen können offenbar auch bei nur starker Stetigkeit zu Gruppen ausgedehnt werden.

Ist U_t nur stark stetig, so ist $\mathrm{D}(a)$ zwar in $\mathcal{H}$ dicht, aber nicht ganz $\mathcal{H}$. Es gibt also $\varphi_n \in \mathrm{D}(a)$ mit $\varphi_n \to \varphi$, aber $\varphi \notin \mathrm{D}(a)$. Konvergiert allerdings $a\varphi_n$ gegen ein $\psi \in \mathcal{H}$, dann ist $\varphi \in \mathrm{D}(a)$ und $\psi = a\varphi$ (Aufgabe 2). Diese Eigenschaft wird sich als wichtig herausstellen und sei festgehalten durch

Definition (2.4.15)

Der **Graph** eines Operators $a : D \to E$ ist $\Gamma(a) := \{(\psi, \varphi) \in D \times E : \varphi = a\psi\}$. Wenn $\Gamma(a)$ ein abgeschlossener Unterraum von $E \times E$ ist, nennt man a **abgeschlossen**.

Beispiele (2.4.16)

1. $E = L^2([0,1], d\alpha), (a\psi)(\alpha) = \frac{1}{\alpha}\psi(\alpha)$.
   $D_1(a) = \{\psi \in E : \psi = 0$ in einer beliebigen Umgebung von $0\}$.
   a ist nicht abgeschlossen, denn sei $\psi_n = \alpha$ für $\alpha > 1/n$, sonst 0: $\psi_n \to \psi(\alpha) = \alpha$
   und $a\psi_n \to 1$, aber $\psi \notin D_1(a)$.

2. E und a wie vorher, aber

$$D_2(a) = \left\{\psi \in E : \int_0^1 \left|\frac{1}{\alpha}\psi(\alpha)\right|^2 d\alpha < \infty\right\}.$$

   Da D_2 alle ψ enthält, für die $a\psi \in E$, ist a auf D_2 abgeschlossen.

3. Sei $a\varphi = 1 \cdot \varphi(1/2)$, $D(a) = \{\varphi \in L^2([0,1], d\alpha) =: \mathcal{H}, \varphi = $ stetig$\}$. Dies ist nicht
   abgeschlossen, denn $\varphi_n =: \exp(-(\alpha - 1/2)^2 n^2) \to 0$, wegen $\|\varphi_n\| = O(1/n)$,
   aber $a\varphi_n = 1 \not\to 0$.

Bemerkungen (2.4.17)

1. Beachte, daß Γ in $E \times E$ und nicht in $D \times E$ abgeschlossen sein muß. Etwa
   ist nach dieser Definition in $E = [0,\infty)$ die Abbildung $x \to 1/x$, $D = (0,\infty)$,
   abgeschlossen, die Abbildung $x \to x$, $D = (0,\infty)$, aber nicht.

2. Da allgemein der Graph einer stetigen Abbildung abgeschlossen in $D \times E$ ist
   (Aufgabe 4), ist a daher nur dann abgeschlossen, wenn D abgeschlossen, also
   gleich E ist.

3. (2.4.15) ist äquivalent mit der Aussage $D \ni \psi_n \to \psi$, $a\psi_n \to \varphi \Rightarrow \psi \in D$,
   $\varphi = a\psi$, und daß D mit der Norm $\|\psi\|_a = \|\psi\| + \|a\psi\|$ vollständig ist (Aufgabe
   3).

4. Ist $aD(a)$ in E dicht und a injektiv, so ist a^{-1} ein dicht definierter Operator
   und abgeschlossen, wenn a es ist, denn $\Gamma(a^{-1}) = J\Gamma(a)$, $J(x, y) = (y, x)$.

5. Man könnte meinen, daß man bei einem nicht abgeschlossenen Operator den
   Definitionsbereich zu klein gewählt hat und daß man einen abgeschlossenen
   Operator bekommt, indem man einfach den Abschluß $\overline{\Gamma}$ von Γ in $E \times E$ nimmt.
   Dies geht aber nicht immer, $\overline{\Gamma}$ muß nicht Graph einer Abbildung sein. Dies
   zeigt schon $\Theta(x) = 1$ für $x > 0$, 0 für $x < 0$, wo der Abschluß des Graphen
   $x = 0$ die zwei Werte 0 und 1 zuschreibt. Auch in Beispiel (2.4.16,3) kommt
   man offensichtlich nicht zu einem abgeschlossenen Operator, indem man $D(a)$
   vergrößert.

Das $a : D(a) \to \mathbf{E}$ aus (2.4.12) ist unstetig. Stetigkeit ist mit stetig in einem Punkt und mit beschränkt äquivalent, alle diese Bedingungen besagen $\exists M \in \mathbf{R}^+$, so daß $\|a\psi\| \leq M\|\psi\|\ \forall \psi \in D(a)$. Mit Abgeschlossenheit und Definitionsbereich hängt dies so zusammen:

Satz (2.4.18)

Von den 3 Eigenschaften:

   (i) $D(a) = \mathbf{E}$,

   (ii) $a = $ stetig,

   (iii) $a = $ abgeschlossen,

bedingen je zwei die dritte.

Beweis

(i) $\wedge$ (ii) $\Rightarrow$ (iii): Jeder Graph einer stetigen Abbildung ist abgeschlossen
                      (Aufgabe 4),
(ii) $\wedge$ (ii) $\Rightarrow$ (i) wurde in (2.4.17,2) erläutert,
(i) $\wedge$ (iii) $\Rightarrow$ (ii) folgt aus dem Satz vom abgeschlossenen Graphen [1, (12.16,1)]. Er liegt etwas tiefer und kann hier nicht bewiesen werden.   □

Folgerungen (2.4.19)

   1. Ist ein Operator abgeschlossen, aber nicht stetig, kann er nicht überall definiert sein.

   2. Ist ein Operator überall definiert und nicht stetig, so ist er nicht abgeschlossen (vgl. 2.1.15,2).

   3. Ist ein Operator stetig, dann läßt er sich auf ganz $\mathbf{E}$ ausdehnen, ist somit abschließbar.

Da die Schwierigkeiten bei der Definition von a von der Inversion eines Operators herrühren, wird man annehmen, daß die **Resolvente**

$$\mathrm{R}_z :- (a - z)^{-1}$$

aus $\mathcal{B}(\mathbf{E})$ sein sollte. Schreibt man formal $U_t = e^{at}$, wäre

$$\mathrm{R}_z = -\int_0^\infty dt\, e^{-tz} U_t,$$

und tatsächlich gilt

Satz (2.4.20)

Sei U_t eine stark stetige kontraktive Halbgruppe (Erzeugende a). Dann bildet $\forall z \in \mathbf{C}$ mit $\operatorname{Re} z > 0$

$$\mathrm{R}_z = -\int_0^\infty dt\, e^{-tz} U_t$$

E in $D(a)$ ab. $(a - z)R_z = \mathbf{1}$ und $\|R_z\| \leq (\operatorname{Re} z)^{-1}$.

Beweis

Die Aussage über die Norm folgt aus $\|U_t\| \leq 1$. Anwendung von a auf R_z gibt

$$aR_z = \lim_{h \to 0} \frac{U_h - \mathbf{1}}{h} R_z = \lim_{h \to 0} \frac{\mathbf{1} - e^{hz}}{h} \int_0^\infty dt\, e^{-zt} U_t + \frac{e^{zh}}{h} \int_0^h dt\, e^{-zt} U_t.$$

Hier konvergiert der erste Term uniform gegen zR_z und der zweite stark gegen $\mathbf{1}$. $\square$

In der Physik ist die Problemstellung meist umgekehrt, a ist gegeben und U_t ist gesucht. Man könnte daran denken, U_t durch $\sum_{n=0}^\infty \frac{t^n}{n!} a^n$ zu definieren, dabei kann man aber Schiffbruch erleiden.

Beispiel (2.4.21)

Sei $\mathbf{E} = L^2((0,1), dx)$. Wir versuchen darauf die Gruppe der Translationen e^{-itp} durch die Erzeugende $p = -i\frac{d}{dx}$ unitär darzustellen. Damit alle Potenzen von $\frac{d}{dx}$ definiert sind und die nötigen Hermitizitätseigenschaften haben, wählen wir $D(p) = C_0^\infty(0,1)$. Da diese Funktionen ihre Träger innerhalb von (0,1) haben, gilt

$$\left\langle \frac{d^n}{dx^n} \psi \,\middle|\, \varphi \right\rangle = (-)^n \left\langle \psi \,\middle|\, \frac{d^n}{dx^n} \varphi \right\rangle \quad \forall \psi, \varphi \in D\left(\frac{d}{dx}\right)$$

und $\sum_{n=0}^\infty \frac{(-t)^n}{n!} \frac{d^n}{dx^n}$ ist formal unitär. Nur leider sind die in einer komplexen Umgebung von (0,1) analytischen Funktionen, für welche die Summe $\forall x \in (0,1)$ endlichen Konvergenzradius hat, nicht in $D\left(-i\frac{d}{dx}\right)$. Es ist auch gar nicht möglich, so zu einer unitären endlichen Verschiebung zu kommen, da sie ja einen Teil der Funktion aus (0,1) herausschiebt, der dann im Normierungsintegral fehlt:

$$\int_0^1 dx\, |\psi(x + t)|^2 = \int_t^1 dx\, |\psi(x)|^2 + \text{etwas Unbekanntes},$$

da $\psi(x)$ für $1 < x < 1 + t$ nicht definiert ist (Fig. 2.1).

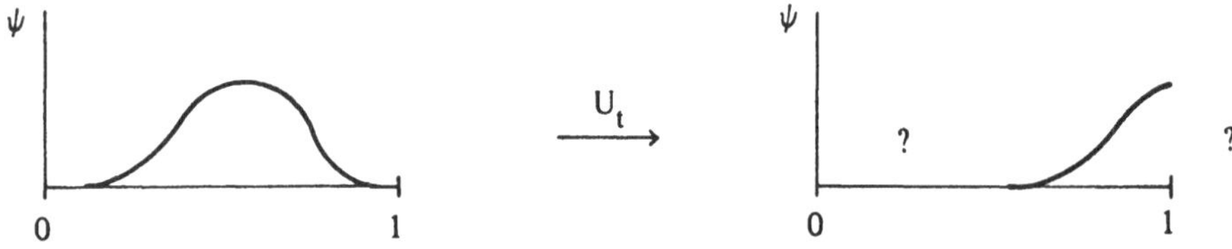

Fig. 2.1 Unitäre Darstellung der Translation in [0,1]

Auch $U_t = \lim_{n \to \infty} \left(\mathbf{1} + \frac{at}{n}\right)^n$ stößt auf die Frage von $D(a^n)$ $\forall n \in \mathbf{Z}$, aber der Weg über die Resolvente führt zum Ziel. Es zeigt sich, daß die bisher gefundenen Eigenschaften von a die Erzeugenden von Halbgruppen charakterisieren, jedes solche a bestimmt eindeutig ein U_t.

Satz (2.4.22) (Hille-Yôsida)

Sei a ein dicht definierter Operator, so daß $(a - x)^{-1} : \mathbf{E} \to \mathrm{D}(a)$ $\forall x > 0$ durch $\|(a - x)^{-1}\| \leq |x^{-1}|$ beschränkt ist; dann gibt es genau eine kontraktive Halbgruppe U_t mit

$$\lim_{h \to 0} \frac{U_h - 1}{h} \varphi = a\varphi \quad \forall \varphi \in \mathrm{D}(a).$$

Bemerkungen (2.4.23)

1. Es folgt dann aus (2.4.20), daß $(a - z)^{-1}$ sogar $\forall z$ mit $\operatorname{Re} z > 0$ existiert und durch $(\operatorname{Re} z)^{-1}$ beschränkt wird.

2. Da $(a - x)^{-1}$ auf ganz $\mathbf{E}$ definiert und beschränkt ist, muß es nach (2.4.18) abgeschlossen sein. Daher ist nach (2.4.17,4) $a - x$ und damit auch a abgeschlossen.

3. Ist $(a - x)^{-1}$ nur auf einem dichten Unterraum definiert, aber dort durch $|x^{-1}|$ beschränkt, dann läßt es sich eindeutig auf ganz $\mathbf{E}$ ausdehnen und (2.4.22) ist noch immer anwendbar.

4. Im folgenden Beweis versucht man a aus der Resolvente durch

$$\lim_{x \to \infty} \left(-x - x^2 (a - x)^{-1} \right)$$

zurückzugewinnen. Man kann auch mit $e^{at} = \lim_{n \to \infty} \left(1 - \frac{at}{n} \right)^{-n}$ manipulieren.

5. Vektoren φ, auf denen $a^n \varphi$ $\forall n$ definiert sind und $\sum t^n \|a^n \varphi\|/n!$ für $|t| < t_0 > 0$ konvergiert, heißen **analytisch** (bzw. **ganz**, wenn $t_0 = \infty$). Durch eine dichte Menge analytischer Vektoren ist e^{at} eindeutig definiert.

Beweis

Sei $a_x = -x - x^2 (a - x)^{-1}$. $\forall \varphi \in \mathrm{D}(a)$ gilt für $x \to \infty$ $a_x \varphi \to a\varphi$ (Aufgabe 5): Wir betrachten die von $a_x \in \mathcal{B}(\mathbf{E})$ erzeugte Halbgruppe. Nach (2.4.7) ist $\forall x_1, x_2 > 0$, $\varphi \in \mathrm{D}(a)$,

$$\left\| \left(e^{t a_{x_1}} - e^{t a_{x_2}} \right) \varphi \right\| \leq c \left\| \left(a_{x_1} - a_{x_2} \right) \varphi \right\|,$$

da die von a_{x_1} und a_{x_2} erzeugten Halbgruppen kommutieren. Weil aber die $a_x \varphi$ für $x \to \infty$ konvergieren, sind die $e^{t a_x} \varphi$ eine Cauchyfolge, welche im Banachraum $\mathbf{E}$ einen Limes hat, er sei $U_t \varphi$ genannt. U_t läßt sich eindeutig auf $\mathbf{E}$ erweitern, die $e^{t a_x}$ sind ja gleichmäßig in x beschränkt. Um zu sehen, daß a Erzeugende von U_t ist, betrachte man den Limes $x \to \infty$ von

$$e^{a_x t} \varphi = \varphi + \int_0^t ds \, e^{a_x s} a_x \varphi \quad \forall \varphi \in \mathrm{D}(a).$$

Die Eindeutigkeit folgt aus

$$\langle \psi \,|\, (a - x)^{-1} \varphi \rangle = - \int_0^\infty dt \, e^{-xt} \langle \psi \,|\, U_t \varphi \rangle$$

und daraus, daß die Laplace-Transformation auf stetigen Funktionen injektiv ist. $\quad \square$

Folgerung (2.4.24) (Satz von Stone)

ia ist genau dann Erzeugende einer unitären Gruppe im Hilbertraum $\mathcal{H}$, wenn
(i) $\langle \psi \,|\, a\varphi \rangle = \langle a\psi \,|\, \varphi \rangle \ \forall \psi, \varphi \in D(a)$,
(ii) $(a \pm i)D(a) = \mathcal{H}$.

Beweis

Es ist nur zu zeigen, daß $(a - z)D(a) = \mathcal{H} \ \forall \operatorname{Im} z \neq 0$, wenn dies für $z = \pm i$ gilt, und $\|(a - z)^{-1}\| \leq |\operatorname{Im} z|^{-1}$. Dafür siehe Aufgabe 6.

Beispiele (2.4.25)

1. a aus Beispiel (2.4.13) erfüllt offenbar (i), aber auch (ii), denn $\forall \psi = (v_1, v_2, \ldots) \in \ell^2$, $z \notin \mathbf{N}$, ist

$$\varphi = (a - z)^{-1}\psi = \left(\frac{v_1}{1 - z}, \frac{v_2}{2 - z}, \ldots, \frac{v_n}{n - z}, \ldots \right) \in D(a)$$

   und $(a - z)\varphi = \psi$.

2. In dem verunglückten Beispiel (2.4.21) ist zwar (i) erfüllt, aber a führt aus $D(a)$ nicht heraus. $C_0^\infty(0, 1)$ ist aber nicht ganz $L^2((0, 1), dx)$, so daß (ii) verletzt ist. $\left(-i\frac{d}{dx} - z\right) C_0^\infty(0, 1)$ ist nicht einmal in $L^2(0, 1)$ dicht, denn $\psi = e^{-izx}$ ist darauf orthogonal: $\int_0^1 dx\, e^{-izx} \left(-i\frac{d}{dx} - z\right) \varphi(x) = 0 \ \forall \varphi \in C_0^\infty$

In den folgenden Kapiteln werden wir studieren, wann sich formale Ausdrücke für a so interpretieren lassen, daß (2.4.22) erfüllt ist, und ob den störungstheoretischen Formeln (2.4.7 und 9) auch für stark stetige Gruppen ein Sinn zu geben ist.

Aufgaben (2.4.46)

1. Zeige, daß bei einer schwach stetigen Halbgruppe U_t die Normen $\|U_t\|$ in einem Intervall $[0, \delta]$ beschränkt sind.
   Hinweis: Verfahre so wie beim Prinzip der uniformen Beschränktheit.

2. Überprüfe, daß für U_t stark stetig (vgl. 2.4.12)

$$a = \frac{dU}{dt}, \qquad D(a) = \left\{ \varphi \in \mathbf{E} : \exists \lim_{h \to 0} \frac{U_h - 1}{h}\, \varphi \right\},$$

   ein abgeschlossener Operator ist.

3. Zeige: Ein Operator a auf D ist genau dann abgeschlossen, wenn D mit der Norm $\|\psi\|_a = \|\psi\| + \|a\psi\|$ vollständig ist.

4. Warum ist der Graph einer stetigen Abbildung $\mathbf{E} \to \mathbf{E}$ in $\mathbf{E} \times \mathbf{E}$ abgeschlossen?

5. Untersuche die Konvergenz von a_x aus dem Beweis von (2.4.22).

6. a sei ein hermitischer Operator: Zeige, daß die Existenz von $(a \pm i)^{-1}$ diejenige von $(a - z)^{-1} \ \forall z$ mit $\operatorname{Im} z \neq 0$ impliziert und $\|(a - z)^{-1}\| \leq |\operatorname{Im} z|^{-1}$.

Lösungen (2.4.27)

1. Sei $p(\varphi) = \sup\limits_{0 \leq t \leq \delta} |\langle \psi \mid U_t \varphi \rangle|$, ψ zunächst fest. $p(\varphi)$ ist $\forall \psi, \varphi \in \mathbf{E}$ als Supremum einer stetigen Funktion über einem Kompaktum endlich und die Abbildung $\varphi \to p(\varphi)$ in der Normtopologie unterhalbstetig. Ferner gilt $p(\varphi_1 + \varphi_2) \leq p(\varphi_1) + p(\varphi_2)$, $p(\alpha\varphi) = |\alpha| p(\varphi)$. Ist p in irgendeiner abgeschlossenen Kugel beschränkt, dann ist p überhaupt beschränkt, denn

$$p(\varphi_0 - \varphi) < M \ \forall \|\varphi\| \leq \epsilon \Rightarrow$$
$$p(\varphi) = \frac{\|\varphi\|}{\epsilon} p\left(\frac{\epsilon\varphi}{\|\varphi\|}\right) \leq \|\varphi\| \frac{p(\varphi_0) + M}{\epsilon}.$$

Wäre p in jeder Kugel unbeschränkt, gäbe dies einen Widerspruch zur Unterhalbstetigkeit: Ist p in K_{n-1} unbeschränkt, gibt es $\varphi_n \in K_{n-1}$ mit $p(\varphi_n) > n$. Da p unterhalbstetig ist, gibt es $\varphi_n \in K_n \subset K_{n-1}$ mit $p(\varphi) > n \ \forall \varphi \in K_n$. Da p auch in der Kugel K_n unbeschränkt sein muß, gibt es dort ein φ_{n+1} mit $p(\varphi_{n+1}) > n+1$ und $K_{n+1} \subset K_n$ mit $p(\varphi) > n+1 \ \forall \varphi \in K_{n+1}$. Die abgeschlossenen Kugeln $K_1 \supset K_2 \supset \ldots$ sind schwach kompakt, also $\exists \varphi \in \bigcap_n K_n$. Dann wäre $p(\varphi) > n \ \forall n$ im Widerspruch zur Endlichkeit von $p(\varphi) \ \forall \varphi$. Also gilt $p(\varphi) < M_1 \|\varphi\|$, und dasselbe Argument für ψ liefert

$$\sup_{0 \leq t \leq \delta} \|U_t\| = \sup_{\substack{\|\psi\|=1 \\ \|\varphi\|=1}} \ \sup_{0 \leq t \leq \delta} |\langle \psi \mid U_t \varphi \rangle| \leq M.$$

2. Sei $\varphi_n \to \varphi$, $a\varphi_n \to \psi$:

$$a\varphi = \lim_{h \to 0} \frac{U_h - 1}{h} \varphi = \lim_{h \to 0} \lim_{n \to \infty} \frac{U_h - 1}{h} \varphi_n = \lim_{h \to 0} \lim_{n \to \infty} \frac{1}{h} \int_0^h U_h a\varphi_n =$$
$$= \lim_{h \to 0} \frac{1}{h} \int_0^h U_h \psi = \psi \Rightarrow \varphi \in \mathrm{D}(a), \quad a\varphi = \psi.$$

3. Eine Menge (φ, ψ) in $\mathcal{H} \times \mathcal{H}$ ist abgeschlossen, falls sie vollständig ist in bezug auf die Norm $\|\varphi\| + \|\psi\|$. Für den Graphen wird die Norm zu $\|\varphi\|_a = \|\varphi\| + \|a\varphi\|$.

4. Da $\|a\varphi\| \leq \|a\| \|\varphi\|$, ist die Norm $\|\varphi\| + \|a\varphi\|$ zu $\|\varphi\|$ äquivalent und der Graph abgeschlossen, wenn $\mathrm{D}(a)$ abgeschlossen ist.

5. Für alle $\varphi \in \mathrm{D}(a)$

$$\lim_{x \to \infty} (1 + x(a - x)^{-1})\varphi = \lim_{x \to \infty} (a - x)^{-1} a\varphi = 0.$$

Konvergieren aber die beschränkten Operatoren $-x/(a - x)$ auf einer dichten Menge gegen 1, dann überall, und es gilt $\forall \varphi \in \mathrm{D}(a)$

$$\lim_{x \to \infty} (-x(a - x)^{-1} a\varphi) = \lim_{x \to \infty} a_x \varphi = a\varphi.$$

6. Für a hermitisch und $\mathrm{Ran}(a + i) = \mathcal{H}$ gilt $\left\|\frac{1}{a+i}\right\| \leq 1$, da $\frac{1}{a+i} x = y \Rightarrow \|x\|^2 = \|ay\|^2 + \|y\|^2$ und

$$\sup_x \frac{\|y\|^2}{\|x\|^2} = \sup_y \frac{\|y\|^2}{\|x\|^2} \leq 1.$$

Damit hat

$$\frac{1}{a+i+z} = \frac{1}{a+i} \sum \left(\frac{z}{a+i}\right)^n$$

Konvergenzradius 1. Dann entwickle man um $a + 3i/2$, $a + 2i$, e.t.c. und Iteration ergibt die erste Aussage. Die zweite folgt aus

$$\frac{1}{a+u+iv}\, x = y, \ \ u,v \in \mathbf{R} \Rightarrow \|x\|^2 = \|(a+u)y\|^2 + v^2\|y\|^2$$

wie oben.

2.5 Unbeschränkte Operatoren und quadratische Formen

Erzeugende stark stetiger unitärer Gruppen sind selbstadjungierte Operatoren. Unter Umständen läßt sich der Definitionsbereich formal hermitischer Ausdrücke so wählen, daß sie selbstadjungiert werden.

In der Physik bekommt man meistens eine unbeschränkte Hamiltonfunktion vorgesetzt und die Frage ist, wieweit sie eine einparametrige Gruppe für die Zeitentwicklung erzeugt. Da dies schon klassisch nicht immer möglich ist – Vektorfelder müssen nicht vollständig sein, und Teilchen können in endlicher Zeit nach Unendlich kommen – muß man in der Quantenmechanik auf Schlimmes gefaßt sein. Wir werden allerdings später sehen, daß für $1/r$-Potentiale die Situation quantentheoretisch viel besser als klassisch ist, und die dort schon im 3-Körper-Problem so unangenehme Frage der Zusammenstoßbahnen hier keine Schwierigkeiten bereitet.

Zunächst gilt es, die Definition (2.1.26,3) des adjungierten Operators so für unbeschränkte Operatoren zu verallgemeinern, daß die selbstadjungierten Operatoren im Hilbertraum unitäre Gruppen erzeugen.

Definition (2.5.1)

Der **adjungierte Operator** a^* eines unbeschränkten Operators a, $D(a)$ dicht in $\mathcal{H}$, ist durch $\langle \varphi \, | \, a\psi \rangle = \langle a^*\varphi \, | \, \psi \rangle \ \forall \psi \in D(a)$, $\forall \varphi \in D(a^*) = \{\varphi \in \mathcal{H} : \sup_{\psi \in D(a)} |\langle \varphi \, | \, a\psi \rangle| \|\psi\|^{-1} < \infty\}$ definiert.

$a = a^* \Leftrightarrow a = $ **selbstadjungiert**,

$a^* = a^{**} \Leftrightarrow a = $ **wesentlich selbstadjungiert**,

$a^* \supset a \Leftrightarrow a = $ **hermitisch**.

Das Zeichen $b \supset a$ soll bedeuten, daß b eine **Erweiterung** von a ist: $D(b) \supset D(a)$ und $b|_{D(a)} = a$.

Bemerkungen (2.5.2)

1. Da $D(a)$ dicht vorausgesetzt wird, ist a^* durch (2.5.1) eindeutig bestimmt.

2. Haben wir einen Bereich D für a gewählt, ist dadurch der für a^* festgelegt. Es sind diejenigen φ, für die $\psi \to \langle \varphi \, | \, a\psi \rangle$ ein stetiges Funktional D $\to$ **C** ist, denn für $a^*\varphi \in \mathcal{H}$ ist $\psi \to \langle a^*\varphi \, | \, \psi \rangle$ ein stetiges lineares Funktional. $D(a^*)$ ist daher der größtmögliche Bereich.

3. Ist $D(a^*)$ dicht, wird a^{**} eindeutig definiert und es gilt $a^{**} \supset a$. Für hermitische a ist dies wegen $D(a^*) \supset D(a)$ der Fall, allgemein kann $D(a^*) = \{0\}$ sein.

4. $a = $ stetig $\Rightarrow D(a^*) = \mathcal{H}$. Dies entspricht (2.1.26,3), wonach $a : D \to \mathcal{H}$ die Abbildung $a^* : \mathcal{H}' = \mathcal{H} \to D' = \mathcal{H}$ induziert. Ist außerdem $D(a) = \mathcal{H}$, fallen die Begriffe hermitisch und selbstadjungiert zusammen.

5. $a \subset b \Rightarrow a^* \supset b^*$. Insbesondere $a = $ hermitisch $\Leftrightarrow a^* \supset a \Rightarrow a \subset a^{**} \subset a^*$, und $a^* = $ hermitisch $\Leftrightarrow a^{**} \supset a^*$. Wenn also a und a^* hermitisch sind, ist

a^* selbstadjungiert und a wesentlich selbstadjungiert. Ferner sehen wir, daß hermitische Erweiterungen von a durch ihren Bereich festgelegt sind, sie müssen darauf wie a^* wirken.

6. Ist a wesentlich selbstadjungiert, so ist $a^* = a^{**} \supset a$ die eindeutig bestimmte selbstadjungierte Erweiterung von a. $a \subset b = b^* \Rightarrow a^* \supset b^* = b^{**} \supset a^{**} = a^*$. Der Vorteil dieses Begriffes ist die Flexibilität in der Wahl von $\mathrm{D}(a)$. Bei Veränderung von $\mathrm{D}(a)$ kann a wesentlich selbstadjungiert bleiben, $a = a^*$ wird dabei notgedrungen zerstört.

7. Der Graph $\Gamma(a^*)$ (siehe (2.4.15)) läßt sich so charakterisieren: Sei J der unitäre Operator in $\mathcal{H} \oplus \mathcal{H} : (x, y) \to (y, -x)$, dann ist $\Gamma(a^*) = (J\Gamma(a))^\perp$ (Aufgabe 3). Jeder orthogonale Unterraum ist abgeschlossen, also a^* ein abgeschlossener Operator. Für hermitische a ist a^{**} ihr Abschluß, denn $J^2 = -\mathbf{1}$ und $(J(J\Gamma)^\perp)^\perp = \overline{\Gamma}$. Hermitische a sind also immer abschließbar, und wir können sie ohne Verlust der Allgemeinheit als abgeschlossen voraussetzen.

Beispiele (2.5.3)

1. Betrachten wir wieder (2.4.16,1 und 2). $a_{1,2} := a$ mit $\mathrm{D}_{1,2} : a_1$ ist nicht selbstadjungiert, da nicht abgeschlossen. Was ist dann a_1^*? Sein Bereich sind die

$$\varphi : \sup_{\psi \in \mathrm{D}_1} \int_0^1 d\alpha \, \frac{1}{\alpha} \varphi^*(\alpha) \, \psi(\alpha) \left| \int_0^1 d\alpha \, |\psi(\alpha)|^2 \right|^{-1/2} < \infty,$$

also muß $\frac{1}{\alpha}\varphi^*(\alpha) \in L^2([0,1], d\alpha)$ sein. Wir haben somit $\mathrm{D}((a_1)^*) = \mathrm{D}_2$, $a_1^* = a_2 \supset a_1$, a_1 ist also hermitisch. Man sieht leicht, daß a_2 ebenfalls hermitisch ist und dann wegen (2.5.2,5) selbstadjungiert: $a_2 \subset a_2^* \subset a_1^* = a_2$. a_1 ist hier somit wesentlich selbstadjungiert.

2. In (2.4.16,3) wäre

$$\mathrm{D}(a^*) = \left\{ \varphi \in L^2([0,1], dx) : \sup_{\psi = \text{stetig}} \int dx \, \varphi(x) \, \frac{\psi(1/2)}{\|\psi\|} < \infty \right\}.$$

Da $\psi(1/2)/\|\psi\|$ beliebig groß werden kann, ist $\mathrm{D}(a^*)$ der zur konstanten Funktion orthogonale Unterraum und somit nicht dicht.

3. Sei $a_1 : \psi \to i\frac{d}{d\alpha}\psi(\alpha) = i\psi'$.
$\mathrm{D}(a_1) = \{\psi \in L^2([0,1], d\alpha) : \psi = \text{absolut stetig}, \psi' \in \mathcal{H}, \psi(0) = \psi(1) = 0\}$.
Absolut stetige Funktionen sind solche der Form

$$\psi(\alpha) = \int_0^\alpha d\alpha' \, g(\alpha') + \psi(0), \qquad g = \text{integrabel}.$$

Für sie ist fast überall $\psi' = g$ und daher

$$\psi(\alpha) - \psi(0) = \int_0^\alpha d\alpha' \, \psi'(\alpha'),$$

sie eignen sich zum partiellen Integrieren. Ohne das Wort ‚absolut' kommt man nicht aus; es gibt stetige strikt monotone Funktionen, für die ψ' fast überall verschwindet (vgl. (2.3.25,7)). Die Randbedingungen gewährleisten, daß a hermitisch ist, denn

$$
\begin{aligned}
\langle\,\varphi\,|\,a\psi\,\rangle &= i\int_0^1 d\alpha\,\varphi^*(\alpha)\frac{d}{d\alpha}\,\psi(\alpha) = \\
&= i|\varphi^*(\alpha)\psi(\alpha)|_0^1 + \int_0^1 d\alpha\,\left(i\frac{d}{d\alpha}\varphi(\alpha)\right)^* \psi(\alpha) = \langle\,a\varphi\,|\,\psi\,\rangle \quad \forall\varphi,\psi\in\mathrm{D}.
\end{aligned}
\tag{2.5.4}
$$

Aber sie sind zu stark für Selbstadjungiertheit, da (2.5.4) auch gilt, ohne daß $\varphi(0) = \varphi(1) = 0$ gefordert wird. Die anderen Bedingungen sind offenbar notwendig und daher wird $\mathrm{D}(a^*) = \{\varphi\in\mathcal{H} : \varphi = \text{absolut stetig},\ \varphi'\in\mathcal{H}\}$. Berechnen wir nun a^{**}, so führt dies ebenfalls auf (2.5.4), wir müssen aber wieder die Bedingung $\psi(0) = \psi(1) = 0$ hinzufügen, damit $|\dots|_0^1$ verschwindet. Also ist $a^{**} = a$, a ist daher schon abgeschlossen. a^* ist eine echte Erweiterung von a, also nicht einmal hermitisch: $a^{**} \subset a^*$.

4. Wieder nehmen wir $a : \psi(\alpha) \to i\frac{d}{d\alpha}\psi(\alpha)$, aber $\mathrm{D}(a) = \{\psi\in\mathcal{H} = L^2([0,1],d\alpha) : \psi = \text{absolut stetig},\ \psi'\in\mathcal{H},\ \psi(0) = \psi(1)e^{i\gamma},\ \gamma\in\mathbf{R}\}$. Die Hermitizität folgt wie in (2.5.4), aber jetzt fordert $|\varphi^*(\alpha)\psi(\alpha)|_0^1 = 0$, daß $\varphi(0) = \varphi(1)e^{i\gamma}$. Also $\mathrm{D}(a) = \mathrm{D}(a^*)$, a ist selbstadjungiert. $\forall\gamma\in\mathbf{R}$ ist dieses a eine Erweiterung des a in 3), hier gibt es also eine einparametrige Schar selbstadjungierter Erweiterungen, und so erhält man alle selbstadjungierten Erweiterungen.

5. $a : \psi(\alpha) \to i\frac{d}{d\alpha}\psi(\alpha)$, $\mathrm{D}(a) = \{\psi\in\mathcal{H} = L^2([0,\infty),d\alpha) : \psi = \text{absolut stetig},\ \psi'\in\mathcal{H},\ \psi(0) = 0\}$. Wieder ist a hermitisch, man sieht leicht, daß beim partiellen Integrieren die obere Grenze nichts beiträgt (Aufgabe 4) und

$$
\langle\,\varphi\,|\,a\psi\,\rangle = \int_0^\infty d\alpha\,i\varphi^*\psi' = i\varphi^*(0)\psi(0) + \int_0^\infty d\alpha\,(i\varphi)^*\psi \stackrel{?}{=} \langle\,a\varphi\,|\,\psi\,\rangle
$$

gilt, falls $\varphi^*(0) = 0$ oder $\psi(0) = 0$. Also fehlt bei $\mathrm{D}(a^*)$ die Bedingung $\psi(0) = 0$ und $a^{**} = a$. Hier läßt sich die Randbedingung nicht so abschwächen, daß $a^* = a$.

6. $a : \psi(\alpha) \to i\frac{d}{d\alpha}\psi(\alpha)$, $\mathrm{D}(a) = \{\psi\in\mathcal{H} = L^2((-\infty,\infty),d\alpha) : \psi = \text{absolut stetig},\ \psi'\in\mathcal{H}\}$. Dieser Operator ist hermitisch, da wie bei 5) von $\pm\infty$ kein Randbeitrag vom partiellen Integrieren auftritt. Er ist sogar selbstadjungiert, bei $\mathrm{D}(a^*)$ können ja hier keine Randbedingungen wegfallen. Anschaulich ist klar, daß in $L^2(-\infty,\infty)$ die Schwierigkeiten von (2.4.21) oder $L^2(0,\infty)$ für eine unitäre Translation nicht auftreten und der Selbstadjungiertheit von $i\,d/d\alpha$ nichts im Wege steht. Jetzt ist auch a^n auf

$$
\mathrm{D}(a^n) = \left\{\psi\in\mathcal{H} : \psi,\dots,\frac{d^{n-1}}{d\alpha^{n-1}}\psi\ \text{absolut stetig},\ \frac{d^{n-1}}{d\alpha^{n-1}}\psi\in\mathrm{D}(a)\right\}
$$

selbstadjungiert.

Ist a hermitisch, aber nicht selbstadjungiert, so kann es also unendlich viele oder gar keine selbstadjungierten Erweiterungen haben. a^* ist dann nicht hermitisch, es hat sogar komplexe Eigenwerte. Etwa in Beispiel 3 (bzw. 5) ist $\exp(-i\alpha z)$, $z \in \mathbf{C}$, (in Beispiel 5 mit $\operatorname{Im} z < 0$) eine Eigenfunktion von a^* mit Eigenwert z. Jeder Punkt aus $\mathbf{C}$ (bzw. der unteren Halbebene) gehört zum Punktspektrum von a^*. Dieses Verhalten ist typisch, es gilt:

Satz (2.5.5)

Sei a ein abgeschlossener hermitischer Operator:

1. $F_z = (a - z)\mathrm{D}(a) = (\operatorname{Ker}(a^* - z^*))^{\perp}$ ($z = x + iy$, $y \neq 0$) ist ein abgeschlossener Unterraum von $\mathcal{H}$, $(a - z)^{-1} : F_z \to \mathrm{D}(a)$ ist eine stetige Bijektion,

2. $V : F_{-i} \to F_i : \psi \to (a - i)(a + i)^{-1}\psi$ ist unitär und $\mathbf{1} - V = 2i(a + i)^{-1} : F_{-i} \to \mathrm{D}(a)$ ist bijektiv, so daß $a\psi = i(\mathbf{1} + V)(\mathbf{1} - V)^{-1}\psi$ $\forall \psi \in \mathrm{D}(a)$,

3. $\mathrm{D}(a^*) = \mathrm{D}(a) + F_z^{\perp} + F_{z^*}^{\perp}$ $\forall z \in \mathbf{C}$, $\operatorname{Im} z \neq 0$,

4. $a = $ selbstadjungiert $\Rightarrow F_z = \mathcal{H}$ $\forall z \in \mathbf{C}$, $\operatorname{Im} z \neq 0$,

5. $a = $ selbstadjungiert $\Leftarrow F_z = \mathcal{H}$ für ein $z \in \mathbf{C}$ mit $\operatorname{Im} z > 0$ und eines mit $\operatorname{Im} z < 0$.

Bemerkungen (2.5.6)

1. Da hermitische Operatoren abschließbar sind, haben wir uns auf abgeschlossene a's beschränkt. Sonst gelten die Aussagen für den Abschluß a^{**}. Insbesondere ist für wesentlich selbstadjungierte a's die Resolvente $(a - z)^{-1}$ dicht definiert und als beschränkter Operator eindeutig auf ganz $\mathcal{H}$ zu $(a^{**} - z)^{-1}$ zu erweitern (vgl. 2.4.23).

2. V heißt **Cayley-Transformierte** von a.

3. Schematisch können wir diese Aussagen so darstellen: Fig. 2.2.

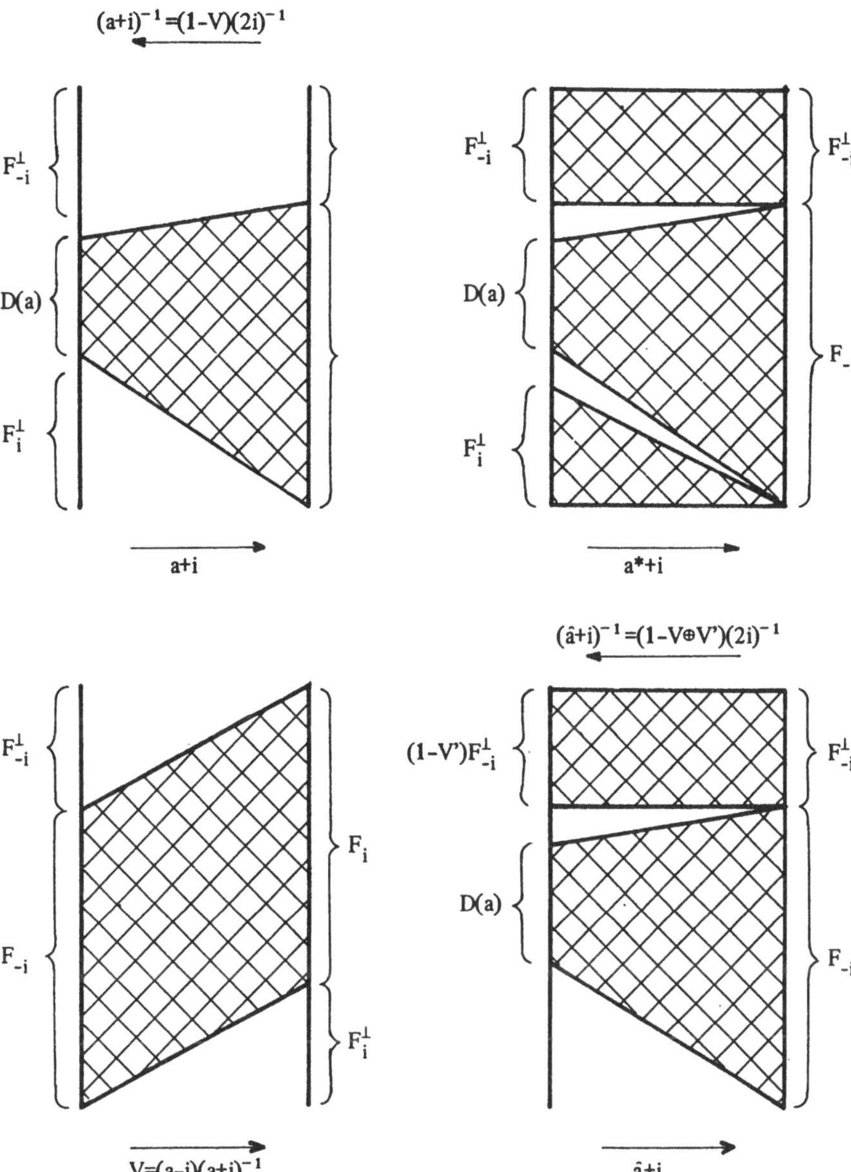

Fig. 2.2 In den beiden ersten Figuren ist links keine orthogonale Zerlegung gemeint. Es gilt zwar $D(a) \cap F^{\perp}_{\pm i} = \{0\}$, aber $D(a) \not\subset F_{\pm i}$. Die Erweiterung $\hat{a}$, $a \subset \hat{a} \subset a^*$ und V' sind in (2.5.11) definiert.

Beweis

(i) Wegen $\|(a-x-iy)\psi\|^2 = \|(a-x)\psi\|^2 + \|y\psi\|^2 \geq y^2\|\psi\|^2$ ist $(a-z)^{-1}$ beschränkt und da nach Voraussetzung $\Gamma(a-z)$ und daher $\Gamma((a-z)^{-1})$ abgeschlossen sind, folgt aus (2.4.18), daß $D((a-z)^{-1}) = F_z$ ein Hilbertraum, also ein abgeschlossener Unterraum von $\mathcal{H}$ ist. Da $\langle\varphi\,|\,(a-z)\psi\rangle = \langle(a^*-z^*)\varphi\,|\,\psi\rangle\ \forall\varphi \in D(a^*)$, $\psi \in D(a)$, ist F_z orthogonal zu den Eigenvektoren von a^* mit Eigenwert z^*. a kann aber als hermitischer Operator keine komplexen Eigenwerte haben. Daher ist $a - z$ injektiv und nach Definition surjektiv als Abbildung $D(a) \to F_z$.

(ii) $\psi \in F_{-i} \Leftrightarrow \psi = (a + i)\varphi$, $\varphi \in D(a)$ und wegen $\|(a + i)\varphi\| = \|(a - i)\varphi\|$ folgt, daß V und $V^{-1} = (a + i)(a - i)^{-1}$ isometrisch sind. Aus $\varphi = (\psi - V\psi)/2i$, $a\varphi = (\psi + V\psi)/2$ schließen wir $(1 - V)\psi = 0 \Rightarrow \psi = 0$. Also ist $1 - V$ auf F_{-i} invertierbar und $a = i(1 + V)(1 - V)^{-1}$.

(iii) Sei $\psi \in D(a^*)$ und zerlegen wir $(a^* + i)\psi$ in F_{-i} und $F_{-i}^\perp$:
$(a^* + i)\psi = (a + i)\eta + 2i\chi$, $\eta \in D(a)$, $\chi \in F_{-i}^\perp = \mathrm{Ker}(a^* - i)$. Daher
$2i\chi = (a^* + i)\chi \Rightarrow (a^* + i)(\psi - \eta - \chi) = 0$, denn $a^* \supset a \Rightarrow a\eta = a^*\eta$: also ist
$\psi = \eta + \chi + \varphi$, $\varphi \in F_i^\perp$ die gesuchte Zerlegung eines Vektors aus $D(a^*)$.

(iv) folgt aus (iii), denn nach (2.4.27,6) impliziert $F_{z_0} = \mathcal{H}$ für $\mathrm{Im}\,z/\mathrm{Im}\,z_0 > 0$ sogar $F_z = \mathcal{H}$. $\qquad\qquad\square$

Beispiel (2.5.7)

$a = i\frac{d}{d\alpha}$, $D(a)$ wie (2.5.3,3) $\ni \varphi$, $F_{-i} \ni \psi(\alpha) = i\left(\frac{d}{d\alpha} + 1\right)\varphi(\alpha) \perp$ zu $\mathrm{Ker}(a^* - i) = \{ce^\alpha\}$, da

$$\int_0^1 d\alpha\, e^\alpha \left(\frac{d}{d\alpha} + 1\right)\varphi(\alpha) = e^\alpha\,(\varphi(1) - \varphi(0)) = 0,$$

$$\varphi(\alpha) = -i\int_0^\alpha d\alpha'\, e^{\alpha'-\alpha}\psi(\alpha'),$$

also $\psi \to (a + i)^{-1}\psi$ stetig und

$$(V\psi)(\alpha) = i\left(\frac{d}{d\alpha} - 1\right)\varphi(\alpha) = \int_0^1 d\alpha'\,\left[\delta(\alpha - \alpha') - 2\Theta(\alpha - \alpha')e^{\alpha'-\alpha}\right]\psi(\alpha') =:$$

$$=: \int_0^1 d\alpha'\, V(\alpha, \alpha')\,\psi(\alpha').$$

V ist auf F_{-i} isometrisch, da $\int_0^1 d\alpha'\, V^*(\alpha, \alpha')\, V(\alpha', \alpha'') = \delta(\alpha - \alpha'') - 2e^{\alpha+\alpha''}$.

Bemerkungen (2.5.8)

1. Ist a nicht selbstadjungiert, ist $a - z : D(a) \to \mathcal{H}$ (mit $\mathrm{Im}\,z \neq 0$) zwar injektiv, aber nicht surjektiv, und $a^* - z : D(a^*) \to \mathcal{H}$ surjektiv, aber nicht injektiv, und deswegen umfassen dann $\mathrm{Sp}(a)$ und $\mathrm{Sp}(a^*)$ mindestens eine Halbebene. Dabei haben wir die Definition der **Resolventenmenge** und des **Spektrums** von (2.2.13) auch für unbeschränkte Operatoren übernommen.

2. Ist a selbstadjungiert, also $V : \mathcal{H} \to \mathcal{H}$ unitär, so läßt sich der **Spektralsatz** auf a ausdehnen. Ist $d\mu(\theta)$, $0 \leq \theta < 2\pi$, eines der Spektralmaße (2.3.14) für $V : \mathrm{Sp}(V) = \{e^{i\theta}\}$, $(V\psi)(\theta) = e^{i\theta}\psi(\theta)$, dann ist der Multiplikationsoperator $a :$ $\psi(\theta) \to i(1 + e^{i\theta})/(1 - e^{i\theta})\psi(\theta)$. Wir hatten gesehen, daß V nicht den Eigenwert 1 hat, also verschwindet das Maß des Punktes $\theta = 0$. a ist also Multiplikation mit einer Funktion, die fast überall $\neq \infty$ ist, dies ist schon die allgemeinste Form eines selbstadjungierten Operators. Führt man $\lambda = \mathrm{ctg}\,\theta/2$ ein, wird $L^2([0, 2\pi], d\mu(\theta))$ auf $L^2((-\infty, \infty), d\mu(\lambda))$ abgebildet und a ist Multiplikation mit λ. Analog zu (2.3.14) kann man a dann als $\int_{-\infty}^{\infty} \lambda \, dP_\lambda$ schreiben und so (2.3.14) für unbeschränkte selbstadjungierte a ausdehnen.

3. Spricht man von Konvergenz selbstadjungierter Operatoren $a_n \to a$, so sei damit die Konvergenz aller ihrer beschränkten Funktionen gemeint: $f(a_n) \to$ $f(a)$. Dafür genügt es schon, daß für $f(a) = e^{iat}\ \forall t \in \mathbf{R}$ oder $f(a) = (a - z)^{-1}\ \forall \mathrm{Im}\,z \neq 0$ die Konvergenz gewährleistet ist.

4. Nach (2.4.24) erzeugen also genau die selbstadjungierten unter den hermitischen Operatoren unitäre Gruppen. Etwa a aus (2.5.3,4) erzeugt die Verschiebung $(e^{iat}\psi)(x) = \psi(x + t)$,
wobei die in (2.4.21) aufgeworfene Frage durch die periodischen Randbedingungen beantwortet wird: Was auf der einen Seite verloren geht, marschiert auf der anderen phasenverschoben wieder herein:

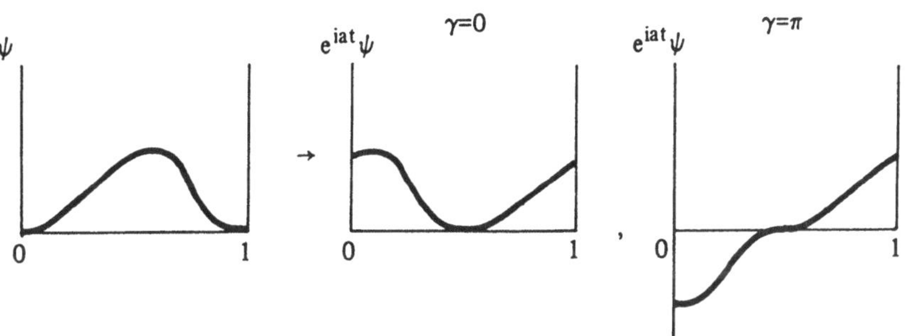

Fig. 2.3 Zwei unitäre Darstellungen der Translation in [0,1]

5. Ist umgekehrt V ein Isomorphismus eines abgeschlossenen Unterraumes F_- auf einen Unterraum dergestalt, daß $\mathbf{1} - V$ eine Bijektion von F_- auf einen dichten Unterraum von $\mathcal{H}$ ist, so ist $i(\mathbf{1} + V)(\mathbf{1} - V)^{-1}$ ein hermitischer Operator (Aufgabe 7).

6. Im Bereich von a^* kommen also zu D(a) nur noch Eigenvektoren von a^* mit komplexen Eigenwerten hinzu. Natürlich handelt es sich in (iii) nicht um eine orthogonale Summe.

Die Abwesenheit komplexer Eigenwerte von a^* ist also das primäre Kriterium für Selbstadjungiertheit, das weiter zu verfolgen ist.

Definition (2.5.9)

$(m, n) = \dim(\mathrm{Ker}(a^* \pm i)) = \dim(F_{\pm i}(a))^\perp$ heißen **Defektindizes** von a.

Beispiele (2.5.10)

1. $a =$ wesentlich selbstadjungiert $\Leftrightarrow (m, n) = (0, 0)$.

2. Beispiel (2.5.3,3): $(m, n) = (1, 1)$.

3. Beispiel (2.5.3,5): $(m, n) = (0, 1)$.

Versucht man nun, einen hermitischen Operator $a = i(1 + V)(1 - V)^{-1}$ zu einem selbstadjungierten $\hat{a} = i(1 + U)(1 - U)^{-1} \supset a$ zu erweitern, muß U eine unitäre Erweiterung von $V : F_{-i} \to F_{+i}$ sein. Dies geht offenbar so, daß man die orthogonalen Komplemente $\mathrm{Ker}(a^* \pm i)$ ebenfalls unitär aufeinander abbildet, U ist dann eine orthogonale Summe $V \oplus V'$. Dazu müssen $F_{\pm i}^\perp$ dieselbe Dimension haben:

Satz (2.5.11)

Ein hermitischer Operator a ist genau dann zu einem selbstadjungierten $\hat{a}$ zu erweitern, wenn die Defektindizes gleich sind. Dann gibt es zu jeder unitären Abbilduung $V' : \mathrm{Ker}(a^* - i) \to \mathrm{Ker}(a^* + i)$ eine Erweiterung
$\hat{a} = i(1 + V \oplus V')/(1 - V \oplus V')$, $\mathrm{D}(\hat{a}) = (1 - V \oplus V')\mathcal{H}$.

Beispiel (2.5.12)

Kehren wir zu (2.5.7) mit $(m, n) = (1, 1)$ zurück: $U(1, \mathbf{C})$ ist Multiplikation mit einem Phasenfaktor, es gibt daher eine einparametrige Schar $\{a_\beta\}$ von selbstadjungierten Erweiterungen von a. Sei $V' e^\alpha = e^{1-\alpha} e^{i\beta}$, $U = V \oplus V'$ ist dann auf ganz $\mathcal{H}$ definiert. Nach unserem Verfahren ist dann $\varphi \in \mathrm{D}(a_\beta)$ von der Form

$$\varphi(\alpha) = ((U - 1)\psi)(\alpha) =$$
$$= (U - 1)\left(\psi(\alpha) - e^\alpha c \int_0^1 d\alpha'\, e^{\alpha'} \psi(\alpha') + e^\alpha c \int_0^1 d\alpha'\, e^{\alpha'} \psi(\alpha')\right) =$$
$$= -2 \int_0^\alpha d\alpha'\, e^{\alpha'-\alpha}\left(\psi(\alpha') - e^{\alpha'} c \int_0^1 d\alpha''\, e^{\alpha''} \psi(\alpha'')\right) +$$
$$+ \left(e^{1-\alpha} e^{i\beta} - e^\alpha\right) c \int_0^1 d\alpha'\, e^{\alpha'} \psi(\alpha'),$$
$$\left(c \int_0^1 d\alpha\, e^{2\alpha} = 1\right),$$

genügt somit den Randbedingungen

$$\frac{\varphi(0)}{\varphi(1)} = \frac{e^{i\beta+1} - 1}{e^{i\beta} - e} = \left(\frac{e^{1-i\beta} - 1}{e^{-i\beta} - e}\right)^* = \left(\frac{e - e^{i\beta}}{1 - e^{i\beta+1}}\right)^* = \left(\frac{\varphi(1)}{\varphi(0)}\right)^* \Rightarrow |\varphi(0)| = |\varphi(1)|$$

und a_β ist mit a aus (2.5.3,4) identisch.

Bemerkungen (2.5.13)

1. (2.5.11) zeigt, warum man in (2.5.3,5) die Randbedingungen nicht so abschwächen konnte, daß a selbstadjungiert wird, $m \neq n$.

2. Wir haben die Defektindizes und Erweiterungen mit $z = \pm i$ definiert, andere z, z^* mit $\operatorname{Im} z \neq 0$ würden dasselbe leisten.

3. Ist m oder n gleich Null, so ist der Operator **maximal**; er läßt sich nicht mehr hermitisch erweitern. Für $m = n < \infty$ ist jede maximale hermitische Erweiterung selbstadjungiert, für $m = n = \infty$ gibt es maximale Erweiterungen, die nicht selbstadjungiert sind.

4. Ist ein hermitischer Operator reell (vgl. 3.3.19,5), also unter $i \to -i$ invariant, ist $m = n$, und er hat immer selbstadjungierte Erweiterungen.

Der delikate Begriff der Selbstadjungiertheit ist nicht einmal mit der linearen Struktur der Operatoren verträglich. Sind a und b selbstadjungiert, so ist es $a + b$ (bzw. $ab + ba$) i.a. nicht. $a + b$ ist zunächst nur auf $D(a) \cap D(b)$ definiert (und $ab + ba$ auf $D(a) \cap D(b) \cap aD(a) \cap bD(b)$), dies muß nicht einmal dicht sein. Doch auch wenn es in $\mathcal{H}$ dicht liegt, kann es zu klein sein.

Beispiel (2.5.14) ($1/r^2$-Potential)

In $\mathcal{H} = L^2([0,\infty), dr)$ sei $H = K + V$,
$K : \psi(r) \to -\frac{d^2}{dr^2}\,\psi(r) : D(K) = \{\psi \in \mathcal{H} : \psi' = \text{absolut stetig}, \psi'' \in \mathcal{H}, \psi(0) = 0\}$,
$V : \psi(r) \to \frac{\gamma}{r^2}\,\psi(r), \gamma \in \mathbf{R} : D(V) = \{\psi \in \mathcal{H} : \frac{1}{r^2}\psi \in \mathcal{H}\}$. Mit a aus (2.5.3,5) ist
$K = a^*a$ und dies ist immer selbstadjungiert, wenn a abgeschlossen ist. Nach (2.5.3,1)
ist V ebenfalls selbstadjungiert. Aber $D(H) = D(K) \cap D(V) =$
$\{\psi \in \mathcal{H} : \psi' = \text{absolut stetig} \in \mathcal{H}, \psi'' \in \mathcal{H}, \psi(0) = \psi'(0) = 0\}$
und wie bei (2.5.4) fällt bei $D(H^*)$ die Randbedingung weg:
$D(H^*) = \{\psi \in \mathcal{H} : \psi' = \text{absolut stetig} \in \mathcal{H}, \left(-\psi'' + \frac{\gamma}{r^2}\,\psi\right) \in \mathcal{H}\}$.
$D(H^*)$ kann nun $D(H)$ echt umfassen, falls weder ψ'' noch $\frac{\gamma}{r^2}\,\psi$ in $\mathcal{H}$ liegt, die Differenz aber schon, weil sich die Singularitäten bei $r = 0$ wegheben. Um zu sehen, wann dies geschieht, betrachten wir die Lösungen der Gleichung $\psi''_{\pm} = \left(\frac{\gamma}{r^2} \pm i\right)\psi_{\pm}$. Die Lösungen, welche für $r \to \infty$ wie $\psi_{\pm} \sim \exp\left(-r(1 \pm i)/\sqrt{2}\right)$ abfallen, sind für $r \to 0$ Linearkombinationen von $r^{\pm\nu+1/2}$, $\nu = \sqrt{\gamma + 1/4}$. Dies liegt nur für $\nu < 1$ ($\Leftrightarrow \gamma < 3/4$) in L^2, so daß für $\gamma \geq 3/4$ die Defektindizes $(0,0)$, für $\gamma < 3/4$ gleich $(1,1)$ sind. Dann gibt es eine einparametrige Schar von selbstadjungierten Erweiterungen, wobei $\psi_+ - e^{2i\delta}\psi_-$, $\delta \in \mathbf{R}$, zu $D(H)$ hinzugefügt wird: $H(\psi_+ - e^{2i\delta}\psi_-) = i(\psi_+ + e^{2i\delta}\psi_-)$. Sogar für $\gamma = 0$ wird $D(H)$ um $\exp\left(-r(1 + i)/\sqrt{2}\right) - e^{2i\delta}\exp\left(-r(1 - i)/\sqrt{2}\right)$ erweitert, läßt sich also durch die Randbedingung $\psi(0)/\psi'(0) = \sqrt{2}/(-1 + \operatorname{ctg}\delta)$ charakterisieren. $\varphi \equiv \psi/r$ in dreidimensionalen Polarkoordinaten hat dann $-\Delta\varphi = \delta^3(x)\psi(0)/4\pi$, so daß diese Erweiterung physikalisch einem δ-Potential im Nullpunkt entspricht.

Ist b aber klein gegenüber a, so wird die Selbstadjungiertheit von a nicht zerstört.

Satz von Kato-Rellich (2.5.15)

Sei $a^* = a$, $b^* \supset b$, $D(b) \supset D(a)$, und existieren Konstanten $0 \leq \alpha < 1$, $0 \leq \beta$, so daß $\|b\psi\| \leq \alpha\|a\psi\| + \beta\|\psi\|\ \forall\psi \in D(a)$, so ist $a + b$ auf $D(a)$ selbstadjungiert. Ist a auf $D \subset D(a)$ wesentlich selbstadjungiert, dann auch $a + b$.

Beweis

Aus der Spektraldarstellung (siehe (2.5.8,2)) lernen wir

$$\|(a \pm i\eta)^{-1}\| \leq \eta^{-1}, \quad \|a(a \pm i\eta)^{-1}\| \leq 1.$$

Für genügend große η ist daher $\|b(a \pm i\eta)^{-1}\| \leq \alpha + \beta\eta^{-1} < 1$ und $\mathbf{1} + b(a + i\eta)^{-1}$ ist bijektiv. Somit ist $(a + b(a \pm i\eta)^{-1})(a \pm i\eta)D(a)$ ganz $\mathcal{H}$ oder dicht in $\mathcal{H}$, sofern $(a \pm i\eta)D(a)$ ganz $\mathcal{H}$ oder dicht ist. $\qquad\qquad\square$

Bemerkungen (2.5.16)

1. Ist insbesondere b beschränkt, ist $a + b$ mit a auf $D(a)$ selbstadjungiert (bzw. wesentlich selbstadjungiert).

2. Wegen $\sqrt{\alpha^2(1 + \epsilon) + \beta^2(1 + \frac{1}{\epsilon})} \geq \alpha + \beta\ \forall\alpha, \beta, \epsilon > 0$ ist das Kriterium (2.5.15) zu $\|b\psi\|^2 \leq \alpha^2\|a\psi\|^2 + \beta^2\|\psi\|^2$ oder $b^*b \leq \alpha^2a^2 + \beta^2$ äquivalent.

3. Für wesentlich selbstadjungiert ist auch $\alpha = 1$ zulässig.

4. Für die uns betreffenden physikalischen Systeme sind die Voraussetzungen von (2.5.15) für $a = $ kinetische Energie, $b = $ Coulomb-Potential erfüllt. Somit genügt für unsere Zwecke dieser Satz, um Existenz und Eindeutigkeit einer unitären Zeitentwicklung zu garantieren.

Gelegentlich ist eine formale Hamilton-Funktion nicht einmal ein Operator, sie wirft jeden Vektor aus $\mathcal{H}$ heraus. Unter Umständen kann aber schon die Angabe genügend vieler Matrixelemente die Zeitentwicklung fixieren:

Definition (2.5.17)

Eine **quadratische Form** q ist eine Abbildung $Q(q) \times Q(q) \to \mathbf{C} : (\varphi, \psi) \to \langle\varphi\,|\,q\,|\,\psi\rangle$, $Q(q) = $ **Formbereich** $ = $ dichter Unterraum von $\mathcal{H}$, so daß $\langle\varphi\,|\,q\,|\,\psi\rangle$ in ψ linear und in φ konjugiert-linear ist. Gilt $\langle\psi\,|\,q\,|\,\varphi\rangle^* = \langle\varphi\,|\,q\,|\,\psi\rangle$, heißt q **hermitisch**, wenn $\langle\varphi\,|\,q\,|\,\varphi\rangle \geq 0$, heißt q **positiv**. In letzterem Fall nennen wir q **abgeschlossen**, falls $Q(q)$ mit der **Formnorm** $\|\varphi\|_q^2 = \langle\varphi\,|\,q\,|\,\varphi\rangle + \|vp\|^2$ vollständig ist.

Erläuterung

Konjugiert-linear bedeutet $\langle\lambda\varphi\,|\,q\,|\,\psi\rangle = \lambda^*\langle\varphi\,|\,q\,|\,\psi\rangle$. Gilt $\langle\varphi\,|\,q\,|\,\varphi\rangle \geq -M\|\varphi\|^2$, heißt q **halbbeschränkt**, die Form $\langle\varphi\,|\,q\,|\,\varphi\rangle = \langle\varphi\,|\,q\,|\,\varphi\rangle + M\|\varphi\|^2$ ist dann positiv.

Beispiele (2.5.18)

1. Sei a ein (dicht definierter linearer) Operator. $(\varphi, \psi) \to \langle \varphi \,|\, a\psi \rangle$ ist eine quadratische Form, die mit a hermitisch und positiv ist.

2. Sei a selbstadjungiert und liege in der Spektraldarstellung in $\oplus_n L^2(\mathbf{R}, \mu_n)$ vor.

$$\langle \varphi \,|\, q \,|\, \psi \rangle = \sum_n \int_{-\infty}^{\infty} d\mu_n(\alpha) \, \alpha \, \varphi_n^*(\alpha)\psi_n(\alpha)$$

mit $\varphi, \psi \in Q(a) = \{\varphi \in \mathcal{H} : \sum_n \int_{-\infty}^{\infty} d\mu_n \, |\alpha| \, |\varphi_n(\alpha)|^2 < \infty\}$
ist eine hermitische Form, für $a \geq \mathbf{0}$ ist sie abgeschlossen. Man bemerke $Q(a) \neq$
$D(a) = \{\psi \in \mathcal{H} : \sum_n \int_{-\infty}^{\infty} d\mu_n \, |\alpha|^2 \, |\psi_n(\alpha)|^2 < \infty\}$, vielmehr ist $Q(a) = D(\sqrt{|a|})$.

3. Für jeden Operator a kann man den formalen Ausdruck $q = a^*a$ als quadratische Form definieren. $\langle \varphi \,|\, q \,|\, \psi \rangle = \langle a\varphi \,|\, a\psi \rangle$. Der Formbereich $Q(q)$ ist gleich dem Definitionsbereich $D(a)$, die Norm in (2.4.17,3) ist gleich der Formnorm, und q ist genau dann abschließbar, wenn a es ist.

4. Mit a aus (2.4.16,3) ist $a^*a = \delta(x - 1/2)$, in dem Sinne, daß $\langle a\varphi \,|\, a\psi \rangle = \varphi^*(1/2)\psi(1/2)$. Das ist eine nicht abschließbare quadratische Form, da a nicht abschließbar ist, und im strengen Sinn kein Operator.

Im Gegensatz zu hermitischen Operatoren können also hermitische Formen nicht abschließbar sein. Sind sie aber abschließbar, so stammen sie immer von einem selbstadjungierten Operator:

Satz (2.5.19)

Ist die Form q positiv und abgeschlossen, ist sie Form genau eines selbstadjungierten, ebenfalls positiven Operators a, mit $Q(q) = D(\sqrt{a})$.

Beweis

Wir betrachten $Q(q) \in \mathcal{H}$ als Hilbertraum mit dem Skalarprodukt $\langle \varphi \,|\, \psi \rangle_q :=$ $\langle \varphi \,|\, \psi \rangle + \langle \varphi \,|\, q \,|\, \psi \rangle$. Es ergibt eine feinere Topologie als $\langle \,|\, \rangle$, so daß die Abbildung $Q(q) \to \mathbf{C} : \psi \to \langle \varphi \,|\, \psi \rangle \; \forall \varphi \in \mathcal{H}$ stetig ist. Nach (2.1.17) existiert genau ein $\chi \in Q(q) : \langle \varphi \,|\, \psi \rangle = \langle \chi \,|\, \psi \rangle_q$. Dies definiert die Injektion $c : \mathcal{H} \to Q(q)$, $\varphi \to \chi =: c\varphi$. Fassen wir c als Abbildung $\mathcal{H} \to \mathcal{H}$ auf, ist sie hermitisch und beschränkt:

$$\langle \varphi \,|\, c\psi \rangle = \langle c\varphi \,|\, c\psi \rangle_q = \langle c\psi \,|\, c\varphi \rangle_q^* = \langle \psi \,|\, c\varphi \rangle^* = \langle c\varphi \,|\, \psi \rangle,$$

$$\|c\| = \sup_{\|\psi\|=1} \|c\psi\| \leq \sup_{\|\psi\|=1} \|c\psi\|_q = \sup_{\substack{\|\psi\|=1 \\ \|\varphi\|_q=1}} |\langle c\psi \,|\, \varphi \rangle_q| = \sup_{\substack{\|\psi\|=1 \\ \|\varphi\|_q=1}} |\langle \psi \,|\, \varphi \rangle| \leq 1.$$

Nun ist $c\mathcal{H}$ in $Q(q)$ $\|\;\|_q$-dicht $(\langle c\varphi \,|\, \psi \rangle_q = \langle \varphi \,|\, \psi \rangle = 0 \; \forall \varphi \in \mathcal{H} \Rightarrow \psi = 0)$ und daher in $\mathcal{H}$ $\|\;\|$-dicht. c^{-1} ist also dicht definiert, und da c als auf ganz $\mathcal{H}$ definierter, beschränkter hermitischer Operator selbstadjungiert ist, ist es auch c^{-1} auf $c\mathcal{H}$

(Aufgabe 10). $c^{-1} - \mathbf{1}$ auf dem Bereich $c\mathcal{H} \subset Q(q)$ hat die gewünschte Eigenschaft $\langle (c^{-1} - \mathbf{1})\varphi \,|\, \psi \rangle = \langle \varphi \,|\, q \,|\, \psi \rangle$. Für die Eindeutigkeit siehe Aufgabe 8.   □

Beispiele (2.5.20)

1. Relativistische Korrekturen zum Coulomb-Potential. Mit $a = d/dr - \lambda/r + \beta$ in $L^2(\mathbf{R}_+)$, Dirichlet-Randbedingungen, wird $a^* a - \beta^2 = -d^2/dr^2 + (\lambda^2 - \lambda)/r^2 - 2\lambda\beta/r$, eine abgeschlossene quadratische Form, $\geq -\beta^2$.
   Für $\lambda > 1/2$, $\beta > 0$ ergibt $a\psi = 0$ den Grundzustand $\psi_{\lambda\beta} = r^\lambda\, e^{-\beta r}$.
   Limes $\lambda \searrow 1/2$ mit β oder auch $\alpha = 2\lambda\beta$ festgehalten:
   Zuerst scheint nicht viel zu passsieren, die Grundzustandsenergie $-\alpha^2/(4\lambda)^2$ bleibt endlich. Das ist aber ein Ausgleich der Unendlichkeiten in kinetischer Energie ($\lambda \nearrow \infty$) und potentieller Energie ($\searrow -\infty$).
   Obwohl es für $H_\alpha = -d^2/dr^2 - \kappa/r^2$ bei $\kappa \leq 1/4$ gar keinen gebundenen Zustand gibt ($\beta = 0 \Rightarrow H_\kappa \geq 0$), so ist für $\kappa > 1/4$ doch H_κ unterhalb unbeschränkt, wie im Limes $\lambda \searrow 1/2$ von $\langle \psi_{\lambda\beta} \,|\, H_\kappa \,|\, \psi_{\lambda\beta} \rangle / \|\psi_{\lambda\beta}\|^2$ festzustellen ist, ob mit oder ohne Coulomb-Potential (vgl. Aufgabe 6).

2. Für sich allein ist $\delta(x)$ zwar kein Operator, kann aber doch als Beitrag zu einem Differentialoperator, als Potential, auftreten. Mit $a = d/dx - \lambda/2 \operatorname{sgn} x$, $\mathrm{D}(a) = \{\psi \in L^2(\mathbf{R}, dx), \psi' \in L^2(\mathbf{R}, dx)\}$ ist $a^* a$ eine abgeschlossene quadratische Form. Ist auch ψ' absolut stetig, so ergibt partielle Integration $\langle \varphi \,|\, a^* a \,|\, \psi \rangle = \int_{-\infty}^{\infty} dx\, \varphi^*(x)\,(-\psi''(x) + \lambda^2/4\, \psi(x)) + \lambda\, \varphi^*(0)\, \psi(0)$.
   Solche ψ bilden also den Definitionsbereich des selbstadjungierten Operators $a^* a - \lambda^2/4 = -d^2/dx^2 + \lambda\delta(x)$. Für $\lambda < 0$ ist die Schranke $-\lambda^2/4$ optimal, man findet den entsprechenden Eigenvektor, den Grundzustand, als Lösung der Differentialgleichung $a\psi = 0$, nämlich $e^{-|\lambda||x|/2}$. Für $\lambda \geq 0$ gibt es keinen Grundzustand. Dann ist die Form $-d^2/dx^2 + \lambda\delta(x)$ positiv, da Summe von positiven Formen, und auch der entsprechende Operator ist positiv.

3. Versuchen wir auf anderem Wege $-d^2/dx^2 + V(x)$ mit $V(x) = \lambda\delta(x)$ einen Sinn zu geben, indem wir die Erweiterungen von $H = -d^2/dx^2$ auf

$$\mathrm{D}(H) = \{\psi \in L^2((-\infty, \infty), dx) : \psi' = \text{absolut stetig}, \psi'' \in L^2;\ \psi(0) = 0\}$$

suchen. Durch Fouriertransformation wird H ein Multiplikationsoperator: $(H\psi)(k) = k^2\psi(k)$, $\mathrm{D}(H) = \{\psi \in L^2((-\infty, \infty), \frac{dk}{2\pi}),\ \int_{-\infty}^{\infty} dk\, |k^2\psi(k)|^2 < \infty,\ \int_{-\infty}^{\infty} dk\, \psi(k) = 0\}$.
Er ist abgeschlossen, denn die Graphen-Norm (2.4.17,3) ist zu $\|\psi\|_\Gamma^2 \equiv \langle \psi \,|\, \psi \rangle_\Gamma \equiv \int_{-\infty}^{\infty} \frac{dk}{2\pi} |\psi(k)|^2(1 + k^4)$ äquivalent und

$$\mathrm{D}(H) = \left\{\psi \in \mathcal{H} : \|\psi\|_\Gamma < \infty,\ \left\langle \psi \,\Big|\, \frac{1}{1 + k^4} \right\rangle_\Gamma = 0\right\} \text{ mit } \left\|\frac{1}{1 + k^4}\right\| < \infty.$$

Offenbar ist, da $\psi \in \mathrm{D}(H) \Rightarrow \int dk\, \psi(k) = 0$

$$(F_z)^\perp = \frac{1}{k^2 - z} \Rightarrow \mathrm{D}(H^*) = \mathrm{D}(H) + \left\{\frac{1}{k^2 - z}\right\},\ z \in \mathbf{C} - \mathbf{R}^+,$$

$$H^* \frac{1}{k^2 - z} = z\frac{1}{k^2 - z}.$$

Wir haben also Defektindizes (1,1) und eine einparametrige Schar selbstadjungierter Erweiterungen. In der entsprechenden q-Norm

$$\|\psi\|_q^2 = \int_{-\infty}^{\infty} \frac{dk}{2\pi} \, |\psi(k)|^2 (1 + k^2) = \langle \, \psi \, | \, 1 + q \, | \, \psi \, \rangle$$

ist D(H) nicht vollständig, die Vervollständigung enthält ψ, die nur wie $|k|^{-3/2-\epsilon}$ abnehmen.

$$Q(q) = \left\{ \psi \in L^2 : \|\psi\|_q < \infty, \ \int_{-\infty}^{\infty} dk \, \psi(k) = 0 \right\} .$$

Dies ist ein $\| \ \|_q$-abgeschlossener Teilraum von $\{\psi : \|\psi\|_q < \infty\}$, denn

$$\int_{-\infty}^{\infty} dk \, \psi(k) = \left\langle \, \psi \, \left| \, \frac{1}{1+k^2} \, \right. \right\rangle_q \quad \text{und} \quad \left\| \frac{1}{1+k^2} \right\|_q = 1/\sqrt{2} :$$

$\int_{-\infty}^{\infty} dk \, \psi(k)$ ist also in $Q(q)$ im Gegensatz zu $\mathcal{H}$ ein stetiges lineares Funktional. Das c der quadratischen Form $q = k^2$ mit Bereich $Q(q)$ ist durch

$$\int_{-\infty}^{\infty} dk \, \varphi^*(k) \, \psi(k) = \int_{-\infty}^{\infty} dk \, (c\varphi(k))^* \, \psi(k)(1 + k^2)$$

$\forall \psi \in Q(q)$, $\varphi \in \mathcal{H}$, $c\varphi \in Q(q)$ bestimmt, was

$$c : \varphi(k) \rightarrow \frac{\varphi(k)}{1+k^2} - \frac{1}{1+k^2} \int_{-\infty}^{\infty} \frac{dk'}{\pi} \frac{\varphi(k')}{1+k'^2}$$

erfordert. c bildet also $\left(\frac{1}{1+k^2} \right)^{\perp} = \left\{ \varphi : \left\langle \, \varphi \, \left| \, \frac{1}{1+k^2} \, \right. \right\rangle = 0 \right\}$ in D(H) und $\frac{1}{1+k^2}$ in $\left(\frac{1}{1+k^2} \right)^2 - \frac{1/2}{1+k^2} =: \chi(k) \notin$ D(H) ab. Dies bedeutet $c^{-1}|_{\mathrm{D}(h)} = 1 + k^2$, $c^{-1}\chi = \frac{1}{1+k^2}$. Zum Bereich von H kommt also noch χ dazu und darauf wirkt die Erweiterung nicht wie k^2 (Fig. 2.4). Da wir Defektindizes (1,1) haben, ist der Bereich jeder selbstadjungierten Erweiterung D(H) + ein eindimensionaler Raum, also ist D(H) + $\{\chi\}$ schon D(c^{-1}). $c^{-1} - 1$ heißt **Friedrichs-Erweiterung** von H.

Bemerkungen (2.5.21)

1. Wählen wir im Beispiel 2 $Q(\hat{q}) = \{\psi : \|\psi\|_q < \infty\} \supset Q(q)$, ist D($\hat{c}^{-1}$) = $\{\psi : \int dk \, |\psi(k)(1 + k^2)|^2 < \infty\} \subset Q(\hat{q})$, $\hat{c}^{-1} = \cdot(1 + k^2)$, also von c^{-1} verschieden, obgleich $\hat{q}|_{Q(q)} = q$ und sowohl q als auch $\hat{q}$ abgeschlossen sind. Im Gegensatz dazu impliziert für selbstadjungierte Operatoren $a \subset \hat{a}$ stets $a = \hat{a}$.

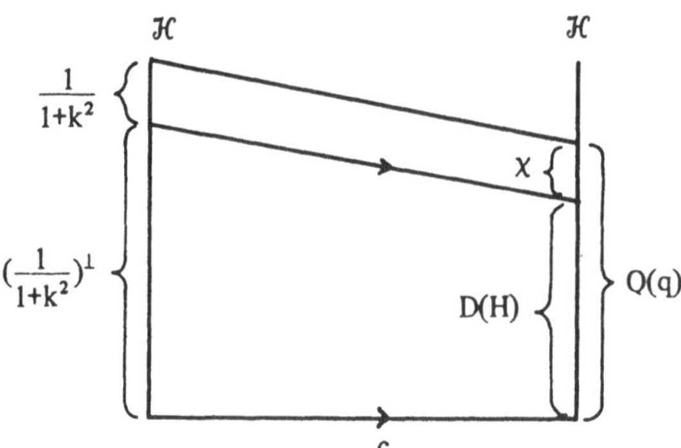

Fig. 2.4 Bereiche bei der Erweiterung quadratischer Formen.

2. Stammt q von einem positiven Operator a, $\langle\,\varphi\,|\,q\,|\,\psi\,\rangle = \langle\,\varphi\,|\,a\psi\,\rangle$, so ist q immer zu $\hat{q}$, $Q(\hat{q}) =$ Vervollständigung von D(a) in der $\|\ \|_q$-Norm, abschließbar: Sei $\{\psi_n\}$ eine $\|\ \|_q$-Cauchy-Folge, dann ist sie auch eine $\|\ \|$-Cauchy-Folge und konvergiert gegen ein $\psi \in \mathcal{H}$. Um $\psi \in Q(\hat{q})$ und $\psi_n \overset{\|\ \|_q}{\to} \psi$ zu zeigen, bemerken wir $\langle\,\varphi\,|\,\psi_n\,\rangle_q = \langle\,(a+1)\varphi\,|\,\psi_n\,\rangle \to \langle\,(a+1)\varphi\,|\,\psi\,\rangle = \langle\,\varphi\,|\,\psi\,\rangle_q\ \forall\varphi \in D(a)$. Da $Q(\hat{q})$ vollständig ist, gilt auf alle Fälle $\psi_n \overset{\|\ \|_q}{\to} \psi' \in Q(\hat{q})$, und wir haben $\langle\,\varphi\,|\,\psi - \psi'\,\rangle_q = 0\ \forall\varphi \in D(a)$. Da D($a$) in $Q(\hat{q})$ dicht liegt, folgt $\psi = \psi'$. Jeder halbbeschränkte Operator läßt also die (selbstadjungierte) **Friedrichs-Erweiterung** zu.

3. Im x-Raum sind die Funktionen $(F_{\pm i})^\perp$ von der Form $\exp(-|x|(1\pm i)/\sqrt{2})$. Bei den selbstadjungierten Erweiterungen kommen zu D(H) noch die Funktionen $\exp(-|x|(1+i)/\sqrt{2}) - e^{2i\delta}\exp(-|x|(1-i)/\sqrt{2})$ hinzu (Aufgabe 5). Sie genügen $\lim_{\epsilon\searrow 0}\psi'(\epsilon) - \psi'(-\epsilon) = \lambda\psi(0)$, $\lambda = (\mathrm{ctg}\,\delta - 1)\sqrt{2}$. also bei $x = 0$ der Gleichung

$$\left(-\frac{d^2}{dx^2} + \lambda\delta(x)\right)\psi(x) = 0.$$

q definiert die Erweiterung mit $\lambda = \infty$, denn χ hat bei $x = 0$ unstetige Ableitung, verschwindet dort aber.

4. Da die Norm in $Q(q)$ schwächer ist als die Graphen-Norm (2.4.17,3), gewinnt man durch Abschluß in $Q(q)$ eine Erweiterung des in der Graphen-Norm abgeschlossenen Operators H.

5. $Q(q)$ ist $\|\ \|_q$-abgeschlossen, aber nicht ganz $\{\psi \in \mathcal{H} : \|\psi\|_q < \infty\}$.

6. Auch eine abgeschlossene Form läßt sich unter Umständen noch erweitern und entspricht dann einem anderen Operator. Zum Beispiel $-d^2/dx^2 = K_D$

in $L^2(\mathbf{R}_+)$ mit Dirichlet-Randbedingung $\psi(0) = 0$ läßt sich erweitern zu $\langle \varphi \,|\, \hat{q} \,|\, \psi \rangle = \int_{-\infty}^{\infty} \varphi'^*(x)\,\psi'(x)\,dx$ ohne die Bedingung $\psi(0) = 0$. Dieses $\hat{q}$ entspricht dem Operator $K_N = -d^2/dx^2$ mit Neumannscher Randbedingung $\psi'(0) = 0$. Mit $p = -i\,d/dx$, $\mathrm{D}(p) = \{\psi : \psi' \in L^2(\mathbf{R}_+), \psi(0) = 0\}$ ist $K_D = p^*p$, $K_N = pp^*$.

Aufgaben (2.5.22)

1. Zeige, daß $a_{|\mathrm{D}_2}$ in (2.4.16,2) abgeschlossen ist.

2. Finde in ℓ^2 ein Beispiel eines unbeschränkten Operators a mit $a^* = \mathbf{0}$ auf $\mathrm{D}(a^*) = \{\varphi : |\langle \varphi \,|\, a\psi \rangle| < c \;\forall \psi \in \mathrm{D}(a), \|\psi\| = 1\} = \{\varphi : a^*\varphi = 0\}$.

3. Zeige, daß $\Gamma(a^*) = (J\Gamma(a))^\perp$.

4. Zeige, daß $a \subset a^*$ für a in (2.5.3,5).

5. Suche die anderen selbstadjungierten Erweiterungen von H in (2.5.20).

6. Bestimme die Friedrichs-Erweiterung von H in (2.5.14).

7. Zeige die in (2.5.8,5) aufgestellte Behauptung.

8. Zeige die Eindeutigkeit des in (2.5.19) definierten Operators.

9. Führe die Zwischenrechnungen zu den Beispielen (2.5.7) und (2.5.12) aus.

10. Zeige mit Hilfe von $\Gamma(a)$, daß das Inverse eines selbstadjungierten Operators selbstadjungiert ist. (Wenn es existiert.)

Lösungen (2.5.23)

1. $\psi_n \to \psi$, $\frac{1}{\alpha}\psi_n \to \varphi \Rightarrow \int_\epsilon^1 \left|\frac{1}{\alpha}\psi - \varphi\right|^2 d\alpha = 0$, da $\leq \int_\epsilon^1 \left|\frac{1}{\alpha}\psi - \frac{1}{\alpha}\psi_n\right|^2 d\alpha +$

   $+ \int_\epsilon^1 \left|\frac{1}{\alpha}\psi_n - \varphi\right|^2 d\alpha \;\forall n \Rightarrow \int_\epsilon^1 \frac{1}{\alpha^2}|\psi|^2 d\alpha \leq \|\varphi\|^2$, d.h. $\psi \in \mathrm{D}_2$ und $\left\|\frac{1}{\alpha}\psi - \varphi\right\| = 0$.
   Bemerkung: Dasselbe Argument gilt für jeden Multiplikationsoperator $\psi(\alpha) \to f(\alpha)\psi(\alpha)$, dieser ist auf dem Bereich $\{\psi \in L^2 : f\psi \in L^2\}$ abgeschlossen.

2. Es sei a in der Matrixdarstellung $a_{in} = \frac{1}{n} \cdot i$ gegeben, $\mathrm{D}(a)$ sei $\{\psi = (\psi_1, \psi_2, \ldots) :$ nur endlich viele $\psi_i \neq 0\}$. $\displaystyle\sup_{\|\psi\| \leq 1} |\langle \varphi \,|\, a\psi \rangle| = \sup_{\|\psi\| \leq 1} \sum_n \varphi_n \frac{1}{n} \sum_i i\psi_i = \infty \;\forall \varphi \in \ell^2 \Rightarrow$ $\mathrm{D}(a^*) - \ker a^* = 0$.

3. y gehört genau dann zum Definitionsbereich von a^*, wenn es ein $y^* \in \mathcal{H}$ gibt, so daß $\langle y \,|\, ax \rangle = \langle y^* \,|\, x \rangle \;\forall x \in \mathrm{D}(a)$, und es ist dann $y^* = a^*y$. Die Gleichung $\langle y \,|\, ax \rangle = \langle y^* \,|\, x \rangle$ kann in der Form $\langle (y, y^*) \,|\, (ax, -x) \rangle = \langle (y, y^*) \,|\, J(x, ax) \rangle = 0$ geschrieben werden, d.h. $\Gamma(a^*) = (J\Gamma(a))^\perp$.

4. Man muß nur zeigen, daß die obere Grenze beim partiellen Integrieren nichts beiträgt, d.h. $\varphi^*(\alpha)\psi(\alpha) \to 0$ für $\alpha \to \infty$. Wegen

$$\varphi^*(\beta)\psi(\beta) - \varphi^*(\alpha)\psi(\alpha) = \int_\alpha^\beta [\varphi^*(\alpha')\psi'(\alpha') + \varphi'^*(\alpha')\psi(\alpha')]\,d\alpha'$$

und der Tatsache, daß $[\,\cdot\,] \in L^1$, ist zunächst $\varphi^*(\alpha)\psi(\alpha)$ eine Cauchyfolge, also konvergent, und, da $\leq \int_\alpha^\infty |[\,\cdot\,]|\,d\alpha'$, ist der Limes $= 0$.

5. Aus (2.5.5) und (2.5.11) folgt: Jede selbstadjungierte Erweiterung hat die Gestalt $\hat{H} : D(\hat{H}) = \{\psi = \eta + \varphi - V'\varphi,\ \eta \in D(H),\ \varphi \in F_i^{\perp},\ V' = \text{Isometrie } F_i^{\perp} \to F_{-i}^{\perp}\}$, $\hat{H}\psi = H\eta - i\varphi + iV'\varphi$, in unserem Fall ist $\varphi = 1/(k^2 + i)$, $V'^{-1}\varphi = e^{2i\delta}/(k^2 - i)$.

6. Der Formbereich $Q(H)$ von $\langle\,\varphi\,|\,H\,|\,\varphi\,\rangle = \int_0^{\infty} dr(\varphi'^2 + \gamma\varphi^2/r^2)$ umfaßt den Operatorbereich $D_F(H)$ der Friedrichs-Erweiterung. Die Funktionen φ aus $Q(H)$ müssen für $r \to 0$ stärker als $r^{1/2}$ gegen Null gehen, damit $\int_0^{\infty} dr\,|\varphi|^2/r^2 < \infty$. Als Linearkombinationen von $r^{\pm\nu+1/2}$ in $D(H^*) \supset D_F(H)$ kommt daher nur $r^{+\nu+1/2}$ in Frage und nur solange ν reell, also $\gamma > -1/4$. Nur bis dort ist H eine positive Form, denn partielles Integrieren zeigt

$$\frac{1}{2}\int_0^{\infty} dr\,\varphi^2/r^2 = \int_0^{\infty} dr\,\varphi'\,\varphi/r \le \left[\int_0^{\infty} dr\,\varphi'^2\right]^{1/2}\left[\int_0^{\infty} dr\,\varphi^2/r^2\right]^{1/2} \Rightarrow$$

$$\Rightarrow \int_0^{\infty} dr\,\varphi^2/r^2 \le 4\int_0^{\infty} dr\,\varphi'^2.$$

Für die anderen Erweiterungen H_δ mit $D(H_\delta) \not\subset Q(H)$ ist dann $\langle\,\varphi\,|\,H_\delta\varphi\,\rangle \ne \langle\,\varphi\,|\,H\,|\,\varphi\,\rangle = \infty$ für $D(H_\delta) \ni \varphi \notin Q(H)$. Gleichheit gilt für $\varphi' = \text{konst.}\varphi/r$, also $\varphi = \text{konst.}r$, wobei φ für große r aber irgendwie gegen 0 streben muß. Dies läßt sich so einrichten, daß obige Integrale kaum verändert werden, so daß für $\gamma < -1/4$ die Form H nicht mehr positiv ist.

7. $V : F_{-} \to$ dichten Unterraum D, die Zuordnung

$$a : f = i(1 - V)g \to (1 + V)g$$

ist linear.

Hermitizität: $\langle\,f'\,|\,af\,\rangle \overset{?}{=} \langle\,af'\,|\,f\,\rangle$ für $f, f' \in$D, d.h. $\langle\,+i(1 - V)g'\,|\,(1 + V)g\,\rangle \overset{?}{=} \langle\,(1 + V)g'\,|\,i(1 - V)g\,\rangle$, dies ist richtig wegen der Isometrie von V.

8. $\langle\,(c^{-1} - 1)\varphi\,|\,\psi\,\rangle = \langle\,\varphi\,|\,q\,|\,\psi\,\rangle = \langle\,a\varphi\,|\,\psi\,\rangle\ \forall\varphi, \psi \in Q(q) \Rightarrow a \supset c^{-1} - 1 \Rightarrow a = c^{-1} - 1$, da letzterer Operator selbstadjungiert ist und somit keine echten hermitischen Erweiterungen hat.

9. Partielle Integration.

10. Sei $\overline{\mathcal{H}} = \mathcal{H} \oplus \mathcal{H} \supset \Gamma(a) = (J\Gamma(a))^{\perp}$. Sei $U : \overline{\mathcal{H}} \to \overline{\mathcal{H}}$, $(x, y) \to (y, x)$. $\Gamma(a^{-1}) = U(\Gamma(a) \Rightarrow \Gamma((a^{-1})^*) = (J\Gamma(a^{-1}))^{\perp} = (JU\Gamma(a))^{\perp} = U(J\Gamma(a))^{\perp} = U\Gamma(a)$, d.h. $\Gamma((a^{-1})^*) = \Gamma(a^{-1})$, $(a^{-1})^* = a^{-1}$ (vgl. (2.4.17,4)).

3 Quantendynamik

3.1 Das Weyl-System

Der Phasenraum ist die Arena der klassischen Mechanik. Auch quanten-theoretisch sind Ort und Impuls die Bausteine der Observablenalgebra, und ihre Eigenschaften müssen als erstes untersucht werden.

In der klassischen Mechanik erzeugt jede Funktion F am Phasenraum (zumindest lokal) eine einparametrige Diffeomorphismengruppe $e^{tL_{X_F}}$ ($T \in \mathbf{R}$, L_{X_F} = Lie-Ableitung nach dem F entsprechenden Hamiltonschen Vektorfeld). Auch in der Quantentheorie entspricht nach § 2.4 jeder Observablen a eine einparametrige unitäre Gruppe von Automorphismen $b \rightarrow e^{iat}\, b\, e^{-iat}$. Es ist nun ein Grundpostulat der Quantentheorie, daß für die kartesischen Orts- und Impulskoordinaten $\vec{x}_j$ und $\vec{p}_j$ von n Teilchen ($j = 1,\ldots,n$) und in Einheiten mit $\hbar = 1$ die Gruppen übereinstimmen, also die Verschiebungen im Impuls- und Ortsraum sind. Da die $\vec{x}_j$ und $\vec{p}_j$ aber kein beschränktes Spektrum haben und daher durch unbeschränkte Operatoren dargestellt werden, wollen wir die beschränkten Funktionen

$$\exp\left(i\sum_{j=1}^{n}\vec{x}_j \cdot \vec{s}_j\right) \quad \text{und} \quad \exp\left(i\sum_{j=1}^{n}\vec{p}_j \cdot \vec{r}_j\right), \quad \vec{s}_j,\, \vec{r}_j \in \mathbf{R}^3,$$

betrachten, um nicht gleich mit Bereichfragen konfrontiert zu werden. Durch sie drückt sich die Automorphismengruppe wie folgt aus:

Die Weyl-Algebra (3.1.1)

Die unitären Operatoren

$$\exp\left(i\sum_{j=1}^{n}\vec{x}_j \cdot \vec{s}_j\right) \quad \text{und} \quad \exp\left(i\sum_{j=1}^{n}\vec{p}_j \cdot \vec{r}_j\right)$$

erzeugen gemäß dem Multiplikationsgesetz

$$\exp\left(i\sum_{j=1}^{n}\vec{p}_j \cdot \vec{r}_j\right) \exp\left(i\sum_{j=1}^{n}\vec{x}_j \cdot \vec{s}_j\right) \exp\left(-i\sum_{j=1}^{n}\vec{r}_j \cdot \vec{p}_j\right) =$$

$$= \exp\left(i\sum_{j=1}^{n}(\vec{x}_j + \vec{r}_j) \cdot \vec{s}_j\right) \quad \forall\, \vec{s}_j,\, \vec{r}_j \in \mathbf{R}^3,$$

die **Weyl-Algebra** $\mathcal{W}$.

Bemerkungen (3.1.2)

1. Zur Vereinfachung der Schreibweise fassen wir $\vec{r}_j + i\vec{s}_j =: \vec{z}_j$ zu einem Vektor im Hilbertraum $\mathbf{C}^{3n}$ zusammen (Skalarprodukt $(z \,|\, z') := \sum_{j=1}^{n} \vec{z}_j^* \cdot \vec{z}_j{}'$, Volumelement $dz = d^3 r_1 \ldots d^3 r_n \, d^3 s_1 \ldots d^3 s_n$) und definieren die **Weyl-Operatoren**:

$$
\begin{aligned}
W(z) &:= \exp\left(-\frac{i}{2} \sum_{j=1}^{n} \vec{r}_j \cdot \vec{s}_j\right) \exp\left(i \sum_{j=1}^{n} \vec{r}_j \cdot \vec{p}_j\right) \exp\left(i \sum_{j=1}^{n} \vec{s}_j \cdot \vec{x}_j\right) = \\
&= W^*(-z) = W^{-1}(-z).
\end{aligned}
$$

Die Relation (3.1.1) schreibt sich dann kürzer

$$
W(z)\, W(z') := \exp\left(\frac{i}{2} \operatorname{Im}(z \,|\, z')\right) W(z + z').
$$

Da sich also Produkte von $W(z)$ linear durch $W(z)$ darstellen lassen, besteht $\mathcal{W}$ aus Linearkombinationen der $W(z)$ und eine Darstellung ist durch $\langle u \,|\, W(z) \,|\, u \rangle$, u ein zyklischer Vektor, charakterisiert.

2. Wir werden uns nur für unitäre Darstellungen interessieren, bei denen $z \to W(z)$ stark stetig ist, so daß wir die $\vec{x}$ und $\vec{p}$ aus den $W(z)$ zurückgewinnen können, und die nicht trivial sind. In diesen Darstellungen ist $\|W(z) - W(z')\| = 2 \,\forall\, z \neq z'$. Normstetigkeit liegt nicht vor, x und p sind stets unbeschränkt.

3. Die C^*-Algebra, welche man durch Normabschluß aus $\mathcal{W}$ gewinnt, ist für viele Zwecke zu klein. Will man alle L^∞-Funktionen von x und p, muß man zum starken Abschluß $\overline{\mathcal{W}}$ gehen. Dann erhebt sich die Frage, ob sich der zu Beginn erwähnte Isomorphismus von kanonischen und unitären Transformationen auf andere Koordinatensysteme mit L^∞-Funktionen von $\vec{x}$ und $\vec{p}$ ausdehnen läßt. Zunächst ist zu beachten, daß wegen der Nichtkommutativität eine klassische Funktion $f(p, x)$ den quantentheoretischen Ausdruck nicht eindeutig festlegt: Ist das klassische $p^2 x^3$ jetzt $p x^3 p$ oder $(p^2 x^3 + x^3 p^2)$? $(= -3x + p x^3 p$ bei formaler Anwendung von (1.1.1)). Auch kann es geschehen, daß das Produkt mangels Definitionsbereichs überhaupt nicht definiert ist (vgl. (3.1.10,5)). Wir können diese Frage also nicht generell beantworten, sondern werden schrittweise kompliziertere Fälle untersuchen.

Zur Klärung der möglichen Darstellungen von $\mathcal{W}$ betrachten wir die

Abbildungen von $L^1(\mathbf{C}^{3n})$ in $\overline{\mathcal{W}}$ (3.1.3)

Sei eine stark stetige Darstellung von $\mathcal{W}$ gegeben, so ist $\forall f \in L^1(\mathbf{C}^{3n})$

$$
W_f := \int dz\, f(z)\, W(z) \in \overline{\mathcal{W}}
$$

(Wir schreiben $W(z)$ auch für die Darstellung von $W(z)$) und es gelten die Relationen

(i) $W_{f+g} = W_f + W_g$,

(ii) $W_f^* = W_{\bar{f}}$, $\bar{f}(z) = f^*(-z)$,

(iii) $W_{f*g} = W_f \cdot W_g$, $(f*g)(z) = \int dz'\, f(z-z')\, g(z')\, \exp\left(\frac{i}{2}\mathrm{Im}(z\,|\,z')\right)$,

(iv) $W_{f_0} W(z) W_{f_0} = W_{f_0} \exp\left(-\frac{1}{4}(z\,|\,z)\right)\ \forall z \in \mathbf{C}^{3n}$,
$f_0(z) = (2\pi)^{-3n} \exp\left(-\frac{(z\,|\,z)}{4}\right)$,

(v) Die Abbildung $L^1 \to \mathcal{B}(\mathcal{H}) : f \to W_f$ ist injektiv.

(vi) $\|W_f\| \le \|f\|_1$.

Beweis

Da $W(z)$ stark stetig ist, wird das Integral durch einen starken Limes gegeben und wird im allgemeinen aus dem Normabschluß von $\mathcal{W}$ hinausführen.

(i) und (ii) sind offensichtlich,

(iii) folgt aus (3.1.2,1),

(iv) folgt aus (3.1.2,1) und den Gaußschen Integralen (Aufgabe 5).

(v) ist $W_f = 0$, gilt $\forall z' \in \mathbf{C}^{3n}$, g, $h \in \mathcal{H}$: $0 = \int dz\, f(z)\, \langle\, g\,|\, W(-z')W(z)W(z')h\,\rangle = \int dz\, f(z) \exp(i\,\mathrm{Im}(z\,|\,z'))\, \langle\, g\,|\, W(z)h\,\rangle$. Wählen wir $h = W(z)^{-1}g$, so sehen wir, daß die Fouriertransformierte von $f(z)\langle\, g\,|\, W(z)\, W(z_0)^{-1}g\,\rangle$ verschwindet. Wegen der starken Stetigkeit ist dieser Ausdruck für z in einer Umgebung von z_0 ungleich Null, und somit muß $f(z_0) = 0$ gelten. z_0 ist beliebig $\Rightarrow f = 0$.

(vi) Da $W(z)$ unitär ist, gilt $\|W(z)\| = 1\ \forall z \in \mathbf{C}^{3n}$ und

$$\left\|\int dz\, f(z)\, W(z)\right\| \le \int dz\, |f(z)|\, \|W(z)\|.$$

$\square$

Folgerung (3.1.4)

Nach (iv) ist $W_{f_0} = W_{f_0}^*$ ein Projektor und $\mathcal{W}W_{f_0}\mathcal{H}$ ist ganz $\mathcal{H}$: Der dazu orthogonale Raum wäre ja unter $\mathcal{W}$ invariant, stellte also $\mathcal{W}$ dar und zwar so, daß W_{f_0} darauf verschwände ($\langle\, y\,|\, W_{f_0}x\,\rangle = \langle\, W_{f_0}y\,|\, x\,\rangle = 0\ \forall x \in \mathcal{H} \Rightarrow W_{f_0}y = 0$). Dies ist nach (v) unmöglich. Also ist der Unterraum $W_{f_0}\mathcal{H}$ bezüglich $\mathcal{W}$ ein Totalisator, und in einer orthogonalen Basis $\{u_j\}$ aus $W_{f_0}\mathcal{H}$, $W_{f_0}u_j = u_j$ sieht die Darstellung so aus:

$$\langle\, u_j\,|\, W(z)u_k\,\rangle = \langle\, u_j\,|\, W_{f_0}W(z)W_{f_0}u_k\,\rangle =$$
$$= \langle\, u_j\,|\, W_{f_0}u_k\,\rangle \exp\left(-\frac{(z\,|\,z)}{4}\right) = \delta_{jk} \exp\left(-\frac{(z\,|\,z)}{4}\right).$$

Dies zeigt den

Eindeutigkeitssatz der Darstellungen von $\mathcal{W}$ (3.1.5)

Jede stark stetige Darstellung von $\mathcal{W}$ ist einer Summe von zyklischen Darstellungen mit

$$\langle\, u \mid W(z)u \,\rangle = \exp\left(-\frac{(z\mid z)}{4}\right)$$

äquivalent.

Bemerkungen (3.1.6)

1. Ist $\mathcal{H}$ separabel, so ist diese Summe abzählbar.

2. In der Spektraldarstellung von x projiziert W_{f_0} auf

$$u(x) = \pi^{-3n/4}\exp\left(-\sum_j x_j^2/2\right)$$

   und

$$(W(z)u)(x) = \exp\left(i\sum_{j=1}^n s_j \cdot (x_j + r_j/2)\right) u(x_j + r_j)$$

   (Aufgabe 2).

3. Läßt man die Voraussetzung der starken Stetigkeit fallen, gibt es andere Darstellungen. Sei $\mathcal{H}$ wie in (2.4.14,2) und wieder $(W(z)\psi)_x = \exp(is(x+r/2))\psi_{x+r}$, dann ist dies auch eine Darstellung von $\mathcal{W}$ (in einem nicht separablen $\mathcal{H}$). Sie ist sicher zu (3.1.5) nicht äquivalent, e^{ixs} hat ein reines Punktspektrum, hier ist jedes $z \in \mathbf{C}$, $|z| = 1$, Eigenwert. Der Operator p existiert jetzt gar nicht.

4. Für unendliche Systeme ($n = \infty$) gibt es (sogar überabzählbar viele) inäquivalente Darstellungen von $\mathcal{W}$, sogar in separablen Hilberträumen (s. Band IV).

5. Ist der x-Raum nicht unendlich, sondern ein Torus (I 2.1.7,2), so gibt es unendlich viele inäquivalente Darstellungen der Weyl-Relationen. In diesem Fall ist $\exp\left(i\sum_{j=1}^n x_j \cdot s_j\right)$ nur für $s_j \in (2\pi\mathbf{Z})^3$ eine Observable und (3.1.1) ist nur für dieses s_j gültig. Der Operator p ist formal wieder die Ableitung $-i\,d/dx$, aber nach (2.5.3,4) gibt es für jede Komponente eine einparametrige Familie von selbstadjungierten Erweiterungen, entsprechend den Randbedingungen

$$\psi(1) = e^{-i\gamma}\psi(0), \quad 0 \le \gamma < 2\pi, \quad \text{für } \psi \in L^2[(0,1)] \cong L^2(T^1).$$

   $-(i\,d/dx)$ hat dann die Eigenfunktionen e^{ikx} mit Eigenwerten $k = 2\pi\mu - \gamma$, $\mu \in \mathbf{Z}$. Die Darstellungen sind offensichtlich für verschiedene γ inäquivalent untereinander, und auch inäquivalent zur Darstellung (3.1.5), wo ja das Spektrum absolut stetig ist und kein Punktspektrum.

6. (3.1.5) ist eine sogenannte **Strahldarstellung** von $\mathbf{R}^{6n}$. Dies bedeutet, daß $W(z)W(z')$ bis auf einen Phasenfaktor $W(z + z')$ ist. Es mag nun sonderbar

erscheinen, daß die Darstellung von $\mathcal{W}$ im wesentlichen eindeutig ist, während doch von $\mathbf{R}^{6n}$ jede Untergruppe Normalteiler ist und eine Darstellung der Faktorgruppen auch $\mathbf{R}^{6n}$ darstellt. Man kann dies so verstehen: $\forall r \in \mathbf{R}$ sind die ganzzahligen Vielfachen $\{nr\}$, $n \in \mathbf{Z}$, Normalteiler von $\mathbf{R}$ und $t \to e^{2\pi i t/r}$ ist die einzige treue Darstellung der Faktorgruppe $\mathbf{R}/\{nr\}$. Es gibt daher eine einparametrige Schar nicht treuer Darstellungen von $\mathbf{R}$, und jede (stark stetige) Darstellung ist Summe bzw. Integral davon. Die Weyl-Algebra ist aber einfach, sie enthält kein einziges nichttriviales Ideal, so daß nur die triviale Darstellung nicht treu ist.

7. Jeder reine Zustand der Weyl-Algebra läßt sich als Erwartungswert mit einem Vektor aus $\mathcal{H} = L^2(\mathbf{R}^{3n}, d^{3n}x)$ darstellen (3.2.10,8):

$$ w \text{ rein} \ \Rightarrow\ \exists \psi_w \in \mathcal{H} : w(W(z)) = \langle\, \psi_w \,|\, W(z) \,|\, \psi_w \,\rangle. $$

Wegen der Irreduzibilität der Darstellung ist dieser Vektor bis auf einen Phasenfaktor eindeutig bestimmt.

Gemischte Zustände (Zustände, die nicht rein sind) können durch **Dichtematrizen** ρ dargestellt werden: (Aufgabe 8)

$$ \forall w \exists \rho_w \in \mathcal{B}(\mathcal{H}),\ \rho_w \geq 0,\ \operatorname{Tr}\rho_w = 1 : w(W(z)) = \operatorname{Tr}\rho_w W(z). $$

Aus $W(z)$ kann man die selbstadjungierten Erzeugenden x_j und p_j durch Differenzieren gewinnen. Der Sinn der Vertauschungsrelationen (1.1.1) erfordert jedoch Präzisierung, da unbeschränkte Operatoren keine Algebra bilden. Wann zwei selbstadjungierte Operatoren kommutieren, läßt sich leicht in vernünftiger Weise vereinbaren:

Definition (3.1.7)

Daß zwei unbeschränkte (selbstadjungierte) Operatoren a und b kommutieren, soll $f(a)g(b) - g(b)f(a) =: [f(a), g(b)] = \mathbf{0} \ \forall f, g \in L^\infty$ heißen. Dies schreiben wir einfacher $[a, b] = \mathbf{0}$.

Bemerkungen (3.1.8)

1. Für $[a, b] = \mathbf{0}$ genügt schon $[e^{iat}, e^{ibs}] = \mathbf{0}\ \forall t, s \in \mathbf{R}$ oder $[(a-z)^{-1}, (b-z')^{-1}] = \mathbf{0}$ $\forall z, z' \in \mathbf{C}\backslash\mathbf{R}$ (Aufgabe 6). (3.1.1) besagt also, $[\vec{x}_k, \vec{x}_j] = [\vec{p}_k, \vec{p}_j] = \mathbf{0}\ \forall k, j$; $[x_k, p_j] = 0\ \forall k \neq j$.

2. Betrachtet man die von den beschränkten stetigen Funktionen von a und b erzeugte abelsche C^*-Algebra, kann man wieder (2.2.28) verwenden, um eine Spektraldarstellung zu erhalten, in welcher beide Operatoren Multiplikationsoperatoren sind. Dies verallgemeinert die Aussage, daß kommutierende hermitische Matrizen gemeinsam diagonalisierbar sind.

3. Man könnte meinen, daß für $[a, b] = \mathbf{0}$ genügt:

(i) Es gibt einen dichten Bereich D, invariant unter a, b;

(ii) a und b sind auf D wesentlich selbstadjungiert;

(iii) $ab\psi = ba\psi \ \forall \psi \in$ D.

Dies ist nicht der Fall, es gibt Gegenbeispiele (Aufgabe 4).

Was $[x_k, p_j]$ für $k = j$ anlangt, so brauchen wir zunächst ein $D \subset D(x_k) \cap D(p_j)$, so daß $x_k D \subset D(p_j)$ und $p_j D \subset D(x_k)$. Ein solcher Bereich sind etwa die Vektoren, welche in der x-Darstellung aus $\mathcal{S}$ sind. Dabei ist $\mathcal{S}$ der Raum der C^∞-Funktionen, die im Unendlichen ebenso wie alle Ableitungen stärker als jede negative Potenz von x abfallen. Er ist seine eigene Fouriertransformierte $\hat{\mathcal{S}}$, auf $\mathcal{S}$ ist $x : f(x) \to x f(x)$, $p : f(x) \to -i \frac{\partial}{\partial x} f(x)$, auf $\hat{\mathcal{S}}$: $x : f(p) \to i \frac{\partial}{\partial p} f(p)$, $p : f(p) \to p f(p)$. Hier gelten die

Heisenbergschen Vertauschungsrelationen (3.1.9)

$$(x_k p_j - p_j x_k)\, \psi = i\, \delta_{kj}\, \psi \quad \forall \psi \in \mathcal{S}.$$

Bemerkungen (3.1.10)

1. Auf $\mathcal{S}$ sind x und p offenbar hermitisch mit Defektindizes $(0,0)$, also wesentlich selbstadjungiert.

2. Man wird sich fragen, ob alle Darstellungen von $[x_k, p_j] = i\delta_{kj}$ auf einem dichten invarianten Bereich D der wesentlichen Selbstadjungiertheit zu den Weyl-Relationen (3.1.1) führen. Dies ist nicht der Fall, man muß noch dazu fordern, daß $\sum_{k=1}^{3n} x_k^2 + \sum_{k=1}^{3n} p_k^2$ auf D wesentlich selbstadjungiert ist. Ein anderes Kriterium ist, daß $\prod_k (x_k + i)(p_k + i)$D in $\mathcal{H}$ dicht ist. Eine Variation von Aufgabe 4 liefert sonst ein Gegenbeispiel.

3. Wie erwähnt, können endliche Matrizen (3.1.9) nie erfüllen. Aber auch mit beschränkten Operatoren können p und x nicht dargestellt werden: (3.1.9) besagt ja auch $x^n p - p x^n = i n x^{n-1}$, also $n\|x^{n-1}\| = \|x^n p - p x^n\| \le 2\|x^n\| \cdot \|p\|$, also $\|x\| \cdot \|p\| \ge n/2 \ \forall n$.

4. Sucht man Matrizen, die bei formaler Multiplikation $xp - px = i$ auf einem dichten Bereich erfüllen, so gibt es viele nicht äquivalente Darstellungen. Etwa

$$x = \begin{pmatrix} 0 & & & & & \\ & 1 & & & & \\ & & 2 & & & \\ & & & 3 & & \\ & & & & 4 & \\ & & & & & \ddots \end{pmatrix}, \ p = -i \begin{pmatrix} 0 & -1 & -1/2 & -1/3 & \cdots \\ 1 & 0 & -1 & -1/2 & \cdots \\ 1/2 & 1 & 0 & -1 & \cdots \\ 1/3 & 1/2 & 1 & 0 & \cdots \\ \vdots & \vdots & \vdots & \vdots & \ddots \end{pmatrix},$$

$$[x,p] = -i \begin{pmatrix} 0 & 1 & 1 & 1 & 1 & 1 & \cdots \\ 1 & 0 & 1 & 1 & 1 & 1 & \cdots \\ 1 & 1 & 0 & 1 & 1 & 1 & \cdots \\ 1 & 1 & 1 & 0 & 1 & 1 & \cdots \\ 1 & 1 & 1 & 1 & 0 & 1 & \cdots \\ \vdots & \vdots & \vdots & \vdots & \vdots & \vdots & \ddots \end{pmatrix},$$

so daß auf $D = \{(v) \in \ell^2 : \sum_i v_i = 0,$ nur endlich viele $v_i \neq 0\}$ $[x,p] = i$ gilt. Diese Darstellung ist der Weyl-Darstellung nicht äquivalent: $\mathrm{Sp}(x) = \mathbf{Z}^+$. Natürlich sind die zugehörigen Eigenvektoren e_k nicht aus D, dies gäbe ja den Widerspruch $(e_k \,|\, [x,p] e_k) = 0 = i(e_k \,|\, e_k)$.

5. Man könnte hoffen, daß nicht nur für die kartesischen Koordinaten p, x die Poissonklammer $\{\ \}$ in den Kommutator übergeht, sondern daß dies für verallgemeinerte Koordinaten gilt (vgl. (3.1.2,3)). Dem ist leider nicht so. Nehmen wir p und x auf T_1 (I, 2.1.7,2). Hier ist $0 \leq x < 1$ allerdings keine globale Koordinate, lokal gilt aber $\{x,p\} = 1$. Sei in der Quantentheorie $\mathcal{H} = L^2(T_1, dx)$, so hat die formale Operatorgleichung $[x,p] = i$ keinen Sinn, da p nur auf den absolut stetigen Funktionen auf T_1 (also $\psi(0) = \psi(1)$) definiert ist, und x führt ja aus diesem Raum heraus. Berechnet man die Matrixelemente mit den Eigenfunktionen $\psi_n = e^{2\pi i n x}$, $n \in \mathbf{Z}$:

$$\langle\, n \,|\, p \,|\, m\,\rangle = 2\pi n \delta_{nm}, \qquad \langle\, n \,|\, x \,|\, m\,\rangle = \frac{i}{2\pi(n-m)}(1 - \delta_{nm}) + \frac{1}{2}\delta_{nm},$$

und multipliziert die Matrizen, so findet man $[x,p] \neq i$ (Aufgabe 9). (3.1.9) gilt hier nicht einmal im Sinne quadratischer Formen. Wesentlich ist, daß x und p selbstadjungiert sein müssen, nur hermitisch genügt nicht. Das α und $p_\alpha = \frac{1}{i}\frac{\partial}{\partial\alpha}$ in $L^2((0,\infty), d\alpha)$ aus (2.5.3,5) genügt auch $[\alpha, p_\alpha] = i$ formal, ist aber sicher nicht p und x äquivalent, weil α positives Spektrum hat.

Aus (3.1.9) und (2.2.33,4) folgert man die

Unschärferelation (3.1.11)

$$\Delta x_i \, \Delta p_k \geq \frac{1}{2}\delta_{ik}.$$

Bemerkungen (3.1.12)

1. Bei der Ausdehnung von (2.2.33,4) auf unbeschränkte Operatoren sind natürlich Bereichfragen zu beachten. Davon abgesehen gilt (3.1.4) für alle Zustände, wir können daher den Index bei Δ weglassen.

2. Man wird sich fragen, ob und für welche Zustände Gleichheit eintreten kann. Die Ungleichung (2.2.33,4) ist für reine Zustände von der Form $\langle\, (a^* - \alpha^*)(a - \alpha)\,\rangle \geq 0$, wobei wir jetzt $a = x + 2ip(\Delta x)^2$, $\alpha = \langle\, x\,\rangle + 2i\langle\, p\,\rangle(\Delta x)^2$, verwenden. Gleichheit erfordert, daß $|\ \rangle$ Eigenvektor des (nicht normalen) Operators a mit (komplexem) Eigenwert α ist. Die Operatoren a spielen als Vernichtungsoperatoren in der Vielteilchenphysik eine große Rolle. In einer x-Darstellung ($p = \partial/\partial i x$, $|\ \rangle = \psi \in L^2(\mathbf{R}, dx)$) gewinnen wir durch sie

Zustände minimaler Unschärfe (kohärente Zustände) (3.1.13)

Genau für die Zustände

$$\psi(x) = \exp\left[-(x - \langle\, x\,\rangle - 2i\langle\, p\,\rangle(\Delta x)^2)^2/4(\Delta x)^2\right]$$

wird

$$\Delta p = 1/2\Delta x.$$

Bemerkungen (3.1.14)

1. Für $\Delta x = 1/2$ erhalten wir die Zustände $W(z)|u\rangle$ aus (3.1.6,2), $z = \langle\, x\,\rangle + i\langle\, p\,\rangle$, welche bei der GNS-Konstruktion der Weyl-Algebra aufgetreten sind. Somit sind die Zustände minimaler Unschärfe in $\mathcal{H}$ total. Der hier zusätzlich auftretende Parameter Δx bringt nur einen Vergleichsmaßstab zwischen p und x, er wurde früher durch die Wahl von f_0 willkürlich festgelegt. Auch für ein festes Δx sind Zustände mit verschiedenem z nicht orthogonal. Dennoch gilt ein Analogon zur Darstellung des Einheitsoperators durch ein orthonormiertes System (Aufgabe 7), die $|z\rangle$ sind nicht nur total (2.1.12,3)

$$1 = \int \frac{dz}{2\pi}\, W(z)|\,\rangle\langle\,|W(-z).$$

Das Integral konvergiert stark. Dies gilt sogar für jeden normierten Vektor $|\,\rangle \in L^1 \cap L^\infty$; obige Relation ist die kontinuierliche Verallgemeinerung der Orthogonalitätsrelation $\sum_g U^*_{ij}(g)U_{kl}(g) = \delta_{ik}\delta_{jl}$.

2. Für gemischte Zustände ist stets $(\Delta x)^2(\Delta p)^2 > 1/4$. Zunächst sind nach (2.2.38,6) bei konvexen Kombinationen zweier Zustände $(\Delta x)^2$ und $(\Delta p)^2 \geq$ der konvexen Kombination der Schwankungsquadrate, $=$ gilt nur, wenn die Erwartungswerte in beiden Zuständen gleich sind. Nun legt aber $\langle\, p\,\rangle$, $\langle\, x\,\rangle$ und $\Delta x = 1/\Delta p$ den kohärenten Zustand eindeutig fest, so daß jede echte Mischung $\Delta x \Delta p > 1/2$ bewirkt: Mitteln wir Zustände mit $\rho(\lambda) \geq 0$,

$$\int_0^1 d\lambda\, \rho(\lambda) = 1, \qquad w(a) = \int_0^1 d\lambda\, \rho(\lambda)\langle\, a\,\rangle_\lambda,$$

wird

$$(\Delta_w x)^2(\Delta_w p)^2 \geq \int_0^1 d\lambda\, (\Delta_\lambda x)^2\, \rho(\lambda) \int_0^1 d\lambda'\, (\Delta_{\lambda'} p)^2\, \rho(\lambda') \geq$$

$$\geq \left(\int d\lambda\, \rho(\lambda)\, \Delta_\lambda x\, \Delta_\lambda p\right)^2 \geq 1/4.$$

Das letzte $\geq$ wird zu $=$ nur wenn $\Delta_\lambda x = 1/2\Delta_\lambda p$, das zweite nur dann, wenn $\Delta_\lambda x = c\Delta_\lambda p \rightarrow \Delta_{\lambda'} x = \lambda$-unabhängig. Da die $\langle\, x\,\rangle_\lambda$ und die $\langle\, p\,\rangle_\lambda$ gleich sind für das erste $=$, bleibt keine echte Mischung über.

Klassischer Limes (3.1.15)

Wir haben uns bisher auf den mikroskopischen Standpunkt gestellt und $\hbar = 1$ gesetzt. Um zu sehen, wie im klassischen Grenzfall $\hbar \to 0$ die Operatoren gewöhnliche Zahlen werden, betrachten wir

$$x_\hbar = x\sqrt{\hbar}, \quad p_\hbar = p\sqrt{\hbar}, \quad [x_\hbar, p_\hbar] = i\hbar.$$

Verschiebt man im Limes $\hbar \to 0$ gleichzeitig durch $W(z/\sqrt{\hbar})$ in $L^2(\mathbf{R}, dx)$ (bzw. $L^2(\mathbf{R}, dp)$) um $r/\sqrt{\hbar}$ (bzw. $s/\sqrt{\hbar}$), so können wir erwarten, daß $x_\hbar$ (bzw. $p_\hbar$) gegen $r \cdot \mathbf{1}$ (bzw. $s \cdot \mathbf{1}$) konvergiert. Tatsächlich läßt sich aus (3.1.2,1)

$$W(z^*\hbar^{-1/2})\, e^{is(x_\hbar - r)}\, W(-z^*\hbar^{-1/2}) = e^{isx_\hbar}$$

ableiten. Nun gilt für $\hbar \to 0$ $e^{isx_\hbar} \to \mathbf{1}$ oder

$$W(z^*\hbar^{-1/2})\, e^{isx_\hbar}\, W(-z^*\hbar^{-1/2}) \to e^{isr}$$

und analog für $e^{itp_\hbar}$. Im Sinne von (2.5.8,3) konvergieren die Operatoren $Wx_\hbar W^{-1}$ (bzw. $Wp_\hbar W^{-1}$) stark gegen r (bzw. s), wobei die Dilatation mit $\hbar$ die Schwankungen unterdrückt und die Verschiebung durch W die Operatoren an die gewünschte Stelle rückt.

Sind die Teilchen ununterscheidbar, ist nur die Algebra $\mathcal{N}_s$ der symmetrischen Funktionen der $\vec{x}_i$ und $\vec{p}_i$ observabel. Sie wird auf $\mathcal{W} \cdot u$ reduzibel dargestellt: Der unitäre Operator Π, der die Indizes $(1, 2, \ldots, n)$ zu $(\pi_1, \pi_2, \ldots, \pi_n)$ permutiert, $\Pi\vec{x}_i\Pi^{-1} = \vec{x}_{\pi_i}$, $\Pi\vec{p}_i\Pi^{-1} = \vec{p}_{\pi_i}$, kommutiert dann mit allen Observablen. Die Π bilden eine Darstellung der symmetrischen Gruppe S_n. Zerlegt man sie in irreduzible Teile, führt $\mathcal{N}_s$ nicht aus diesen heraus, die Π erzeugen eine Superauswahlregel (vgl. 2.3.6,7). Nur wenn wir uns auf die identische oder alternierende Darstellung von S_n beschränken, dann enthält $\mathcal{N}_s$ eine maximal abelsche Unteralgebra, und die Π bilden die in (2.3.6,7) erwähnten verborgenen Parameter. Sie sind nach Definition nicht observabel, zerlegen aber den Hilbertraum, da sie nicht nur ± 1 bewirken. So etwas scheint es in der Natur nicht zu geben.

Die identische (bzw. alternierende) Darstellung von S_n erhält man, indem man das Tensorprodukt der den einzelnen Teilchen entsprechenden Hilberträume auf das symmetrische (bzw. antisymmetrische) Tensorprodukt einschränkt (vgl. I, 2.4.28). Diese Symmetrisierung (bzw. Antisymmetrisierung) von ψ in den Koordinaten der Teilchen führt bekanntlich zur Bose-Einstein- (bzw. Fermi-Dirac-) Statistik. In der relativistischen Quantenfeldtheorie erscheint sie mit dem Spin der Teilchen verknüpft. Im Rahmen der nichtrelativistischen Quantenmechanik postulieren wir noch eigens den

Zusammenhang von Spin und Statistik (3.1.16)

Für ununterscheidbare Teilchen mit ganz- (bzw. halb-) zahligem Spin ist die Darstellung auf den Raum der identischen (bzw. alterniereden) Darstellung von S_n einzuschränken.

Aufgaben (3.1.17)

1. Sei $\mathcal{A} = \mathcal{B}(\mathbf{C}^2) \otimes \mathcal{B}(\mathbf{C}^2) = \{\vec{\sigma}_1 \otimes \vec{\sigma}_2\}''$; konstruiere P mit $P\vec{\sigma}_1 P = \vec{\sigma}_2$ und $P = P^* = P^{-1}$.

2. Verifiziere die x-Darstellung (3.1.6,2) von u.

3. Nach (2.4.23,5) bestimmt eine dichte Menge analytischer Vektoren e^{iat} eindeutig, ein darauf definiertes hermitisches a ist also wesentlich selbstadjungiert. Zeige, daß für $a = -i\,d/dx$ die analytischen Vektoren im Raum $L^2((-\infty, \infty), dx)$ (komplex-wertige) reell-analytische Funktionen sind.

4. Es sei M die Riemannsche Fläche von $\sqrt{z}$, $\mathcal{H} = L^2(M, dz = dx\,dy)$; weiters seien die Operatoren $a = -i\,\partial/\partial x$ und $b = -i\,\partial/\partial y$ auf $D = \{C^\infty$-Funktionen mit kompaktem Träger, der nicht 0 enthält$\}$ definiert. Zeige, daß

   (i) a und b wesentlich selbstadjungiert sind,

   (ii) D stabil unter a und b ist,

   (iii) $ab\psi = ba\psi \;\forall\psi \in D$, aber

   (iv) $e^{i\bar{a}t}e^{i\bar{b}t} \neq e^{i\bar{b}t}e^{i\bar{a}t}$, $\bar{a} = a^{**}$, $\bar{b} = b^{**}$.

5. Verifiziere (3.1.3,iv).

6. Zeige, daß für das Kommutieren zweier Operatoren schon dasjenige ihrer Exponentialfunktionen oder ihrer Resolventen genügt.

7. Verifiziere (3.1.14,1).

8. Zeige die Darstellbarkeit von Zuständen mit Dichtematrizen (3.1.6,7).

9. Berechne $[x, p]$ für (3.1.10,5).

Lösungen (3.1.18)

1. $P = (1 + \vec{\sigma}_1\vec{\sigma}_2)/2$.

2. $W_{f_0}u = \int \frac{d^{3n}r\, d^{3n}s}{(2\pi)^{3n}} \exp\left(-\sum_j (r_j^2 + s_j^2)/4\right) \exp\left(i\sum_j s_j(x_j + r_j/2)\right) \cdot$
$\cdot \exp\left(-\sum_j (x_j + r_j)^2/2\right) \pi^{-3n/4} = u$.

3. $\psi \in L^2$ analytischer Vektor $\Rightarrow \psi \cap_n D(a^n) \subset C^\infty$.

$$e^{iat}\psi(x) = \psi(x + t) = \sum \frac{(it)^n}{n!}\,a^n\psi(x).$$

Die Summe konvergiert genau dann, wenn ψ analytisch ist.

4. (ii) und (iii) sind offensichtlich, ebenso, daß $a \subset a^*, b \subset b^*$. – Wesentliche Selbstadjungiertheit: sei $D_x \subset D$ die Menge aller Funktionen, deren Träger auf keinem Blatt von $\sqrt{z}$ die x-Achse enthält. D_x ist dicht. Die Operatoren $U(t): \psi(x, y) \to \psi(x+t, y)$ sind isometrisch und haben einen dichten Bildbereich, können somit eindeutig zu unitären und in t stark stetigen Operatoren erweitert werden. $U(t)$ ist auf D_x differenzierbar, $dU(t)/dt = ia_{|D_x} \Rightarrow a_{|D_x}$ ist wesentlich selbstadjungiert (vgl. Aufgabe 3) und somit

auch a. Ebenso verfährt man bei b, $ib_{|D_y} = dV(t)/dt$, $V(t) : \psi(x,y) \to \psi(x, y+t)$,
$D_y \subset D = \{$Funktionen, deren Träger auf keinem Blatt die y-Achse enthält$\}$.
(iv): Sei ψ eine Funktion mit Träger im Kreis mit Mittelpunkt $(-1/2, -1/2)$ im 1.
Blatt und Radius $< 1/2$. $U(1)V(1)\psi$ hat den Träger im 1. Blatt, $V(1)U(1)\psi$ im 2.
Blatt, also $U(1)V(1) \neq V(1)U(1)$.

5. Diese Berechnung Gaußscher Integrale sei dem Fleiß des Lesers anvertraut.

6. Die von Neumann-Algebra $\mathcal{A} = \{f(a) : f \in L^\infty\}$ wird erzeugt von

   (i) den Exponentialfunktionen e^{iat}: für $f \in L^1$ ist die Fouriertransformierte
   $\int f(t)\, e^{iat}\, dt \in \mathcal{A}$, aber die Fouriertransformation ist eine Bijektion $L^1 \cap L^\infty \to$
   $L^1 \cap L^\infty$ und $L^1 \cap L^\infty$ ist in L^∞ schwach dicht,

   (ii) den Resolventen $(a + x + iy)^{-1}$:

   $$(a + x + iy)^{-1} + (a + x - iy)^{-1} = 2(a + x)((a + x)^2 + y^2)^{-1}$$

   bzw.

   $$(a + x + iy)^{-1} - (a + x - iy)^{-1} = -2iy((a + x)^2 + y^2)^{-1},$$

   letztere Funktionen erzeugen wegen Stone-Weierstraß alle stetigen Funktionen,
   die im Unendlichen verschwinden, und diese Menge ist wieder schwach dicht in
   L^∞.

Gilt nun für zwei Algebren $\mathcal{A}_0$, $\mathcal{B}_0$ mit $\mathcal{A}_0'' = \mathcal{A}$, $\mathcal{B}_0'' = \mathcal{B}$, daß $[\mathcal{A}_0, \mathcal{B}_0] = \mathbf{0}$, so ist
auch $[\mathcal{A}, \mathcal{B}] = \mathbf{0}$.

7. Der Vektor $|\ \rangle$ sei in der x-Darstellung gleich $\psi(x)$. Dann ist

   $$W(z) = e^{ixs}\psi(x + r),$$
   $$\int \frac{dz}{2\pi}\, W(z)\,|\ \rangle\langle\ |\, W^*(z)\,|\,\varphi\rangle =$$
   $$= \int \frac{ds\, dr}{2\pi}\, e^{ixs}\, \psi(x + r) \int \psi^*(x' + r)\, e^{-ix's}\, \varphi(x')\, dx' =$$
   $$= \int dr\, |\psi(x + r)|^2\, \varphi(x) = \varphi(x).$$

Diese formale Manipulation kann z.B. für $\psi \in L^1 \cap L^\infty$ leicht gerechtfertigt werden.

8. Einen reinen Zustand $w(W) = \langle \psi\,|\,W\,|\,\psi\rangle$ kann man mit dem Projektor $P : \varphi \mapsto$
   $\langle \psi\,|\,\varphi\rangle\psi$ als Dichtematrix darstellen:

   $$w(W) = \operatorname{Tr} PW,$$

endliche konvexe Kombinationen

   $$w(W) = \sum_j \lambda_j \langle \psi_j\,|\,W\,|\,\psi_j\rangle, \quad 0 < \lambda_j < 1, \quad \sum \lambda_j = 1$$

mit der Dichtematrix $\rho = \sum \lambda_j P_j$, P_j der Projektor auf ψ_j.

Diese endlichen konvexen Kombinationen sind dicht in der Menge der Zustände (2.2.20,2) und mit (2.3.20,3) sieht man die Äquivalenz der Normen im Dualraum der Algebra zur Spur-Norm der Dichtematrizen:

$$\|v - w\| = \sup_{\|a\|=1} |v(a) - w(a)| = \sup_{\|a\|=1} |\mathrm{Tr}(\rho_v - \rho_w)a| = \mathrm{Tr}|\rho_v - \rho_w| = \|\rho_v - \rho_w\|_1.$$

Also gibt der Abschluß der Teilmenge wieder Operatoren der Spurklasse (2.3.21) und die Eigenschaften $\rho > \mathbf{0}$, $\mathrm{Tr}\,\rho = 1$ setzen sich auf den Abschluß fort.

9. Die Matrizen von p und x sind gleich den Matrizen für $2\pi x$ und $-p/2\pi + (1/2)\mathbf{1}$ in (3.1.10,4). Die Matrixdarstellung von $[x,p]$ ist daher dieselbe.

3.2 Der Drehimpuls

Der Drehimpuls $\vec{L}$ ist klassisch wie quantentheoretisch die Erzeugende der Drehgruppe. Letztere ist zwar kompakt und hat daher nur endlichdimensionale irreduzible Darstellungen; in reduziblen Darstellungen kann $\vec{L}$ aber unbeschränkt werden.

Wir hatten im letzten Abschnitt postuliert, daß die in der klassischen Mechanik von p und x erzeugten Gruppen kanonischer Transformationen in der Quantentheorie durch e^{irp} bzw. e^{isx} dargestellt werden. Wir wollen als nächst einfachen Fall die von dem Drehimpuls $\vec{L} = \vec{x} \wedge \vec{p}$ erzeugte Drehgruppe studieren. $\vec{L}$ erzeugt klassisch die Punkttransformationen

$$x \rightarrow M\,x, \qquad\qquad MM^T = \mathbf{1}. \qquad\qquad (3.2.1)$$

Wir verwenden hier Matrix-Notation und betrachten nur ein Teilchen, für mehrere Teilchen faktorisiert sich alles. Quantentheoretisch arbeiten wir lieber mit den beschränkten Weyl-Operatoren und suchen also nach einer unitären Transformation U, welche

$$U^{-1}\,W(z)\,U = W(Mz) \qquad\qquad (3.2.2)$$

bewirkt (vgl. 3.1.2,1). Eine solche muß es geben, denn die $W(Mz)$ erfüllen ebenfalls (3.1.2,1) und alle irreduziblen Darstellungen dieser Relation sind äquivalent. Nach (3.1.6,2) erfüllen wir dies in der

Schrödinger-Darstellung für die Drehungen (3.2.3)

Die unitäre Transformation

$$(U\psi)(x) = \psi(Mx)$$

bewirkt den Automorphismus (3.2.2) der Weyl-Algebra.

Bemerkung (3.2.4)

U ist durch (3.2.3) nicht eindeutig bestimmt, $e^{i\alpha}U$, $\alpha \in \mathbf{R}$, leistet dasselbe. In einer irreduziblen Darstellung der $W(z)$ ist dies auch die einzige Willkür, U ist ja bis auf ein unitäres Element aus der Kommutante bestimmt. Die U werden daher zunächst nur eine Strahldarstellung von $O(3)$ bilden (vgl. 3.1.6,5). Man kann allerdings zeigen, daß jede stark stetige Strahldarstellung einer kompakten Gruppe von einer Darstellung der universellen Überlagerungsgruppe herrührt (vgl. Aufgabe 5). Letztere ist für $O(3)$ die Gruppe $SU(2)$ und soll später besprochen werden. Die Kompaktheit ist dabei wesentlich; das Weyl-System (3.1.1) gibt ja eine Strahldarstellung von $\mathbf{R}^{6n}$ (= ihre universelle Überlagerungsgruppe), die keine Darstellung ist.

Der Operator U macht weiter keine analytische Schwierigkeit, beim Studium seiner Erzeugenden $\vec{L}$ brauchen wir zunächst einen

Bereich der wesentlichen Selbstadjungiertheit für $\vec{L}$ (3.2.5)

Auf der linearen Hülle D der Vektoren

$$\psi_{\vec{k}} = e^{-\vec{x}^2/2}\,x_1^{k_1}\,x_2^{k_2}\,x_3^{k_3}, \qquad k_i = 0, 1, 2, \ldots$$

ist $\vec{L}$ wesentlich selbstadjungiert.

Beweis

D ist dicht (Aufgabe 2) und offensichtlich unter Drehungen invariant. Zum Nachweis der Differenzierbarkeit auf D empfiehlt es sich, Polarkoordinaten mit z-Achse = Drehachse zu verwenden. Es handelt sich dann darum,

$$\lim_{\delta \to 0} \delta^{-2} \int_0^{2\pi} d\varphi \; |P(\sin(\varphi + \delta), \cos(\varphi + \delta)) -$$
$$- P(\sin\varphi, \cos\varphi) - \delta P'(\cos\varphi, -\sin\varphi)|^2 = 0$$

mit P einem Polynom und P' dessen Ableitung zu zeigen. Da man nur über ein Kompaktum integriert, bieten sich hier keine Schwierigkeiten. Nach der Taylorschen Formel ist die Differenz durch P'' abzuschätzen, welches in $[0, 2\pi]$ beschränkt bleibt, und da der Integrand punktweise konvergiert, folgt aus dem Lebesgueschen Satz über dominierte Konvergenz diese Aussage. D ist also im Bereich der Erzeugenden enthalten.

Es ist noch zu zeigen, daß es für wesentliche Selbstadjungiertheit groß genug ist. Zu diesem Zweck betrachten wir die endlichdimensionalen Unterräume D_k, erzeugt von $\{\psi_k \in D : k_1 + k_2 + k_3 \leq k\}$, die invariant unter Rotationen sind. Auf ihnen sind daher die L's durch endliche Matrizen dargestellt, alle Vektoren sind folglich analytisch, also ist D eine dichte Menge analytischer Vektoren. Nach (2.4.23,5) ist somit U eindeutig definiert. Auch $(L_m - z)^{-1}$ ist auf D über Potenzreihen definiert, und das heißt (siehe (2.5.6,1)), daß $\vec{L}$ auf D wesentlich selbstadjungiert ist. Wir können

$$U_{\delta\vec{e}} = e^{i\delta\vec{L}\vec{e}},$$

($\vec{e}$ = Einheitsvektor in Richtung der Drehachse) schreiben. Man sieht in Polarkoordinaten, daß $-i(x\,\partial/\partial y - y\,\partial/\partial x) = -i\,\partial/\partial\varphi$ gerade die Wirkung von L_z auf die ψ_k beschreibt, wir haben also auf D

$$\vec{L} = \vec{x} \wedge \vec{p}.$$

□

Bemerkungen (3.2.6)

1. U ist auf $L^2(\mathbf{R}^3)$ nicht stark differenzierbar (etwa auf $e^{-\vec{x}^2/2}\Theta(|\varphi| - \alpha)$, $0 < \alpha < \pi$, nicht). In der Darstellung (3.2.3) ist $\vec{L}$ also unbeschränkt.

2. D ist auch unter x_j und p_j invariant, und sie sind darauf wesentlich selbstadjungiert (Aufgabe 3). D liegt also im Durchschnitt der Bereiche, auf denen $\vec{x}$, $\vec{p}$ und $\vec{L}$ selbstadjungiert sind, diese Bereiche sind jedoch voneinander verschieden.

3. Die D_k sind auch ganze Vektoren für den Operator $\vec{L}^2 = L_1^2 + L_2^2 + L_3^2$, da die Konvergenz von

$$\sum_{n=0}^{\infty} \left(\vec{L}_{|D_k}^2\right)^n \frac{t^n}{n!} \quad \forall t \in \mathbf{C}$$

außer Frage steht. Nach (2.4.23,5) ist $\vec{L}^2$ also auf D wesentlich selbstadjungiert.

Vertauschungsrelationen der $\vec{L}$ (3.2.7)

Als Erzeugende der Drehung hat $\vec{L}$ mit anderen Operatoren als Kommutator deren Änderung bei infinitesimalen Drehungen. Auf D gilt also

$$[L_m, V_r] = i\, \epsilon_{mrs}\, V_s, \qquad \vec{V} = \vec{L},\ \vec{x} \text{ oder } \vec{p}. \qquad (3.2.8)$$

Diese Relationen lassen sich durch Differnzieren von (3.2.2) oder direkt aus (3.1.9) ableiten. Als Skalar kommutiert $\vec{L}^2$ mit $\vec{L}$:

$$[L_m, \vec{L}^2] = 0, \qquad\qquad m = 1, 2, 3. \qquad (3.2.9)$$

Alle diese Relationen gelten zunächst auf Vektoren aus D, lassen sich aber im Sinne von (3.1.7) auf Exponentialfunktionen übertragen, da es sich um ganze Vektoren für $\vec{L}$, $\vec{L}^2$, $\vec{x}$ und $\vec{p}$ handelt. In diesem Sinne gilt auch $[\vec{L}, \vec{x}^2] = [\vec{L}, \vec{p}^2] = 0$.

Die Parität (3.2.10)

$O(3)$ besteht aus zwei getrennten Teilen, welche Det $M = \pm 1$ entsprechen. $M = -\mathbf{1}$ liegt in der Komponente, welche mit $\mathbf{1}$ nicht zusammenhängt, und wird durch einparametrige stetige Untergruppen nicht erreicht. Ihr entspricht der **Paritätsoperator** P;

$$P^{-1}\, W(z)\, P = W(-z).$$

Der Phasenfaktor sei durch

$$(P\psi)(x) = \psi(-x), \qquad \psi \in L^2(\mathbf{R}^3),$$

festgelegt, wir haben dann $P^2 = \mathbf{1}$, $P^{-1} = P^* = P$. P dreht das Vorzeichen von x und p um, kommutiert also mit $\vec{L}$:

$$P\, \vec{L}\, P^{-1} = \vec{L}.$$

Bemerkung (3.2.11)

P läßt sich wie $\vec{L}$ als Funktion von x und p konstruieren (Aufgabe 1). Dies ist ein Unterschied zur klassischen Mechanik, wo zwar einparametrigen Gruppen kanonischer Transformationen eine Funktion von x und p als Erzeugende entspricht, die endliche kanonische Transformation $x \to -x$, $p \to -p$ aber keine infinitesimale Erzeugende hat; sie kann nicht stetig von der Einheit erreicht werden.

Das Spektrum von $\vec{L}$ (3.2.12)

Betrachten wir eine beliebige Komponente von $\vec{L}$, etwa L_3, und die von $\exp(i\delta L_3)$ erzeugte abelsche C^*-Algebra $\mathcal{L}_3$. Nach (2.2.28) entspricht jedem Punkt des Spektrums ein Charakter über $\mathcal{L}_3$. Wegen $\exp(2\pi i L_3) = \mathbf{1}$ (nach (3.2.3)) ist jeder Charakter der Form $\exp(i\delta L_3) \to \exp(im\delta)$, $m \in \mathbf{Z}$, und die möglichen Spektralwerte von L_3 (und daher auch der Komponente von $\vec{L}$ in einer beliebigen Richtung) sind ganze Zahlen. Nachfolgende Konstruktion wird zeigen, daß alle diese Werte tatsächlich vorkommen.

Eigenvektoren von $\vec{L}$ (3.2.13)

Verschiedene Komponenten von $\vec{L}$ kommutieren nicht miteinander und haben daher nur gemeinsame Eigenvektoren ψ, wenn diese Eigenvektoren zum Eigenwert Null des Kommutators sind. Da der Kommutator zweier Komponenten von $\vec{L}$ jeweils die dritte ist, muß $\vec{L}\psi = 0$ gelten und ψ rotationsinvariant sein ($\psi(\vec{x}) = \psi(r)$).

Allgemein gilt jedoch $[\vec{L}^2, \vec{L}] = 0$, und wir können nach gemeinsamen Eigenvektoren $|\ell, m\rangle$ von $\vec{L}^2$ und L_3 fragen:

$$L_3 |\ell, m\rangle = m |\ell, m\rangle, \qquad \vec{L}^2 |\ell, m\rangle = \ell(\ell + 1) |\ell, m\rangle.$$

Um die möglichen Werte des so eingeführten $\ell \geq 0$ und seinen Zusammenhang mit m zu finden, bemerken wir, daß wegen

$$\langle \ell, m | \vec{L}^2 | \ell, m\rangle = m^2 + \langle \ell, m | L_1^2 | \ell, m\rangle + \langle \ell, m | L_2^2 | \ell, m\rangle$$

$\ell(\ell+1) \geq m^2$ gelten muß, und nach dem vorher Gesagten kann $=$ nur für $\vec{L} | \ell, m\rangle = 0$, also $\ell = m = 0$ eintreten. Nun kann man (3.2.7) auch

$$[L_3, L_\pm] = \pm L_\pm, \qquad L_\pm = L_1 \pm iL_2,$$

formulieren, so daß

$$L_3 L_\pm |\ell, m\rangle = (m \pm 1) L_\pm |\ell, m\rangle,$$
$$\vec{L}^2 L_\pm |\ell, m\rangle = \ell(\ell + 1) L_\pm |\ell, m\rangle,$$

gilt. $L_\pm |\ell, m\rangle$ ist somit ebenfalls Eigenvektor von L_3 und $\vec{L}^2$, wir können also

$$L_\pm |\ell, m\rangle = c |\ell, m \pm 1\rangle, \quad c \in \mathbf{C},$$

schreiben. Die Normierungskonstante c (die $|\ell, m\rangle$ seien normiert) berechnet sich aus der Relation (Aufgabe 4)

$$\vec{L}^2 = L_3^2 \mp L_3 + L_\pm L_\mp$$

und wir erhalten genauer

$$L_\pm |\ell, m\rangle = \sqrt{\ell(\ell + 1) - m(m \pm 1)} \, |\ell, m \pm 1\rangle.$$

Damit $m^2 \leq \ell(\ell + 1)$ nicht verletzt wird, muß wiederholte Anwendung von $L_\pm$ einmal Null ergeben, was nur für $\ell \in \mathbf{Z}$ geschieht. Dann ist $L_+ |\ell, \ell\rangle = L_- |\ell, -\ell\rangle = 0$. Die Wirkung von L_- (bzw. L_+) ist, klassisch gesprochen, daß der Drehimpuls unter Beibehaltung seiner Länge rotiert wird, und zwar von einem maximalen $L_3 = \ell$ zu einem minimalen $L_3 = -\ell$ (bzw. von $-\ell$ bis ℓ). Auf diese Weise erhält man eine $2\ell + 1$-dimensionale Darstellung der von $\vec{L}$ erzeugten Algebra. Sie ist irreduzibel, denn jeder Vektor ist zyklisch (2.3.6,1): Man kann ja durch Anwendung von L_+ zunächst $|\ell, \ell\rangle$ erzeugen und dann durch L_- alle Vektoren in der Darstellung.

Die Eigenfunktionen in der x-Darstellung (3.2.14)

Um nun auch noch die $|\,\ell,\ell,\,\rangle$ algebraisch durch Anwendung von Operatoren auf $|\,0,0\,\rangle$ (entspricht $\psi(r)$) zu erzeugen, verwenden wir die Relationen (Aufgabe 4)

$$[L_3, x_1 \pm ix_2] = \pm(x_1 \pm ix_2),$$
$$[L_\pm, x_1 \pm ix_2] = 0,$$
$$[\vec{L}^2 - L_3^2 - L_3, x_1 + ix_2] = [L_-, x_1 + ix_2]L_+.$$

Aus ihnen folgern wir, daß $(x_1 + ix_2)\,|\,\ell,\ell\,\rangle$ in $|\,\ell+1,\ell+1\,\rangle$ überführt (sofern wir auf Normierung verzichten). Wir haben also

$$|\,\ell,m\,\rangle = L_-^{\ell-m}(x_1 + ix_2)^\ell|\,0,0\,\rangle.$$

In der Darstellung (3.2.3), welche über $\mathrm{Sp}(\vec{x})$ das Wahrscheinlichkeitsmaß $d^3x\,|\psi(\vec{x})|^2$ gibt, ist $|\,0,0\,\rangle$ eine Funktion von r allein und $|\,\ell,m\,\rangle$ wird durch $Y_\ell^m(\theta,\varphi)f(r)$ dargestellt. Die **Parität** des Vektors $|\,\ell,m\,\rangle$ ist $(-1)^\ell$.

Einfache Fälle (3.2.15)

1. $\ell = m = 0$: rotationsivarianter Zustand, gibt kugelsymmetrische Verteilung $|\psi(r)|^2$.

2. $\ell = m = 1$, $|\psi(x)|^2 \sim |x \pm iy|^2 \sim \sin^2\theta$, die 1-2-Ebene beginnt sich als Bahnebene abzuzeichnen.

3. $\ell = 1$, $m = 0$, $|\psi(x)|^2 \sim \cos^2\theta$, Superposition von Bahnen in 1-3- und 2-3-Ebene.

4. $\ell = \pm m$. $|\psi(x)|^2 \sim \sin^{2\ell}\theta$, ist für große ℓ stark in der 1-2-Ebene konzentriert.

Bemerkungen (3.2.16)

1. Es mag paradox erscheinen, daß L_3 ein diskretes Spektrum hat, obgleich seine Bestandteile $x_1 p_2$ und $x_2 p_1$ jeweils kontinuierliches Spektrum aufweisen. Da sie jedoch nicht kommutieren und daher nicht gleichzeitig scharfe Werte besitzen, kommt man durch Messung der einzelnen Summanden zu keiner akzeptablen Messung eines Eigenwertes von L_3. Wegen des Linearitätsaxioms kann man so aber den Mittelwert bestimmen, indem man bei vielen Kopien des Systems manchmal $x_1 p_2$ und manchmal $x_2 p_1$ mißt.

2. Nach (3.2.7) muß ein Zustand $|\,\rangle$, der für L_3 und $\vec{p}$ streuungsfrei ist, $\langle\,|\vec{p}|\,\rangle = 0$ erfüllen.

3. Es gilt $\langle\,\ell,m\,|\,L_{1,2}\,|\,\ell,m\,\rangle = 0$, $(\Delta L_{1,2})^2 = (\ell(\ell+1) - m^2)/2$. Daß außer für $\ell = m = 0$ stets $\ell(\ell+1) > m^2$ gilt, rührt also von den Schwankungen von $L_{1,2}$ her. Sie verschwinden auch für $m = \pm\ell$ nicht, dort sind sie $\ell/2$, gerade der minimale Wert, der wegen $[L_1, L_2] = iL_3$ nach (2.2.33,4) möglich ist.

4. Allgemein lassen sich die Zustände minimaler Unschärfe für L_1 und L_2 wie in (3.1.13) wegen (2.2.33,3) als Eigenvektoren von $L_1 - i\frac{\Delta L_1}{\Delta L_2} L_2$ charakterisieren.

Der Spin (3.2.17)

Viele Teilchen, wie Elektronen und Protonen, besitzen neben dem Bahndrehimpuls $\vec{L}$ einen inneren Drehimpuls $\vec{S}$ (Spin). Dieser genügt ebenfalls den Vertauschungsrelationen

$$[S_j, S_k] = i\,\epsilon_{jk\ell}\,S_\ell$$

und kommutiert mit x und p. Die Algebra der Observablen ist dann das Produkt der Weyl-Algebra mit der Spinalgebra; bei einer Darstellung hat man nach (2.3.8,3) ein Tensorprodukt der Hilberträume. Interessanterweise sind bei den oben genannten Teilchen die unitären Operatoren $\exp(i\vec{S}\vec{e}\delta)$ nur Strahldarstellungen von $SO(3)$, also nach (3.2.4) Darstellungen der universellen Überlagerungsgruppe.

Erläuterungen (3.2.18)

$SO(3)$ (also reelle 3×3-Matrizen M mit $MM^T = 1$, $\det M = 1$) ist (als topologischer Raum) zusammenhängend, aber nicht einfach zusammenhängend. Das heißt, es gibt in ihr Wege, welche sich nicht auf einen Punkt zusammenziehen lassen. Um dies zu sehen, bilden wir den Gruppenraum auf eine Kugel in $\mathbf{R}^3$ ab, indem wir einer Drehung einen Vektor $\vec{e}\delta$ zuordnen, wobei $\vec{e}$ ($\vec{e}^2 = 1$) die Drehachse und δ den Drehwinkel bestimmt. Dabei können wir uns auf $0 \leq \delta \leq \pi$ beschränken, müssen aber diametral gegenüberliegende Punkte der Kugel identifizieren. Dreht man um $\vec{e}$ von 0 bis 2π, geht man also zunächst von 0 bis $\pi\vec{e}$ und kommt dann von $-\pi\vec{e}$ wieder zum Ursprung zurück. Dieser Weg läßt sich nicht auf 0 zusammenziehen, wird er jedoch zweimal durchlaufen, so gelingt dies (siehe Fig. 3.1). Verdoppeln wir nun den Gruppenraum (wie eine zweiblättrige Riemannsche Fläche), so erhält man einen einfach zusammenhängenden Raum, welcher der Gruppe $SU(2)$ homöomorph ist. Sie kommt so ins Spiel: Für die Spin-Matrizen $\vec{\sigma}$ (2.2.37) gilt $-|\vec{v}|^2 = \det \vec{v}\vec{\sigma}$, $\vec{v} \in \mathbf{R}^3$, und da sich jede hermitische 2×2-Matrix mit Spur 0 so schreiben läßt, muß

$$U^{-1} v_k \sigma_k U = M_{k\ell} v_\ell \sigma_k, \quad U \in SU(2), \ M \in SO(3),$$

gelten. Der dadurch erzeugte **Homomorphismus** $SU(2) \to SO(3)$ ist surjektiv, aber nicht injektiv, und zwar entsprechen nach dem Schurschen Lemma genau $U = \pm\mathbf{1}$ der Einheit in $SO(3)$. Ist M eine Drehung um $\vec{e}\delta$, entspricht dies (Aufgabe 5) $\exp(i\delta(\vec{\sigma}\vec{e})/2)$, und bei $\delta = 2\pi$ kommt man so zu $U = -\mathbf{1}$. $SU(2)$ ist schon einfach zusammenhängend (Aufgabe 5), somit gerade die gesuchte zweiblättrige Überlagerungsgruppe und $SO(3)$ ist zu $SU(2)/\{1,-1\}$ isomorph.

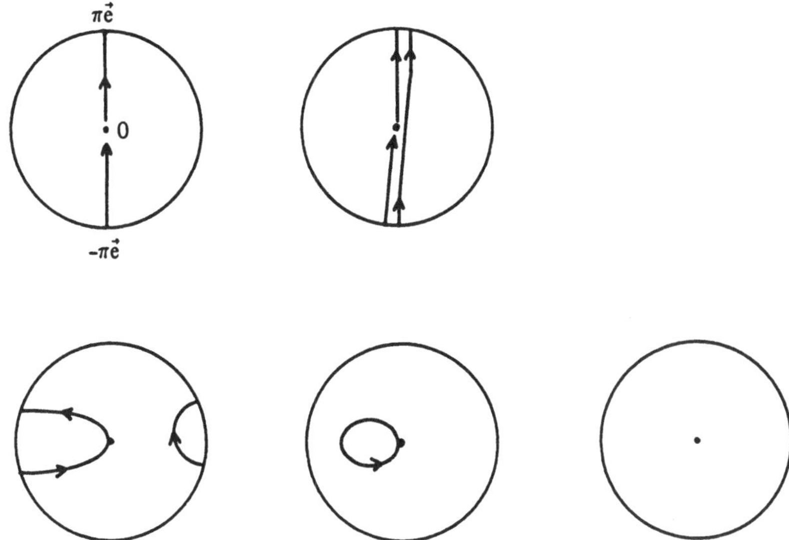

Fig. 3.1 Homotopie von Wegen in $O(3)$

Spektrum von $\vec{S}$ (3.2.19)

Es spiegelt diese globalen Eigenschaften wider. Für $SU(2)$ gilt ja nur

$$\exp(4\pi i(\vec{S}\vec{e})) = \mathbf{1},$$

so daß das Spektrum einer Komponente jetzt aus ganz- und halbzahligen Werten besteht. Dies ist mit der vorher angegebenen Konstruktion der Darstellungen verträglich, es wurde ja nur $2\ell + 1 = $ ganzzahlig verlangt.

Darstellung von $\vec{S}$ (3.2.20)

Da $\vec{S}^2$ sowohl mit allen Komponenten von $\vec{S}$ als auch mit den $\vec{p}$ und $\vec{x}$ kommutiert, ist es in einer irreduziblen Darstellung ein Vielfaches von $\mathbf{1}$. Für Elektronen und Protonen findet man experimentell den Wert 3/4. Die entsprechende Konstruktion gibt die Matrizen (2.2.37):

$$\vec{S} = \frac{1}{2}\vec{\sigma}$$

(Aufgabe 6). Insgesamt ist also für n Elektronen der Hilbertraum das antisymmetrische Tensorprodukt der Hilberträume für die einzelnen Elektronen, diese sind ihrerseits wieder $L^2(\mathbf{R}^3, d^3x) \otimes \mathbf{C}^2$.

Aufgaben (3.2.21)

1. Konstruiere eine explizite Darstellung des Paritätsoperators (3.2.10). (Benütze p in der x-Darstellung, zerlege $L^2(\mathbf{R}^{3n}, d^{3n}x)$ in $\otimes_{k=1}^{n} L^2(\mathbf{R}^3, d^3x)$, führe in $\mathbf{R}^3$ Polarkoordinaten ein und betrachte die Wirkung von P auf die totale Menge $\{f(r)Y_\ell^m(\theta, \varphi)\}$.)

2. Zeige, daß die $\psi_{\vec{k}}$ (3.2.5) in $L^2(\mathbf{R}^3, d^3x)$ total sind.

3. Zeige, daß $\vec{x}$ und $\vec{p}$ auf D (3.2.6,3) wesentlich selbstadjungiert sind.

4. Verifiziere die Aussagen in (3.2.13) und (3.2.14).

5. Zeige, daß

   (i) $SU(2)$ einfach zusammenhängend ist und

   (ii) jede n-dimensionale stetige unitäre Strahldarstellung davon durch entsprechende Eichung zu einer Darstellung gemacht werden kann; letzteres ist nicht trivial, denn es gibt irreduzible Strahldarstellungen mit Dimension > 1 von abelschen Gruppen (siehe (3.1.6,6)).

   (iii) Finde eine irreduzible Strahldarstellung der (abelschen) Kleinschen Vierergruppe durch die Spin-Matrizen.

6. Zeige, daß die in (3.2.13) durchgeführte Konstruktion in einem zweidimensionalen Hilbertraum $\vec{S} = \frac{1}{2}\vec{\sigma}$ gibt.

7. Finde die Eigenwerte ℓ und m in den Räumen D_k von (3.2.5).

8. Zeige die **Auswahlregel**: Ein Vektor-Operator $\vec{V}$, für den die Vertauschungsrelation mit $\vec{L}$ (3.2.8) gilt, und dessen Vorzeichen bei Paritätstransformation geändert wird, $P\vec{V}P = -\vec{V}$, ändert den Drehimpuls ℓ um ± 1, d.h.

$$\langle \ell, m \mid \vec{V} \mid \ell', m' \rangle \neq 0 \Rightarrow \ell' = \ell - 1 \text{ oder } \ell' = \ell + 1.$$

Hinweis: Verwende $[L_+, V_+] = 0$, $[L_3, V_+] = V_+$, $P \mid \ell, m \rangle = (-1)^\ell \mid \ell, m \rangle$.

Lösungen (3.2.22)

1. $\vec{x} \to -\vec{x}: r \to r, \theta \to \pi - \theta, \varphi \to \pi + \varphi$,
   also $f(r)Y_\ell^m(\theta, \varphi) \to f(r)Y_\ell^m(\pi - \theta, \pi + \varphi) = (-)^\ell f(r)Y_\ell^m(\theta, \varphi) = e^{i\pi\ell} f(r)Y_\ell^m(\theta, \varphi)$;
   $\Rightarrow P = \exp\left(i\pi\left(\sqrt{\vec{L}^2 + 1/4} - 1/2\right)\right)$.

2. Es genügt, den eindimensionalen Fall zu betrachten.
   $e^{-x^2/2 + itx} = \text{s} - \lim e^{-x^2/2} \sum_{k=1}^{n} \frac{(itx)^k}{k!}$. Aus $\int \varphi(x) e^{-x^2/2} P(x)\, dx = 0$ folgt daher $\int \varphi(x) e^{-x^2/2 + itx}\, dx = 0 \; \forall t \Rightarrow \varphi(x) e^{-x^2/2} = 0$ fast überall $\Rightarrow \varphi = 0$.

3. Alle Vektoren $\in$ D sind ganze Vektoren für die x_i und p_i.

4. Erfordert etwas Differenzieren.

5. (i) Eine Matrix $u \in SU(2)$ ist von der Form $\begin{pmatrix} z_1 & z_2 \\ -z_2^* & -z_1^* \end{pmatrix}$, $z \in \mathbf{C}, |z_1|^2 - |z_2|^2 = 1$.

Mit $z_1 = x_1 + ix_2$, $z_2 = x_3 + ix_4$ ($x_k \in \mathbf{R}$) wird die letzte Bedingung $\sum_{k=1}^4 |x_k|^2 = 1$ und somit ist $SU(2)$ zur 3-Sphäre S_3 homöomorph (und diffeomorph). Alle n-Sphären außer S_1 sind aber einfach zusammenhängend. Dies kann etwa so gesehen werden: Es sei $C : t \to x_k(t)$ ($0 \le t \le 1$; $k = 1, 2, 3, 4$; $x_k(0) = x_k(1)$) eine stetige geschlossene Kurve in S_3. Wegen des Weierstraß-schen Approximationssatzes gibt es Polynome $P_k(t)$ mit $|x_k(t) - P_k(t)| < \epsilon$ $\forall k, t$, $P_k(0) = P_k(1) = x_k(0)$, die Kurve $C_1 : t \to P_k(t)/\sqrt{\sum P_k^2(t)}$ ist, falls ϵ klein genug ist, homotop zur gegebenen Kurve C. Als differenzierbare Abbildung hat die Menge aller Punkte der Kurve C_1 das Maß 0 (Theorem von Sard), kann also nicht die ganze 3-Sphäre bedecken $\Rightarrow$ es gibt einen Punkt $p \in S_3$, der nicht auf der Kurve liegt. Da $S_3 \backslash \{p\}$ homöomorph zum $\mathbf{R}^3$ ist und dieser einfach zusammenhängend ist, kann C_1 stetig auf einen Punkt zusammengezogen werden.

   (ii) Es sei $u \to U(u)$ eine unitäre n-dimensionale Strahldarstellung von $SU(2)$, also $U(u)U(v) = \delta(u, v)U(uv)$ mit $|\delta| = 1$. Wegen der Assoziativität ist $\delta(u, v)\delta(uv, w) = \delta(u, vw)\delta(v, w)$, man sieht auch leicht, daß $\delta(u, 1) = \delta(1, u) = 1$ sein muß. Weil $SU(2)$ einfach zusammenhängend ist, ist $\sqrt[n]{\det U(u)}$ eine wohldefinierte Zahl, wenn man einmal $\sqrt[n]{\det U(1)}$ festgelegt hat. Durch die Eichung $U(u) \to U'(u) = U(u)/\sqrt[n]{\det U(u)}$ erhält man wieder eine Strahldarstellung mit $U'(u)U'(v) = \delta'(u, v)U'(uv)$, weil aber $\det U'(u) = 1$ $\forall u$, folgt daraus $\delta'^n(u, v) = 1$ $\forall u, v \Rightarrow \delta'(u, v) = 1$ wegen des einfachen Zusammenhanges von $SU(2)$.

   (iii) Die Kleinsche Vierergruppe enthält vier Elemente: e, a, b, c; die Multiplikationstafel ist

e	a	b	c
a	e	c	b
b	c	e	a
c	b	a	e

Eine Strahldarstellung erhält man durch $e \to 1$, $a \to \sigma_x$, $b \to \sigma_y$, $c \to \sigma_z$ (vgl. (2.2.37)).

6. Die beiden Vektoren $|\uparrow\rangle, |\downarrow\rangle$ mit $S_+|\uparrow\rangle = S_-|\downarrow\rangle = 0$ spannen den ganzen Hilbertraum auf, die Matrixelemente von $\vec{S}$ berechnen sich wie in (3.2.13).

7. $|\vec{x}|^k e^{-|x|^2/2}$, k gerade, ist rotationsinvariant und daher $|0, 0\rangle$. Anwendung von $(x_1 + ix_2)^n$ auf diesen Vektor gibt, nach (3.2.14) ein $|\ell = n, m = n\rangle$ aus D_{k+n}. Für ungerade k gibt es kein $|0, 0\rangle$ in D_k. L_- führt aus keinem der D_k heraus. Also hat jeder Unterraum D_k eine Basis

$$|\ell = k, m\rangle, \quad |k - 2, m\rangle, \quad |k - 4, m\rangle, \ldots \, |m| \le \ell.$$

8. So wie in (3.2.14) folgt aus $L_+ V_+ = V_+ L_+$, daß $|\ell, \ell\rangle$ durch V_+ auf den Raum aufgespannt von $|\ell', \ell'\rangle$ abgebildet wird, und aus $L_+^n V_+ = V_+ L_+^n$, daß $V_+ |\ell, \ell - n + 1\rangle \in$ Raum aufgespannt von $|\ell', m'\rangle$, $m' \ge \ell - n + 1$. $[L_3, V_+] = V_+ \Rightarrow V_+$ erhöht m auf $m + 1 \Rightarrow \ell' \le \ell + 1$. Das Analogon gilt für den adjungierten Operator V_-,

$\Rightarrow \ell' \geq \ell - 1$. $\vec{V}$ ändert die Parität $\Rightarrow \ell' = \ell$ ist ausgeschlossen. ℓ ist unverändert bei Rotationen $\Rightarrow$ die Auswahlregel gilt für alle Komponenten von $\vec{V}$.

3.3 Die Zeitentwicklung

Die Hamiltonfunktion erzeugt auch in der Quantenmechanik die Zeitentwicklung, welche je nach Einfluß der Nichtkommutativität dem klassischen Vorbild folgt.

Sucht man die Zeitentwicklung eines Quantensystems, so läßt man sich von dem klassischen Bild leiten und postuliert die

Automorphismengruppe der Zeitentwicklung (3.3.1)

Die Observablenalgebra $\mathcal{A}$ entwickelt sich mit der Zeit gemäß

$$a(t) = e^{iHt}\, a\, e^{-iHt} = \sum_{n=0}^{\infty} \frac{(it)^n}{n!}\, \mathrm{ad}_H^n(a),$$

$$\mathrm{ad}_H^0(a) := a, \quad \mathrm{ad}_H^n(a) := \left[H, \mathrm{ad}_H^{n-1}(a)\right], \quad a \in \mathcal{A}.$$

Bemerkungen (3.3.2)

1. Im allgemeinsten Fall ist nicht jeder Automorphismus einer C^*-Algebra so darstellbar. Für uns wird aber $\mathcal{A} = \mathcal{B}(\mathcal{H})$ sein, und hier läßt sich sogar jede stetige einparametrige Gruppe von Automorphismen der Jordan-Algebra (2.2.34) (also linear und o-erhaltend) unitär darstellen.

2. H ist zunächst die klassische Hamiltonfunktion mit p und q durch die Operatoren im Weyl-System ersetzt. Wegen der Nichtkommutativität ist es so nicht eindeutig definiert, und auch die Frage nach einem Bereich der Selbstadjungiertheit ist offen. In unseren Systemen wird diese Problematik allerdings nicht auftreten, und die Selbstadjungiertheit wird durch (2.5.15) gesichert.

3. Sind a und H beschränkt, so konvergiert die in (3.3.1) gegebene Reihe wegen $\|\mathrm{ad}_H^n(a)\| \leq 2^n \|H\|^n \|a\|\ \forall t$ in der Norm und $t \to a(t)$ ist normstetig. Für unbeschränkte H ist der Zeitautomorphismus wegen $\left\|\left(e^{iHt}\, a\, e^{-iHt} - a\right)\psi\right\| = \left\|\left(a\, e^{-iHt} - e^{-iHt}\, a\right)\psi\right\| \leq \left\|a\left(e^{-iHt} - \mathbf{1}\right)\psi\right\| + \left\|\left(e^{-iHt} - \mathbf{1}\right)a\psi\right\|$ mit e^{iHt} noch stark stetig. $\frac{d}{dt}\, a(t)$ wird jedoch im allgemeinen kein beschränkter Operator sein und daher nicht zu $\mathcal{A}$ gehören. Es ist zunächst als die quadratische Form $i[H,a]$ mit Formbereich $\mathrm{D}(H)$ definiert. Ist s selbst unbeschränkt, verschärfen sich die Bereichsfragen, unter Umständen ist die hermitische Form $i[H,a]$ nicht abschließbar und kann daher gar nicht von einem selbstadjungierten Operator stammen.

4. Das **Heisenbergbild** der Zeitentwicklung als Gruppe von Automorphismen der Observablenalgebra läßt sich nach (2.1.26,3) umformen zu einer Gruppe von Abbildungen des Dualraumes. Da bei $a \to a(t)$ die Positivität erhalten bleibt und der Einsoperator nicht geändert wird, gibt die duale Abbildung nach (2.2.18) eine Zeitentwicklung der Zustände, das **Schrödingerbild**.

Die Umkehrung ist ohne zusätzliche Forderung nicht immer möglich. Eine affine Abbildung der Zustände,

$$w = \lambda u + (1 - \lambda)v \mapsto w(t) = \lambda u(t) + (1 - \lambda)v(t)$$

läßt sich zwar linear auf den Dualraum der Algebra fortsetzen und dann mit (2.2.18) auf den Bidualraum übertragen, der auch die Observablen enthält, das garantiert aber noch keinen Automorphismus der Algebra. Diese Situation tritt bei offenen Systemen, Teilen eines größeren Systems, auf (IV, 3.1.2).

5. Die Gruppenstruktur der Zeitentwicklung, in Verbindung mit dem Satz über die Eindeutigkeit der Darstellung (3.1.5), ist das wesentliche Hilfsmittel, um die Darstellung als unitäre Gruppe im Hilbertraum aus einem sparsamen Postulat im Schrödingerbild abzuleiten [30]:

Die Zeitentwicklung ist eine schwach* stetige Gruppe affiner Abbildungen der Menge der Zustände auf sich.

Die Zustände bilden eine konvexe Menge (2.2.20,2) und umkehrbare affine Abbildungen zwischen konvexen Mengen müssen aus extremalen Elementen wieder extremale Elemente machen, also bleiben reine Zustände rein. Ein Satz von Wigner garantiert dann für jedes t die Darstellbarkeit von $w \mapsto w(t)$ durch einen unitären oder antiunitären Operator, und es bleibt nur noch die Übertragung der stetigen Gruppenstruktur auf $U(t)$, wobei wegen der Stetigkeit in der Nähe der Einheit auch die Antiunitarität ausgeschlossen wird. In einer irreduziblen Darstellung der Observablenalgebra ist dann der Hamiltonoperator H als Erzeugende der unitären Gruppe eindeutig festgelegt, abgesehen von einer additiven Konstanten.

Als erstes wollen wir im Detail die Zeitentwicklung untersuchen, die später als Vergleichsmaßstab dienen wird.

Die freie Bewegung in drei Dimensionen (3.3.3)

Für ein freies Teilchen ist

$$H = \frac{\vec{p}^2}{2m},$$

in der Spektraldarstellung des Impulses gilt somit für H und seine Resolvente

$$(H\psi)(\vec{p}) = \frac{\vec{p}^2}{2m}\,\psi(p), \quad \mathrm{D}_p(H) = \{\psi \in L^2(\mathbf{R}^3, d^3p) : \vec{p}^2\psi \in L^2\},$$

$$(R(z)\psi)(\vec{p}) = \frac{1}{\frac{\vec{p}^2}{2m} - z}\,\psi(\vec{p}), \quad (U(t)\psi)(\vec{p}) = e^{-i\vec{p}^2 t/2m}\psi(\vec{p}).$$

Vielfach möchte man diese Größen in der Spektraldarstellung von $\vec{x}$ sehen. In dieser ist p durch $-i\partial/\partial x$ dargestellt und der Übergang geschieht durch die Fourier-Plancherelsche Formel: Die Fouriertransformation bildet zunächst $L^2(\mathbf{R}^3, d^3p) \cap L^1(\mathbf{R}^3, d^3p)$ isometrisch auf $L^2(\mathbf{R}^3, d^3x) \cap L^\infty(\mathbf{R}^3, d^3x)$ ab. Da dies dichte Mengen im L^2 sind, läßt sich die Transformation zu der gesuchten unitären Transformation

$L^2 \to L^2$ ausdehnen. Die Berechnung der entsprechenden Fourier-Integrale liefert (Aufgabe 1)

$$(H\psi)(\vec{x}) = -\frac{\triangle}{2m}\,\psi(\vec{x}),$$

$$(R(z)\psi)(\vec{x}) = \frac{m}{2\pi}\int d^3x'\,\frac{e^{ik|\vec{x}-\vec{x}'|}}{|\vec{x}-\vec{x}'|}\,\psi(\vec{x}'),\quad k = \sqrt{2mz},$$

$$(U(t)\psi)(\vec{x}) = \left(\frac{m}{2\pi it}\right)^{3/2}\int d^3x'\,e^{im|\vec{x}-\vec{x}'|/2t}\,\psi(\vec{x}').$$

Bemerkungen (3.3.4)

1. H ist auf den Fouriertransformierten $\widetilde{\psi}$ der ψ aus $\mathrm{D}_p(H)$ selbstadjungiert und auf den Fouriertransformierten aller D, welche in der Graphennorm in $\mathrm{D}_p(H)$ dicht sind, wesentlich selbstadjungiert. Solche Bereiche sind etwa $\mathcal{S}$, die kohärenten Zustände, der Bereich (3.2.5), etc.

2. Da die Resolvente in $\vec{x}$ ein braver Integralkern ist, haben die $\psi(\vec{x}) \in \mathrm{D}_x(H)$ Stetigkeitseigenschaften. Überdies zeigen Varianten der Sobolev-Ungleichung, daß Funktionen, deren Ableitungen im L^2 sind, beschränkt sind. Unter Verwendung des Integralkerns der Resolvente sehen wir, mit $z = -\alpha^2/2m$, $\alpha \in \mathbf{R}^+$:

$$|\psi(\vec{x})| = \left|R(\alpha^2)\left(\frac{|\vec{p}|^2 + \alpha^2}{2m}\right)\psi(\vec{x})\right| =$$

$$= \int d^3x'\,\frac{e^{-\alpha|\vec{x}-\vec{x}'|}}{4\pi|\vec{x}-\vec{x}'|}[2m(H\psi)(\vec{x}') + \alpha^2\psi(\vec{x}')] \le$$

$$\le [2m\|H\psi\| + \alpha^2\|\psi\|]/\sqrt{8\pi\alpha}.$$

Man kann auch ohne Verwendung des Integralkerns der Resolvente abschätzen: Nach Cauchy-Schwarz ist

$$\left(\int \left|\widetilde{\psi}(\vec{p})\right|\,d^3p\right)^2 \le \int \frac{d^3p}{(\vec{p}^2+\alpha^2)^2}\int \left(\vec{p}^2+\alpha^2\right)^2\left|\widetilde{\psi}(\vec{p})\right|^2\,d^3p =$$

$$= \frac{\pi^2}{\alpha}\|(2mH+\alpha^2)\psi\|^2 \qquad \forall \alpha \in \mathbf{R} \Rightarrow$$

$$|\psi(\vec{x})| \le (2\pi)^{-3/2}\int d^3p\,|\widetilde{\psi}(\vec{p})| \le \|(2mH+\alpha^2)\psi\|/\sqrt{8\pi\alpha} \le$$

$$\le (\alpha^2\|\psi\| + 2m\|H\psi\|)/\sqrt{8\pi\alpha}.$$

Die $\psi(x)$ sind also beschränkt. Ferner ist wegen

$$\left|e^{i\vec{p}\vec{x}} - e^{i\vec{p}\vec{x}'}\right| \le \min\{2, |\vec{p}|\,|\vec{x}-\vec{x}'|\} \le 2^{1-\gamma}|\vec{p}|^\gamma|\vec{x}-\vec{x}'|^\gamma \ \ \forall \gamma \in (0,1)$$

$$|\psi(\vec{x}) - \psi(\vec{x}')| \le (2\pi)^{-3/2}\int \frac{d^3p\,|\vec{p}|^\gamma\,2^{1-\gamma}}{(\vec{p}^2+\alpha^2)}(\vec{p}^2+\alpha^2)\widetilde{\psi}(\vec{p})|\vec{x}-\vec{x}'|^\gamma \le$$

$$\le C(\gamma)|\vec{x}-\vec{x}'|^\gamma\left(\alpha^{(\gamma-1/2)}2m\|H\psi\| + \alpha^{(\gamma+3/2)}\|\psi\|\right) \ \ \forall \gamma \in (0, 1/2).$$

$\psi \in \mathrm{D}_x(H)$ ist sogar Hölder-stetig mit Exponent $< 1/2$. Mehr (etwa C^1) ist (in drei Dimensionen) nicht zu errreichen, denn für $\psi = r^\gamma$, $\gamma > 1/2$, ist $\psi'' \in L^2$, aber $\psi'(0) = \infty$. Jedenfalls ist $\mathrm{D}(\vec{p}^2) \subset L^\infty(\mathbf{R}^3)$.

3. $U(t)$ ist ebenfalls ein stetiger Integralkern und wirkt sich vielfach glättend aus. Er beschreibt das Zerfließen von Wellenpaketen, welches $U(t) \xrightarrow{t \to \pm\infty} 0$ entspricht. Etwa sehen wir für die dichte Menge der L^1-Funktionen $|(U(t)\psi)(x)| \leq (2\pi t/m)^{-3/2}\|\psi\|_1$. Doch $U(t)$ ist invertierbar und die umgekehrte Bewegung ist stets möglich.

4. Daß H den klassischen Zeitautomorphismus $x \to x + pt$ erzeugt (für $m = 1$), sieht man am problemlosesten mit den Weyl-Operatoren:

$$e^{ixs}\, e^{-ip^2 t/2}\, e^{-ixs} = e^{-i(p-s)^2 t/2} = e^{-ip^2 t/2}\, e^{it(ps - s^2/2)} \Rightarrow$$
$$e^{ip^2 t/2}\, e^{ixs}\, e^{-ip^2 t/2} = e^{it(ps - s^2/2)}\, e^{ixs} = e^{is(x+pt)}.$$

Die letzte Identität überprüft man dabei durch Differenzieren nach s.

Die Anfängeraufgaben der klassischen Mechanik bieten meist auch quantentheoretisch keine Schwierigkeiten:

Beispiele (3.3.5)

1. Freier Fall: $H = p^2 + gx$, $L^2((-\infty, \infty), dx) \supset \mathrm{D} := $ lineare Hülle von $\{e^{-x^2} x^n\}$. In der Spektraldarstellung von p ($x = i\, d/dp$) läßt sich H auf $\mathrm{D}(H) := \{\psi(p) \in L^2((-\infty, \infty), dp) : \psi = $ absolut stetig, $(p^2/2 + ig\, d/dp)\psi \in L^2\}$ definieren und ist darauf selbstadjungiert. Auf D gilt $i[H, x] = p$, $i[H, p] = -g$, so daß $\bar{x}(t) := x + pt - gt^2/2$, $\bar{p} := p - gt$ auf D denselben Differentialgleichungen wie $x(t)$ und $p(t)$ genügen. Da sie für $t = 0$ übereinstimmen und die Vektoren aus D für sie ganz sind, können wir $\bar{x}(t) = x(t)$, $\bar{p}(t) = p(t)$ schließen. Für die Schwankungsquadrate gilt

$$(\Delta x(t))^2 = \Delta x^2 + t^2(\Delta p)^2 + t(\langle xp + px \rangle - 2\langle x \rangle\langle p \rangle),$$
$$(\Delta p(t))^2 = \Delta p^2.$$

Das Zerfließen des Wellenpaketes ist von g unabhängig, die Unschärfe von p ist konstant, die von x wächst linear mit $\Delta p\, t$. H hat ein rein kontinuierliches Spektrum, denn auf $\mathrm{D}(H)$ bedeutet

$$H\psi = E\psi : ig\frac{d}{dp}\psi(p) = \left(E - \frac{p^2}{2}\right)\psi(p) \Rightarrow \psi(p) = c\, e^{-i(Ep - p^3/6)/g} \notin$$
$$\notin L^2((-\infty, \infty), dp).$$

2. Harmonischer Oszillator: $H = (p^2 + \omega^2 x^2)/2$, $\mathrm{D} \subset L^2((-\infty, \infty), dx)$ wie in 1) ist wieder unter H invariant, und nach demselben Argument gibt die klassische Lösung

$$x(t) = x \cos \omega t + \frac{p}{\omega} \sin \omega t,$$
$$p(t) = p \cos \omega t - \omega x \sin \omega t$$

wieder die Zeitentwicklung. Hier berechnet man für das Schwankungsquadrat

$$(\Delta x(t))^2 = (\Delta x)^2 \cos^2 \omega t + (\Delta p)^2 \frac{1}{\omega^2} \sin^2 \omega t + \frac{1}{\omega} \cos \omega t \sin \omega t \cdot$$
$$\cdot (\langle xp + px \rangle - 2 \langle x \rangle \langle p \rangle).$$

Nun zerfließen Wellenpakete nicht, sondern oszillieren. Für kohärente Zustände (3.1.13) fällt der letzte Beitrag weg; ist auch noch $\Delta x^2 = \Delta p^2/\omega^2$, dann sind $(\Delta x(t))^2$ und $(\Delta p(t))^2$ konstant.

$H = \omega(a^*a + 1/2)$, $a = (\omega x + ip)(2\omega)^{-1/2}$, vgl. (3.1.12,2) hat ein reines Punktspektrum, denn $[a, a^*] = \mathbf{1}$, $[H, a] = -a\omega$ (alles auf D), so daß

$$H\psi = E\psi \Rightarrow Ha\psi = (E - \omega)a\psi.$$

Da $H \geq \omega/2$, gibt es einen Vektor ψ_0:

$$a\psi_0 = 0, \quad H\psi_0 = \frac{\omega}{2}\psi_0 \text{ und } H\psi_n = \omega(n + 1/2)\psi_n, \quad \psi_n = (a^*)^n(n!)^{-1/2}\psi_0.$$

In der Spektraldarstellung von x ist $a(2\omega)^{1/2} = \frac{d}{dx} + \omega x$, $\psi_0 = e^{-x^2\omega/2}$ (vgl. 3.1.6,2 und 3.1.12,2) und die ψ_n spannen ganz D auf. D ist in $\mathcal{H}$ dicht $\Rightarrow$ H ist auf D wesentlich selbstadjungiert und $\sigma_{\text{a.c.}}(H) = \sigma_{\text{s}}(H) = $ leer.

Die Bewegung im Konfigurationsraum bestimmt allerdings $\sigma(H)$ nicht; $\bar{H} = p_1 p_2 + x_1 x_2$ liefert für die Zeitentwicklung von $\vec{x}$ dasselbe wie $H = (p_1^2 + p_2^2 + x_1^2 + x_2^2)/2$, nämlich $d^2/dt^2\, \vec{x} = -\vec{x}$, aber $\sigma(\bar{H}) = \mathbf{Z}$, $\sigma(H) = \mathbf{Z}^+$.

3. Teilchen im homogenen Magnetfeld. Die nichtrelativistische Version der Hamiltonfunktion (I, 5.1.9) für ein Magnetfeld in der z-Richtung lautet

$$H = \frac{(\vec{p} - e\vec{A})^2}{2m} = \frac{m\dot{\vec{x}}^2}{2}, \quad \dot{\vec{x}} = \frac{1}{m}\left(p_1 + \frac{eB}{2}x_2, p_2 - \frac{eB}{2}x_1, p_3\right) = i[H, \vec{x}],$$
$$\left(\vec{A} = \frac{B}{2}(-x_2, x_1, 0)\right).$$

Nun sind $(\dot{x}_1, \dot{x}_2)$ und $(\bar{x}_1, \bar{x}_2) = \left(\frac{x_1}{2} + \frac{p_2}{eB}, \frac{x_2}{2} - \frac{p_1}{eB}\right)$ zueinander konjugiert wie (x_1, p_1) und (x_2, p_2), denn es gilt (auf D$\times$D wie bisher) $[\dot{x}_1, \dot{x}_2] = i\frac{eB}{m^2}$, $[\bar{x}_1, \bar{x}_2] = 1/ieB$, $[\dot{x}_\ell, \bar{x}_k] = 0$ für alle ℓ, k. Mit $a = (\dot{x}_1 + i\dot{x}_2)\sqrt{m/2\omega}$, $\omega = eB/m$, haben wir

$$H = \frac{p_3^2}{2m} + \omega\left(a^*a + \frac{1}{2}\right), \quad [a, a^*] = \mathbf{1}.$$

Entsprechend dem neuen Paar konjugierter Größen ist der Hilbertraum das Tensorprodukt $\mathcal{H}_{\bar{x}} \otimes \mathcal{H}_{\dot{x}} \otimes \mathcal{H}_{x_3}$, und H ist die Summe des H von 1) (mit $g = 0$), welches im letzten Faktor wirkt, und des H von 2) im zweiten Faktor. Dementsprechend ist die Zeitentwicklung

$$x_1(t) = \bar{x}_1 - \frac{1}{\omega}(\dot{x}_2 \cos \omega t - \dot{x}_1 \sin \omega t),$$
$$x_2(t) = \bar{x}_2 + \frac{1}{\omega}(\dot{x}_1 \cos \omega t + \dot{x}_2 \sin \omega t),$$
$$x_3(t) = x_3 + \frac{p_3}{m}\, t.$$

Die Konstanten $\bar{x}$ spielen also die Rolle des Mittelpunktes der Kreisbahn, H hängt natürlich nicht von den $\bar{x}$ ab, $\dot{x}_1^2 + \dot{x}_2^2$ hat ein unendlich entartetes Punktspektrum, H als Ganzes ein kontinuierliches Spektrum von $\omega/2$ bis ∞, da es ja die kinetische Energie der Bewegung in 3-Richtung enthält. Die Nullpunktsenergie $\omega/2$ kommt hier wie beim harmonischen Oszillator von der Unschärfe-Relation (3.1.11). Bei letzterem nimmt

$$H \sim \frac{1}{2}[(\Delta p)^2 + \omega^2(\Delta x)^2] \sim \frac{1}{2}\left[\frac{1}{4(\Delta x)^2} + \omega^2(\Delta x)^2\right]$$

für $\Delta x = (2\omega)^{-1/2}$ das Minimum $\omega/2$ an. Wie im klassischen Fall (siehe I: § 5.1) ist es wichtig, zwischen kanonischem Drehimpuls $\vec{L} = \vec{x} \wedge \vec{p}$ und dem Physikalischen $\vec{L} = \vec{x} \wedge m\dot{\vec{x}}$ zu unterscheiden. Der erste hängt von der Eichung ab, und in der hier gewählten ist er konstant. Der physikalische Drehimpuls hängt nicht von der Eichung ab, ist aber zeitabhängig. Im Magnetfeld hat der Grundzustand $\langle 0\,|\,L_3\,|\,0 \rangle = -1$ (Aufgabe 4) und die entsprechende Bahn $\Delta x \sim (\Delta p)^{-1} \sim \omega^{-1/2}$. Wie im klassischen Fall ist H unter Translationen, kombiniert mit Eichtransformationen, invariant.

4. **Radiale Bewegung in s-Zuständen.** Sei $H = -\frac{1}{2}\frac{d^2}{dr^2} + V(r)$, $V, V' \in L^\infty$, $\mathrm{D}(H) = \{\psi \in L^2([0,\infty), dr) : \psi \in C^1,\ \psi' = \text{absolut stetig},\ \psi'' \in L^2,\ \psi(0) = 0\}$, so daß H nach (2.5.14) und (2.5.15) darauf selbstadjungiert ist. $r : \psi(r) \to r\psi(r)$ ist auf $\mathrm{D}(r) = \{\psi \in L^2 : r\psi \in L^2\}$ selbstadjungiert. $\dot{r} = i[H, r]$ ist zunächst als quadratische Form mit Bereich $\mathrm{D}(H) \cap \mathrm{D}(r)$ definiert. Dies ist eine Einschränkung der von dem hermitishen Operator $p_r = -i\,d/dr$, $\mathrm{D}(p_r) = \{\psi \in L^2 : \psi = \text{absolut}$ stetig, $\psi' \in L^2$, $\psi(0) = 0\}$ stammenden Form. (2.5.13,1) zeigt also, daß die Zeitableitung eines selbstadjungierten Operators keine selbstadjungierten Erweiterungen haben muß. Durch partielles Integrieren finden wir für die Zeitableitung der Form p_r

$$\frac{d}{dt}\,p_r(\psi, \psi) = \int_0^\infty dr\left\{\left(-\frac{1}{2}\psi''^* + V\psi^*\right)\psi' - \psi^*\frac{\partial}{\partial r}\left(-\frac{1}{2}\psi'' + V\psi\right)\right\} = \qquad (a)$$
$$= -\int_0^\infty dr\,\psi^*(r)\,\psi(r)\,\frac{dV}{dr} + \frac{1}{2}|\psi'(0)|^2.$$

Zur klassischen Kraft kommt hier noch eine nicht abschließbare Form dazu, so daß $\dot{p}_r$ gar kein Operator ist. Aus (a) folgt übrigens für die Eigenvektoren ψ von H die später wichtige Beziehung

$$\left\langle \psi \left|\,\frac{dV}{dr}\,\right| \psi \right\rangle = \frac{1}{2}\,|\psi'(0)|^2. \qquad (b)$$

In späteren Anwendungen benötigen wir die

Unitäre Zeitentwicklung einer zeitabhängigen Hamiltonfunktion (3.3.6)

$$\frac{d}{dt}U(t, t_0) = -iH(t)\,U(t, t_0), \qquad U(t_0, t_0) = \mathbf{1},$$

wird durch

$$U(t, t_0) = 1 + \sum_{n=1}^{\infty} (-i)^n \int_{t_0}^{t} dt_1 \int_{t_0}^{t_1} dt_2 \ldots \int_{t_0}^{t_{n-1}} dt_n\, H(t_1)\, H(t_2) \ldots H(t_n) =:$$

$$=: \mathbf{T}\left[\exp\left(-i \int_{t_0}^{t} dt'\, H(t')\right)\right]$$

gelöst (siehe 2.4.10,3).

Bemerkungen (3.3.7)

1. Die U bilden zwar keine einparametrige Gruppe, aber immerhin gilt (Aufgabe 7)

$$U(t_2, t_1)\, U(t_1, t_0) = U(t_2, t_0).$$

2. Ist $H(t)$ eine Stufenfunktion: $H(t) = H_j$ für $t_{j-1} \leq t < t_j$, wird

$$U(t_n, t_0) = \exp(-iH_n(t_n - t_{n-1})) \cdot \ldots \cdot \exp(-iH_1(t_1 - t_0)).$$

In diesem Fall konvergiert die Reihe (3.3.6) stark auf einem Bereich von ganzen Vektoren für alle H_j, der unter $\exp(-itH_j)$ invariant ist. Im kontinuierlichen Fall wäre daher hinreichend für die Konvergenz der Reihe (3.3.6) die Existenz eines Bereiches, welcher aus ganzen Vektoren der $H(s)$ besteht, unter $\exp(-itH(s))$ invariant ist, und auf dem die $H(s)$ genügend stetig sind, so daß die Integrale in (3.3.6) angewandt auf Vektoren aus diesem Bereich durch Summen stark approximiert werden können.

Beispiele (3.3.8)

1. Oszillator mit räumlich konstanter, zeitlich veränderlicher Kraft ($f \in C^0(\mathbf{R})$) $H(t) = (p^2 + \omega^2 x^2)/2 + x f(t)$. Da die Bewegungsgleichungen linear sind, erzeugt

$$U(t) = \mathbf{T}\left[\exp\left(-i \int_{0}^{t} dt'\, H(t')\right)\right]$$

die klassische Lösung

$$U^{-1}(t)\, x\, U(t) = x \cos \omega t + \frac{p}{\omega} \sin \omega t + \xi(t),$$

$$U^{-1}(t)\, p\, U(t) = p \cos \omega t - \omega x \sin \omega t + \pi(t),$$

$$\xi(t) = -\frac{1}{\omega} \int_{0}^{t} dt'\, \sin \omega(t - t')\, f(t'), \quad \pi(t) = \dot{\xi}(t).$$

Also faktorisiert sich das zeitgeordnete Produkt in

$$U(t) = e^{-ip\xi(t)}\, e^{ix\pi(t)}\, e^{-it(p^2 + \omega^2 x^2)/2} \times \text{Phasenfaktor}.$$

Wieder konvergiert (3.3.6) $\forall t$ auf den ganzen Vektoren für x, p und $p^2 + \omega^2 x^2$ (etwa den kohärenten Zuständen).

2. Oszillator mit veränderlicher Frequenz. $H(t) = (p^2 + \omega(t)^2 x^2)/2$, die lineare Bewegungsgleichung $\dot{x} = p$, $\dot{p} = -\omega(t)^2 x$ hat als Lösung die lineare Relation

$$x(t) = \Omega_{11}(t)x + \Omega_{12}(t)p,$$
$$p(t) = \Omega_{21}(t)x + \Omega_{22}(t)p,$$

wobei die symplektische Matrix Ω ($\in \mathrm{Sp}_2$) in unserer Notation gleich

$$\mathbf{T}\left(\exp\left(\int_0^t dt' \begin{pmatrix} 0 & 1 \\ -\omega^2(t') & 0 \end{pmatrix}\right)\right)$$

ist. Die unitäre Transformation $U(t) = \mathbf{T}\left[\exp\left(-i\int_0^t dt'\, H(t')\right)\right]$, welche diese Zeitentwicklung beschreibt, läßt sich wieder in einfache Faktoren zerlegen: $\Omega \in \mathrm{Sp}_2 \Leftrightarrow \det \Omega = 1$, also hat Ω drei freie Parameter und kann als das Produkt der symplektischen Matrizen

$$\begin{pmatrix} \cos \nu s & \frac{1}{\nu}\sin \nu s \\ -\nu \sin \nu s & \cos \nu s \end{pmatrix} \begin{pmatrix} e^\beta & 0 \\ 0 & e^{-\beta} \end{pmatrix}$$

geschrieben werden. Nun gilt

$$e^{i\beta(px+xp)/2}\,(x,p)\,e^{-i\beta(xp+px)/2} = \left(e^\beta x, e^{-\beta}p\right),$$

(Aufgabe 8), also (bis auf einen Phasenfaktor $e^{i\alpha}$) ist

$$U(t) = e^{i\alpha}\, e^{-is(p^2+\nu^2 x^2)/2}\, e^{i\beta(xp+px)/2}.$$

Allerdings läßt sich für beliebige $\omega(t)$ das klassische $\Omega(t)$ nicht explizit angeben und somit sind auch die Funktionen $\nu(t)$, $s(t)$ und $\beta(t)$ unbekannt. Für manche $\omega(t)$ geschieht das Wunder, und $\Omega(t)$ wird eine elementare Funktion. So ist etwa für ($\bar{\omega}, \tau \in \mathbf{R}$)

$$\omega(t) = (t+\tau)\bar{\omega}\sqrt{1 - \frac{3}{4[\bar{\omega}(t+\tau)^2]^2}}, \qquad \begin{Bmatrix} c \\ s \end{Bmatrix} := \begin{Bmatrix} \cos \\ \sin \end{Bmatrix} \bar{\omega}\frac{(t+\tau)^2}{2},$$

$$\Omega(t) = \sqrt{\frac{\tau}{t+\tau}}\begin{pmatrix} c + \frac{s}{\bar{\omega}\tau^2} & \frac{s}{\bar{\omega}\tau} \\ \left(\frac{t+\tau}{\tau^2} - \frac{1}{t+\tau}\right)c - \left((t+\tau)\bar{\omega} + \frac{1}{\bar{\omega}\tau^2(t+\tau)}\right)s & \frac{t+\tau}{\tau}c - \frac{s}{\bar{\omega}\tau(t+\tau)} \end{pmatrix}.$$

Bemerkung (3.3.9)

Die linearen Transformationen von x und p lassen die Menge K der Zustände $\sim \exp(i(x-\gamma)^2/2\alpha)$, $\alpha, \gamma \in \mathbf{C}$, $\mathrm{Im}\,\alpha < 0$, invariant: Bei einer Transformation

$$x \to \Omega_{11}x + \Omega_{12}p + \xi, \qquad p \to \Omega_{21}x + \Omega_{22}p + \pi,$$

geht $(x - \alpha p - \gamma)\,|\ \rangle = 0$ in $(x - \alpha'p - \gamma')\,|\ \rangle = 0$ mit

$$\alpha' = \frac{\Omega_{12} + \alpha\Omega_{22}}{\Omega_{11} + \alpha\Omega_{21}}, \quad \gamma' = \xi + \frac{\gamma + \pi(\Omega_{12} + \alpha\Omega_{22})}{\Omega_{11} + \alpha\Omega_{21}}$$

über und $U\,|\ \rangle$ hat daher die Darstellung $\sim \exp(i(x - \gamma')^2/2\alpha')$. Wohl bleibt $\operatorname{Im}\alpha < 0$ erhalten, nicht aber $\operatorname{Re}\alpha = 0$. Letzteres charakterisiert die kohärenten Zustände (3.1.13), lineare Transformationen können die Unschärfen verändern (vgl. 3.3.5,1).

Wird durch eine zeitabhängige Störung H in $H_1(t) = H + H'(t)$ abgeändert, ändern sich die Eigenwerte von H_1 mit der Zeit, denn

$$H_1(t) \neq U^{-1}(t)\,H_1(0)\,U(t), \qquad U(t) = \mathbf{T}\left[\exp\left(-i\int_0^t dt'\,H_1(t')\right)\right].$$

Die Projektoren $P_i(t)$ auf die Eigenvektoren von $H_1(t)$ werden jedoch durch $U(t)$ umso genauer ineinander übergeführt, je langsamer H' im Vergleich zum Abstand der Energieniveaus mit der Zeit variiert. Dies heißt, daß die Übergangswahrscheinlichkeiten im Limes langsamer Änderungen von H gegen Null gehen, auch wenn sich die Eigenwerte um endliche Beträge ändern.

Beispiel (3.3.10)

Wir kehren zu Beispiel (3.3.8,1) zurück, es sei

$$H(s) = \frac{1}{2}\left(p^2 + \omega^2\left(x + \frac{f(s)}{\omega^2}\right)^2\right) - \frac{f^2(s)}{2\omega^2}, \quad 0 \le s \le 1, \quad f \in C^1.$$

Wir wollen nun untersuchen, ob die Zeitentwicklung nach $H(t/\tau)$, $0 \le t \le \tau$, im Limes $\tau \to \infty$ den Projektor auf den Grundzustand von $H(0)$ in denjenigen von $H(1)$ überführt. Die entsprechenden Eigenwerte sind verschieden, es gilt für die Grundzustände

$$H(s)\,|\,E_0(s)\,\rangle = E_0(s)\,|\,E_0(s)\,\rangle, \quad E_0(s) = \frac{\omega}{2} - \frac{f(s)^2}{2\omega^2},$$

$$a(t)\,|\,E_0(t/\tau)\,\rangle := (ip(t) + \omega x(t))\,|\,E_0(t/\tau)\,\rangle = -\frac{f(t/\tau)}{\omega}\,|\,E_0(t/\tau)\,\rangle,$$

$$a(t) = U^{-1}(t)\,a\,U(t).$$

Wie wir gesehen haben, gibt die Zeitentwicklung

$$a(t) = a\,e^{-i\omega t} - i\int_0^t dt'\,e^{-i\omega(t-t')}\,f(t'/\tau)$$

oder mit partieller Integration

$$a(\tau) = a\,e^{-i\omega\tau} - \frac{f(1)}{\omega} + \frac{e^{-i\omega\tau}}{\omega}\,f(0) + \frac{e^{-i\omega\tau}}{\omega}\int_0^1 ds\,f'(s)\,e^{i\omega\tau s}.$$

Bezeichnen wir die im letzten Term auftretende Fouriertransformierte mit $\tilde{f}'(\omega\tau)$, dann ist

$$a(\tau) + \frac{f(1)}{\omega} = e^{-i\omega\tau}\left(a + \frac{f(0)}{\omega} + \frac{\tilde{f}'(\omega\tau)}{\omega}\right)$$

und mit (3.1.4)

$$|\langle\, E(0)\,|\,E(1)\,\rangle| = \exp\left(-\left|\frac{\tilde{f}'(\omega\tau)}{2\omega}\right|^2\right).$$

Ist $f \in C^n$, ist für $\tau \to \infty$ $\tilde{f}'(\omega\tau) = O(\tau^{-n})$: je sanfter die Störung, desto kleiner die Übergangswahrscheinlichkeit (vgl. 3.3.7,2). Wir wollen nun dieses Verhalten allgemeiner nachweisen. Es sei $H(s)$, $0 \le s \le 1$, eine Familie selbstadjungierter Operatoren mit gemeinsamem Bereich D. Wir wollen einen isolierten Eigenwert $E(s)$ **regulär** nennen, falls $P(s)$, der Projektor auf die zugehörigen Eigenvektoren, endlichdimensional und samt $(H(s) - E(s))^{-1}(1 - P(s))$ stetig nach s differenzierbar ist. Es gilt der

Adiabatensatz (3.3.11)

Die Wahrscheinlichkeit eines Überganges aus einem regulären Eigenwert durch die Transformation

$$U_\tau := \mathbf{T}\left[\exp\left(i \int_0^\tau dt'\, H(t'/\tau)\right)\right]$$

geht im Limes $\tau \to \infty$ wie $O(\tau^{-1})$.

Bemerkungen (3.3.12)

1. Nach Voraussetzung ist $E(s)\ \forall s$ von den anderen Eigenwerten durch einen endlichen Abstand getrennt und es kommen keine Überkreuzungen vor. Man kann zeigen, daß der Satz auch gilt, wenn nur eine endliche Zahl von Überkreuzungen vorkommt.

2. Die Voraussetzungen über Bereiche dienen nur dazu, um U_τ zu definieren, und können in verschiedener Weise abgeschwächt werden.

3. Man kann dies grob auch so aussprechen, daß im Limes

$$H(t/\tau) \to \sum_i E_i(t/\tau)\, U^{-1}(t)\, P_i\, U(t).$$

Beweis

Sei $P' = \frac{d}{ds}P(s)$: $P^2 = P \Rightarrow P' = PP' + P'P \Rightarrow PP'P = 0$. Wir können nun $P(s) = W(s)\, W^*(s)$, $P(0) = W^*(s)\, W(s)$ schreiben, wobei

$$W(s) := \mathbf{T}\left[e^{\int_0^s P'(s')\,ds'}\right] P(0)$$

eine Isometrie des Raumes der zum Eigenwert $E(0)$ gehörigen Eigenvektoren auf denjenigen von $E(s)$ ist: $W(s)$ genügt der Differentialgleichung

$$\frac{d}{ds}\, W(s) = P'(s)\, W(s), \quad W(0) = P(0),$$

daher gilt

$$(W^*(s)\, P(s)\, W(s))' = W^*(P'P + P' + PP')W = 2W^*P'W = (W^*W)'$$

$$\Rightarrow W^* P W = W^* W \Rightarrow P W = W.$$

(Für die letzte Implikation vgl. (2.2.12,4).) Daraus folgt noch weiter, daß sich $W^* W$ nicht ändert, und W daher die Norm eines Vektors aus $P(0)\mathcal{H}$ unverändert läßt:

$$\frac{d}{ds}(W^*(s)\,W(s)) = 2W^* P' W = 2W^* P P' P W = \mathbf{0}.$$

$W(s)$ beschreibt also, wie sich die Eigenvektoren von $H(s)$ mit s verdrehen, und wir müssen dies nun mit der Zeitentwicklung gemäß

$$V_\tau(s) = \mathbf{T}\left[\exp\left(-i\tau \int_0^s ds'(H(s') - E(s'))\right)\right] \qquad (a)$$

vergleichen, wobei wir einen bequemen Phasenfaktor einbeziehen. Aus $V_\tau^{*\prime} = i\tau V_\tau^*(H - E)$, $(H - E)P = \mathbf{0}$ und dem Vorhergehenden folgt ($H = H(s)$, etc.)

$$(V_\tau^* W)' = i\tau V_\tau^*(H - E)PW + V_\tau^* W' = (i\tau)^{-1} V_\tau^{*\prime}(H - E)^{-1}(\mathbf{1} - P)W'. \qquad (b)$$

Durch partielles Integrieren von (b) erhalten wir

$$V_\tau^*(1)\,W(1) - P(0) =$$

$$= (i\tau)^{-1}\left\{ V_\tau^*(H - E)^{-1}(\mathbf{1} - P)W' \Big|_0^1 - \int_0^1 ds\, V_\tau^* \frac{d}{ds}\left((H - E)^{-1}(\mathbf{1} - P)W'\right)\right\}.$$
$$(c)$$

Da nach Voraussetzung die Eigenwerte einen Minimalabstand bewahren, sind $(H - E)^{-1}(\mathbf{1} - P)$ und $\frac{d}{ds}((H - E)^{-1}(\mathbf{1} - P))$ $\forall s$ gleichmäßig beschränkt. Dann ist auch $\{\ \}$ ein beschränkter Operator und (c) liefert den Adiabatensatz

$$\|W(1) - V_\tau(1)P(0)\| = O(\tau^{-1}).$$

□

Klassischer Limes (3.3.13)

In den Beispielen (3.3.5,1 bis 3) hatten wir gesehen, daß für lineare Bewegungsgleichungen der quantentheoretische Zeitautomorphismus dem klassischen gleicht. Im allgemeinen wird dies nicht so einfach gehen, da $\langle \dot{p} \rangle = -\langle V'(x) \rangle \neq -V'(\langle x \rangle)$ sein kann. Man sollte jedoch hoffen, daß im Limes $\hbar \to 0$, in welchem Schwankungen zu vernachlässigen sind, die klassische Zeitentwicklung entsteht. Zur Präzisierung des heuristischen Korrespondenzprinzips sind wir in (3.1.15) von

$$W\left(\hbar^{-1/2}z^*\right)(x,p)\,W\left(-\hbar^{-1/2}z^*\right) = (x,p) + \hbar^{-1/2}(\xi,\pi), \qquad z = \xi + i\pi,$$

ausgegangen. Wir wollen nun zeigen, daß unter Zeitentwicklung daraus

$$W\left(\hbar^{-1/2}z^*\right)(x,p)\,W\left(-\hbar^{-1/2}z^*\right) - \hbar^{-1/2}(\xi(t),\pi(t)) \xrightarrow{\hbar \to 0}$$

$$\xrightarrow{\hbar \to 0} U_f^{-1}(t)\,(x,p)\,U_f(t), \qquad z = \xi(0) + i\pi(0),$$

entsteht, wobei $(\xi(t), \pi(t))$ die Lösungen der klassischen Bewegungsgleichungen mit Anfangswerten $(\xi(0), \pi(0))$ und U_f die Zeitentwicklung der um die klassische Bahn linearisierten Bewegungsgleichungen beschreibt (vgl. 3.3.8,2):

$$U_f = \mathbf{T}\left[\exp\left(-i\int_0^t dt' \left(\frac{p^2}{2m} + \frac{x^2}{2}V''(\xi(t'))\right)\right)\right]. \tag{3.3.14}$$

Insbesondere bekommen wir im klassischen Limes (3.1.15) die Bahn $(\xi(t), \pi(t))$:

$$\lim_{\hbar\to 0} W\left(\hbar^{-1/2}z^*\right)(x_\hbar(t), p_\hbar(t))W\left(-\hbar^{-1/2}z^*\right) = (\xi(t), \pi(t)),$$

es kommutiert also das Diagramm

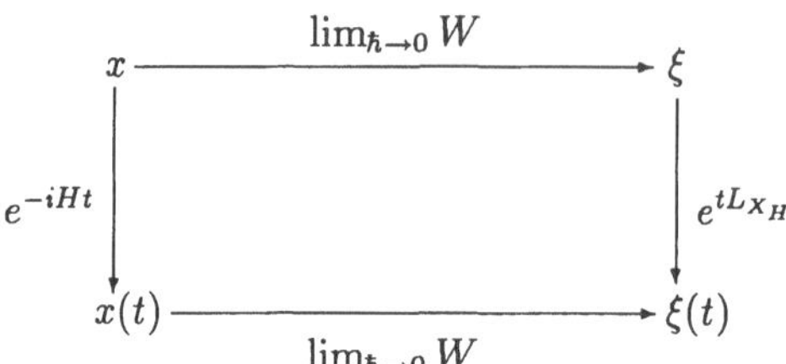

Diese Aussagen werden mathematisch präzisiert durch

Satz (3.3.15)

Falls $V \in C^3(\mathbf{R})$, $D(V)$ und $D(|x^3V'''|) \supset \mathbf{K} :=$ Menge der Zustände $|\alpha|\sqrt{\pi/-\operatorname{Im}\alpha}\,\exp(i(x-\gamma)^2/2\alpha)$; $\alpha, \gamma \in \mathbf{C}$, $\operatorname{Im}\alpha < 0$, gilt in der starken Operatortopologie $\forall t$, für welche die klassische Bahn $(\xi(t), \pi(t))$ noch existiert,

$$\lim_{\hbar\to 0} W\left(\hbar^{-1/2}z^*\right)\exp\left(i\frac{t}{\hbar}H_\hbar\right)\exp\left(i\left[r\left(x-\hbar^{-1/2}\xi(t)\right) + s\left(p-\hbar^{-1/2}\pi(t)\right)\right]\right)\cdot$$

$$\cdot\exp\left(-i\frac{t}{\hbar}H_\hbar\right)W\left(-\hbar^{-1/2}z^*\right) = U_f^{-1}(t)\exp(i(rx+sp))\,U_f(t).$$

Dabei ist U_f in (3.3.14) definiert, $z = \xi(0) + i\pi(0)$ und $H_\hbar = H(x_\hbar, p_\hbar)$ eine selbstadjungierte Erweiterung des auf $\mathbf{K}$ hermitischen Operators $\frac{\hbar}{2}p^2 + V\left(\hbar^{1/2}x\right)$.

Bemerkungen (3.3.16)

1. Als reeller hermitischer Operator (siehe 3.3.19,5) hat $H_\hbar$ gleiche Defektindizes und daher selbstadjungierte Erweiterungen. Durch eine solche sei $\exp(itH_\hbar/\hbar)$ definiert, sie geben alle denselben Limes.

2. Entwickelt man $H_\hbar\hbar^{-1}$ um die klassische Bahn nach Potenzen von $x_\hbar - \xi(t)$, $p_\hbar - \pi(t)$:

$$\frac{p^2}{2} + \hbar^{-1}V\left(\hbar^{1/2}x\right) = \hbar^{-1}\left[\frac{\pi(t)^2}{2} + V(\xi(t))\right] +$$

$$+\hbar^{-1/2}[\pi(t)(p-\hbar^{-1/2}\pi(t)) + V'(\xi(t))(x-\hbar^{-1/2}\xi(t))] + \ldots =:$$

$$=: \hbar^{-1}H_0(t) + \hbar^{-1/2}H_1(t) + H_2(t) + O(\hbar^{1/2}),$$

so erhält man, abgesehen von $H_0(t)$, einem Vielfachen von $\mathbf{1}$, zunächst einen linearen Term $H_1(t) = \hbar^{-1/2}(\pi(t)p + V'(\xi(t))x)$, welcher gerade die Verschiebung um $\hbar^{-1/2}(\xi(t) - \xi(0))$ im Ortsraum (bzw. $\hbar^{-1/2}(\pi(t) - \pi(0))$ im Impulsraum) erzeugt. Die linke Seite in (3.3.15) läßt sich also

$$U_\hbar(t)^* \exp(i(rx + sp))\, U_\hbar(t)$$

mit

$$U_\hbar(t) = W\left(\hbar^{-1/2}z^*\right)\left(\mathbf{T}\left[\exp\left(-i\int_0^t dt'\,(H_1(t') + H_0(t'))\right)\right]\right)^* \cdot$$
$$\cdot \exp(-itH_\hbar/\hbar^{-1})\, W\left(-\hbar^{-1/2}z^*\right)$$

schreiben. Die Aussage des Satzes ist also, daß im Limes $\hbar \to 0$ die Zeitentwicklung nach $H_\hbar/\hbar$ verglichen mit der von H_1 erzeugten gerade

$$U_f(t) = \mathbf{T}\exp\left(-i\int_0^t dt'\, H_2(t')\right)$$

gibt, sofern wir mit W den Anfangspunkt in den Ursprung schieben.

Beweis

Um $\lim_{\hbar \to 0} U_\hbar(t) = U_f(t)$ auf $\mathbf{K}$ zu zeigen, betrachten wir wie in (3.3.6)

$$U_\hbar(t_1, t_0) := W\left(\hbar^{-1/2}z^*\right)\left(\mathbf{T}\left[\exp\left(-i\int_0^{t_1} dt'\, H_1(t')\right)\right]\right)^* \cdot$$
$$\cdot \exp\left(-i(t_1 - t_0)H_\hbar/\hbar\right)\mathbf{T}\left[\exp\left(-i\int_0^{t_0} dt'\, H_1(t')\right)\right] \cdot$$
$$\cdot W\left(-\hbar^{-1/2}z^*\right)\exp\left(i\int_{t_0}^{t_1} dt'\, H_0(t')\right) = U_\hbar(t_1)\,U_\hbar^*(t_0)$$

und vergleichen mit

$$U(t_1, t_0) := \mathbf{T}\left[\exp\left(-i\int_{t_0}^{t_1} dt'\,\left(\frac{p^2}{2} + V''(\xi(t'))x^2/2\right)\right)\right].$$

$\mathbf{K}$ ist unter allen vorkommenden Faktoren außer vielleicht $\exp(-iH_\hbar/\hbar)$ invariant, aber es gilt $\mathrm{D}(H_\hbar) \supset \mathrm{D}(p^2) \cap \mathrm{D}(V) \supset \mathbf{K}$, so daß die Ableitung nach t_0 in der Identität

$$U(t_1, 0) - U_\hbar(t_1, 0) = \int_0^{t_1} dt_0\, \frac{d}{dt_0}\, U_\hbar(t_1, t_0)\, U(t_0, 0)$$

auf $\mathbf{K}$ gerechtfertigt ist. Man findet

$$\frac{d}{dt_0} U_\hbar(t_1, t_0)\, U(t_0, 0) = i\, U_\hbar(t_1, t_0)\{\hbar^{-1}V(\xi(t_0) + \hbar^{1/2}x) -$$
$$- \hbar^{-1}V(\xi(t_0)) - \hbar^{-1/2}V'(\xi(t_0))x - V''(\xi(t_0))x^2/2\}U(t_0, 0).$$

Nach der Taylorschen Formel ist nun $\|\{\ \}\psi\|$, $\psi \in \mathbf{K}$, durch $\hbar^{1/2}\|x^3 V'''\psi\|$ zu beschränken, und da die $U_\hbar$ unitär sind, geht dies mit $\hbar^{1/2}$ gegen Null. $\qquad\square$

Bemerkungen (3.3.17)

1. Aus unseren früheren Beispielen folgt, daß für $V'' > 0$ die Schwankungsquadrate um die klassische Bahn oszillierende, für $V'' < 0$ exponentielle und für $V'' = 0$ lineare Funktionen der Zeit sind. Dies entspricht ganz dem Verhalten von Dichten endlicher Ausdehnung nach der klassischen Stabilitätstheorie.

2. Da $\hbar$ zunächst in $\frac{\hbar^2}{2m}\Delta$ vorkommt, läßt sich $\lim_{\hbar \to 0}$ auch in $\lim_{m \to \infty}$ umformulieren.

3. Wir haben nur die Konvergenz von $U_\hbar$ gezeigt. Nun ist $U \to U^*$ zwar nicht stark, aber schwach stetig, so daß $U_\hbar^*$ zunächst schwach konvergiert. Da der Limes aber unitär ist und auf den unitären Operatoren die schwache mit der starken Topologie zusammenfällt, konvergiert $U_\hbar^*$ auch stark. Schließlich ist das Operatorprodukt zwar nicht stark stetig, aber stark folgenstetig, so daß tatsächlich (3.3.15) folgt.

Klassische Bahnen, die durch eine Hamiltonfunktion $H(x, p) = H(x, -p)$ erzeugt werden, genügen $x(-t; x(0), p(0)) = x(t; x(0), -p(0))$. Natürlich ist $x \to x$, $p \to -p$ keine kanonische Transformation und kann auch quantentheoretisch nicht durch eine unitäre Transformation erzeugt werden, dies widerspräche $[x, p] = i$. Die Weyl-Relationen (3.1.2,1) sind jedoch invariant unter dem

Anti-Automorphismus der Bewegungsumkehr Θ (3.3.18)

$$\Theta(\alpha A + \beta B) = \alpha\Theta(A) + \beta\Theta(B), \quad \alpha,\, \beta \in \mathbf{C} \text{ und } A,\, B \in \mathcal{W},$$
$$\Theta(AB) = \Theta(B)\,\Theta(A), \qquad \Theta(W(z)) = W(-z^*).$$

Bemerkungen (3.3.19)

1. Θ erhält die Struktur der Jordan-Algebra ($\Theta(A \circ B) = \Theta(A) \circ \Theta(B)$) und erzeugt $\Theta(x) = x$, $\Theta(p) = -p$; falls $\Theta(H) = H$, $\Theta(A) = A$, wird $\Theta(A(t)) = \Theta\left(e^{iHt}Ae^{-iHt}\right) = A(-t)$.

2. In der Darstellung (3.1.4) ist Θ einer Operation Θ' mit Komplex-Konjugieren:

$$\Theta'(\alpha A + \beta B) = \alpha^*\Theta'(A) + \beta^*\Theta'(B),$$
$$\Theta'(AB) = \Theta'(A)\,\Theta'(B), \qquad \Theta'(W(z)) = W(z^*),$$

   äquivalent. Θ' läßt ebenfalls die Weyl-Relationen invariant, und man rechnet leicht nach, daß $\langle z_1 | \Theta(W(z)) | z_2 \rangle = \langle z_2 | \Theta'(W(z)) | z_1 \rangle^*$ mit $|z_i\rangle := W(z_i)|u\rangle$. Θ' gibt also dieselben Matrixelemente von Observablen. Durch

$$K \sum_i \alpha_i |z_i\rangle := \Theta'\left(\sum_i \alpha_i W(z_i)\right)|u\rangle = \sum_i \alpha_i^* |z_i^*\rangle$$

   läßt sich eine Bijektion $K : \mathcal{H} \to \mathcal{H}$ definieren. Sie wird **Zeitumkehr** genannt, es gilt $\langle z_2 | (K|z_1\rangle) = \langle u | W(-z_2)W(z_1^*) | u \rangle = \langle u | W(-z_2^*)W(z_1) | u \rangle^* = \langle (K|z_2\rangle) | z_1 \rangle^*$. Wegen $\langle z_2 | \Theta'(W(z)) | z_1 \rangle = \langle z_2 | KW(z)K | z_1 \rangle$ entspricht Θ' dieser „antilinearen" Transformation der Vektoren.

3. Wegen $\Theta(\vec{L}) = -\vec{L}$ wird man auch $\Theta(\vec{\sigma}) = -\vec{\sigma}$ verlangen. Wir sehen übrigens, daß zeitumkehrbare Operatoren $H = \Theta(H)$ bei Anwesenheit von Spin mindestens doppelt entartete Eigenwerte haben müssen: **Kramers-Entartung**. Sei w der entsprechende Zustand, dann ist der umgekehrte Zustand w_u : $w_u = w(\Theta(a))$ von w verschieden. Für reine Zustände gibt es eine Observable $\vec{a} \cdot \vec{\sigma}$ mit $w(\vec{a} \cdot \vec{\sigma}) = -w_u(\vec{a} \cdot \vec{\sigma}) \neq 0$ (Aufgabe 11), aber $w(H) = w_u(H)$.

4. Während wir Raumspiegelungen durch ein Element aus $\mathcal{W}$ erzeugen konnten, welches für $H(x,p) = H(-x,-p)$ mit H kommutiert und daher eine Konstante der Bewegung (ohne klassisches Analogon) darstellt, liefert Bewegungsumkehr keinen konstanten Operator.

5. Zeitumkehrbare Hamiltonfunktionen sind im Sinne von 2) reelle Differentialoperatoren und für die sind beide Defektindizes gleich. Sie besitzen daher nach (2.5.11) selbstadjungierte Erweiterungen und lassen eine Definition der Zeitentwicklung zu. Dies ist umso bemerkenswerter, da klassisch (vgl. I, 4.5) Zusammenstoßbahnen die einparametrige Gruppe der Zeitentwicklung zerstören können.

Aufgaben (3.3.20)

1. Verifiziere (3.3.3)

2. Wie lautet die Zeitentwicklung (3.3.3) und (3.3.5,2) der kohärenten Zustände (3.1.13)?

3. Berechne

    (i) die Resolvente $(H - z)^{-1}$ für H in (3.3.5,1) in der Fourierdarstellung und zeige

    (ii) $\sigma_{\mathrm{s}}(H) = $ leer, $\sigma_{\mathrm{a.c.}} = \mathbf{R}$.

    ((i): Mache den Ansatz

$$(H - z)^{-1}\psi(p) = \int_{-\infty}^{\infty} \frac{dp'}{2\pi} \int_{-\infty}^{\infty} \frac{d\lambda}{\lambda - z} K(\lambda, p, p')\, \psi(p')$$

und bestimme K so, daß

$$\left(ig\frac{d}{dp} + \frac{p^2}{2} - z\right) \int_{-\infty}^{\infty} \frac{d\lambda}{\lambda - z} K(\lambda, p, p') = 2\pi\delta(p - p').$$

    (ii): Benütze die Formel

$$P(a,b) = \mathrm{s} - \lim_{\epsilon \to 0} \int_a^b \frac{dz}{2\pi i} \left[(H - z - i\epsilon)^{-1} - (H - z + i\epsilon)^{-1}\right]$$

    mit $P(a,b) = \int_a^b dP_H(\alpha)$, $P_H(\alpha) = $ Spektralprojektoren von H.)

4. Zeige, daß in (3.3.5,3)

    (i) der kanonische Drehimpuls $\hat{L}_3 = (\vec{x} \wedge \vec{p})_3$ konstant ist, der physikalische $L_3 = (\vec{x} \wedge m\dot{\vec{x}})_3$ nicht, und

(ii) daß $\langle\,0\,|\,L_3\,|\,0\,\rangle = -1$ für $a\,|\,0\,\rangle = 0$.

5. Zeige, daß auch ein ortsabhängiges Vektorpotential stets die Grundzustandsenergie in einem gewöhnlichen Potential anhebt (Diamagnetismus der Wasserstoff- und Helium-Atome. Dieses Resultat kann mit Einbeziehung der Fermi-Statistik auch für größere Atome gezeigt werden.)

6. Zeige, daß, wenn ψ ein ganzer Vektor für a und b ist, er nicht auch ganzer Vektor für $a + b$ zu sein braucht.

7. Beweise (3.3.7,1).

8. Beweise $U(t) = e^{i\alpha}\exp(-is(p^2 + \nu^2 x^2)/2)\exp(i\beta(xp + px))$ aus (3.3.8,2).

9. Untersuche den Adiabatensatz für das lösbare Beispiel (3.3.8,2).

10. Berechne die Zeitentwicklung $U(t)$ des mit einem magnetischen Moment gekoppelten Spins im rotierenden Magnetfeld, also

$$H(t) = \frac{1}{2}\left(\begin{array}{cc} 1 - \cos 2\omega t & -\sin 2\omega t \\ -\sin 2\omega t & 1 + \cos 2\omega t \end{array}\right) = \left(\begin{array}{cc} s^2 & -sc \\ -sc & c^2 \end{array}\right),$$

$s = \sin\omega t$, $c = \cos\omega t$. Berechne für den Grundzustand $P(t)$, $P'(t)$ und $W(t)$ aus dem Beweis von (3.3.11) und vergleiche mit $U(t)$.
Hinweis: Verwende den Ansatz

$$\psi(t) = f(t)\left(\begin{array}{c} c \\ s \end{array}\right) + g(t)\left(\begin{array}{c} -s \\ c \end{array}\right)$$

zur Lösung der zeitabhängigen Schrödingergleichung.

11. Zeige die in (3.3.19,3) behauptete Existenz der Observablen $\vec{a}(\vec{x})\cdot\vec{\sigma}$ mit Erwartungswert 1. Konstruiere zu jedem reinen Zustand den zeit-umgekehrten.

Lösungen (3.3.21)

1. $(H\psi)(x) = -\frac{\Delta}{2m}\psi(x)$: trivial.
   $R(z)\psi : (R(z)\psi)(p) = 2m\frac{\psi(p)}{p^2 - k^2}\quad k^2 = 2mz$.
   $(R(z)\psi)(x) = \frac{2m}{8\pi^3}\int \frac{e^{ipx}}{p^2 - k^2}\,e^{-ipx'}\,\psi(x')\,dx'\,dp = \frac{m}{2\pi}\int \frac{e^{ik|x-x'|}}{|x-x'|}\,\psi(x')\,dx'$.
   $(U(t)\psi) : (U(t)\psi)(p) = e^{-itp^2/2m}\psi(p) \Rightarrow$
   $(U(t)\psi)(x) = \left(\frac{m}{2\pi it}\right)^{3/2}\int d^3x'\,e^{im|x-x'|^2/2t}\psi(x')$.

2. Freie Zeitentwicklung: Für (3.1.13) gilt $\langle\,xp + px\,\rangle = 2\langle\,x\,\rangle\langle\,p\,\rangle$, folglich:

$$\Delta(x(t))^2 = \Delta x^2 + t^2\Delta p^2 \neq \frac{1}{4\Delta(p(t))^2},$$

$$\psi_t(x) = \left(\Delta x^2 + t^2\Delta p^2\right)^{-1/4}\exp\left[\frac{(x - \langle\,x\,\rangle - \langle\,p\,\rangle t)^2}{4(\Delta x^2 + t^2\Delta p^2)}\left(1 - \frac{it}{2\Delta x^2}\right) + i\langle\,p\,\rangle\right].$$

Oszillator mit $\omega = 1$: (Hier ist Δx konstant, die Wellenpakete zerfließen nicht.)
$$\psi_t(x) = \exp\left[-(x - \langle\,x\,\rangle\cos\omega t - \langle\,p\,\rangle\sin\omega t + 2i\Delta x^2(\langle\,p\,\rangle\cos\omega t - \langle\,x\,\rangle\sin\omega t))^2/4\Delta x^2\right].$$

3. (i) $(H - z)^{-1}\psi(p) =$
$$= \int_{-\infty}^{\infty} \frac{dp'}{2\pi} \int_{-\infty}^{\infty} \frac{d\lambda}{\lambda - z} \exp[-i(\lambda(p - p')/g - (p^3 - p'^3)/6g)]\psi(p')/(\lambda - z).$$

   (ii) Für $\psi \in L^1$ ist

$$|\langle \psi | P(a,b)\psi \rangle| = \left| \lim_{\epsilon \to 0} \int_a^b \frac{dz}{2\pi i} \int_{-\infty}^{\infty} \frac{d\lambda\, dp\, dp'}{2\pi} \exp[-i(\lambda(p - p')/g - \right.$$

$$\left. - (p^3 - p'^3)/6g)]\psi^*(p)\psi(p') \cdot \left(\frac{1}{\lambda - z - i\epsilon} - \frac{1}{\lambda - z + i\epsilon} \right) \right| \leq$$

$$\leq \lim_{\epsilon \to 0} \int_a^b \frac{dz}{\pi} \int_{-\infty}^{\infty} \frac{d\lambda\, dp\, dp'}{2\pi} |\psi(p)\psi(p')| \frac{\epsilon}{(\lambda - z)^2 + \epsilon^2} \leq \frac{(b-a)}{2\pi} \left(\int_{-\infty}^{\infty} |\psi(p)|\, dp \right)^2$$

$$\Rightarrow \psi \in \mathcal{H}_{\text{a.c.}} = \mathcal{H}, \text{ da die } \psi \in L^1 \text{ dicht sind und } \mathcal{H}_{\text{a.c.}} \text{ abgeschlossen ist.}$$

4. (i)

$$\hat{L}_3 = \frac{m\omega}{2}(\bar{x}_1^2 + \bar{x}_2^2) - \frac{m}{2\omega}(\dot{x}_1^2 + \dot{x}_2^2) \Rightarrow [\hat{L}_3, H] = 0,$$

$$L_3 = -\frac{m(\dot{x}_1^2 + \dot{x}_2^2)}{\omega} + m(\bar{x}_1\dot{x}_2 - \bar{x}_2\dot{x}_1) \neq \text{const.}$$

   (ii) $a\,|0\rangle = 0 \Rightarrow \hat{L}_3\,|0\rangle = 0, 1, 2, \ldots$; für die Bahn mit kleinstem Radius, also minimalem Wert von $\bar{x}_1^2 + \bar{x}_2^2$, ist außerdem $(\bar{x}_1 - i\bar{x}_2)\,|0\rangle = 0 \Rightarrow \hat{L}_3\,|0\rangle = 0.$

$$\langle 0\,|(\bar{x}_1\dot{x}_2 - \bar{x}_2\dot{x}_1)|\,0\rangle = 0 \Rightarrow \langle 0\,|L_3|\,0\rangle = -\frac{2}{\omega}\langle 0\,|H|\,0\rangle = -1.$$

5. Sei $H_e = (p + eA(x))^2/2m + V(x)$ und $\psi(x) = R(x)e^{iS(x)}$, $R \geq 0$, S reell. $\langle \psi | H_e | \psi \rangle = \int d^3x(|\nabla S + eA)R|^2/2m + R^2(x)V(x)) \geq \int d^3x\,(\nabla R^2/2m + R^2 V) \geq \langle R | H_0 | R \rangle \geq$ Grundzustandsenergie für $e = 0$.

6. Sei $\mathcal{H} = L^2((-\infty, \infty), dx) \ni \psi(x) = 1$ für $0 \leq x \leq 1$, 0 sonst, $a\psi(x) = e^{x^2}\psi(x)$, $b\psi(x) = \psi(x+1) + \psi(x-1)$. b ist beschränkt, daher ist jeder Vektor ganz, und ψ ist sicher ganz für a, da $\|a^n\psi\| \leq e^n$; aber

$$\|(a + b)^n\psi\|^2 \geq \|ab^n\psi\|^2 \geq \int_n^{n+1} e^{2x^2}\, dx \geq e^{2n^2}$$

und $\sum e^{2n^2} t^n/n!$ divergiert $\forall t > 0$.

7. Sei $V(t) = U(t, t_1)U(t_1, t_0) - U(t, t_0)$. $dV/dt = -iHV \Rightarrow V(t) = 0$, da $V(t_1) = 0$.

8. $\frac{1}{2}(px + xp)$ ist Erzeugende der Gruppe $U_\beta : \psi(x) \to e^{\beta/2}\psi(e^\beta x)$; dies folgt aus der Identität $\frac{i}{2}(xp + px)\psi(x) = 2\partial e^{\beta/2}\psi(e^\beta x)/\partial\beta\big|_{\beta=0}$, gültig für ganze analytische Funktionen ψ. $\Rightarrow U_\beta x U_\beta \psi(x) = U_\beta(xe^{-\beta/2}\psi(e^{-\beta}x)) = e^\beta x\psi(x)$, $U_\beta p U_{-\beta}\psi(x) = U_\beta(-ie^{-3\beta/2}\psi'(e^{-\beta}x)) = e^{-\beta}p\psi(x).$

9. Für $t \gg \tau$ wird $H(t)\,|0\rangle \sim \frac{\omega(t)}{2}\,|0\rangle$ und die klassische Invariante E/ω konstant.

10.

$$P(t) = 1 - H(t), \quad P'(t) = \begin{pmatrix} -2sc & c^2 - s^2 \\ c^2 - s^2 & 2sc \end{pmatrix}, \quad W(t) = \begin{pmatrix} c & 0 \\ s & 0 \end{pmatrix}.$$

Die Schrödingergleichung $i\dot{\psi}(t) = H(t)\,\psi(t)$ gibt Differentialgleichungen für f und g mit den Lösungen

$$f(t) = \frac{\omega}{\omega^2 + \nu^2}\,e^{i\nu t}, \quad g(t) = \frac{i\nu}{\omega^2 + \nu^2}\,e^{i\nu t}, \quad \nu = \nu_{\pm} = \frac{1}{2} \pm \sqrt{\frac{1}{4} + \omega^2}.$$

Das ergibt zwei orthogonale normierte $\psi_{\pm}$ und die Zeitentwicklung $U(t,0) = |\,\psi_+(t)\,\rangle\langle\,\psi_+(0)\,| + |\,\psi_-(t)\,\rangle\langle\,\psi_-(0)\,|$. Im Limes $\omega \to 0$, mit $\hat{t} = \omega t$ konstant, wird

$$|\,\psi_-(t)\,\rangle\langle\,\psi_-(0)\,| = \begin{pmatrix} c & 0 \\ s & 0 \end{pmatrix} + O(\omega).$$

11. Der reine Zustand w ist durch ein Element $\left|\begin{array}{c}\psi_+(\vec{x}) \\ \psi_-(\vec{x})\end{array}\right\rangle$ aus $\mathbf{C}^2 \otimes L^2$ darstellbar. Dieser Spinor ist an jedem Punkt ein Eigenvektor zu $\vec{a}(\vec{x}) \cdot \vec{\sigma}$, wenn $a_1 + ia_2 = 2\psi_+^*\psi_- / (\psi_+^*\psi_+ + \psi_-^*\psi_-)$, $a_3 = (\psi_+^*\psi_+ - \psi_-^*\psi_-)/(\psi_+^*\psi_+ + \psi_-^*\psi_-)$, $(\vec{a}(\vec{x})$ beliebig, wo $\psi_+(\vec{x}) = \psi_-(\vec{x}) = 0))$, und $w(\vec{a}(\vec{x}) \cdot \vec{\sigma}) = 1$. Der Zustand w_u ist durch $\left|\begin{array}{c}\psi_-^*(\vec{x}) \\ -\psi_+^*(\vec{x})\end{array}\right\rangle$ darstellbar.

3.4 Der Limes $t \to \pm\infty$

Entweichen Teilchen ins Unendliche, nähert sich die Zeitentwicklung derjenigen freier Teilchen. In der Quantentheorie wird dieser Limes durch topologische Finessen gewürzt.

Die Eigenvektoren von H, also $\mathcal{H}_p$ von (2.3.16), entsprechen klassischen Bahnen, welche stets in kompakten Gebieten verweilen. Hier sind Erwartungswerte einer Observablen fastperiodische Funktionen $\sum_{j,k} \exp[it(E_j - E_k)]c_{jk}$, und nicht der Zeitlimes, sondern nur ihr zeitlicher Mittelwert existiert. Auf $\mathcal{H}_{a.c.}$ konvergiert e^{iHt} schwach, denn in der Spektraldarstellung geht $\langle f \mid e^{iHt}g \rangle = \int dh\, e^{iht}\, f^*(h)g(h)$ nach Riemann-Lebesgue gegen Null. Stark können die unitären Operatoren e^{iHt} natürlich nicht gegen Null konvergieren, und um zu sehen, wie etwas stark für $t \to \pm\infty$ konvergieren kann, müssen wir erst der in (2.5.15) behandelten Situation weiter nachgehen.

Definition (3.4.1)

H' heißt zu H_0 **relativ beschränkt** (bzw. **relativkompakt**), wenn $D(H') \supset D(H_0)$ und die Abbildung $H' : D_\Gamma(H_0) \to \mathcal{H}$ stetig (bzw. kompakt) ist. ($D_\Gamma(H_0) = D(H_0)$ mit der Graphennorm $\| \; \|_{H_0}$ (2.4.17,3) topologisiert.)

Bemerkungen (3.4.2)

1. Man erinnere sich: stetige (bzw. kompakte) Abbildungen $\Rightarrow$ beschränkte Mengen $\to$ beschränkte (bzw. relativkompakte) Mengen.

2. Relative Beschränktheit ist gleichbedeutend mit der Existenz eines M : $\|H'\psi\| \leq M(\|H_0\psi\| + \|\psi\|) \; \forall \psi \in D(H_0)$. Relative Kompaktheit impliziert sogar relative ϵ-Beschränktheit (Aufgabe 1), welche besagt: $\forall \epsilon > 0$ existiert $M : \|H'\psi\| \leq \epsilon\|H_0\psi\| + M\|\psi\| \; \forall \psi \in D(H_0)$. Wie wir in (2.5.15) gesehen haben, ist dann $H(\alpha) = H_0 + \alpha H'$ auf $D(H_0)$ selbstadjungiert. Auch sind dann die H- und die $H(\alpha)$-Normen äquivalent, so daß H' auch $H(\alpha)$-relativ kompakt ist.

3. Für $0 \neq c \notin \mathrm{Sp}(H_0)$ ist $\forall \chi \in \mathcal{H}$

$$\min\left\{1, \frac{1}{|c|}\right\} \|\chi\| \leq \min\{1, |c|\} \left(\left\|\frac{H_0}{H_0 - c}\chi\right\| \frac{1}{|c|} + \left\|\frac{1}{H_0 - c}\chi\right\|\right) \leq$$

$$\leq \left\|\frac{1}{H_0 - c}\chi\right\|_{H_0} = \left\|\frac{H_0}{H_0 - c}\chi\right\| + \left\|\frac{1}{H_0 - c}\chi\right\| \leq$$

$$\leq [1 + (1 + |c|)\|(H_0 - c)^{-1}\|]\,\|\chi\|,$$

was besagt, daß die Abbildung $\mathcal{H} \to D_\Gamma(H_0) : \chi \to (H_0 - c)^{-1}\chi$ in beiden Richtungen stetig, also ein Isomorphismus dieser Hilberträume ist. Daher ist die Beschränktheit (bzw. Kompaktheit) der Abbildung $H'(H_0 - c)^{-1}$:

$$\mathcal{H} \xrightarrow[\text{homöomorph}]{(H_0 - c)^{-1}} D_\Gamma(H_0) \xrightarrow[\text{stetig (bzw. kompakt)}]{H'} \mathcal{H}$$

mit der relativen Beschränktheit (bzw. Kompaktheit) von H' äquivalent. Das adjungierte $(H_0 - c^*)^{-1}H'$ muß sich dann von $D(H')$ ebenfalls zu einem beschränkten (bzw. kompakten) Operator auf $\mathcal{H}$ erweitern lassen.

Beispiele (3.4.3)

1. Kommutieren zwei Operatoren f und g, haben also gemeinsame Spektraldarstellung $\mathcal{H} = \oplus_i \mathcal{H}_i$, dann ist g relativ zu f beschränkt, wenn ein M und $c > 0$ existiert, so daß $|g_i(\alpha)| < M|f_i(\alpha)| + c \ \forall i, \alpha$, g_i und f_i die Multiplikationsoperatoren in $\mathcal{H}_i$.

2. Sei H_0 das der freien Bewegung (3.3.3) und H' ein Multiplikationsoperator $V(x) \in L^2(\mathbf{R}^3, d^3x)$. Wenn wir in einer x-Basis rechnen, erhalten wir für die Hilbert-Schmidt-Norm

$$\|V(H_0 - c)^{-1}\|_2^2 = \mathrm{Tr}(H_0 - c)^{-1}V^2(H_0 - c)^{-1} =$$
$$= \int d^3x\, V^2(x) \int \frac{d^3p}{(p^2 - c)^2} < \infty \quad \forall c \in \mathbf{R}^+.$$

Der Operator $V(H_0 - c)^{-1}$ ist also aus $\mathcal{C}_2$ (siehe 2.3.21) und daher kompakt. Allgemein sind V, die im Unendlichen stärker als $r^{-\epsilon}$, $\epsilon > 0$ abfallen, und im Endlichen nicht zu singulär sind, relativ zu H_0 kompakt (Aufgabe 2). Grob gesprochen fallen kompakte Operatoren in allen Richtungen des Phasenraumes ab.

Satz (3.4.4)

Sei V relativ zu einer selbstadjungierten Konstanten der Bewegung K kompakt und $P_{\mathrm{a.c.}}$ der Projektor auf das absolut stetige Spektrum von H. Dann geht $V_t P_{\mathrm{a.c.}}$ für $t \to \pm\infty$ stark gegen Null.

Beweis

Sei $c \notin \mathrm{Sp}(K)$, so daß $P_{\mathrm{a.c.}}\varphi = (K - c)^{-1}P_{\mathrm{a.c.}}\psi$, dann ist

$$\|V_t P_{\mathrm{a.c.}}\varphi\| = \|V(K - c)^{-1}e^{-iHt}P_{\mathrm{a.c.}}\psi\|.$$

Eingangs wurde $e^{-iHt}P_{\mathrm{a.c.}}\psi \rightharpoonup 0$ gezeigt, und $V(K - c)^{-1}$ führt als kompakter Operator eine schwach konvergente Folge in eine stark konvergente über. $\square$

Folgerungen (3.4.5)

1. Funktionen, die wie $r^{-\epsilon}$ für $r \to \infty$ abfallen, konvergieren also unter der freien Zeitentwicklung stark gegen Null.

2. Wegen der Resolventengleichung

$$(H_0 + V - z)^{-1} = (H_0 - z)^{-1}(1 - V(H_0 + V - z)^{-1}), \quad z \notin \mathbf{R},$$

ist ein relativ zu H_0 kompaktes F auch relativ zu $H_0 + V$ kompakt, sofern V relativ zu $H_0 + V$ beschränkt ist. Letzteres ist für Potentiale, die wie $r^{-\epsilon}$ abfallen und daher relativ zu H_0 kompakt sind, der Fall. Solche Potentiale liefern dann eine Zeitentwicklung, für die $F(t)P_{\text{a.c.}} \to 0$, wobei F eine charakteristische Funktion eines endlichen Gebietes im Konfigurationsraum ist. Dies kann man so interpretieren, daß die Aufenthaltswahrscheinlichkeit in diesem Gebiet zu großen Zeiten verschwindet: $\langle \psi_t \mid F\psi_t \rangle = \|F(t)\psi\|^2 \to 0 \ \forall \psi \in P_{\text{a.c.}}\mathcal{H}, \ t \to \pm\infty$, und die Teilchen nach Unendlich laufen. Das unterscheidet das absolut stetige vom singulär stetigen Spektrum. Mit letzterem kann ein Teilchen wieder und wieder in die Nähe des Ursprungs zurückkehren.

Nachdem wir so Anschluß an die klassischen Vorstellungen gewonnen haben, übertragen wir die Begriffsbildungen von (I, 3.4) auf die Quantenmechanik.

Definition (3.4.6)

Die Algebra $\mathcal{A}$ der **asymptotischen Konstanten** bestehe aus den Operatoren a, für die die starken Limiten

$$a_\pm := \lim_{t\to\pm\infty} e^{iHt}\, a\, e^{-iHt}$$

existieren. Letztere bilden selbst eine Algebra $\mathcal{A}_\pm$, und $\tau_\pm$ sei der (surjektive) Homomorphismus $\mathcal{A} \to \mathcal{A}_\pm : \tau_\pm(a) = a_\pm$.

Bemerkungen (3.4.7)

1. Da das Produkt in der schwachen Operatortopologie nicht einmal folgenstetig ist, müssen wir mindestens starke Konvergenz verlangen, damit $\mathcal{A}$ und $\mathcal{A}_\pm$ Algebren sind und $\tau_\pm$ zwischen ihnen einen Homomorphismus herstellt. Normkonvergenz kommt nicht in Frage, sie widerspräche der Gruppenstruktur der Zeitentwicklung. Wäre a_t eine $\|\ \|$-Cauchy-Folge, müßte $\forall\epsilon$ ein T existieren, so daß

$$\|a_{t_1} - a_{t_2}\| = \left\|a - e^{i(t_2-t_1)H}\, a\, e^{-i(t_2-t_1)H}\right\| \le \epsilon \quad \forall t_1,\, t_2 > T,$$

   was nur für $a_t = \text{konst.}$ geht.

2. Zunächst gilt natürlich $\mathcal{A} \supset \{H\}'$, und wegen

$$a_\pm = \operatorname*{s-lim}_{t\to\pm\infty} e^{i(t+\tau)H}\, a\, e^{-i(t+\tau)H} = e^{i\tau H}\, a_\pm\, e^{-i\tau H} \quad \forall \tau \in \mathbf{R},$$

   ist $\mathcal{A}_\pm \subset \{H\}'$. Da $\tau_{\pm\,|_{\{H\}'}} = 1$ ist aber dann $\mathcal{A}_\pm = \{H\}' \subset \mathcal{A}$, und $\tau_\pm$ sind Endomorphismen.

3. Wie eingangs erläutert, konvergiert nichts auf $\mathcal{H}_p$; wenn P_p darauf projiziert, muß $P_p\, a\, P_p \in P_p\{H\}'P_p$ gelten, wenn $P_p a P_p$ in $\mathcal{A}$ liegt.

4. Entweichen Teilchen ins Unendliche, so sollten, fern jeder Wechselwirkung, die Impulse $\vec{p}$ konstant werden. $(1-P_n)\,\vec{p}\,(1-P_n)$ wäre somit ein Kandidat für einen Operator $\in \mathcal{A}$ der aber $\notin \{H\}'$. Noch besser wären beschränkte Funktionen von $\vec{p}$.

Gleicht sich die Zeitentwicklung asymptotisch derjenigen von H_0 an, wird man auf die Existenz von

$$\Omega_\pm = \lim_{t \to \pm\infty} \Omega(t) := \lim_{t \to \pm\infty} e^{iHt}\, e^{-iH_0 t}$$

hoffen. Dabei erhebt sich die Frage nach der

Topologie, in der $\lim_{t \to \pm\infty} \Omega(t)$ existieren kann (3.4.8).

1. **Normkonvergenz:** Sie kommt wie in (3.4.7,1) nicht in Frage,

$$\|\Omega(t_1) - \Omega(t_2)\| = \left\| e^{iH(t_1-t_2)} - e^{iH_0(t_1-t_2)} \right\| < \epsilon \quad \forall t_1, t_2 > T$$

impliziert $H = H_0$. Physikalisch bedeutet dies, daß ohne Bezug auf einen bestimmten Zustand die Zeiten $t \to \pm\infty$ um nichts besser sind als andere Zeiten.

2. **Starke Konvergenz:** Dabei muß der Limes $\Omega_\pm$ der unitären Operatoren $\Omega(t)$ nicht notwendig unitär sein, die Relation $\Omega(t)\Omega^*(t) = \mathbf{1}$ überlebt ihn nicht: Da $a \to a^*$ nur schwach stetig ist, bedingt die starke Konvergenz der Ω die schwache der Ω^*. Nun konvergiert die Produktfolge $a_n b_n$ schwach gegen ab, wenn $a_n \rightharpoonup a$, $b_n \to b$. Über Existenz und Wert von $\lim b_n a_n$ läßt sich aber nichts aussagen. Illustrativ für die Arten der Konvergenz ist das Beispiel in ℓ^2:

$$\Omega_n = \begin{pmatrix} \overset{n}{\overbrace{}} & & & & & & \\ 0 & & & & 1 & & & \\ 1 & & & & & & & \\ & 1 & & & & & & \\ & & 1 & & & & & \\ & & & 1 & & & & \\ & & & & 1 & 0 & & \\ & & & & 0 & 1 & & \\ & & & & & & 1 & \\ & & & & & & & 1 \end{pmatrix} \to \Omega = \begin{pmatrix} 0 & & & & & & \\ 1 & & & & & & \\ & 1 & & & & & \\ & & 1 & & & & \\ & & & 1 & & & \\ & & & & 1 & & \\ & & & & & 1 & \\ & & & & & & 1 \end{pmatrix}$$

$$\Omega_n^* = \begin{pmatrix} 0 & 1 & & & & & \\ & & 1 & & & & \\ & & & 1 & & & \\ & & & & 1 & & \\ & & & & & 1 & \\ 1 & & & & & 0 & 0 \\ & & & & & & 1 \\ & & & & & & & 1 \\ & & & & & & & & 1 \end{pmatrix} \to \Omega^* = \begin{pmatrix} 0 & 1 & & & & & \\ & & 1 & & & & \\ & & & 1 & & & \\ & & & & 1 & & \\ & & & & & 1 & \\ & & & & & & 1 \end{pmatrix}$$

Ω_n^* konvergiert nur schwach, denn

$$v_n := \Omega_n^*(1,0,0,\ldots) = (\overset{n}{\overbrace{0,0,\ldots,1}},0,0,\ldots) \rightharpoonup 0,$$

aber $\|v_n\| = 1 \ \forall n$, also $v_n \not\to 0$. Hier haben wir

$$1 = \Omega_n^* \, \Omega_n \Rightarrow \Omega^* \Omega = 1, \text{ aber } 1 = \Omega_n \Omega_n^* \not\to \Omega \Omega^* \neq 1.$$

Für die $\Omega_\pm$ als starke Grenzwerte unitärer Operatoren haben wir hier dieselbe Situation. Es gilt zwar $\Omega_\pm^* \Omega_\pm = 1$, denn

$$\langle\, x \,|\, \Omega_\pm^* \Omega_\pm x \,\rangle = \|\Omega_\pm x\|^2 = \lim_{t \to \pm\infty} \|\Omega(t)x\|^2 = \|x\|^2 \quad \forall x \in \mathcal{H},$$

aber wir wissen dadurch nur, daß $\Omega_\pm \Omega_\pm^* = \Omega_\pm \Omega_\pm^* \Omega_\pm \Omega_\pm^*$, also daß $\Omega_\pm \Omega_\pm^*$ ein Projektor ist. Er projiziert auf einen Teilraum $\mathcal{H}_\pm \subset \mathcal{H}$, auf den $\mathcal{H}$ von Ω unitär abgebildet wird und den $\Omega_\pm^*$ wieder auf $\mathcal{H}$ zurückführt (Fig. 3.2), und es ist $\Omega_\pm^*|_{\mathcal{H}_\pm} = \Omega_\pm^{-1}|_{\mathcal{H}_\pm}$.

Analog zu (3.4.7,2) gilt $\Omega_\pm^* e^{i\tau H} \Omega_\pm = e^{i\tau H_0} \ \forall \tau \in \mathbf{R}$, so daß H auf $\mathcal{H}_\pm$ zu H_0 auf $\mathcal{H}$ unitär äquivalent ist. Es muß also das Spektrum von H_0 mit einem Teil des Spektrums von H übereinstimmen. Hat H_0 insbesondere nur ein absolut kontinuierliches Spektrum, ($H_0 : f(h) \to hf(h)$ in jedem Summanden der Spektraldarstellung) und H Eigenvektoren $|\, E_i \,\rangle$, dann gilt

$$\langle\, f \,|\, e^{itH_0} \, e^{-itH} \,|\, E_i \,\rangle = \int d\mu(h) \, e^{it(h-E_i)} \langle\, f(h) \,|\, E_i \,\rangle \to 0 \quad \text{für} \quad t \to \pm\infty$$

nach Riemann-Lebesgue. Die gebundenen Zustände sind dann im Kern von $\Omega_\pm^*$.

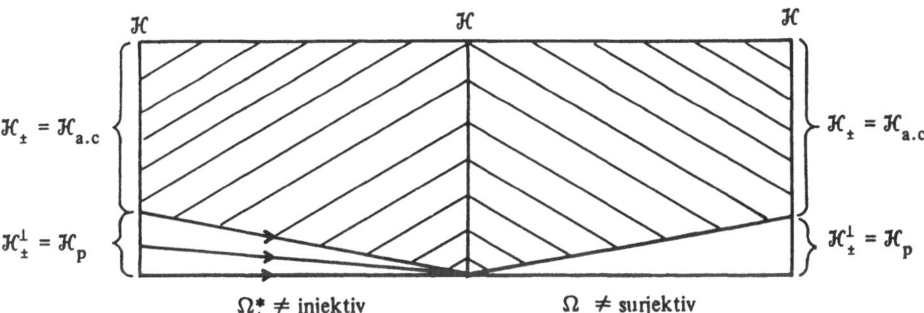

Fig. 3.2 Bild von Ω^* und Ω

Die starke Konvergenz kann man auch so ausdrücken, daß es zu jedem Zustand $\varphi \in \mathcal{H}$, der sich nach H_0 entwickelt, einen „Streuzustand" $\psi_\pm = \Omega_\pm \varphi$ gibt, so daß sie sich asymptotisch nähern:

$$\lim_{t \to \pm\infty} \left\| e^{iHt} \, e^{-iH_0 t} \varphi - \psi_\pm \right\| = \lim_{t \to \pm\infty} \left\| e^{-iH_0 t} \varphi - e^{-iHt} \psi_\pm \right\| = 0.$$

3. **Schwache Konvergenz.** Die Norm $\|a\| = \sup_{\|x\|=\|y\|=1} |\langle\, x \,|\, ay \,\rangle|$ als Supremum schwach stetiger Funktionen ist schwach unterhalbstetig, so daß wir jedenfalls $\|\Omega_\pm\| \leq 1$ haben. Da die unitären Operatoren in der Einheitskugel

schwach dicht sind, ist dies so ziemlich alles, was sich sagen läßt. Schwache Konvergenz taugt wenig, der Limes kann Null sein, wie etwa bei $e^{iH_0 t}$. Wenn Ω_+ schwach, aber nicht stark konvergiert, ist der Limes jedenfalls nicht unitär.

4. **Konvergenz von Ω^*.** Wir wissen, daß $\Omega^*(t)$ schwach gegen $\Omega^*_\pm$ konvergiert und daß $\Omega^*_\pm$ $\mathcal{H}_\pm$ unitär auf $\mathcal{H}$ und den Rest auf Null abbildet. Da die schwache Topologie auf den unitären Operatoren der starken gleicht (2.1.28,5), konvergiert $\Omega^*(t)$ auf $\mathcal{H}_\pm$ stark gegen $\Omega^*_\pm$, auf dem orthogonalen Komplement schwach gegen Null. Starke Konvergenz auf $\mathcal{H}_\pm$ bedeutet, daß es zu jedem Streuzustand $e^{-iHt}\psi$, $\psi \in \mathcal{H}_\pm$, einen freien Zustand $e^{-iH_0 t}\varphi$ gibt, der ihm asymptotisch gleicht.

Nach dieser Orientierung über Tücken des Hilbertraumes können wir nun unsere Desiderata präzisieren.

Definition (3.4.9)

(i) Wenn $e^{iHt}\,e^{-iH_0 t}$ für $t \to \pm\infty$ stark konvergiert, sagen wir, die **Møller-Operatoren** $\Omega_\pm = \lim_{t\to\pm\infty} e^{iHt}\,e^{-iH_0 t}$ existieren.

(ii) Gilt $\mathcal{H}_\pm := \Omega_\pm \mathcal{H} = \mathcal{H}_p^\perp$, so nennen wir $\Omega_\pm$ **asymptotisch vollständig.**

Bemerkungen (3.4.10)

1. Asymptotische Vollständigkeit bedeutet, daß sich, abgesehen von den gebundenen Zuständen $\mathcal{H}_p$, jeder Zustand für $t \to \pm\infty$ einem freien Zustand nähert. Ein einfaches klassisches Beispiel, bei dem dies nicht zutrifft, gewinnt man nach S. Sokolov durch eine am Ursprung divergierende effektive Masse $\mathcal{M}(x) = \coth^2 x$ eines sonst freien Teilchens: $H = p^2/\mathcal{M}(x)$, $H_0 = p^2$. Hier laufen sich alle hereinkommenden Bahnen am Ursprung tot, und die Menge der Streubahnen ist leer (vgl. [4]: Pearson hat ein Potential konstruiert, mit dem das analoge in der Quantenmechanik geschieht.)

2. $\mathcal{H}_+ = \mathcal{H}_-$ wird durch Invarianz unter Bewegungsumkehr (3.3.18) allein nicht garantiert, wir werden bald Mehrkanalsysteme mit $\mathcal{H}_+ \neq \mathcal{H}_-$ kennenlernen.

3. Wegen

$$\frac{d}{dt}\Omega(t) = e^{iHt}\,i(H - H_0)\,e^{-iH_0 t} = i\Omega(t)H_1(t),$$

$$H_1(t) := e^{iH_0 t}\,(H - H_0)\,e^{-iH_0 t},$$

läßt sich etwa Ω_+ nach (3.3.6) formal auch

$$\Omega_+ = \mathbf{T}\exp \int_0^\infty dt\, iH_1(t)$$

schreiben, was allerdings die Frage nach der Existenz des unendlichen Integrals nicht beantwortet.

Hinreichende Bedingung für die Existenz und Vollständigkeit von $\Omega_\pm$ (3.4.11)

Sei $H = H_0 + V$, $\sqrt{V} := V/|V|^{1/2}$, $D(H) = D(H_0)$ und χ_I die charakteristische Funktion von $I \subset \sigma(H_0)$. Falls

$$\sup_{\omega \in I} \left(\left\| \sqrt{V}\delta(H - \omega)\sqrt{V} \right\| + \left\| \sqrt{V}\delta(H_0 - \omega)\sqrt{V} \right\| \right) < \infty,$$

so konvergieren

$$\chi_I(H)e^{iHt}e^{-iH_0 t}\chi_I(H_0) \quad \text{und} \quad \chi_I(H_0)e^{iH_0 t}e^{-iHt}\chi_I(H)$$

für $t \to \pm\infty$ stark.

Bemerkungen (3.4.12)

1. In den uns interessierenden Fällen der Einkanalstreuung werden die Spektraleigenschaften

$$\sigma_{\text{a.c.}}(H_0) = \mathbf{R}^+ = \sigma_{\text{a.c.}}(H), \quad \sigma_{\text{p}}(H_0) = \sigma_{\text{s}}(H_0) = \sigma_{\text{s}}(H) = \emptyset, \quad \sigma_{\text{p}}(H) \subset \mathbf{R}^-$$

vorliegen. Aus technischen Gründen empfiehlt es sich, durch die Projektoren χ_I zunächst die zu langsamen und schnellen Teilchen auszuschalten, indem man $I = (\epsilon, 1/\epsilon)$ setzt. Ist $\sup_{\omega \in I}$ für alle $\epsilon > 0$ endlich, so bedeutet dies die Konvergenz von $\chi_I(H)e^{iHt}e^{-iH_0 t}$ auf einer dichten Menge im Hilbertraum und daher überall. Wegen $f(H)\Omega = \Omega f(H_0)$ wird man

$$\chi_{I'}(H)\, e^{iHt}\, e^{-iH_0 t}\, \chi_I(H_0) \to 0 \qquad \forall I' \cap I = \emptyset$$

erwarten und dies läßt sich tatsächlich verifizieren (Aufgabe 3). $\chi_I(H)\, e^{iHt}\, e^{-iH_0 t}\, \chi_I(H_0)$ hat daher denselben Limes wie $e^{iHt}\, e^{-iH_0 t}\, \chi_I(H_0)$, so daß dann (3.4.10) tatsächlich zeigt, was die Definition (3.4.9) fordert, nämlich starke Konvergenz von $e^{iHt}\, e^{-iH_0 t}$ auf einer dichten Menge.

2. $\sqrt{V}\,\delta(H - \omega)\sqrt{V}$ ist als

$$\lim_{\epsilon \to 0} \frac{1}{2\pi i}\sqrt{V}\left(\frac{1}{H - \omega - i\epsilon} - \frac{1}{H - \omega + i\epsilon} \right)\sqrt{V}$$

zu interpretieren und diesen Limes kann es geben, obgleich $(H - z)^{-1}$ für $z \in \mathbf{R}^+$ nicht existiert. Ja wir werden sehen, daß sogar die Kompaktheit $\lim \epsilon \downarrow 0$ überleben kann.

Beweis

Mit den Abkürzungen $\psi_I := \chi_I(H_0)\psi$, $\varphi_I := \chi_I(H)\varphi$ wird

$$\left\| \chi_I(H) \left(e^{iHt_1}\, e^{-iH_0 t_1} - e^{iHt_2}\, e^{-iH_0 t_2} \right) \chi_I(H_0)\psi \right\| =$$

$$= \left\| \chi_I(H) \int_{t_1}^{t_2} dt\, e^{iHt}\, V\, e^{-iH_0 t}\, \psi_I \right\| =$$

$$= \sup_{\|\varphi\|=1} \left| \int_{t_1}^{t_2} dt \, \langle \varphi \,|\, \chi_I(H) \, e^{iHt} \, V \, e^{-iH_0 t} \, \psi_I \rangle \right| \le$$

$$\le \sup_{\|\varphi\|=1} \int_{t_1}^{t_2} dt \, \left\| \sqrt{V} \, e^{-iHt} \, \varphi_I \right\| \cdot \left\| \sqrt{V} \, e^{-iH_0 t} \, \psi_I \right\| \le$$

$$\le \sup_{\|\varphi\|=1} \left[\int_{t_1}^{t_2} dt \, \left\| \sqrt{V} \, e^{-iHt} \, \varphi_I \right\|^2 \cdot \int_{t_1}^{t_2} dt \, \left\| \sqrt{V} \, e^{-iH_0 t} \, \psi_I \right\|^2 \right]^{1/2}.$$

Für die Konvergenz ist also hinreichend, daß $\sqrt{V_t}$ quadratintegrabel gegen Null geht (vgl. 3.4.4) und zwar sowohl hinsichtlich der Zeitentwicklung von H_0 als auch von H. Um die Zeitintegration auszuführen, verwenden wir die Verallgemeinerung der Parsevalschen Gleichung

$$\int_{-\infty}^{\infty} dt \, \|f(t)\|^2 = \int_{-\infty}^{\infty} \frac{d\omega}{2\pi} \, \left\| \tilde{f}(\omega) \right\|^2$$

für Vektoren f im Hilbertraum:

$$\int_{-\infty}^{\infty} dt \, \left\| \sqrt{V} \, e^{-iHt} \, \varphi_I \right\|^2 = 2\pi \int_{-\infty}^{\infty} d\omega \, \left\| \sqrt{V} \, \delta(H - \omega) \varphi_I \right\|^2.$$

Nun bemerken wir, daß für positive Operatoren $\left\| \sqrt{b}\,a\,\varphi \right\|^2 \le \left\| \sqrt{b}\,\sqrt{a} \right\|^2 \|\sqrt{a}\,\varphi\|^2 = \left\| \sqrt{b}\,a\,\sqrt{b} \right\| \cdot \langle \varphi \,|\, a\varphi \rangle$ gilt:

$$2\pi \int_{-\infty}^{\infty} d\omega \, \left\| \sqrt{V} \, \delta(H - \omega) \varphi_I \right\|^2 \le$$

$$\le 2\pi \int_{-\infty}^{\infty} d\omega \, \left\| \sqrt{V} \, \delta(H - \omega) \chi_I(H) \sqrt{V} \right\| \cdot \langle \varphi_I \,|\, \delta(H - \omega) \varphi_I \rangle \le$$

$$\le 2\pi \sup_{\omega \in I} \left\| \sqrt{V} \, \delta(H - \omega) \sqrt{V} \right\| \int_{-\infty}^{\infty} d\omega \, \langle \varphi_I \,|\, \delta(H - \omega) \varphi_I \rangle =$$

$$= 2\pi \sup_{\omega \in I} \left\| \sqrt{V} \, \delta(H - \omega) \sqrt{V} \right\| \, \|\varphi_I\|^2.$$

Für $H \to H_0$ gelten dieselben Relationen und zeigen, daß das Integral $\int_{t_1}^{\infty}$ mit $t_1 \to \infty$ beliebig klein werden muß, da $\int_{-\infty}^{\infty}$ existiert. Dies bedeutet starke Konvergenz von $\Omega(t)$ für $t \to \pm\infty$. $\qquad\square$

Beispiele (3.4.13)

1. Separables Potential: Sei $H_0 = \vec{p}^{\,2}$, $(V\varphi)(\vec{x}) = \lambda\rho(\vec{x}) \int d^3x' \, \rho^*(\vec{x}')\varphi(\vec{x}')$, wobei $\int d^3x \, |\rho(\vec{x})|^2 = 1$, $\int d^3x \, d^3x' \, \rho(\vec{x})\rho^*(\vec{x}')/|\vec{x} - \vec{x}'| = M < \infty$, $\inf_{\vec{p}^{\,2}\in I} |\tilde{\rho}(\vec{p})| > 0$. Da $P = V/\lambda$ ein eindimensionaler Projektor ist, wird

$$(H - z)^{-1} = (H_0 - z)^{-1} - \lambda(H_0 - z)^{-1} P (H_0 - z)^{-1} D^{-1}(z),$$

$$D(z) = \mathbf{1} + \lambda \operatorname{Tr} P (H_0 - z)^{-1} P$$

und

$$P(H - z)^{-1} P = P(H_0 - z)^{-1} P D^{-1}(z).$$

Nun bleibt

$$\operatorname{Tr} P(H_0 - z)^{-1} P = \int d^3 p \, |\tilde{\rho}(\vec{p})|^2 (\vec{p}^2 - z)^{-1} =$$

$$= \int d^3 x \, d^3 x' \, \rho(\vec{x}) \rho^*(\vec{x}') \, e^{i\sqrt{z} |\vec{x} - \vec{x}'|} / |\vec{x} - \vec{x}'|$$

nach Voraussetzung $\forall \sqrt{z}$ durch M beschränkt. $\forall y > 0$ ist ferner

$$\lambda^{-1} \operatorname{Im} D(x + iy) = \int d^3 p \, |\tilde{\rho}(\vec{p})|^2 \frac{y}{(\vec{p}^2 - x)^2 + y^2} \geq$$

$$\geq \inf_{\vec{p}^2 \in I} |\tilde{\rho}(\vec{p})|^2 \int_{\vec{p}^2 \in I} d^3 p \, \frac{y}{(\vec{p}^2 - x)^2 + y^2}$$

nach unten beschränkt, und zwar gleichmäßig in $x \in I$. Dann ist

$$\sup_{x \in I} \left| D^{-1}(x + iy) \right| \leq \sup_{x \in I} |D(z)| / |\operatorname{Im} D(z)|^2$$

auch im Limes $y \to 0$ endlich und

$$\lim_{y \to 0} \sup_{x \in I} \left\| \sqrt{V} (H - z)^{-1} \sqrt{V} \right\| < \infty.$$

2. $r^{-1-\epsilon}$-Potentiale $(0 < \epsilon < 1)$. Im Impulsraum ist

$$\widetilde{r^{-\gamma}} = \int d^3 x \, e^{i\vec{k}\vec{x}} \, r^{-\gamma} = |\vec{k}|^{-3+\gamma} 4\pi \Gamma(2 - \gamma) \sin(2 - \gamma)\pi.$$

Folglich wird $(\vec{p}_{n+1} = \vec{p}_1)$

$$\operatorname{Tr} \left(\sqrt{V} \delta(H_0 - \omega) \sqrt{V} \right)^n = \int \prod_{i=1}^n d^3 p_i \, \delta(\vec{p}_i^2 - \omega) \, |\vec{p}_i - \vec{p}_{i+1}|^{-2+\epsilon} =$$

$$= \omega^{\frac{-n(1-\epsilon)}{2}} \int \prod_{i=1}^n d\Omega_i \, |\vec{n}_i - \vec{n}_{i+1}|^{-2+\epsilon},$$

wobei $d\Omega_i$ das Raumwinkelelement der Einheitsvektoren $\vec{n}_i := \vec{p}_i / |\vec{p}_i|$ darstellt.
Nun ist $|\vec{n}_i - \vec{n}_{i+1}|^2 = 2(1 - \cos \vartheta_i)$, $\vartheta_i = \angle(\vec{n}_i, \vec{n}_{i+1})$ und

$$\int \prod_{i=1}^n d\Omega_i \, |\vec{n}_i - \vec{n}_{i+1}|^{-2+\epsilon}$$

ist für $n > 2/\epsilon$ kleiner als $c(\epsilon) < \infty$ (Aufgabe 5). Da $\| \ \| \leq \| \ \|_n$ wird

$$\sup_{\omega \in I} \left\| \sqrt{V} \, \delta(H_0 - \omega) \, \sqrt{V} \right\| \leq \sup_{\omega \in I} \omega^{-\frac{1}{2} - \frac{\epsilon}{2}} c(\epsilon) < \infty,$$

wenn wir für I ein kompaktes Intervall $\subset \mathbf{R}^+$ nehmen. Daß $\sqrt{V} \, \delta(H_0 - \omega) \, \sqrt{V}$ in der $\| \ \|_n$-Norm in ω Hölder-stetig ist, bewirkt (siehe Aufgabe 5), daß der Operator $\sqrt{V} \, (H_0 - x - iy) \, \sqrt{V}$ im Limes $y \to 0$ kompakt bleibt. Schließen wir von

$$\sqrt{V} \, (H - z)^{-1} \sqrt{V} = \sqrt{V} \, (H_0 - z)^{-1} \sqrt{V} - \sqrt{V} \, (H - z)^{-1} V (H_0 - z)^{-1} \sqrt{V}$$

auf

$$\sqrt{V}\,(H-z)^{-1}\sqrt{V} = \sqrt{V}\,(H_0-z)^{-1}\sqrt{V}\left(1+|V|^{1/2}(H_0-z)^{-1}\sqrt{V}\right)^{-1},$$

so sehen wir, daß der entsprechende Operator mit H sich nur um den Faktor $(1+|V|^{1/2}(H_0-z)^{-1}\sqrt{V})^{-1}$ unterscheidet. Da $|V|^{1/2}(H_0-z)^{-1}\sqrt{V}$ kompakt ist, also reines Punktspektrum mit sich nur bei 0 häufenden komplexen Eigenwerten $\kappa_i(z)$ hat, ist

$$\left\|\left(1+|V|^{1/2}(H_0-z)^{-1}\sqrt{V}\right)^{-1}\right\| \le \sup_i\left|(1+\kappa_i(z))^{-1}\right|.$$

$z\to\kappa_i(z)$ sind stetige Funktionen, $z\to|V|^{1/2}(H_0-z)^{-1}\sqrt{V}$ ist ja in $\mathbf{C}\backslash\mathbf{R}$ normanalytisch und läßt sich auf $I\subset\mathbf{R}$ stetig fortsetzen. Falls die Eigenfunktionen genügend abfallen, werden die z_{ij}, für die $-\kappa_i$ Einsstellen haben, Eigenwerte von H sein: $|V|^{1/2}(H_0-z)|V|^{1/2}\psi=\psi\Rightarrow(H_0+V-z)\frac{1}{|V|^{1/2}}\psi=0$, wenn also $|V|^{-1/2}\psi\in L$, ist z Eigenwert von H und für $\operatorname{Im}z\ne0$ kann $\kappa_i(z)$ nicht gleich -1 sein. Falls solche auf $\mathbf{R}^+$ auftreten, wären sie von I auszuschließen, und es bedarf eines eigenen Arguments, um Einsstellen von κ und damit positive Eigenwerte von H auszuschließen. Für I ein Kompaktum aus $(0,\infty)\backslash\{z_{ij}\}$ ist dann (3.4.11) erfüllt.

Bemerkungen (3.4.14)

1. Wir haben uns auf $\epsilon<1$ beschränkt, damit die Singularität bei $r=0$ nicht die relative Kompaktheit von V zerstört. Da es für die Existenz von Ω auf den Abfall bei $r\to\infty$ ankommt, ist es klar, daß sie für alle V, die stärker als $1/r$ abfallen, gewährleistet ist, sofern Singularitäten im Endlichen nicht Schwierigkeiten für die Selbstadjungiertheit verursachen [4].

2. Für $\epsilon=0$ geht $V_t^{1/2}\sim(pt)^{-1/2}$ und dies ist in t nicht quadratintegrabel, auch wenn $p=0$ ausgeschlossen wurde. Das war zu erwarten, denn schon klassisch (I, 4.2.18,2) existieren $\Omega_\pm$ für das $1/r$-Potential nicht.

3. Für $\epsilon=1$ wird die Schranke von $\left\|\sqrt{V}\,\delta(H_0-\omega)\sqrt{V}\right\|$ von ω unabhängig, so daß $\sup_\omega$ über ganz $\mathbf{R}$ endlich wäre. Dies mag verwundern, denn auch in der klassischen Streutheorie mußte man den Punkt $p=0$ entfernen, diese Teilchen laufen ja nicht davon. In der Quantenmechanik genügt allein das Zerfließen der Wellenpakete, daß $\langle r_t^{-2}\rangle$ in t quadratintegrabel wird: Bei der freien Zeitentwicklung ist $\Delta x_t^2\sim\Delta x_0^2+t^2/(\Delta x_0)^2$ (vgl. 3.3.5,1) und

$$\int_{-\infty}^{\infty}dt\,\langle r_t^{-\gamma}\rangle \sim \int_{-\infty}^{\infty}dt\left(\Delta x_0^2+t^2/\Delta x_0^2\right)^{-\gamma/2} \sim \Delta x_0^{2-\gamma}.$$

Für $\gamma=2$ wird dies von Δx_0 unabhängig, so daß wir eine Schranke unabhängig von φ erwarten, ohne daß man eine Umgebung von $p=0$ herausprojizieren muß.

4. Gibt es gebundene Zustände im Kontinuum, so kann $e^{iH_0t}\, e^{-iHt}$ auf ihnen nicht stark konvergieren, und sie müssen durch χ_I herausprojiziert werden. Für ein $r^{-\gamma}$-Potential, $0 < \gamma < 2$, kommen sie nach dem in § 4.1 zu beweisenden Virialsatz nicht vor. Nach ihm ist ein Eigenwert der Energie gleich $(\gamma - 2)/\gamma$ mal dem Erwartungswert der kinetischen Energie mit dem entsprechenden Eigenvektor. Da letztere positiv ist, gibt es dann nur negative Eigenwerte. Oszilliert ein Potential, so kann durch Bragg-Reflexion der Wellen ein gebundener Zustand entstehen, auch wenn es nach der klassischen Mechanik energetisch möglich wäre, daß das Teilchen entweicht. Etwa die Funktion

$$\psi(r) = \frac{\sin r}{a + r - \frac{1}{2}\sin 2r} \in L^2((0,\infty), dr), \quad a > 0,$$

genügt der Gleichung

$$\left(-\frac{d^2}{dr^2} + V(r) - 1\right)\psi(r) = 0,$$

$$V(r) = \frac{8\sin r}{\left(a + r - \frac{1}{2}\sin 2r\right)^2}(\sin r - (a + r)\cos r),$$

gehört also zum Eigenwert $E = 1$ eines Potentials V, $|V(r)| < \epsilon \min(1, 1/r)$, wobei ϵ beliebig klein wird, wenn a nach $+\infty$ strebt. Man kann zeigen, daß Potentiale, die für $r \to \infty$ stärker als $1/r$ gegen Null streben, keine positiven Eigenwerte haben [3, XIII].

Vielteilchenstreuung (3.4.15)

Mehrere Teilchen können in verschiedenen Gruppierungen gegen Unendlich streben, wobei manche aneinander gebunden bleiben, andere sich relativ zu ihnen entfernen. Formal hat man für N Teilchen eine Schrödingergleichung im 3N-dimensionalen Konfigurationsraum, und verschiedenen Einteilungen in Bruchstücke entsprechen verschiedene Gebiete im $\mathbf{R}^{3N}$. Eine solche Aufteilung von $\{1, 2, \ldots, N\}$ in disjunkte Untermengen, etwa (1,2), (3), (4,5,6), ... bedeutet, daß Teilchen 1 an 2 gebunden bleibt, 3 allein nach Unendlich entweicht, 4 bis 6 zusammengehen etc., und sei als **Kanal** bezeichnet. Paarpotentiale $V_{ij}(x_i - x_j)$ fallen in den Richtungen $x_i = x_j$ nicht ab, so daß die asymptotische Zeitentwicklung nicht durch eine einzige Hamiltonfunktion beschrieben wird, sondern vom Kanal abhängt, also von der Richtung, in dem der Zustand nach Unendlich strebt. Unterscheiden wir verschiedene Kanäle durch einen Index α, so wird die Wechselwirkung I_α zwischen den einzelnen Fragmenten für $t \to \pm\infty$ gegen Null gehen und sich die Zeitentwicklung der von $H_\alpha := H - I_\alpha$ annähern.

Beispiel (3.4.16)

Wir betrachten drei Teilchen und denken uns die Schwerpunktsbewegung abseparariert oder einfacher ein Teilchen unendlich schwer, etwa einen Kern K und zwei Elektronen e_1 und e_2. Man hat dann im Konfigurationsraum der Relativbewegung die zwei

Koordinaten x_1 und x_2 der Elektronen, und es gibt vier Kanäle:
$(K), (e_1), (e_2)$: Hier trennen sich alle Teilchen und

$$H = \frac{p_1^2}{2m_1} + \frac{p_2^2}{2m_2} + V_1(x_1) + V_2(x_2) + V_{12}(x_1 - x_2)$$

spaltet sich in H_0 und $I_0 = V_1 + V_2 + V_{12}$ auf.
$(K, e_1), (e_2)$: Teilchen 1 bleibt gebunden, das andere entweicht:

$$H_1 = \frac{p_1^2}{2m_1} + \frac{p_2^2}{2m_2} + V_1(x_1), \qquad I_1 = V_2 + V_{12}.$$

$(K, e_2), (e_1)$: Hier haben 1 und 2 ihre Rollen vertauscht.
$(K), (e_1, e_2)$: Hier verbleiben 1 und 2 gebunden, was zwar für Elektronen unmöglich
ist, aber bei Streuung Positron – H-Atom auftritt. Hier ist

$$H_{12} = \frac{p_1^2}{2m_1} + \frac{p_2^2}{2m_2} + V_{12}(x_1 - x_2), \qquad I_{12} = V_1 + V_2.$$

Die Existenz der Møller-Operatoren sagt nun wieder, daß sich jedem φ_α, in dem die
einem Kanal α entsprechenden Fragmente gebunden sind und dessen Zeitentwicklung
durch H_α gegeben ist, ein Zustand ψ_α mit Zeitentwicklung e^{-iHt} asymptotisch nähert:

$$\left\| e^{-iHt}\psi_\alpha - e^{-iH_\alpha t}\varphi_\alpha \right\| \to 0.$$

Ihre Vollständigkeit bedeutet, daß diese ψ_α's ganz $\mathcal{H}_{\text{a.c.}}(H)$ aufspannen.

Mølleroperatoren der Vielteilchenstreuung (3.4.17)
Ist P_α der Projektor auf den Teil von $\mathcal{H}_{\text{a.c.}}(H_\alpha)$, welcher dem Kanal α entspricht, so
sagen wir, die Mølleroperatoren

$$\Omega_{\alpha\pm} = \lim_{t\to\pm\infty} e^{iHt} e^{-iH_\alpha t} P_\alpha$$

existieren, wenn starke Konvergenz vorliegt. Dann sind $Q_{\alpha\pm} := \Omega_{\alpha\pm}\Omega_{\alpha\pm}^*$ Projektoren,
und asymptotische Vollständigkeit bedeutet

$$\sum_\alpha Q_{\alpha\pm}\mathcal{H} = \mathcal{H}_{\text{a.c.}}(H).$$

Bemerkungen (3.4.18)

1. Die P_α werden sich durch das Tensorprodukt der Projektoren auf die gebundenen Zustände innerhalb der Fragmente des Kanals mal der Einheit in ihren
   Relativkoordinaten darstellen. Etwa in (3.4.16) ist P_α für $(K, e_1), (e_2)$ gleich
   $P_p \otimes \mathbf{1}$, $P_p = $ Projektor auf $\mathcal{H}_p(p_1^2/2m + V_1)$. Für verschiedene α werden die
   P_α nicht orthogonal sein, da sie sich auf verschiedene, nichtkommutierende H_α
   beziehen. $e^{iHt} e^{-iH_\alpha t}$ wird zwar auf ganz $\mathcal{H}$ konvergieren, aber wir sind an diesen
   Limiten weniger interessiert.

2. Die Relation $\Omega^*\Omega = \mathbf{1}$ aus (3.4.8,2) verallgemeinert sich jetzt zu $\Omega^*_{\alpha\pm}\Omega_{\beta\pm} = \delta_{\alpha\beta}P_\alpha$ (Aufgabe 4). Dann sind aber die Q_α für verschiedene α orthogonal:

$$Q_{\alpha\pm}\,Q_{\beta\pm} = \Omega_{\alpha\pm}\,\Omega^*_{\alpha\pm}\,\Omega_{\beta\pm}\,\Omega^*_{\beta\pm} = \delta_{\alpha\beta}\,Q_{\alpha\pm}.$$

Dies war zu erwarten, denn alle Q_α beziehen sich auf dasselbe H und kommutieren mit ihm:

$$e^{iHt}\,Q_{\alpha\pm}\,e^{-iHt} = e^{iHt}\,\Omega_{\alpha\pm}\,\Omega^*_{\alpha\pm}\,e^{-iHt} = \Omega_{\alpha\pm}\,e^{iH_\alpha t}\,e^{-iH_\alpha t}\,\Omega^*_{\alpha\pm} = Q_{\alpha\pm}.$$

Physikalisch heißt dies, daß die $e^{iHt}\psi_\alpha$, $\Psi_\alpha = \Omega_{\alpha\pm}\varphi_\alpha$, für große Zeiten in weit separierte Fragmente übergehen, so daß für verschiedene Kanäle die Vektoren orthogonal sind. Da sie sich mit e^{iHt} transformieren, gilt die Orthogonalität für alle Zeiten.

3. Die Projektoren P_α und Q_α sind ziemlich unhandlich: $\sum_\alpha P_\alpha \neq P_{\text{a.c.}}$ und Q_α sind kaum explizit zu realisieren. Es lohnt sich daher, anstelle von P_α handlichere Operatoren J_α zu verwenden, welche unter der Zeitentwicklung H_α gegen P_α streben. $\Omega_{\alpha\pm}$ läßt sich dann als Limes von $e^{iHt}J_\alpha\,e^{-iH_\alpha t}$ darstellen, denn $e^{iH_\alpha t}J_\alpha\,e^{-iH_\alpha t} \to P_\alpha$ impliziert ja $e^{iHt}J_\alpha\,e^{-iH_\alpha t} \to \Omega_{\alpha\pm}$. Etwa im Beispiel (3.4.16) der Streuung Elektron-Wasserstoffatom kann man

$$J_1 = \frac{x_1^4 + x_2^4}{1 + x_1^4 + x_2^4 + x_1^8}, \qquad J_2 = \frac{x_1^4 + x_2^4}{1 + x_1^4 + x_2^4 + x_2^8},$$

$J_{12} = 0$, $J_0 = 1 - J_1 - J_2$ verwenden. Bleibt $\vec{x}_1$ im Endlichen und $\vec{x}_2 \to \infty$, geht J_1 gegen $\mathbf{1}$, J_2 gegen $\mathbf{0}$ und umgekehrt. J_0 wird nur dann $\mathbf{1}$, wenn beide Teile gegen Unendlich laufen. In § 4.4 werden wir zeigen, daß diesen heuristischen Überlegungen tatsächlich starke Konvergenz entspricht.

Das Kriterium (3.4.11) für Existenz und Vollständigkeit der Mølleroperatoren funktioniert für Mehrteilchensysteme nicht, da Paarpotentiale V_{ij} nicht relativ zu H kompakt sind. Sie können ja als Tensorprodukt einer Funktion von $x_i - x_j$ mal der Einheit in den anderen Koordinaten aufgefaßt werden, und ein Tensorprodukt ist nur kompakt, wenn es beide Faktoren sind. Hier können die zuletzt eingeführten Funktionen J_α helfen, denn sie fallen gerade in den Richtungen ab, in denen I_α konstant ist, so daß $J_\alpha I_\alpha$ relativkompakt wird und den Methoden von (3.4.11) zugänglich ist. So kommen wir zu einem einfachen

Kriterium für die Existenz und Vollständigkeit von $\Omega_{\alpha\pm}$ (3.4.19)

Seien J_α positive Operatoren, für die

$$\text{s-lim}\,e^{iH_\alpha t}J_\alpha\,e^{-iH_\alpha t} = P_\alpha \text{ und } \sum_\alpha J_\alpha = \mathbf{1}.$$

Existieren für $t \to \pm\infty$ die starken Limiten von $e^{iHt}J_\alpha\,e^{-iH_\alpha t}$ und

$$e^{iH_\alpha t}J_\alpha\,e^{-iHt}P_{\text{a.c.}}(H),$$

dann existieren die $\Omega_{\alpha\pm}$ und sind vollständig.

Beweis

Da nach Voraussetzung $\left\|\left(e^{-iH_\alpha t}P_\alpha - J_\alpha\,e^{-iH_\alpha t}\right)\psi\right\| \to 0 \;\forall\psi \in \mathcal{H}$, konvergiert $e^{iHt}e^{-iH_\alpha t}P_\alpha$ genauso wie $e^{iHt}J_\alpha\,e^{-iH_\alpha t}$ stark, letzteres daher gegen $\Omega_{\alpha\pm}$. Dann ist

$$\text{s-lim}\,e^{iHt}J_\alpha\,e^{-iHt}P_{\text{a.c.}}(H) =$$
$$= \text{s-lim}\,e^{iHt}e^{-iH_\alpha t}(P_\alpha + (\mathbf{1} - P_\alpha))e^{iH_\alpha t}J_\alpha\,e^{-iHt}P_{\text{a.c.}}(H) = Q_\alpha,$$

da $(\mathbf{1} - P_\alpha)\Omega_{\alpha\pm}^* = \mathbf{0}$. Somit wird

$$\sum_\alpha Q_\alpha = \text{s-lim}\,e^{iHt}\sum_\alpha J_\alpha\,e^{-iHt}P_{\text{a.c.}}(H) = P_{\text{a.c.}}(H).$$

$\square$

Beispiel (3.4.20)

Im Dreiteilchensystem (3.4.16) sei $V_{12} = 0$, und V_1 und V_2 mögen Potentiale sein, für die die Einteilchen-Mølleroperatoren ω_1 und ω_2 existieren und vollständig sind. Für die J_α ergibt sich in den einzelnen Kanälen folgendes Bild:

0-Kanal: Unter der Zeitentwicklung nach $H_0 = p_1^2/2m_1 + p_2^2/2m_2$ konvergieren J_1 und J_2 stark gegen Null: Mit $x_i \to x_i + p_i t/m_i$ geht

$$J_i \to \frac{p_1^4 + p_2^4}{p_1^4 + p_2^4 + t^2 p_i^8/m_i^2}, \qquad i = 1, 2,$$

und dies geht auf der dichten Menge der Funktionen, deren Träger $p_i = 0$ nicht enthält, gegen Null. Also existiert

$$\text{s-lim}\,e^{iHt}J_0\,e^{-iH_0 t} =$$
$$= \text{s-lim}\,e^{iHt}e^{-iH_0 t}e^{iH_0 t}J_0\,e^{-iH_0 t} = \omega_1 \otimes \omega_2$$

und

$$\text{s-lim}\,e^{iH_0 t}J_0 e^{-iHt}P_{\text{a.c.}}(H) =$$
$$= \text{s-lim}\,e^{iH_0 t}J_0 e^{-iH_0 t}e^{iH_0 t}e^{-iHt}P_{\text{a.c.}}(H) = \omega_1 \otimes \omega_2.$$

1-Kanal: Ist Teilchen 1 gebunden, geht

$$J_1 = \frac{x_1^4 + x_2^4}{1 + x_1^4 + x_2^4 + x_1^8}$$

unter der Zeitentwicklung nach

$$H_1 = \frac{p_1^2}{2m_1} + \frac{p_2^2}{2m_2} + V_1(x_1)$$

gegen $\mathbf{1}$, denn $x_2 \to x_2 + tp_2/m_2$ und x_1 bleibt endlich. Ist es nicht gebunden, so nähert sich nach Voraussetzung die Zeitentwicklung der freien, und $J_1\,e^{-iH_1 t}\psi$ strebt gegen $J_1\,e^{-iH_0 t}\omega_1^* \otimes \mathbf{1}\,\psi$ und geht gegen Null. Also ist

$$\text{s-lim}\,e^{iH_1 t}J_1\,e^{-iH_1 t} = P_1$$

und

$$\text{s-lim}\, e^{iHt} J_1 \, e^{-iHt} = \mathbf{1} \otimes \omega_2 \cdot P_1.$$

Im 2-Kanal ist die Situation gleich, der 1-2-Kanal ist leer. Somit führt in diesem trivialen Fall (3.4.19) auf die früheren Ergebnisse; zu interessanteren Beispielen kommen wir später.

Die $\Omega_{\alpha\pm}$ bilden die Bewegung im Kanal α, $a \to e^{iH_\alpha t} a\, e^{-iH_\alpha t}$ auf die tatsächliche, durch e^{iHt} beschriebene Zeitentwicklung ab. Insbesondere bewirken sie die in (3.4.6) eingeführten Homomorphismen $\tau_\pm$ und führen $\{H_\alpha\}'$ in $\mathcal{A}_\pm$ über: $\forall a \in \{H_\alpha\}'$ ist ihre Projektion in den Kanal α Element von $\mathcal{A}$, und

$$\begin{aligned}
\tau_\pm\left(Q_\alpha\, a\, Q_\alpha\right) &:= \lim_{t\to\pm\infty} e^{iHt} Q_\alpha\, a\, Q_\alpha\, e^{-iHt} = \\
&= \lim_{t\to\pm\infty} e^{iHt} Q_\alpha\, e^{-iH_\alpha t} (P_\alpha + \mathbf{1} - P_\alpha)\, a\, e^{iH_\alpha t} Q_\alpha\, e^{-iHt} = \\
&= \Omega_{\alpha\pm}\, a\, \Omega_{\alpha\pm}^{*}.
\end{aligned}$$

Unter den Konstanten der Bewegung $\{H_\alpha\}'$ werden sich die Relativimpulse der Schwerpunkte der einzelnen Fragmente befinden. Sie kommutieren, und Vektoren aus ihrer Spektraldarstellung seien $|\alpha, k\rangle$ geschrieben und etwas leger als Eigenvektoren der Impulse bezeichnet, wobei die $|\alpha, k\rangle$ im Bild der Projektoren P_α aus (3.4.17) liegen. $\Omega_{\alpha\pm}$ führen $|\alpha, k\rangle$ in Eigenvektoren der asymptotischen Impulse $|\alpha, k, \pm\rangle := \Omega_{\alpha\pm}|\alpha, k\rangle$ über, dergestalt, daß gemäß (3.4.18,2)

$$\langle \alpha, k, \pm \mid \tau_\pm\left(Q_\alpha\, a\, Q_\alpha\right)\mid \alpha, k, \pm\rangle = \langle \alpha, k \mid P_\alpha\, a\, P_\alpha \mid \alpha, k\rangle \tag{3.4.22}$$

gilt. Die Zustände $|\alpha, k, \pm\rangle$ entsprechen also Impulsen k der auslaufenden bzw. einlaufenden Teilchen, und die Übergangswahrscheinlichkeit von einer solchen Konfiguration zu einer anderen ist makroskopischen Messungen zugänglich. Wie in der klassischen Mechanik (I, 3.4.9) kommen wir so zur

Definition (3.4.23)

$$S_{\alpha\beta} = \Omega_{\alpha+}^{*}\Omega_{\beta-}$$

heiße die **S-Matrix der Wechselwirkungsdarstellung** und

$$S = \sum_\alpha \Omega_{\alpha-}\Omega_{\alpha+}^{*}$$

die **S-Matrix der Heisenbergdarstellung**.

Bemerkungen (3.4.24)

1. Wir haben die Definition gleich für die Vielteilchenstreuuung gegeben, Einteilchenstreuung läßt sich als Spezialfall mit nur einem Kanal auffassen.

2. Schematisch lassen sich die Wirkungen der $\Omega_{\alpha\pm}$ so darstellen:

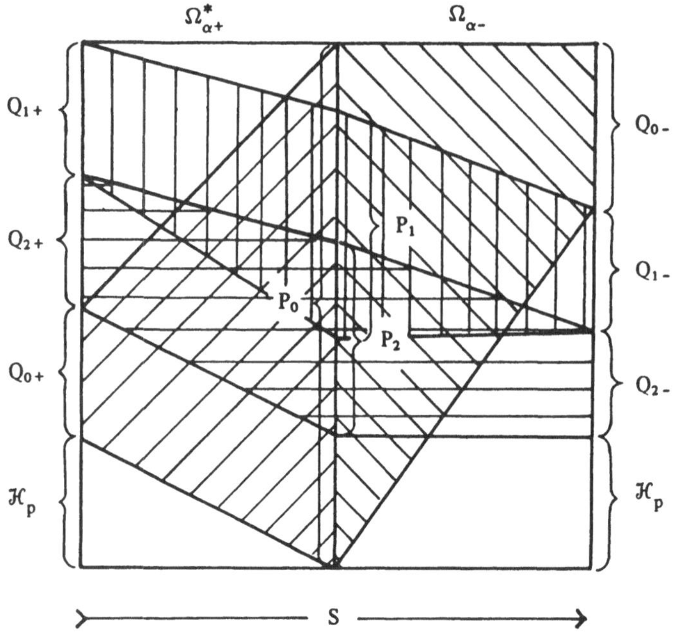

Fig. 3.3 Bereiche und Bilder von $\Omega_{\alpha+}^{*}$ und $\Omega_{\alpha-}$ im Mehrkanalsystem

Wegen $\Omega_{\alpha+}\Omega_{\alpha-}^{*}\,|\,\beta,k,-\rangle = \delta_{\alpha\beta}\,|\,\alpha,k,+\rangle$ lassen sich die Übergangswahrscheinlichkeiten durch S wie folgt ausdrücken:

$$\langle\,\alpha,k',+\,|\,\beta,k,-\,\rangle = \langle\,\alpha,k'\,|\,S_{\alpha\beta}\,|\,\beta,k\,\rangle = \langle\,\alpha,k',+\,|\,S\,|\,\beta,k,+\,\rangle.$$

S ist also eine unitäre Transformation von $\mathcal{H}_{\mathrm{a.c.}}(H)$, während $S_{\alpha\beta}$ nichtorthogonale Unterräume von $\mathcal{H}$ isometrisch aufeinander abbildet. Da aber die Zustände $|\,\alpha,k\,\rangle$ der Rechnung leichter zugänglich sind als $|\,\alpha,k,\pm\,\rangle$, ist $S_{\alpha\beta}$ der nützlichere Operator.

3. Wenngleich sowohl $\sum_\alpha Q_{\alpha-}$ als auch $\sum_\alpha Q_{\alpha+}$ gleich $P_{\mathrm{a.c.}}$ sind, müssen $Q_{\alpha-}$ und $Q_{\alpha+}$ nicht auf denselben Unterraum projizieren. Etwa bei Stoßionisation kommt man von Q_1 nach Q_0 aus (3.4.16). Dies illustriert die frührere Bemerkung, daß die Existenz von s-$\lim_{t\to\pm\infty} e^{iHt}e^{-iH_0t}$ noch nicht garantiert, daß die Bilder beider Limiten übereinstimmen. Dies widerspricht nicht der Invarianz unter Bewegungsumkehr, das **K** aus (3.3.19,2) führt dann die beiden Bilder ineinander über.

4. Aus $e^{iHt}\,\Omega_{\alpha\pm} = \Omega_{\alpha\pm}\,e^{iH_\alpha t}$ schließen wir $e^{iHt}Se^{-iHt} = S$, $e^{iH_\alpha t}S_{\alpha\beta}\,e^{-iH_\beta t} = S_{\alpha\beta}$. Allgemein kommutiert S nicht mit allen Konstanten der Bewegung, aber mit $\cap_\alpha\{H_\alpha\}' \cap \{H\}'$ (vgl. I, 3.4.10,2).

5. Ist $\mathbf{K} \in \{H_\alpha\}'$ und $\mathbf{K} = P_\alpha \mathbf{K}$, so ist nach (3.4.21) $Q_\alpha \mathbf{K} Q_\alpha \in \mathcal{A}$ und

$$\mathbf{K}_\pm := \tau_\pm (Q_\alpha \mathbf{K} Q_\alpha) = \Omega_{\alpha\pm} \mathbf{K} \, \Omega_{\alpha\pm}^*.$$

S transformiert dann $\mathbf{K}_-$ in $\mathbf{K}_+$:

$$\mathbf{K}_+ = \Omega_{\alpha+} \Omega_{\alpha-}^* \, \mathbf{K}_- \, \Omega_{\alpha-} \Omega_{\alpha+}^* = S^* \mathbf{K}_- S.$$

Für solche Observable beschreibt also S die zeitliche Veränderung von $t = -\infty$ bis $t = +\infty$.

6. Gibt es nur einen Kanal, kann man

$$S_{\alpha\beta} = \underset{t\to\infty}{\text{s-lim}} \; e^{iH_\alpha t} \, e^{-2iHt} \, e^{iH_\beta t},$$

vgl. (3.4.10,3),

$$S_{00} = \mathbf{T} \exp\left\{ -i \int_{-\infty}^{\infty} dt \, H'(t) \right\}$$

schreiben. Daß starke Konvergenz vorliegt, folgt daraus, daß $e^{iH_0 t} e^{-iHt} Q$ stark konvergiert und $(\mathbf{1} - Q)e^{-iHt} e^{iH_0 t}$ stark gegen Null geht.

Wir haben die Streuoperatoren durch Vergleich der Zeitentwicklung mit der freien Bewegung der Fragmente eingeführt, da dies dem klassischen Bild am nächsten kommt. Die explizite Berechnung von S gelingt jedoch meistens nur mit Methoden, in denen die Zeitabhängigkeit eliminiert ist. Ihnen werden wir § 3.5 und 6 widmen.

Aufgaben (3.4.25)

1. Zeige: Ist H' H_0-relativ kompakt, dann gibt es zu jedem $\epsilon > 0$ ein δ, so daß $\|H'\psi\| \leq \epsilon\|H_0\psi\| + \delta\|\psi\| \; \forall \psi \in D(H_0)$. ($a = H'(H_0 + i)^{-1}$ ist kompakt. Sei $P_n = \chi_{[-n,n]}(H_0)$. Zeige, daß (i) $\|a(1 - P_n)\| \to 0$ und (ii) $H'P_n$ beschränkt ist $\forall n$).

2. Zeige, daß $V = r^{-\epsilon}$, $0 < \epsilon < 2$, relativ zu $H_0 = p^2$ kompakt ist. (Zeige, $\text{Tr}(V^{1/2}(H_0 + c^2)^{-1}V^{1/2})^n < \infty$ für $n \in \mathbf{Z}^+$, $n > 3/\epsilon$.)

3. V sei relativ zu H_0 kompakt. Zeige, $(1 - P(I))e^{iHt}e^{-iH_0 t}P_0(I) \to 0$ für $t \to \pm\infty$, wenn $P(I)$ (bzw. $P_0(I)$) die Spektralprojektoren von H (bzw. H_0) auf das Intervall I sind.

4. Überprüfe $\Omega_{\alpha\pm}^* \, \Omega_{\beta\pm} = \delta_{\alpha\beta}P_\alpha$ für das Dreiteilchensystem (3.4.16).

5. Sei $A(\omega) := \sqrt{V} \, \delta(H_0 - \omega)\sqrt{V}$, $V \sim r^{-1-\epsilon}$, (vgl. 3.4.13,2). Zeige: a) $\|A(\omega)\| < c\omega^{-n(1+\epsilon)/2}$, b) $\exists \rho > 0$, $\delta > 0$, $c < \infty$, so daß $\|A(\omega) - A(\omega')\|_n < c|\omega - \omega'|^\rho \; \forall \, |\omega - \omega'| < \delta$ und $\forall n > 2/\epsilon$. Schließe, daß $\lim_{y\to 0} \sqrt{V}(H_0 - x - iy)^{-1}\sqrt{V} \in \mathcal{C}$.

Lösungen (3.4.26)

1. (i) Sei $a_n = a^*(1 - P_n)a$. $\|a(1 - P_n)\|^2 = \sup_{\|\psi\| \leq 1} \langle \psi \,|\, a_n \psi \rangle$. Die Abbildungen $\psi \to \langle \psi \,|\, a_n \psi \rangle$ sind schwach stetig, denn $\psi_i \rightharpoonup 0 \Rightarrow a\psi_i \to 0$ und $\psi \to \langle \psi \,|\, (1 - P_n)\psi \rangle$ ist stark stetig. Daher sind die Mengen $\{\psi : \langle \psi \,|\, a_n \psi \rangle \geq C\}$ schwach abgeschlossen. Wäre $\|a(1 - P_n)\|^2 > C > 0\ \forall n$, so wäre der Durchschnitt der fallenden Folge von schwach kompakten Mengen $\{\psi : \langle \psi \,|\, a_n \psi \rangle \geq C,\ \|\psi\| \leq 1\}$ nicht leer $\Rightarrow$ es gäbe ein ψ, so daß $\|\psi\| \leq 1$, $\langle \psi \,|\, a_n \psi \rangle \geq C\ \forall n$, dies ist unmöglich wegen $1 - P_n \to 0$.
(ii) $H'P_n = a \int_{-n}^{n} (\alpha + i)\, dP_\alpha$ = Produkt zweier beschränkter Operatoren. Somit ist für $\psi \in D(H_0)$ $\|H'\psi\| = \|a(H_0 + i)\psi\| \leq \|a(1 - P_n)(H_0 + i)\psi\| + \|H'P_n\psi\| \leq \epsilon\|(H_0 + i)\psi\| + \|H'P_n\|\|\psi\|$, falls n groß genug ist.

2. Mit (2.3.20,5) und (3.3.3) wird

$$\mathrm{Tr}(V^{1/2}(H_0 + c^2)^{-1}V^{1/2})^n =$$

$$= \int d^3x_1 \ldots d^3x_n\, V(x_1)\frac{e^{-c|x_1 - x_2|}}{4\pi|x_1 - x_2|}\, V(x_2)\frac{e^{-c|x_2 - x_3|}}{4\pi|x_2 - x_3|} \ldots V(x_n)\frac{e^{-c|x_n - x_1|}}{4\pi|x_n - x_1|} =$$

$$= \int d^3y_1 \ldots d^3y_n\, V(y_1)\frac{e^{-c|y_2|}}{4\pi|y_2|}V(y_1 + y_2)\frac{e^{-c|y_3|}}{4\pi|y_3|} \ldots$$

$$\ldots V(y_1 + y_2 + \ldots + y_n)\frac{e^{-c|y_2 + y_3 + \ldots + y_n|}}{4\pi|y_2 + y_3 + \ldots + y_n|}.$$

Im Unendlichen sorgt $e^{-c|y_i|}$ für die Konvergenz von $\int dy_2 \ldots dy_n$, und $\int dy_1$ konvergiert über $|y_1|^{-\epsilon}|y_1 + y_2|^{-\epsilon} \ldots |y_1 + y_2 + \ldots y_n|^{-\epsilon}$, falls $n\epsilon > 3$. Die Singularitäten im Endlichen sind harmlos, solange $\epsilon < 2$.

3. Da die Operatoren $\forall t$ durch 1 normbeschränkt sind, genügt es, die starke Konvergenz für die dichte Menge der $\varphi \in P_0(I')\mathcal{H}$, I' echt in I enthalten, zu zeigen. Dann ist

$$(1 - P(I))e^{iHt}e^{-iH_0 t}P_0(I)\,\varphi =$$

$$= \frac{1}{2\pi i}\int_C dz\,(1 - P(I))e^{iHt}\left(\frac{1}{H_0 - z} - \frac{1}{H - z}\right)e^{-iH_0 t}P_0(I')\,\varphi =$$

$$= \frac{1}{2\pi i}\int_C dz\,(1 - P(I))\frac{1}{H - z}\,e^{iHt}\,V\,e^{-iH_0 t}P_0(I')\,\frac{1}{H_0 - z}\,P_0(I')\,\varphi,$$

wobei C ein geschlossener Integrationsweg ist, der I' einschließt, aber $\mathbf{R}\backslash I$ nicht schneidet:

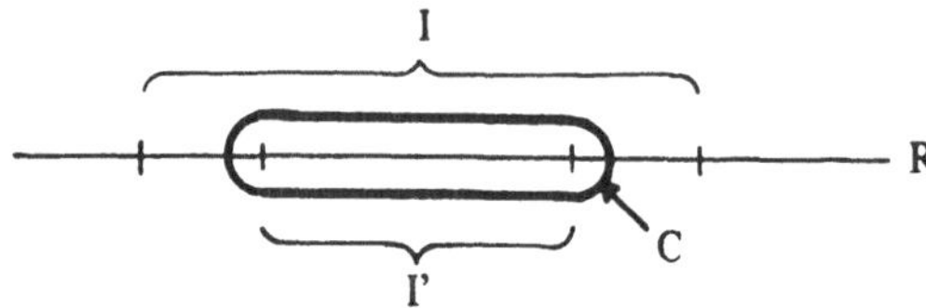

Dann sind die Operatoren $\frac{1 - P(I)}{H - z}$ und $\frac{1}{H_0 - z}P_0(I')$ am Integrationsweg gleichmäßig beschränkt, so daß der Ausdruck wegen (3.4.4) stark gegen Null geht. (Beachte, $V_n \to 0$, $\|a_n\| = 1\ \forall n \Rightarrow a_n V_n \to 0$.)

4. Für $\alpha = \beta$ folgt dies aus der starken Konvergenz (siehe 3.4.8,2), so daß es genügt, für $\alpha \neq \beta$

$$\text{w-lim } P_\alpha\, e^{iH_\alpha t}\, e^{-iH_\beta t}\, P_\beta = 0$$

zu verifizieren. Es gibt im wesentlichen zwei Fälle:
$\alpha = 0,\ \beta = (1,2,3)$:

$$e^{iH_0 t}\, e^{-i(H_0 + V_\beta)t}\, P_\beta \rightharpoonup 0,$$

denn etwa

$$e^{ip_1^2 t}\, e^{-i(p_1^2 + V_1(x_1))t}\, P_p(1) \rightharpoonup 0,$$

denn $P_p(1)$ enthält nur die Eigenfunktionen ψ_j, $H_1\psi_j = E_j\psi_j$ und

$$e^{it(p_1^2 - E_j)}\, \psi_j \rightharpoonup 0.$$

$\alpha = 1,\ \beta = 2$:

$$P_p(1)\, e^{i(p_1^2 + V_1)t}\, e^{-ip_1^2 t} \otimes e^{ip_2^2 t}\, e^{-i(p_2^2 + V_2)t}\, P_p(2) \rightharpoonup 0$$

aus demselben Grund wie vorher. Analog für $\alpha = 1,\ \beta = 3$ und $\alpha = 2,\ \beta = 3$.

5. Das Integral über $(S^2)^n$ in (3.4.13,2) ist lokal wie über $\mathbf{R}^{2n}$. Da der Integrand nur von der Differenz der $\vec{n}_i$ abhängt, und ein $2(n-1)$-faches Integral über eine homogene Funktion $n(-2+\epsilon)$-ten Grades endlich ist, falls $2(n-1) - n(2-\epsilon) > 0$, ist $\|A(\omega)\|_n < \infty$ für $n > 2/\epsilon$. Dann ist $\|A(\omega) - A(\omega')\|_n$ nicht nur endlich, sondern geht für $\omega' \to \omega$ Hölder-stetig gegen Null. Dies garantiert in

$$\lim_{y \to 0} \sqrt{V}\,(H_0 - x - iy)^{-1}\sqrt{V} = i\pi A(x) + \mathrm{P}\!\int dz\, \frac{A(z) - A(x)}{z - x}$$

die Existenz des Hauptwertintegrals in dieser Spurnorm.

3.5 Störungstheorie

Im Unendlichdimensionalen sind schlagartige Änderungen die Regel, für die Physik ist es aber wesentlich zu wissen, wann Eigenwerte nur wenig durch Störung beeinflußt werden.

Da die meisten physikalischen Probleme analytisch nicht lösbar sind, hat sich die Gewohnheit eingebürgert, um einen lösbaren Grenzfall Störungstheorie in Form einer Taylorentwicklung zu betreiben. Der typische Fall ist eine gestörte Hamiltonfunktion $H(\alpha) = H_0 + \alpha H'$, und man steht vor der Frage, welche Größen in α analytisch sind und in welchem Bereich für α. Wir interessieren uns hier für die Resolvente $R(\alpha, z) := (H(\alpha) - z)^{-1}$, die isolierten Eigenwerte $E_k(\alpha)$ von $H(\alpha)$ und die zugehörigen Projektoren

$$P_k(\alpha) := \frac{1}{2\pi i} \int_{C_k(\alpha)} dz\, R(\alpha, z), \qquad (3.5.1)$$

wobei $C_k(\alpha)$ ein geschlossener Weg ist, der von $\mathrm{Sp}(H(\alpha))$ nur $E_k(\alpha)$ enthält. Obgleich $H(\alpha)$ nicht für alle komplexen α diagonalisierbar sein wird, haben wir überall (Aufgabe 1) die

Eigenschaften der Projektoren (3.5.2)

(i) $P_k(\alpha) = P_k^*(\alpha^*)$,

(ii) $P_i(\alpha)\, P_k(\alpha) = \delta_{ik}\, P_k(\alpha)$,

(iii) $[P_i(\alpha), R(\alpha, z)] = 0$.

(iv) Die $P_k(\alpha)$ sind außer an den Verzweigungspunkten α_s von $E_k(\alpha)$ analytisch in α, so daß $\dim P_k(\alpha)\mathcal{H} = \mathrm{Tr}\, P_k(\alpha)$ im Analytizitätsbereich konstant sind.

In Büchern über Quantenmechanik rechnet man gerne so, als wären alle Operatoren endliche Matrizen. Zum Aufwärmen betrachten wir daher die

Beispiele (3.5.3)

1.
$$H(\alpha) = \begin{pmatrix} \alpha & 0 \\ 0 & 0 \end{pmatrix}, \quad E_{1,2}(\alpha) = \alpha, 0. \quad R(\alpha, z) = \begin{pmatrix} \frac{1}{\alpha - z} & 0 \\ 0 & \frac{-1}{z} \end{pmatrix},$$

$$P_1(\alpha) = \begin{pmatrix} 1 & 0 \\ 0 & 0 \end{pmatrix}, \quad P_2(\alpha) = \begin{pmatrix} 0 & 0 \\ 0 & 1 \end{pmatrix}.$$

2.
$$H(\alpha) = \begin{pmatrix} \alpha & 1 \\ 0 & 0 \end{pmatrix}, \quad E_{1,2}(\alpha) = \alpha, 0, \quad R(\alpha, z) = \begin{pmatrix} \frac{1}{\alpha - z} & \frac{1}{z(\alpha - z)} \\ 0 & \frac{-1}{z} \end{pmatrix},$$

$$P_1(\alpha) = \begin{pmatrix} 1 & 1/\alpha \\ 0 & 0 \end{pmatrix}, \quad P_2(\alpha) = \begin{pmatrix} 0 & -1/\alpha \\ 0 & 1 \end{pmatrix}.$$

3.

$$H(\alpha) = \begin{pmatrix} \alpha(\alpha+1) & \alpha \\ 0 & \alpha \end{pmatrix}, \qquad E_{1,2}(\alpha) = \alpha(\alpha+1), \alpha.$$

$$R(\alpha, z) = \begin{pmatrix} \frac{1}{\alpha(\alpha+1)-z} & \frac{-\alpha}{(\alpha-z)(\alpha(\alpha+1)-z)} \\ 0 & \frac{1}{\alpha-z} \end{pmatrix},$$

$$P_1(\alpha) = \begin{pmatrix} 1 & 1/\alpha \\ 0 & 0 \end{pmatrix}, \qquad P_2(\alpha) = \begin{pmatrix} 0 & -1/\alpha \\ 0 & 1 \end{pmatrix}.$$

4.

$$H(\alpha) = \begin{pmatrix} 1 & \alpha \\ \alpha & 0 \end{pmatrix}, \qquad E_{1,2}(\alpha) = \frac{1}{2}\left(1 \pm \sqrt{1+4\alpha^2}\right),$$

$$R(\alpha, z) = \frac{1}{z(z-1)-\alpha^2} \begin{pmatrix} -z & -\alpha \\ -\alpha & 1-z \end{pmatrix},$$

$$P_{1,2}(\alpha) = \pm\frac{1}{2}(1+4\alpha^2)^{-1/2} \begin{pmatrix} 1 \pm \sqrt{1+4\alpha^2} & 2\alpha \\ 2\alpha & -1 \pm \sqrt{1+4\alpha^2} \end{pmatrix}.$$

Ihnen entnehmen wir die

Singularitätsstruktur von R, E_k, P_k im Endlichdimensionalen (3.5.4)
Sei $H(\alpha)$ ein Polynom in α, die $E_k(\alpha)$ sind nach Definition die Pole (in z) von $R(\alpha, z)$.

(i) $(\alpha, z) \to R(\alpha, z)$ ist außer für $\cup_k\{z = E_k(\alpha)\}$ analytisch.

(ii) $E_k(\alpha)$, $P_k(\alpha)$ sind regulär und außer bei den Verzweigungspunkten α_s, bei denen sich die Zahl der (verschiedenen) Eigenwerte ändert ($\alpha_s = 0$ in den Beispielen 1, 2, 3, und $\pm i/2$ in 4). Bei α_s können E_k und P_k (Beispiele 2, 3, 4), aber müssen nicht (Beispiele 1, 2, 3), algebraische Singularitäten entwickeln.

(iii) Die $E_k(\alpha)$ sind jedenfalls stetig in α. $E_k(\alpha)$ hat bei α_s Verzweigungspunkt $\Rightarrow \|P_k(\alpha)\| \to \infty$ für $\alpha \to \alpha_s$ ($\Leftarrow$ gilt nicht, siehe Beispiel 2).

(iv) $\|P_k(\alpha)\|$ bleibt bei α_s endlich $\Rightarrow H(\alpha_s)$ ist diagonalisierbar ($\Leftarrow$ gilt nicht, siehe Beispiel 3).

Beweis der Allgemeingültigkeit von (3.5.4)

(i) Singularitäten von $(H(\alpha) - z)^{-1}$ können nur von dem Nenner $[\text{Det}\,(H(\alpha) - z)]^{-1} = \prod_k(E_k(\alpha) - z)^{-1}$ kommen.

(ii) $\text{Det}\,(H(\alpha) - z) = (-z)^m + (-z)^{m-1}\mathcal{P}_i(\alpha) + \ldots$, die $\mathcal{P}_i$ sind Polynome in α. Die $E_k(\alpha)$ sind daher Äste einer algebraischen Funktion und diese haben die genannten Eigenschaften. $P_k(\alpha)$ ist als komplexes Integral der analytischen Funktion $R(\alpha, z)$ analytisch, es sei denn, der Integrationsweg C_k wird zwischen Singularitäten eingeklemmt, was nur bei den α_s geschieht. Da sich das Integral (3.5.1) durch die E_k und Polynome in α ausdrücken läßt, sind die Singularitäten bei den α_s höchstens algebraisch.

(iii) Die Stetigkeit der E_k folgt aus Sätzen über algebraische Funktionen, ihre Entwicklung enthält daher nur positive Potenzen von $(\alpha - \alpha_s)^{1/m}$. Nehmen wir an, dies wäre auch für P_k der Fall, so daß $\|P_k\|$ beschränkt bliebe. Bei Fortsetzung der $E_k(\alpha)$ längs eines Kreises um α_s werden die sich dort verzweigenden E_k untereinander permutiert, so daß ein E_i dann ein E_j, $j \neq i$, wird. Dasselbe geschieht nach (3.5.1) auch mit den P_k, so daß für den ersten Term in $P_k(\alpha) = P_k(\alpha_s) + (\alpha - \alpha_s)^{1/m} P_k^{(1)} + \dots$ offensichtlich $P_i(\alpha_s) = P_j(\alpha_s)$ gelten würde. Dies führt wegen $P_i^2(\alpha_s) = P_i(\alpha_s)$, $P_i(\alpha_s)P_j(\alpha_s) = P_j(\alpha_s)P_i(\alpha_s) = 0$, $P_j^2(\alpha_s) = P_j(\alpha_s)$ auf $P_i(\alpha_s) = P_j(\alpha_s) = 0$.

(iv) $H(\alpha)$ ist genau dann diagonalisierbar, wenn $H(\alpha) = \sum_k E_k(\alpha)P_k(\alpha)$ gilt; sind die E_k und P_k stetig, läßt sich diese Relation nach α_s fortsetzen. $\qquad\square$

Folgerungen (3.5.5)

1. Solange $H(\alpha)$ nicht entartet ist, bleibt alles analytisch und H diagonalisierbar.

2. Ist $H(\alpha)$ für reelle α hermitisch, also unitär diagonalisierbar, so ist auf der reellen Achse $\|P_k(\alpha)\| = 1$, und nach (iii) können sich dann dort keine α_s befinden, an denen ein E_k eine algebraische Singularität hat. Dieser Satz von Rellich ist deswegen nichttrivial, da er für zwei Störparameter schon nicht mehr gilt: Die Eigenwerte $\alpha_1 + \alpha_2 \pm \sqrt{2}\sqrt{\alpha_1^2 + \alpha_2^2}$ der Matrix

$$\alpha_1 \begin{pmatrix} 2 & 1 \\ 1 & 0 \end{pmatrix} + \alpha_2 \begin{pmatrix} 1 & 1 \\ 1 & 2 \end{pmatrix}$$

haben für $\alpha_1 = \alpha_2 = 0$ einen Verzweigungspunkt.

3. Alle Nullstellen von $\mathrm{Det}\,(H(\alpha) - z)$ sind Eigenwerte, so daß analytische Fortsetzung eines $E_k(\alpha)$ wieder zu einem Eigenwert führt. Diese Eigenschaft geht im unendlichdimensionalen Fall verloren. So sind etwa die Eigenwerte des Wasserstoffatoms proportional zum Quadrat der Elektronladung, also ganze Funktionen von α. Dennoch verschwinden sie für positive Ladung; ihre analytischen Fortsetzungen sind keine Eigenwerte.

4. Obgleich $H(\alpha)$ eine ganze Funktion ist, kann eine Potenzreihe für $E_k(\alpha)$ in α einen nur endlichen Konvergenzradius haben, der wegen 2) jedoch von Null verschieden sein muß.

Wir wenden uns nun der Frage zu, unter welchen Umständen diese Resultate auch im unendlichdimensionalen Fall aufrecht bleiben. Hier spannen im allgemeinen die Eigenvektoren nicht den ganzen Hilbertraum auf, sondern es gibt die drei Spektaltypen (2.3.16). Leider stellt sich zunächst heraus, daß die Natur des Spektrums durch beliebig kleine Störungen vollständig verändert werden kann.

Satz (3.5.6)

Die Operatoren mit rein diskretem Spektrum sind in der Menge der hermitischen Elemente aus $\mathcal{B}(\mathcal{H})$ norm-dicht.

Beweis

Es sei $a = a^* \in \mathcal{B}(\mathcal{H})$ in der Spektraldarstellung (2.3.11) gegeben: $\mathcal{H} = \oplus_i \mathcal{H}_i$, $a_{|\mathcal{H}_i} : \psi(\alpha) \to \alpha\psi(\alpha)$, $\alpha \in \mathrm{Sp}(a)$. Definiere $a_n : a_{n|\mathcal{H}_i} : \psi(\alpha) \to s_n(\alpha)\psi(\alpha)$, $s_n(x) = m/n$ für $m/n \leq x < (m+1)/n$, $n \in \mathbf{Z}^+$, $m \in \mathbf{Z}$, dann ist $\|a - a_n\| \leq 1/n$ und $\mathrm{Sp}(a_n) =$ Wertevorrat von $s_n = \{m/n,\ m \in \mathbf{Z}\} =$ rein diskret. $\qquad\square$

Bemerkungen (3.5.7)

1. Der Satz sagt insbesondere, daß man einen Operator mit rein kontinuierlichem Spektrum durch Hinzufügen einer beliebig kleinen Störung in einen mit reinem Punktspektrum überführen kann. Umgekehrt gibt es Operatoren mit kontinuierlichem Spektrum und beliebig kleiner Norm, etwa $a_n\psi(\alpha) = \frac{1}{n}\sin\alpha\psi(\alpha)$ hat $\|a_n\| = \frac{1}{n}$. Diese wandeln das reine Punktspektrum etwa des Null-Operators in ein rein kontinuierliches Spektrum um.

2. (3.5.6) läßt sich sogar zur Aussage verschärfen, daß das Hinzufügen eines Operators δ mit Spurnorm (2.3.21) $\|\delta\|_p < \epsilon$, $p > 1$, das Spektrum diskretisieren kann. Für $p = 1$ gilt der Satz nicht, falls $H_0 = \vec{p}^{\,2}$ und $\|H_0 - H\|_1 < \infty$, existieren die Mølleroperatoren und H_0 und $HP_{\mathrm{a.c.}}$ sind unitär äquivalent.

3. Der Beweis läßt sich auch auf unbeschränkte selbstadjungierte Operatoren übertragen.

Weniger empfindlich als das kontinuierliche Spektrum ist das wesentliche Spektrum σ_{ess} (2.3.18,4)

Stabilität des wesentlichen Spektrums (3.5.8)

H' relativ zu H_0 kompakt $\Rightarrow \sigma_{\mathrm{ess}}(H_0 + H') = \sigma_{\mathrm{ess}}(H_0)$.

Beweis

Das Kriterium (2.3.18,5) können wir so formulieren:

$$\lambda \in \sigma_{\mathrm{ess}}(H_0) \Leftrightarrow \exists\psi_n : \|\psi_n\| = 1,\quad \psi_n \rightharpoonup 0,\quad (H_0 - \lambda)\psi_n \to 0.$$

Nun ist nach Definition (3.4.1) $H'(H_0 - z)^{-1}\ \forall z \notin \mathrm{Sp}(H_0)$ kompakt, so daß

$$(H_0 + H' - \lambda)\psi_n = (H_0 - \lambda)\psi_n + H'(H_0 - z)^{-1}(H_0 - z)\psi_n \to 0,$$

denn $(H_0 - z)\psi_n = (H_0 - \lambda)\psi_n + (\lambda - z)\psi_n \rightharpoonup 0$, und kompakte Operatoren machen schwach konvergente Folgen stark konvergent. Also schließen wir $\lambda \in \sigma_{\mathrm{ess}}(H_0 + H')$, und Vertauschung von H_0 mit $H_0 + H'$ (vgl. 3.4.5,2) liefert die gewünschte Aussage. $\square$

Bemerkungen (3.5.9)

1. Relativ kompakte Potentiale erzeugen also nur endlich viele gebundene Zustände unter $E_0 < 0$. Für sie ist, klassisch gesprochen, das Volumen des Phasenraumes unter E_0 endlich (vgl. 3.5.38,1).

2. Kompaktheit ist wesentlich: Durch den beschränkten Operator $\alpha \cdot 1$, $\alpha \in \mathbf{R}$, wird das gesamte Spektrum jedes Operators um α verschoben.

3. Bei der Anwendung des Satzes ist darauf zu achten, daß für einen kompakten Operator a und einen beschränkten Operator b zwar stets $a \cdot b$, aber im allgemeinen $a \otimes b$ nicht kompakt ist.

4. Verwandelt man nach (3.5.7,2) ein kontinuierliches Spektrum durch Addieren eines Hilbert-Schmidt-Operators in ein rein diskretes Spektrum, müssen die Eigenwerte im Kontinuum des ursprünglichen Operators dicht liegen, da σ_{ess} durch Hinzufügen eines kompakten Operators unverändert bleibt.

Daß $\alpha \cdot 1$ das Spektrum um α verschiebt, ist schon die größte Verschiebung, die ein Operator mit $\|\cdot\| \leq \alpha$ erzeugen kann:

Satz (3.5.10)

Ist der Abstand $d(\mathrm{Sp}(H_0), \lambda) > \|H'\|$, so folgt $\lambda \notin \mathrm{Sp}(H_0 + H')$.

Beweis

Die Reihe

$$\frac{1}{H_0 + H' - \lambda} = \frac{1}{H_0 - \lambda} \sum_{n=0}^{\infty} [H'(\lambda - H_0)^{-1}]^n$$

ist wegen $\|(H_0 - \lambda)^{-1}\|^{-1} = d(\mathrm{Sp}(H_0), \lambda)$ normkonvergent. $\qquad\square$

Ist H' allerdings unbeschränkt, so kann sich durch $\alpha H'$ auch bei beliebig kleinem α jegliches Spektrum beliebig ändern.

Beispiele (3.5.11)

1. $H_0 = \mathbf{0}$, $H' := \psi(x) \rightarrow x\psi(x)$ in $L^2((-\infty, \infty), dx)$. $\mathrm{Sp}(H_0 + \alpha H') = \mathbf{R}$ für $\alpha \neq 0$, $\{0\}$ für $\alpha = 0$.

2. $H_0 = -d^2/dx^2$, $H' = \alpha x^2$: $\sigma_{\text{a.c.}}(H_0) = \mathbf{R}^+$, $\sigma_{\text{p}}(H_0) = \sigma_{\text{s}}(H_0) = \text{leer}$.
   $\mathrm{Sp}(H_0 + \alpha H') = \sqrt{\alpha} \cup_{n=0}^{\infty} \{2n + 1\}$,
   $\sigma_{\text{a.c.}} = \sigma_{\text{s}} = \text{leer für } \alpha > 0$,
   $\sigma_{\text{a.c.}}(H_0 + \alpha H') = \mathbf{R}$,
   $\sigma_{\text{p}} = \sigma_{\text{s}} = \text{leer für } \alpha < 0$.

Da in der Physik die meisten Störungen unbeschränkt sind, scheint es zunächst hoffnungslos zu sein, von $\mathrm{Sp}(H_0)$ auf $\mathrm{Sp}(H_0 + \alpha H')$ schließen zu wollen. Glücklicherweise kommt es nicht darauf an, daß H' klein ist, es muß nur **im Vergleich mit** H_0 klein sein.

Satz (3.5.12)

Es sei H' relativ zu H_0 beschränkt, $H(\alpha) = H_0 + \alpha H'$. Dann ist die Resolvente $R(\alpha, z) := (H(\alpha) - z)^{-1}$ in den Variablen (α, z) in einem Gebiet, welches $\{0\} \times \{\mathbf{C} \backslash \mathrm{Sp}(H_0)\}$ enthält, analytisch.

Beweis

Für $z \notin \mathrm{Sp}(H_0)$ ist $H'(H_0 - z)^{-1}$ beschränkt, so daß $\sum_{n=0}^{\infty} \alpha^n (H'(H_0 - z)^{-1})^n$ für genügend kleine α konvergiert. $\qquad \square$

Bemerkungen (3.5.13)

1. Die genauere Form des Analytizitätsgebiets hängt von den Umständen ab. Etwa für $\mathrm{Sp}(H_0) = \mathbf{R}^+$, $\|H'\psi\| \le a\|\psi\| + b\|H_0\psi\|$ ist
$\|H'(H_0 - z)^{-1}\| \le a\|(H_0 - z)^{-1}\| + b\|H_0(H_0 - z)^{-1}\| \le$
$\le a/|\mathrm{Im}\, z| + b|z|/|\mathrm{Im}\, z|$ für $\mathrm{Re}\, z \ge 0$,
$\le a/|z| + b$ für $\mathrm{Re}\, z \le 0$,
und die Reihe konvergiert für

$$|\mathrm{Im}\, z| \ge \frac{a\,|\alpha|}{1 - b^2|\alpha|^2} + \frac{b\,|\alpha|}{\sqrt{1 - b^2|\alpha|^2}} \sqrt{|\mathrm{Re}\, z|^2 + \frac{a^2\,|\alpha|^2}{1 - b^2|\alpha|^2}} \quad \text{für} \quad \mathrm{Re}\, z \ge 0,$$

$$|z| \ge \frac{a\,|\alpha|}{1 - b\,|\alpha|} \qquad\qquad \text{für} \quad \mathrm{Re}\, z \le 0.$$

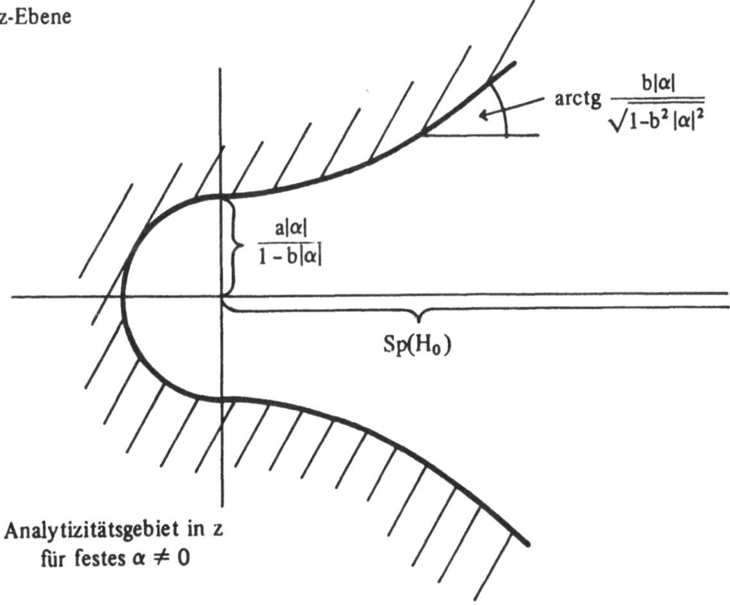

Fig. 3.4 Analytizitätsgebiet der Resolvente

2. Die Konstanten a und b aus 1) werden durch H' nicht festgelegt, je größer man a wählt, desto kleinere b werden genügen. Es ist daher schwer, wie in (3.5.10) generell etwas über die Größe der Verschiebung des Spektrums auszusagen.

Die Analytizität der Resolvente erlaubt es nun, die Resultate (3.5.4) für die Eigenwerte außerhalb des wesentlichen Spektrums zu übernehmen (siehe Fig. 3.4)

Satz (3.5.14)

Sei H' relativ zu H_0 beschränkt. Dann sind die isolierten Eigenwerte endlicher Multiplizität von $H(\alpha) = H_0 + \alpha H'$ samt ihren Projektoren in einer Umgebung der reellen Achse in α analytisch.

Beweis

Zu einem isolierten Eigenwert $E(0)$ von H_0 gibt es $d \in \mathbf{R}^+$, so daß der Kreis $K = \{z \in \mathbf{C} : |z - E(0)| = d\}$ das Spektrum von H_0 nicht schneidet. Ist $\alpha_0^{-1} = \sup_{z \in K} \|H'(H_0 - z)^{-1}\|$, so gehört $(-\alpha_0, \alpha_0) \times K$ zum Analytizitätsgebiet von R und $P_k(\alpha) = \frac{1}{2\pi i} \int_K dz\, R(\alpha, z)$ ist für $|\alpha| < \alpha_0$ analytisch. Aus dim $P_k(0) < \infty$ folgt, daß $P_k(\alpha) H_k(\alpha) := P_k(\alpha) H(\alpha) P_k(\alpha)$ eine analytische Familie von Operatoren endlichen Ranges ist. Um auf eine endliche Matrix zu transformieren, schreiben wir (vgl. Beweis von 3.3.11):

$$P_k(\alpha) = W_k(\alpha) P_k(0) W_k^*(\alpha),$$

wobei, wie leicht nachzurechnen ist (Aufgabe 4),

$$W_k(\alpha) = P_k(\alpha)[\mathbf{1} + P_k(0)(P_k(\alpha) - P_k(0))P_k(0)]^{-1/2} P_k(0)$$

obige Transformation bewirkt und partiell isometrisch ist. Für genügend kleine α ist $\|P_k(\alpha) - P_k(0)\| < 1$, so daß sich $[\ ]^{-1/2}$ durch Entwicklung gewinnen läßt und somit W in α analytisch ist.

$$P_k(\alpha) H(\alpha) P_k(\alpha) = W_k(\alpha) P_k(0) W_k^*(\alpha) H(\alpha) W_k(\alpha) P_k(0) W_k^*(\alpha)$$

ist also zu $H_k(\alpha) := W_k^*(\alpha) H(\alpha) W_k(\alpha)$ unitär äquivalent, und dieser Operator endlichen Ranges wirkt in dem α-unabhängigen Raum $P_k(0)\,\mathcal{H}$, ist also eine endliche, in α analytische Matrix. Die Aussagen (3.5.4) für polynomiale $H(\alpha)$ bleiben für analytische $H(\alpha)$ im wesentlichen erhalten: Die algebraischen Funktionen werden dann algebroide Funktionen, die lokal dasselbe Verhalten zeigen. $\square$

Als nächstes trachten wir, für selbstadjungierte $H(\alpha)$ explizite Formeln für die Verschiebung der reellen Eigenwerte durch H' abzuleiten. Dabei setzen wir voraus, daß ein Intervall nur Eigenwerte und kein wesentliches Spektrum enthält und daß sich die $E_k(\alpha)$ samt ihren Projektoren $P_k(\alpha)$ stetig mit α ändern. Diese Situation wird durch Beschränktheit von H' relativ zu einem geeigneten H_0 gewährleistet, erfordert diese aber nicht unbedingt. Zunächst teilen wir $H(\alpha)$ in $H_0 + \alpha P H' P + \alpha (H' - P H' P)$ auf, wobei $P = P_k(\alpha)$ für das betrachtete k. Haben wir $E_k(0) + \alpha P H' P$ diagonalisiert, so können wir den Beitrag von $PH'P$ in E_k einbeziehen, also ohne Verlust der Allgemeinheit $PH'P = 0$ voraussetzen. Da sich der Eigenvektor $|\alpha\rangle : (H(\alpha) - E(\alpha))|\alpha\rangle = 0$, $\langle\alpha|\alpha\rangle = 1$, stetig mit α ändert, setzen wir $|\alpha\rangle = c|0\rangle + |\perp\rangle$, $\langle 0|\perp\rangle = 0$, $|c|^2 = 1 - \langle\perp|\perp\rangle \neq 0$ für genügend kleine α. Gehen wir damit in die Eigenwertgleichung und zerlegen in Komponenten $\|$ und $\perp$ zu $|0\rangle$:

$$c(E(\alpha) - E(0))|0\rangle = \alpha PH'|\perp\rangle, \quad P = |0\rangle\langle 0|,$$

$$(H_0 - E(\alpha) + \alpha P_\perp H')|\perp\rangle = -c\alpha H'|0\rangle, \quad P_\perp = 1 - P, \tag{3.5.15}$$

so gewinnen wir die

Brillouin-Wignerschen Formeln (3.5.16)

$$E(\alpha) = E(0) - \alpha^2 \Big\langle 0 \,\Big|\, H'(H_0 - E(\alpha) + \alpha P_\perp H' P_\perp)^{-1} H' \,\Big|\, 0 \Big\rangle,$$

$$|\perp\rangle = -c\alpha(H_0 - E(\alpha) + \alpha P_\perp H' P_\perp)^{-1} H'|0\rangle,$$

$$c^{-2} = 1 + \alpha^2 \Big\langle 0 \,\Big|\, H'(H_0 - E(\alpha) + \alpha P_\perp H' P_\perp)^{-2} H' \,\Big|\, 0 \Big\rangle.$$

Bemerkungen (3.5.17)

1. Damit diese formalen Ausdrücke einen Sinn haben, müssen wir $|0\rangle \in D(H')$ und die Existenz von $(H_0 - E(\alpha) - \alpha P_\perp H' P_\perp)^{-1}$ voraussetzen. Ist H' und daher $P_\perp H' P_\perp$ relativ zu H_0 beschränkt und $E(\alpha)$ isoliert, so konvergiert die Reihenentwicklung

$$(H_0 - E(\alpha))^{-1} \sum_{n=0}^{\infty} \left[\alpha P_\perp H' P_\perp (H_0 - E(\alpha))^{-1}\right]^n$$

   für genügend kleine α auf $P_\perp \mathcal{H}$, so daß (3.5.16) wohldefiniert ist.

2. (3.5.16) bestimmt $E(\alpha)$ implizit; explizite Ausdrücke gibt ein Vergleich der Potenzreihen in α für beide Seiten. Einfach sind die ersten Glieder:

Niedrigste Ordnung Störungstheorie (3.5.18)

Bis $O(\alpha^2)$ ist

$$E(\alpha) = E(0) - \alpha^2 \Big\langle 0 \,\Big|\, H' P_\perp (H_0 - E(0))^{-1} P_\perp H' \,\Big|\, 0 \Big\rangle,$$

$$|\perp\rangle = \alpha(H_0 - E(0))^{-1} H'|0\rangle,$$

$$c = 1 - \frac{\alpha^2}{2} \Big\langle 0 \,\Big|\, H'(H_0 - E(0))^{-2} H' \,\Big|\, 0 \Big\rangle.$$

Bemerkungen (3.5.19)

1. Unbefangen betrachtet taugt (3.5.18), der Broterwerb ganzer Physikergenerationen, eigentlich wenig. Denn

(i) Für unbeschränkte H' ist Analytizität von $E(\alpha)$ in α nicht selbstverständlich und insbesondere bei den Paradebeispielen der Störungstheorie: Anharmonischer Oszillator, Stark-Effekt, Zeeman-Effekt und Hyperfeinstruktur, nicht gegeben.

(ii) Auch wenn der Konvergenzradius $\rho \neq 0$ ist, so ist der Term n-ter Ordnung so kompliziert, daß man ρ daraus nicht leicht ablesen kann.

(iii) Auch $\alpha \ll \rho$ garantiert nicht, daß (3.5.18) schon dem exakten Resultat nahe kommt: Für $\sin 100\alpha$ ist $\rho = \infty$, aber offensichtlich sind lineare und parabolische Approximation nicht lange gut. Wir müssen erst zeigen, daß so wild oszillierende Funktionen nicht vorkommen.

2. Die Terme linear in α fehlen in (3.5.16), da wir $\alpha P H' P$ herausgeschnitten haben. Daher gilt für nicht-entartete Eigenwerte die **Feynman-Hellmannsche Formel**

$$\left.\frac{\partial E}{\partial \alpha}\right|_{\alpha=0} = \langle\, 0 \,|\, H' \,|\, 0 \,\rangle .$$

Für entartete Eigenwerte muß man im Entartungsraum die richtige Basis verwenden und bedenken, daß die analytischen $E_k(\alpha)$ nicht der Größe nach geordnet bleiben: Etwa die Eigenwerte $\pm\alpha$ von

$$H(\alpha) = \alpha H' = \begin{pmatrix} 0 & \alpha \\ \alpha & 0 \end{pmatrix}$$

sind nicht $\alpha\langle\, 0 \,|\, H' \,|\, 0 \,\rangle$ mit dem Vektor

$$|\, 0 \,\rangle = \begin{pmatrix} 1 \\ 0 \end{pmatrix},$$

und der tiefste Eigenwert $E_1(\alpha) = -|\alpha|$ ist an der Stelle $\alpha = 0$ nicht differenzierbar.

3. In (3.5.16) ist Analytizität nicht vorausgesetzt, und auch ohne sie gibt (3.5.18) unter den betrachteten Umständen eine asymptotische Entwicklung:

$$E(\alpha) - E(0) - \alpha^2 \left\langle\, 0 \,\middle|\, H' P_\perp (H_0 - E(0))^{-1} P_\perp H' \,\middle|\, 0 \,\right\rangle =$$
$$= \alpha^2 \left\langle\, 0 \,\middle|\, H' P_\perp (H_0 - E(0))^{-1} (E(\alpha) - E(0) + \alpha P_\perp H' P_\perp) \cdot \right.$$
$$\left. \cdot (H_0 - E(\alpha) + \alpha P_\perp H' P_\perp)^{-1} H' \,\middle|\, 0 \,\right\rangle = O(\alpha^3)$$

und analog für höhere Ordnungen. Allerdings kann bei fehlender Analytizität die Störungstheorie in die Irre führen: es kann nämlich die Reihe $\forall \alpha \in \mathbf{R}\backslash\{0\}$ divergieren, obgleich $\forall \alpha \in \mathbf{R}$ diskrete Eigenwerte erhalten bleiben, oder die Reihe kann zum falschen Resultat konvergieren.

Beispiele (3.5.20)

1. $H(\alpha) = p^2 + x^2 + \alpha^2 x^6$. Da das Potential dieses anharmonischen Oszillators $\forall \alpha \in \mathbf{R}$ für $|x| \to \infty$ gegen $+\infty$ strebt, bleibt das Spektrum diskret (siehe 3.5.38,1), aber $R(\alpha, z)$ ist nicht analytisch:

$$-\frac{\partial R}{\partial \alpha^2}\Big|_{\alpha=0} = (p^2 + x^2 - z)^{-1} x^6 (p^2 + x^2 - z)^{-1}$$

ist unbeschränkt, denn $\|x^3(p^2 + x^2 - z)^{-1}\varphi\|$ kann beliebig groß werden.

2. $H(\alpha) = p^2 + x^2 - 1 - 3\alpha x^2 + 2\alpha x^4 + \alpha^2 x^6 = a^* a$, $a = ip + x + \alpha x^3$. Offensichtlich ist $H(\alpha) \geq 0 \ \forall \alpha \in \mathbf{R}$, und wieder bleiben $\forall \alpha \in \mathbf{R}$ die Eigenwerte isoliert und $\sigma_{\text{ess}}(H(\alpha)) = \emptyset$. Aber die Eigenfunktion $\exp(-x^2/2 - \alpha x^4/4)$ zum Eigenwert 0 ist nur für $\alpha \geq 0$ aus $L^2((-\infty, \infty), dx)$. Da die Störungsreihe für den Grundzustand $E(\alpha)$ eine asymptotische Reihe ist und $E(\alpha) = 0 \ \forall \alpha \geq 0$, verschwinden alle Entwicklungskoeffizienten. Sie konvergiert daher auch $\forall \alpha < 0$, obgleich dort 0 kein Eigenwert mehr ist.

Präzisere Information über die Lage der Eigenwerte erhält man durch Variationsmethoden. Sie beruhen auf dem in Aufgabe 5 abgeleiteten

Mini-Max-Prinzip (3.5.21)

Sei H ein nach unten beschränkter selbstadjungierter Operator mit den nach Multiplizität gezählten Eigenwerten $E_1 \leq E_2 \leq E_3 \leq \ldots \leq E_\infty$, wobei wir ab Beginn des wesentlichen Spektrums E_∞ dann alle folgenden E_k gleich E_∞ setzen (auch wenn E_∞ kein Eigenwert ist). Sei D_n ein n-dimensionaler Unterraum von $\mathrm{D}(H)$, $\mathrm{D}_n^\perp$ sein orthogonales Komplement und $\mathrm{Tr}_{\mathrm{D}_n}$ die Spur in D_n. Dann gilt

$$\sum_{k=i}^{i+j-1} E_k = \inf_{\mathrm{D}_{i+j-1}} \ \sup_{\mathrm{D} \subset \mathrm{D}_{i+j-1}} \mathrm{Tr}_{\mathrm{D}_j} H = \sup_{\mathrm{D}_{i-1}} \ \inf_{\mathrm{D}_j \subset \mathrm{D}_{i-1}^\perp} \mathrm{Tr}_{\mathrm{D}_j} H.$$

Bemerkungen (3.5.22)

1. Insbesondere ist $\sum_{n=1}^{j} \langle \psi_n \,|\, H\psi_n \rangle$ für jedes orthonormierte System $\{\psi_n\} \subset \mathrm{D}(H)$ stets größer als die Summe der ersten j Eigenwerte (Beginn von σ_{ess} als ∞-facher Eigenwert gezählt). Durch gut erratene und und reichlich mit Variationsparametern versehene Testfunktionen ψ_n lassen sich so ausgezeichnete obere Schranken für $\sum_{n=1}^{j} E_n$ erhalten.

2. Um etwa eine obere Schranke für E_n zu erhalten, nehme man ein orthonormiertes System $\psi_1 \ldots \psi_n \in \mathrm{D}(H)$. Der größte Eigenwert jeder $n \times n$-Matrix $\langle \psi_i \,|\, H\psi_k \rangle$ ist $\geq E_n$.

Der findige Leser wird aus (3.5.18) entnommen haben, daß die Korrektur $\sim \alpha^2$ für den Grundzustand stets negativ ist. Allgemein folgen aus (3.5.21) die

Konkavitätseigenschaften von $E_n(\alpha)$ (3.5.23)

Sei $H = H_0 + \alpha H'$, $D(H') \supset D(H_0)$; dann ist $\sum_{n=1}^{i} E_n(\alpha)$, $i = 1, 2, \ldots$, eine konkave Funktion von α.

Erläuterung (3.5.24)

Konkave Funktionen $f : I \to \mathbf{R}$ sind durch

$$f\left(\sum_{i=1}^{n}\alpha_i x_i\right) \geq \sum_{i=1}^{n}\alpha_i f(x_i), \quad \alpha_i \geq 0, \quad \sum \alpha_i = 1, \quad x_i \in I,$$

definiert; $-f$ ist dann **konvex**. Sie haben die Eigenschaften

(i) f ist im Inneren von I stetig, hat überall Rechts- und Linksableitung und fast überall erste und zweite Ableitung.

(ii) $f'' =$ negative Distribution ($f''dx =$ negatives Maß).

(iii) $f(x) =$ konkav $\Rightarrow xf(1/x) =$ konkav, falls $x > 0$.

(iv) $1/f =$ konkav $\Rightarrow f =$ konvex, falls $f > 0$.

(v) $f_i(x) =$ konkav, $\alpha_i \geq 0 \Rightarrow \sum_i \alpha_i f_i(x) =$ konkav.

(vi) $f_i(x) =$ konkav $\Rightarrow \inf_i f_i(x) =$ konkav.

(vii) $f, g =$ konkav, $f' \geq 0 \Rightarrow f \circ g =$ konkav.

(viii) $f =$ konkav, $f' > 0 \Rightarrow f^{-1} =$ konvex.

Beweis

$\sum_{n=1}^{j}\langle \psi_n \,|\, H(\alpha)\psi_n \rangle$ ist in α linear, also das Infimum davon über die ψ_n nach (vi) konkav. $\qquad\square$

Bemerkung (3.5.25)

$D(H(\alpha)) = D(H_0)$ braucht man, um das Infimum über eine von α unabhängige Menge zu gewinnen. Etwa

$$E_2(\alpha) = \inf_{\langle \psi \,|\, \psi_1(\alpha) \rangle = 0}\langle \psi \,|\, H(\alpha)\psi \rangle$$

ist nicht immer konkav.

Während das Mini-Max-Prinzip garantiert, daß $E_1(\alpha)$ unter jedem Erwartungswert von $H(\alpha)$ liegt, beruht die Überzeugung der Variationsrechner, E_1 nahegekommen zu sein, nur auf dem Glauben an ihre Testfunktionen. Es gibt nun einige Kriterien, diesen zu überprüfen.

Kriterium des Schwankungsquadrates (3.5.26)

Im Intervall $[\langle H \rangle - \Delta H, \langle H \rangle + \Delta H]$ liegt ein Spektralwert von H (Weinhold).

Beweis

Nach (3.5.21) liegt ein Spektralwert von $(H - \langle H \rangle)^2$ unter $\langle (H - \langle H \rangle)^2 \rangle = (\Delta H)^2$, daher ist einer von H näher bei $\langle H \rangle$ als ΔH. $\qquad\square$

Bemerkung (3.5.27)

Bei Anwewndung von (3.5.26) ist irgendwie sicherzustellen, daß der Spektralwert im Intervall auch der gesuchte Eigenwert ist. (3.5.26) gibt etwa eine untere Schranke für E_1, wenn man weiß, daß E_2 über $\langle H \rangle + \Delta H$ liegt.

Kriterium der lokalen Energie (3.5.28)

$H = \vec{p}^2 + V(\vec{x})$, $\mathrm{D}(V) \supset \mathrm{D}(\vec{p}^2)$, habe isolierte Eigenwerte E_k. Der Eigenvektor $\psi_1(\vec{x}) : H\psi_1 = E_1\psi_1$ kann nicht-negativ angenommen werden. Ist $\psi(\vec{x}) > 0$ und $E(\vec{x}) := E\psi(\vec{x})/\psi(\vec{x})$, so liegt E_1 im Intervall $[\inf_{\vec{x}} E(\vec{x}), \sup_{\vec{x}} E(\vec{x})]$ (Barnsley, Duffin).

Beweis

Sei $\psi_1(\vec{x}) = R(\vec{x})\,e^{iS(\vec{x})}$, R positiv, S reell (vgl. 3.3.21,5),

$$\langle \psi_1 \,|\, H\psi_1 \rangle = \int dx \left(\left| \vec{\nabla} R(\vec{x}) \right|^2 + R^2 \left(\left| \vec{\nabla} S(\vec{x}) \right|^2 + V(\vec{x}) \right) \right) \geq$$

$$\geq \int dx \left(\left| \vec{\nabla} R(\vec{x}) \right|^2 + R^2 V(\vec{x}) \right).$$

Damit ψ_1 den tiefsten Eigenwert hat, muß S konstant sein und kann auf Null normiert werden. Dann ist $\langle \psi_1 \,|\, \psi \rangle > 0$ und

$$E_1 \langle \psi_1 \,|\, \psi \rangle = \langle H\psi_1 \,|\, \psi \rangle = \int dx\, \psi_1(\vec{x})\, \psi(\vec{x})\, E(\vec{x}) \begin{array}{c} \geq \inf_{\vec{x}} \\ \leq \sup_{\vec{x}} \end{array} E(\vec{x}) \cdot \langle \psi_1 \,|\, \psi \rangle.$$

$$\square$$

Bemerkung (3.5.29)

Dieses Kriterium erspart die Berechnung von Erwartungswerten und damit Integrationen, doch liegen die Schranken (3.5.28) zumindest auf einer Seite außerhalb der nach (3.5.26) berechneten:

$$(\Delta H)^2 =$$

$$= \int dx\, (E(\vec{x}) - \langle H \rangle)^2 \psi(\vec{x})^2 \leq \max \left\{ \left(\langle H \rangle - \inf_{\vec{x}} E(\vec{x}) \right)^2, \left(\langle H \rangle - \sup_{\vec{x}} E(\vec{x}) \right)^2 \right\}.$$

Für H von der Form $\vec{p}^2 + V(\vec{x})$ ist natürlich $E \geq -\|V\|_\infty$. Aber sogar wenn $V \to -\infty$ geht, kann H nach unten beschränkt bleiben. Wegen der Unschärferelation wird man vermuten, daß dies immer der Fall ist, wenn V schwächer als $-1/r^2$ gegen $-\infty$ geht, so daß V lokal in L^p, $p > 3/2$ liegt. Tatsächlich gilt die

Allgemeine untere Schranke (3.5.30)

In drei Dimensionen gilt

$$\vec{p}^2 + V(\vec{x}) \geq -c_p \|V\|_p^{\frac{2p}{2p-3}}, \qquad p > 3/2,$$

$$c_p = \Gamma\left(\frac{2p-3}{p-1}\right)^{\frac{2p-2}{2p-3}} \left(\frac{p-1}{p}\right)^2 (4\pi)^{-\frac{2}{2p-3}}$$

für die Friedrichs-Erweiterung (2.5.21,2) von $\vec{p}^2 + V$.

Beweis

Der Grundzustand ψ genügt der Gleichung

$$\psi(\vec{x}) = \int d^3x' \, G(\vec{x} - \vec{x}') \, V(\vec{x}') \, \psi(\vec{x}'), \quad G(\vec{x}) = \frac{e^{-\sqrt{|E|}\,|\vec{x}|}}{4\pi|\vec{x}|},$$

da ja G die Greensche Funktion für $\vec{p}^2 - E$ ist.

Die Ungleichungen von Young [3] und Hölder besagen (für $p \geq 1$)

$$\|\psi\|_2 \leq \|G\|_q \|V\|_p \|\psi\|_2, \qquad \frac{1}{p} + \frac{1}{q} = 1.$$

Nun ist

$$\|G\|_q = \frac{1}{4\pi}\left[\int d^3x \, \frac{e^{-q\sqrt{|E|}\,|x|}}{|x|^q}\right]^{1/q} = |E|^{\frac{q-3}{2q}} \cdot q^{\frac{q-3}{q}} \cdot \Gamma^{1/q}(3-q)(4\pi)^{-1/p}.$$

Da dies bis $p = 3/2 \Leftrightarrow q = 3$ endlich ist, läßt sich die Schranke für die Friedrichs-Erweiterung für $p > 3/2$, $q < 3$, ausdehnen, für beliebige Erweiterungen nicht. Der Beweis gilt nicht für allgemeine Definitionen der Operatorsumme $\vec{p}^2 + V$. Die Defektindizes sind vielleicht nicht Null, und der niedrigste Eigenwert kann beliebig negativ sein. $\qquad\qquad\square$

Für positive H' gibt ein auf einem Unterraum eingeschränktes Eigenwertproblem (vgl. dagegen 3.5.21) untere Schranken für die E_k:

Die Projektionsmethode (3.5.31)

Sei $H' \geq 0$ und $P = P^* = P^2$, so daß $P(H')^{-1}P$ beschränkt und auf $P\mathcal{H}$ invertierbar ist. Dann bildet die geordnete Folge der Eigenwerte von $H_0 + P\left(P(H')^{-1}P\right)^{-1}P$ eine untere Schranke für die geordnete Folge der Eigenwerte von $H_0 + H'$.

Beweis

Ist Q ein Projektor, so gilt $Q \leq 1$ und daher $(H')^{1/2}Q(H')^{1/2} \leq H'$. Setzen wir $Q = (H')^{-1/2}P(P(H')^{-1}P)^{-1}P(H')^{-1/2}$, so ist $Q = Q^* = Q^2$ erfüllt, und wir haben $H' \geq P(P(H')^{-1}P)^{-1}P$. Damit ist nach dem Mini-Max-Prinzip die geordnete Folge der Eigenwerte von $H_L := H_0 + P(P(H')^{-1}P)^{-1}P$ eine untere Schranke für die von

$H = H_0 + H'$, denn $H \geq H_L$, also alle $\langle \psi \,|\, H\psi \rangle \geq \langle \psi \,|\, H_L\psi \rangle$. Ist $|\,L\,\rangle$ ein Eigenvektor von H_L und $P\,|\,L\,\rangle = 0$, so muß $|\,L\,\rangle$ einer der $|\,i\,\rangle$ sein und somit E_i Eigenwert von H_L. Ist $P\,|\,L\,\rangle \neq 0$, können wir $P\,|\,L\,\rangle = -P(H')^{-1}P\,|\,\rangle$ setzen und die Eigenwertgleichung wird $(H_0 - E_L)\,|\,L\,\rangle = P\,|\,\rangle$ oder

$$P\,|\,L\,\rangle = P(H_0 - E_L)^{-1}P\,|\,\rangle = -P(H')^{-1}P\,|\,\rangle. \qquad \square$$

Achtung: $H^{-1} > PH'P$, aber daraus folgt nicht $H < (PH'P)^{-1}$, da die rechte Seite nicht existiert.

Für $H \geq 0$, $P = n$-dimensionaler Projektor gilt nach (3.5.22,2): Der k-te Eigenwert von PHP liegt für $1 \leq k \leq n$ über und derjenige von $\sqrt{H}P\sqrt{H}$ für jedes k unter E_k.

Spezialfälle (3.5.32)

1. $P = |\,\chi\,\rangle\langle\,\chi\,| =$ eindimensional, der Vergleichs-Operator ist

$$P \cdot \langle\,\chi\,|\,(H_0 - E_L)^{-1} + (H')^{-1}|\,\chi\,\rangle.$$

Da die $E_i^{(0)}$ triviale untere Grenzen bilden, müssen wir, um die ersten n Eigenwerte anzuheben, $\langle\,i\,|\,\chi\,\rangle \neq 0$, $i = 1 \ldots n$ haben. Setzen wir

$$|\,\chi\,\rangle = \sum_{i=1}^{n} c_i\,|\,i\,\rangle, \qquad \sum_{i=1}^{n} |c_i|^2 = 1,$$

gilt es die Gleichung

$$\sum_i |c_i|^2 / \left(E_i^{(0)} - E_L \right) + \sum_{i,k} c_i^*\langle\,i\,|\,(H')^{-1}\,|\,k\,\rangle c_k = 0$$

zu lösen. Wegen $(H')^{-1} > 0$ hat sie jeweils zwischen $E_i^{(0)}$ und $E_{i+1}^{(0)}$ eine Lösung für E_L. Durch eindimensionale Projektoren läßt sich ein Eigenwert nicht über den nächsten anheben. Insbesondere ist

$$E_1^{(0)} + (\langle\,1\,|\,(H')^{-1}\,|\,1\,\rangle)^{-1} \leq E_1 \leq E_1^{(0)} + \langle\,1\,|\,H'\,|\,1\,\rangle,$$

falls die linke Seite $\leq E_2^{(0)}$.

2. Setzen wir $|\,\chi\,\rangle = c(H_0 - E_L)\,|\,\psi\,\rangle$, $\|\psi\| = 1$, so brauchen wir die tiefste Lösung von

$$\begin{aligned}
\langle\,\psi\,|\,H_0 - E_L + (H_0 - E_L)(H')^{-1}(H_0 - E_L)\,|\,\psi\,\rangle = \\
= \langle\,\psi\,|\,H - E_L - (H - E_L)(H')^{-1}(H - E_L)\,|\,\psi\,\rangle = 0
\end{aligned}$$

oder

$$E_L = \langle\,\psi\,|\,H\,|\,\psi\,\rangle - \langle\,\psi\,|\,(H - E_L)(H')^{-1}(E - E_L)\,|\,\psi\,\rangle.$$

Ist $E_L \leq E_2^{(0)}$, so muß es sich um eine Schranke für E_1 handeln, und wir haben

$$\langle\,\psi\,|\,H\,|\,\psi\,\rangle - \langle\,\psi\,|\,(H - E_L)(H')^{-1}(H - E_L)\,|\,\psi\,\rangle \leq E_1 \leq \langle\,\psi\,|\,H\,|\,\psi\,\rangle,$$

falls die linke Seite $\leq E_2^{(0)}$. Hier sind wir nicht mehr an Eigenvektoren von H_0 gebunden und können in ψ Variationsparameter einbauen, um die Schranken zu optimieren.

Auch die Aufteilung von H in H_0 und H' steht noch frei; setzt man etwa $H' = (E_2 - E_L) \cdot \mathbf{1}$ (warum nicht, wenn $E_L < E_2$), erhält man

$$\langle \psi \,|\, (H - E_L)(E_2 - E_L) - (H - E_L)^2 \,|\, \psi \rangle = 0$$

oder die **Templesche Ungleichung**

$$E_1 \geq E_L = \langle H \rangle - \frac{(\Delta H)^2}{E_2 - \langle H \rangle}.$$

Für $\Delta H < E_2 - \langle H \rangle$ ist sie eine Verbesserung von (3.5.26).

Hat man einmal die E_k lokalisiert, kann man sich an die Frage, wie gut eine Testfunktion ψ einen Eigenvektor $|\ \rangle$ approximiert, heranwagen. Punktweise Schranken sind schwer erhältlich, die Güte der L^2-Norm wird durch innere Produkte $\langle \psi \,|\ \rangle$ bestimmt, und dafür gibt es handliche Abschätzungen:

Schranken für das Überlappungsintegral (3.5.33)
Der tiefste Eigenwert E_1 von H sei zu Null verschoben, $|\ \rangle$ der zugehörige Eigenvektor. Dann gilt

$$1 - \langle H \rangle / E_2 \leq |\langle \psi \,|\ \rangle|^2 \leq 1 - \langle H \rangle^2 / \langle H^2 \rangle,$$

$\langle \rangle$ mit ψ berechnet (Eckart- bzw. Farnoux-Wang-Schranken).

Beweis
Rechte Seite: $H\psi$ ist $\perp |\ \rangle$; also ist

$$|\langle\ |\ \psi \rangle|^2 \leq 1 - \frac{|\langle \psi \,|\, H\psi \rangle|^2}{\|H\psi\|^2}.$$

Linke Seite: Sei $P = \mathbf{1} - |\ \rangle\langle\ |$:
$\langle \psi \,|\, P(H - E_2)P\psi \rangle = \langle \psi \,|\, H\psi \rangle - E_2(1 - |\langle\ |\ \psi \rangle|^2) \geq 0.$ $\qquad\qquad\square$

Bemerkungen (3.5.34)

1. Die Schranken lassen sich leicht verfeinern [5]; sie zeigen, daß wie früher für die Güte von ψ kleines $\langle H \rangle - E_1$, ΔH, und großer Abstand zu E_2 maßgeblich sind.

2. Die obere Schranke gilt nur für den Eigenvektor zu E_1, doch gibt es ähnliche untere Schranken auch für die angeregten Zustände.

Unsere bisherigen Untersuchungen waren durch Hamiltonfunktionen der Form $H = \vec{p}^2 + V(\vec{x})$ motiviert, und wir haben angenommen, daß es unter dem Kontinuum auf $\mathbf{R}^+$ nur ein diskretes Spektrum gibt. Wir kommen zuletzt zu Schranken für die Zahl gebundener Zustände, die dann σ_{ess} unterhalb gewisser Energien ausschließen. Wir beginnen mit einem Lemma, welches für anziehende Potentiale trivial erscheint, aber für teilweise abstoßende überrascht.

Monotonie von $N(H)$ in der Kopplungskonstante (3.5.35)

Sei $H = p^2 + \lambda V$ so, daß $\sigma_{\text{ess}}(H)$ in $\mathbf{R}^+$ liegt, und sei $N(H) := \operatorname{Tr}\Theta(-H)$ die Zahl der Eigenwerte < 0 (Multiplizität mitgezählt). Dann ist $N(p^2 + \lambda V)$, $\lambda > 0$, in λ monoton steigend.

Beweis

$H_1 \leq H_2 \Rightarrow N(H_1) \geq N(H_2)$ und $N(\lambda H) = H(H)\ \forall \lambda > 0$, also

$$N(\vec{p}^2 + \lambda_1 V) \geq N\left(\frac{\lambda_1}{\lambda_2}(\vec{p}^2 + \lambda_2 V)\right) = N(\vec{p}^2 + \lambda_2 V) \quad \forall \lambda_1 \geq \lambda_2.$$

□

$N(H + c^2)$, die Zahl der Eigenwerte unter $-c^2$, läßt sich nun für Potentiale, die relativ zu $\vec{p}^2$ in einer Spurklasse liegen, durch Spuren und damit durch Integrale nach oben abschätzen.

Birman-Schwingersche Schranke (3.5.36)

Sei $|V|_- = -V(\vec{x})$, wo $V(\vec{x}) < 0$, 0 sonst. Dann ist $\forall p \geq 1$

$$N(\vec{p}^2 + V + c^2) \leq \left\| (\vec{p}^2 - c^2)^{-1/2}\, |V|_-(\vec{p}^2 + c^2)^{-1/2} \right\|_p^p.$$

Beweis

$N(\vec{p}^2 + V + c^2) \leq N(\vec{p}^2 - |V|_- + c^2)$, und alle Eigenwerte von $\vec{p}^2 - \lambda|V|_- + c^2$ sind stetige fallende Funktionen in λ. Daher ist $N(\vec{p}^2 - |V|_- + c^2) =$ Zahl der $\lambda \leq 1$, für die $\vec{p}^2 - \lambda|V|_-$ den Eigenwert $-c^2$ hat:

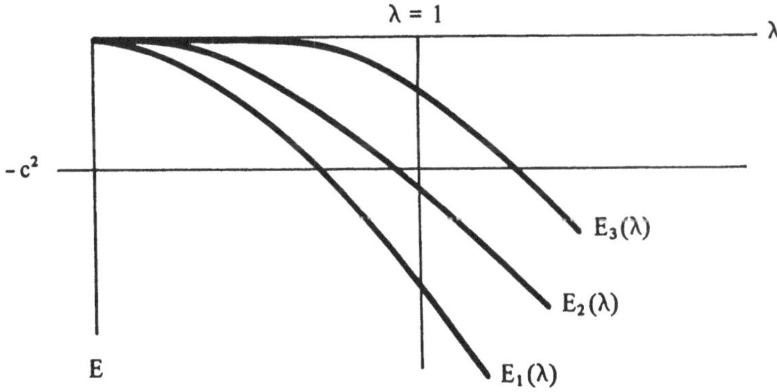

Fig. 3.5 Eigenwerte als Funktionen der Kopplungskonstanten

Da $\vec{p}^2 + c^2$ invertierbar ist, folgt aus $(\vec{p}^2 - \lambda|V|_-)\psi = -c^2\psi$

$$(\vec{p}^2 + c^2)^{-1/2}|V|_-(\vec{p}^2 + c^2)^{-1/2}\varphi = \frac{1}{\lambda}\varphi, \quad \varphi = (\vec{p}^2 + c^2)^{1/2}\psi.$$

Daher ist

$N(\vec{p}^{\,2} - |V|_- + c^2) = [\text{Zahl der Eigenwerte } \frac{1}{\lambda} \geq 1 \text{ von } (\vec{p}^{\,2}+c^2)^{-1/2}|V|_-(\vec{p}^{\,2}+c^2)^{-1/2}] \leq$
$\leq \sum_i \left(\frac{1}{\lambda_i}\right)^p = \text{Tr}[(\vec{p}^{\,2}+c^2)^{-1/2}|V|_-(\vec{p}^{\,2}+c^2)^{-1/2}]^p.$ □

Anwendungen (3.5.37)

1. Gebundene s-Zustände. Ist V radialsymmetrisch, kann man nach den Zuständen mit einem Drehimpuls ℓ fragen, indem man sich in V den entsprechenden Projektor P_ℓ eingebaut denkt. Nun ist $P_0(\vec{p}^{\,2}+c^2)^{-1}P_0$ der Integralkern

$$R(r,r') := \frac{1}{crr'}[\sinh rc\, e^{-r'c}\,\Theta(r'-r) + \sinh r'c\, e^{-rc}\,\Theta(r-r')],$$

und schon

$$\|(\vec{p}^{\,2}+c^2)^{-1/2}|V|_-(\vec{p}^{\,2}+c^2)^{-1/2}\|_1 = \text{Tr}\,|V|_-(\vec{p}^{\,2}+c^2)^{-1} =$$
$$= \int_0^\infty dr\,|V(r)|_- r^2 R(r,r) = \int_0^\infty dr\,|V(r)|_- \frac{1-e^{-2rc}}{2c}$$

kann existieren. Insbesondere hat man für $c = 0$ die
Bargmannsche Schranke:
(Zahl der gebudenen s-Zustände von $V(r)$) $\leq \int_0^\infty dr\,r\,|V(r)|_-$.

2. Nach (3.3.3) ist in drei Dimensionen der Integralkern für $(\vec{p}^{\,2}+c^2)^{-1}$ gleich $e^{-c|\vec{x}-\vec{x}'|}/4\pi|\vec{x}-\vec{x}'|$ und wird für $\vec{x}=\vec{x}'$ unendlich. Wir müssen daher zu höheren Exponenten p gehen und erhalten für $p=2$ die allgemeinere
Schranke von Ghirardi und Rimini

$$N(\vec{p}^{\,2}+V+c^2) \leq \left(\frac{1}{4\pi}\right)^2 \int d^3x\,d^3x'\,\frac{|V(\vec{x})|_-\,|V(\vec{x}')|_-}{|\vec{x}-\vec{x}'|^2}\,e^{-2c|\vec{x}-\vec{x}'|}.$$

Bemerkungen (3.5.38)

1. Das klassische Analogon zu $N(\vec{p}^{\,2}+V)$ ist das Volumen des Phasenraumes negativer Energie

$$\int \frac{d^3x\,d^3p}{(2\pi)^3}\,\Theta(-\vec{p}^{\,2}-V(\vec{x})) = \frac{1}{6\pi^2}\int d^3x\,|V|_-^{3/2}.$$

Tatsächlich nähert sich $N(\vec{p}^{\,2}+\lambda V)$ für $\lambda \to \infty$ diesem Integral (siehe Band IV), und für endliche λ ist dieses Integral mit einer schlechteren Konstante eine Schranke [25].

2. Für radialsymmetrische Potentiale läßt sich für N_ℓ, die Zahl der Zustände mit Drehimpuls ℓ, die Familie von Schranken

$$N_\ell \leq \frac{(p-1)^{p-1}\,\Gamma(2p)}{(2\ell+1)^{2p-1}p^p\Gamma(p)^2} \int_0^\infty dr\,p^{2p-1}\,|V(r)|_-^p, \quad p \geq 1,$$

angeben. Sie sind optimal in dem Sinne, als sich $\forall p \geq 1$ ein Potential $V_{\ell,p}$ angeben läßt, so daß Gleichheit gilt. Durch Variation von p lassen sich mit dieser Formel für die meisten Potentiale Abschätzungen mit %-Genauigkeit finden.

3. Die Momente der Eigenwerte lassen sich aus N durch

$$\sum_i |E_i|^\gamma = \mathrm{Tr}\, |H|^\gamma\, \Theta(-H) = \int_{-\infty}^{0} dE\, |E|^\gamma\, \mathrm{Tr}\, \delta(E - H) =$$

$$= \int_{-\infty}^{0} dE\, |E|^\gamma\, \frac{\partial}{\partial E}\, N(H - E) = \gamma \int_{-\infty}^{0} dE\, |E|^{\gamma-1}\, N(H - E)$$

gewinnen [6].

Beispiel (3.5.39)

Yukawa-Potential $V(r) = -\lambda e^{-r}/r$, $\lambda > 0$. Nach (3.5.37) ist die Zahl der gebundenen s-Zustände $\leq \int_0^\infty dr\, |V(r)|r = \lambda$. Verwenden wir in (3.5.28)

$$\psi(x) = \frac{u(r)}{r}, \quad u(r) = (\lambda^3/8\pi)^{1/2} r\, e^{-\lambda r/2},$$

so wird $H\psi/\psi = -\frac{\lambda^2}{4} + \lambda\frac{1-e^{-r}}{r}$, so daß wir zunächst $-\frac{\lambda^2}{4} \leq E_1 \leq -\frac{\lambda^2}{4} + \lambda$ erhalten. Mit diesem ψ wird ($H = \vec{p}^2 + V$)

$$\langle\, \psi \,|\, H\psi \,\rangle = \frac{\lambda^2}{4}\frac{2\lambda + 1 - \lambda^2}{(1 + \lambda)^2} = -\frac{\lambda^2}{4} + \lambda - \frac{3}{2} + O(1/\lambda)$$

und

$$\langle\, \psi \,|\, H^2\psi \,\rangle = \frac{\lambda^4}{16}\left[5 - \frac{16\lambda + 12\lambda^2}{(1 + \lambda)^2} + \frac{8\lambda}{2 + \lambda}\right], \quad \Delta H = \frac{1}{2}\left(\frac{\lambda}{1 + \lambda}\right)^2 \sqrt{\frac{2 + 3\lambda}{2 + \lambda}},$$

erhalten. Das Mini-Max-Prinzip gibt uns die obere Schranke $\langle\, \psi \,|\, H\psi \,\rangle$ für E_1, und (3.5.26) gibt die untere Schranke $\langle\, \psi \,|\, H\psi \,\rangle - \Delta H$, wenn wir $E_2 > \langle\, \psi \,|\, H\psi \,\rangle + \Delta H$ wissen. Weil $V > -\lambda/r$, ist $E_n > -\lambda^2/4n$ (siehe § 4.1); für $\langle\, \psi \,|\, H\psi \,\rangle \leq -\lambda^2/16$ haben wir somit sicherlich E_1 eingefangen. Für genügend große λ läßt sich die untere Schranke durch die Templesche Ungleichung (3.5.32,2) verbessern, da dann $(\Delta H)^2(E_2 - \langle\, H \,\rangle)^{-1} = O(\lambda^{-2})$. Die Projektionsmethode läßt sich mit dem lösbaren $H_0 = \vec{p}^2 - \lambda/r$ und $H' = \lambda(1 - e^{-r})/r$ verwenden und gibt

$$\langle\, H'^{-1} \,\rangle = \frac{\lambda^2}{2}\int_0^\infty dr\, r^3\, \frac{e^{-\lambda r}}{1 - e^{-r}} = 3\sum_{n=0}^{\infty} \frac{\lambda^2}{(\lambda + n)^4} < \lambda^{-2}(3 + \lambda),$$

also $-\frac{\lambda^2}{4} + \frac{\lambda^2}{3+\lambda} \leq E_1$. Die allgemeine Schranke (3.5.30)

$$E \geq -\left(\int_0^\infty dr\, r^2\, |V|^p\right)^{\frac{2}{2p-3}} \frac{\Gamma(3 - q)^{\frac{2q}{3-q}}}{p^2} (p - 1)^2$$

ist nur für $p < 3$ verwendbar und gibt daher nie das echte asymptotische Verhalten $\sim \lambda^2$ für $\lambda \to \infty$, etwa für $p = q = 2$ haben wir $-\frac{\lambda^4}{16} \leq E_1$.

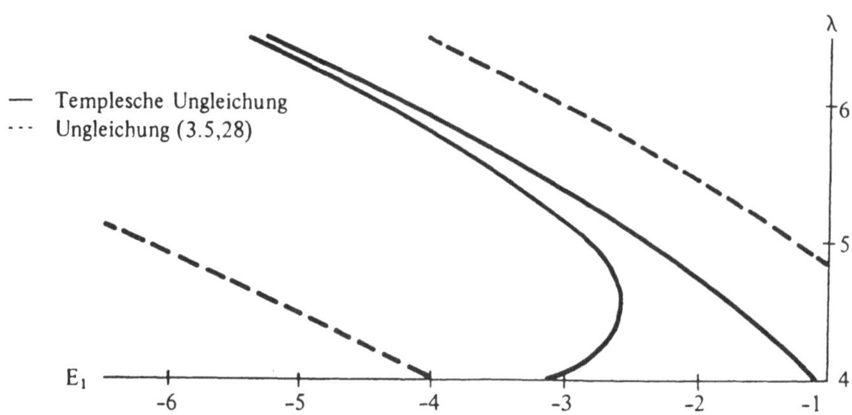

Fig. 3.6 Schranken für E_1 des Yukawa-Potentials

Aufgaben (3.5.40)

1. Zeige, daß $R(\alpha, z)$ um E_k einfache Pole hat und $P_k(\alpha) = P_k^*(\alpha^*)$, $P_i(\alpha)P_k(\alpha) = \delta_{ik} P_k(\alpha)$.

2. Zeige: a kompakt $\Leftrightarrow$ $(\psi_n \to 0 \Rightarrow a\psi_n \to 0)$. (Verwende für $\Rightarrow$, daß auf starken kompakten Mengen im Hilbertraum starke und schwache Topologie übereinstimmen.)

3. Zeige: ist H' H_0-relativ-kompakt, dann gibt es zu jedem $\epsilon > 0$ ein δ, so daß $\|H'\psi\| \le \epsilon\|H_0\psi\| + \delta\|\psi\| \ \forall \psi \in D(H_0)$. ($a = H'(H_0 + i)^{-1}$ ist kompakt. Sei $P_n = \chi_{[-n,n]}(H_0)$. Zeige, daß (i) $\|a(1 - P_n)\| \to 0$ und (ii) $H'P_n$ beschränkt ist $\forall n$.)

4. Zeige: für $|a| < \delta$ ist $W(\alpha) = P(\alpha)[1 + P(0)(P(\alpha) - P(0))P(0)]^{-1/2}P(0)$, W aus Beweis von (3.5.14).

5. Beweise (3.5.21). (Benütze die unitäre Invarianz der Spur und $\mathrm{Tr}_{D_1 \cup D_2} = \mathrm{Tr}_{D_1} + \mathrm{Tr}_{D_2}$ für orthogonale $D_{1,2}$.)

6. Finde ein Beispiel, in dem $\sup_{|1\rangle} \inf_{|2\rangle \perp |1\rangle} \langle 2 | H | 2 \rangle$ einer 3×3-Matrix nicht nur für $|1\rangle$ = Grundzustand von H angenommen wird.

Lösungen (3.5.41)

1. Sei P_k der Projektor auf die zu E_k gehörigen Eigenvektoren. Die Laurent-Entwicklung von $(H_0 - z)^{-1}$ ist $(E_k - z)^{-1}P_k + (1 - P_k) \times$ analytische Terme.

$$2\pi i P_k(\alpha) = \oint_{c_k} dz\, R(\alpha, z) = -\oint_{-c_k} dz^*\, R(\alpha, z) = -\left[\oint_{c_k} dz\, R(\alpha^*, z)\right]^*.$$

$$P_i(\alpha)P_k(\alpha) = (2\pi i)^{-2} \oint_{c_i} \oint_{c_k} \frac{dz\, dz'}{z - z'} [R(\alpha, z) - R(\alpha, z')].$$

$i = k$: $\qquad (2\pi i)^{-2} \int \int \ldots = (2\pi i)^{-1} \oint_{c_i} dz\, R(\alpha,z)\,.$

$i \neq k$: $\qquad (2\pi i)^{-2} \int \int \ldots = 0\,.$

2. Hilfssatz: Sei $K \subset \mathcal{H}$ stark kompakt. Ist $M \subset K$ schwach abgeschlossen, dann ist M auch stark abgeschlossen. Ist umgekehrt M stark abgeschlossen, so auch kompakt $\Rightarrow$ schwach kompakt $\Rightarrow$ schwach abgeschlossen. (Vgl. auch Aufgabe (2.1.29,7).)
$\Rightarrow$: $\psi_n \rightharpoonup 0 \Rightarrow a\psi_n \rightharpoonup 0 \Rightarrow a\psi_n \to 0$ wegen des Hilfssatzes und der Tatsache, daß $\{\psi_n\}$ beschränkt ist.
$\Leftarrow$: $(\psi_n \rightharpoonup 0 \Rightarrow a\psi_n \to 0) \Leftrightarrow (\psi_n \rightharpoonup \psi \Leftrightarrow a\psi \to a\psi)$.
Sei nun X beschränkt. Damit aX stark relativ-kompakt ist, genügt es zu zeigen, daß jede Folge $a\psi_n$ ($\psi_n \in X$) eine stark konvergente Teilfolge enthält. Die Folge ψ_n enthält aber eine schwach konvergente Teilfolge $\psi_{n_k} \rightharpoonup \psi \Rightarrow a\psi_{n_k} \to a\psi$.

3. (i) Sei $a_n = a^*(1 - P_n)a$. $\|a(1 - P_n)\|^2 = \sup_{\|\psi\| \leq 1} \langle \psi \,|\, a_n \psi \rangle$. Wäre $\| \ldots \|^2 > C > 0 \ \forall n$, so wäre der Durchschnitt der fallenden Folge von schwach kompakten Mengen $\{\psi : \langle \psi \,|\, a_n \psi \rangle \geq C, \|\psi\| \leq 1\}$ nicht leer $\Rightarrow$ es gäbe ein ψ, so daß $\|\psi\| \leq 1$, $\langle \psi \,|\, a_n \psi \rangle \geq C \ \forall n$, dies ist unmöglich wegen $1 - P_n \to 0$.

   (ii) $H'P_n = a \int_{-n}^{n}(\alpha + i)\, dP_\alpha = $ Produkt zweier beschränkter Operatoren. Somit ist für $\psi \in D(H_0)$
$$\|H'\psi\| = \|a(H_0 + i)\psi\| \leq \|a(1 - P_n)(H_0 + i)\psi\| + \|H'P_n\psi\| \leq$$
$$\leq \epsilon\|(H_0 + i)\psi\| + \|H'P_n\|\|\psi\|, \text{ falls } n \text{ groß genug ist.}$$

4. $\|P(\alpha) - P(0)\| < 1$, $[\;] > 0$, $[\;]P_0 = P_0[\;]$.
$WW^* = P[\;]^{-1/2}P_0[\;]^{-1/2}P = PP_0[\;]^{-1}P = P$.
$W^*W = P_0[\;]^{-1/2}P[\;]^{-1/2}P_0 = [\;]^{-1/2}P_0[\;]P_0[\;]^{-1/2}P_0 = P_0$.

5. Wir betrachten nur den ∞-dimensionalen Fall, so daß H beliebig viele Eigenwerte $\geq E_{i+j-1}$ hat. Sei $H\psi_i = E_i\psi_i$, $B_{i,j}$ der von $\{\psi_i, \psi_{i+1}, \ldots, \psi_{i+j-1}\}$ aufgespannte Unterraum,
$$D_j^- = D_j \cap B_{1,i-1}, \qquad D_j^0 = D_j \cap B_{i,j}, \qquad D_j^+ = D_j \cap B_{i+j,\infty},$$
und d^α die Dimension von D_j^α. Von der Spur
$$\mathrm{Tr}_{D_j} H = \mathrm{Tr}_{D_j^-} H + \mathrm{Tr}_{D_j^0} H + \mathrm{Tr}_{D_j^+} H$$
liegt der erste Beitrag zwischen $E_1 + E_2 + \ldots + E_{d^-}$ und $E_{i-d^--1} + E_{i-d^-} + \ldots + E_{i-1}$, der zweite zwischen $E_i + E_{i+1} + \ldots + E_{i+d^0-1}$ und $E_{i+j-d^0-1} + E_{i+j-d^0} + \ldots + E_{j+i-1}$, und der dritte ist $\geq E_{i+j-1}d^+$. Daher ist
$$\sup_{D_j \subset D_{i+j-1}} \mathrm{Tr}_{D_S} H \geq E_i + E_{i+1} + \ldots + E_{i+j-1}$$

($=$ wird für $D_{i+j-1} = B_{1,i+j-1}$ angenommen).

$$\inf_{D_j \subset D_{i-1}^\perp} \mathrm{Tr}_{D_S} H \text{ ist } \leq E_i + E_{i+1} + \ldots + E_{i+j-1}$$

($=$ für $D_{i-1} = B_{1,i-1}$).

6. $H = \begin{pmatrix} 1 & & \\ & 2 & \\ & & 3 \end{pmatrix}$, $|1\rangle = \left(\frac{1}{\sqrt{2}}, 0, \frac{1}{\sqrt{2}}\right)$, $\langle 2|1\rangle = 0 \Rightarrow |2\rangle = \left(\alpha, e^{i\varphi}\sqrt{1 - 2|\alpha|^2}, -\alpha\right)$,

$\langle 2|H|2\rangle = 2(1 - 2\alpha^2) + \alpha^2(1 + 3) = 2 \; \forall \alpha$ mit $|\alpha| \leq 1/2$.

3.6 Stationäre Streutheorie

Durch einen abelschen Limes erhält man für den Operator S einen expliziten Ausdruck, der den Methoden der Analysis zugänglich ist.

Historisch waren Streuprobleme nur den Methoden der Wellenmechanik und nicht denen der Matrizenmechanik zugänglich. Es hat sich daher eingebürgert, die Streutheorie als Streuung von Wellen und nicht von Teilchen mit Observablen $(\vec{x}, \vec{p})$ aufzufassen. Einstweilen haben sich die Zusammenhänge geklärt, und wir können direkt an die Betrachtungen von § 3.4 anknüpfen. Da wir inzwischen gelernt haben, welche mathematische Fallen gefährlich sind, uns welche man unbeschadet umgehen kann, werden wir in formalen Manipulationen schwelgen, ohne immer auf die feineren Aspekte der mathematischen Strenge zu achten.

Die Mølleroperatoren wurden als Zeitlimes von $\Omega(t) = e^{iHt}\, e^{-iH_0 t}$ eingeführt. Falls er existiert, gibt es a fortiori (Aufgabe 1) den Limes $\epsilon \downarrow 0$ von $\epsilon \int_0^\infty dt\, e^{-\epsilon t}\Omega(t)$ (vgl. I, 3.4.22), und in diesen Operatoren tritt die Zeit nicht mehr explizit auf. Da der Integrand exponentiell von t abhängt, scheint die t-Integration trivial zu sein, wird aber durch die Nichtkommutativität von H und H_0 erschwert. Um diese Schwierigkeiten zu beheben, verwendet man die durch die Spektraldarstellung von H_0 definierte Zerlegung der Einheit $\mathbf{1} = \int_0^\infty dE\, \delta(H_0 - E)$, wobei wir immer $H_0 = p^2$ vor Augen haben. Dann erscheint in der letzten Exponentialfunktion nur die kommutierende Integrationsvariable E, $e^{-iH_0 t} = \int dE\, \delta(H_0 - E)$, und der Integration steht nichts mehr im Wege:

$$
\Omega_\pm = \operatorname*{s\text{-}lim}_{\epsilon \downarrow 0} \ \epsilon \int_0^\infty dt \int_0^\infty dE\, e^{\pm it(H - E \pm i\epsilon)}\, \delta(H_0 - E) =
$$

$$
= \operatorname*{s\text{-}lim}_{\epsilon \downarrow 0} \ \int_0^\infty \pm dE\, i\epsilon (H - E \pm i\epsilon)^{-1}\, \delta(H_0 - E) = \tag{3.6.1}
$$

$$
= \mathbf{1} - \operatorname*{s\text{-}lim}_{\epsilon \downarrow 0} \ \int_0^\infty dE\, (H - E \pm i\epsilon)^{-1}\, V\, \delta(H_0 - E).
$$

Bemerkungen (3.6.2)

1. $\Omega_\pm$ lassen sich also durch die Grenzwerte an dem Verzweigungsschnitt $\mathbf{R}^+$ von der analytischen Funktion $z \to (H - z)^{-1}V$ darstellen. Für die von uns betrachteten V's bildet sie in die kompakten Operatoren ab. Im weiteren ist es übersichtlicher, statt E die uniformisierende Variable $\sqrt{E} =: k$ einzuführen. In k entsprechen die Limiten in $\Omega_\pm$ einfach $\operatorname{Im} k \downarrow 0$ und unter Umständen lassen

sich die Integranden über die reelle Achse hinaus analytisch fortsetzen:

$$\left\| V^{1/2}(H_0 - k^2)^{-1} V^{1/2} \right\|_2^2 = \int \frac{d^3x \, d^3x'}{(4\pi |x - x'|)^2} \, V(x) \, V(x') \, e^{i(k - k^*)|x - x'|}$$

ist auch für $\operatorname{Im} k < 0$ endlich, falls $V(x)$ genügend stark abfällt. Schreiben wir

$$\Omega_\pm = \operatorname*{s-lim}_{\epsilon \downarrow 0} \int_0^\infty 2k \, dk \, \Omega(i\epsilon \mp k) \, \delta(H_0 - k^2),$$

dann hat $(V^{1/2} := V|V|^{-1/2})$

$$\Omega(k) := 1 - (H - k^2)^{-1} V = (1 + (H_0 - k^2)^{-1} V)^{-1} =$$
$$= |V|^{-1/2}(1 + |V|^{1/2}(H_0 - k^2)^{-1} V^{1/2})^{-1} |V|^{1/2},$$

nur Pole, wo der kompakte Operator im Nenner Eigenwert -1 hat. Der Verzweigungspunkt in der Variablen E bei $E = 0$ verschwindet mit der uniformisierenden Variablen k.

2. In der Wellenmechanik geht man vielfach über den L^2-Raum hinaus und verwendet ebene Wellen $\varphi = e^{i\vec{k}\vec{x}}$ als Eigenvektoren von H_0. Mit $\Omega_\pm$ multipliziert geben sie Eigenfunktionen von H: $\psi_\pm = \Omega_\pm(k)\varphi$, welche wegen $\Omega(k) = (1 + (H_0 - k^2)^{-1} V)^{-1}$ der **Lippmann-Schwinger-Gleichung**

$$\psi_\pm = \varphi - (H_0 - k^2 \pm i\epsilon)^{-1} V \psi_\pm, \quad k = |\vec{k}|$$

in x-Darstellung

$$\psi_\pm(\vec{x}) = e^{i\vec{k}\vec{x}} - \int \frac{d^3x' \, e^{\mp ik|\vec{x} - \vec{x}'|}}{4\pi |\vec{x} - \vec{x}'|} \, V(\vec{x}') \, \psi_\pm(\vec{x}')$$

genügen. Zur ebenen Welle treten jetzt noch einlaufende (bzw. auslaufende) Kugelwellen hinzu.

Beispiel (3.6.3)

Das separable V aus (3.4.13,1) gibt $\Omega(k) = 1 - \lambda(H_0 - k^2)^{-1} P \, D^{-1}(k)$ oder als Integralkern im Impulsraum

$$(\vec{p}' \,|\, \Omega_\pm - 1 \,|\, \vec{p}) = -\int_0^\infty 2k \, dk \, \delta(\vec{p}^2 - k^2) \frac{\lambda \, \rho^*(\vec{p}') \, \rho(\vec{p})}{(\vec{p}'^{\,2} - k^2 \pm i\epsilon)} \, D^{-1}(\mp k),$$

wobei jetzt

$$D(k) = 1 + \lambda \int \frac{d^3p \, |\rho(\vec{p})|^2}{\vec{p}^2 - k^2}, \qquad \operatorname{Im} k > 0,$$

ist. Etwa für $\rho^2 = \frac{M^2}{(\vec{p}^2 + M^2)\vec{p}^2}$, $M > 0$, erhält man $D(k) = 1 + \frac{\lambda}{4\pi} \frac{M^2}{M - ik}$. Diese Funktion läßt sich in die untere k-Halbebene (= zweites Blatt in E) fortsetzen, stellt aber dort nicht das Integral dar, sondern entwickelt für $k = -iM$ einen Pol.

Den Zeitlimes (3.4.24,6) für S kann man genauso in einen ϵ-Limes umformen, nur brauchen wir auf beiden Seiten die Zerlegung der Einheit:

$$S = \underset{\epsilon\downarrow 0}{\text{s-lim}}\ \epsilon \int_0^\infty dE\, dE'\, \delta(H_0 - E)\, e^{-it\left(H - \frac{E+E'}{2} - i\epsilon\right)}\, \delta(H_0 - E')\, dt =$$

$$= \underset{\epsilon\downarrow 0}{\text{s-lim}} \int_0^\infty dE\, dE'\, \delta(H_0 - E)\, \frac{-i\epsilon}{H - \frac{E+E'}{2} - i\epsilon}\, \delta(H_0 - E'). \tag{3.6.4}$$

Verwenden wir die zweite Iteration der Resolventengleichung $(D(H)$ sei $D(H_0))$

$$(H - z)^{-1} = (H_0 - z)^{-1} - (H_0 - z)^{-1}[V - V(H - z)^{-1}V](H_0 - z)^{-1}$$

und die Limesrelation

$$\lim_{\epsilon\downarrow 0} \frac{-i\epsilon}{\left(\frac{E-E'}{2} - i\epsilon\right)\left(\frac{E'-E}{2} - i\epsilon\right)} = 2\pi i\delta(E - E'),$$

so ergibt sich (immer das S der Wechselwirkungsdarstellung)

$$S = \underset{\epsilon\downarrow 0}{\text{s-lim}} \int_0^\infty dE\, \{1 - 2\pi i\delta(H_0 - E)[V - V(H - E - i\epsilon)^{-1}V]\}\delta(H_0 - E).$$

Zu ihrer Diskussion definieren wir wieder eine operatorwertige analytische Funktion der uniformisierenden Variablen k (siehe 3.6.2,1):

$$t(k) := V\Omega_-(k) = V - V(H - k^2)^{-1}V =$$

$$= V^{1/2}[1 + |V|^{1/2}(H_0 - k^2)^{-1}V^{1/2}]^{-1}|V|^{1/2} = \tag{3.6.6}$$

$$= [V^{-1} + (H_0 - k^2)^{-1}]^{-1} = t^*(-k^*),$$

wobei die Definitionsbereiche, insbesondere von V^{-1}, zu überprüfen sind. Für $\operatorname{Im} k \downarrow 0$ ist im Sinn der Konvergenz von Formen

$$t^{-1}(k) - t^{-1}(-k) = \lim_{\epsilon\downarrow 0}[(H_0 - k^2 - i\epsilon)^{-1} - (H_0 - k^2 + i\epsilon)^{-1}] = 2\pi i\delta(H_0 - k^2)$$

und wir haben

$$1 - 2\pi i\delta(H_0 - k^2)\, t(k) = (t^{-1}(k) - 2\pi i\delta(H_0 - k^2))t(k) = t^{-1}(-k)\, t(k):$$

Spektraldarstellung der S-Matrix (3.6.7)

$$S = \int_0^\infty 2k\, dk\, S(k)\, \delta(H_0 - k^2),$$

$$S(k) = t^{-1}(-k)\, t(k) = \underset{\epsilon\downarrow 0}{\text{s-lim}}\ [1 + (H_0 - k^2 + i\epsilon)^{-1}V] \cdot [1 + (H_0 - k^2 - i\epsilon)^{-1}V]^{-1}.$$

Ihr entnehmen wir die

Unitaritätsrelationen (3.6.8)

  (i) $S(k)\,S(-k) = \mathbf{1}$ im Analytizitätsbereich,

  (ii) $\delta(H_0 - k^2)\,S(k)^* = S(-k)\,\delta(H_0 - k^2)$ für k reell.

Beispiel (3.6.9)

Kehren wir zu (3.6.3), $V = \lambda P$, zurück, so finden wir $t(k) = \lambda\,P\,D^{-1}(k)$, $S(k) = \mathbf{1} - 2\pi i\delta(H_0 - k^2)\,\lambda\,P\,D^{-1}(k)$. Da $\delta(H_0 - k^2)\,P\,\delta(H_0 - k^2) = \delta(H_0 - k^2)\cdot|\rho(k)|^2\,\frac{k}{4\pi}\,P_0$, $P_\ell :=$ Projektor auf Zustände mit $\vec{L}^2 = \ell(\ell+1)$, und $D(k) - D(-k) = 2\pi i\,\frac{k}{4\pi}\,|\rho(k)|^2$, wird

$$S = \int_0^\infty 2k\,dk\,\delta(H_0 - k^2)\left(P_0\frac{D(-k)}{D(k)} + \mathbf{1} - P_0\right).$$

Bemerkungen (3.6.10)

1. $[S, H_0] = \mathbf{0}$ macht sich für $S(k)$ so bemerkbar, daß zwar $S(k)$, aber nicht $S(k)\,\delta(H_0 - k^2)$ aus der Energieschale $H_0 = k^2$ herausführt. Auf der Energieschale gilt dann die Unitaritätsrelation $\delta(H_0 - k'^2)\,S(k')S^*(k)\,\delta(H_0 - k^2) = \delta(H_0 - k^2)\delta(k'^2 - k^2)$. Dort kann man daher $S(k)\,\delta(H_0 - k^2)$ als $e^{2i\delta(k)}\,\delta(H_0 - k^2)$ mit $\delta(k) = \delta(k)^* = -\delta(-k)$, $[\delta(k), H_0] = \mathbf{0}$ schreiben.[1] Durch die Spektraldarstellung von $H_0 = \vec{p}^2$ wird $\mathcal{H} = L^2(\mathbf{R}^+, 2k\,dk) \otimes L^2(\mathbf{S}^2, d\Omega)$, und der Operator $\delta(k)$ bildet den Winkelteil $L^2(\mathbf{S}^2, d\Omega)$ auf sich ab. Der Operator $\delta := \delta\left(\sqrt{H_0}\right)$ wirkt dann auf ganz $\mathcal{H}$, und $[\delta, H_0] = \mathbf{0}$. Ist insbesondere V kugelsymmetrisch, so gilt $[\delta, \vec{L}] = \mathbf{0}$, also $\delta(k) = \sum_\ell \delta_\ell(k)\,P_\ell$, die $\delta_\ell(k) \in \mathbf{R}$. Dann ist S in der Diagonaldarstellung von $\vec{L}^2$ ein Multiplikationsoperator in H_0:

$$S = \int_0^\infty dk^2\,\delta(H_0 - k^2)\,e^{2i\delta(k)} = \sum_\ell \int_0^\infty dk^2\,\delta(H_0 - k^2)\,P_\ell\,e^{2i\delta_\ell(k)}.$$

2. Die Unitarität von S bedingt für t die **Low-Gleichung** (immer Im $k \downarrow 0$)

$$t(-k) - t(k) = 2\pi i V\Omega\delta(H_0 - k^2)\Omega^* V = 2\pi i t(k)\,\delta(H_0 - k^2)\,t(-k), \quad k \in \mathbf{R}.$$

3. Schreibt man die Lippmann-Schwinger-Gleichung (3.6.2,2) als

$$\psi_- = \varphi - (H_0 - k^2)^{-1}t(k)\varphi,$$

verwendet man $\varphi = \exp(ik\vec{n}\vec{x})$, $\vec{k} = k\vec{n}$, und für $|\vec{x}| \gg |\vec{x}'|$, daß

$$\frac{e^{ik|\vec{x}-\vec{x}'|}}{|\vec{x} - \vec{x}'|} \sim \frac{e^{ikr}}{r}\,e^{-ik\vec{n}'\vec{x}'}, \quad \vec{n}' = \vec{x}/r,$$

so wird in der x-Darstellung für $|\vec{x}| \to \infty$

$$\psi_-(\vec{x}) = e^{ik\vec{x}} + \frac{e^{ikr}}{r}\,f(k; \vec{n}', \vec{n}),$$

---

[1] Unglücklicherweise ist es Tradition, für die Streuphase $\delta(k)$ denselben Buchstaben zu verwenden wie für die Diracsche δ-Funktion. Der Leser solte auf der Hut vor möglichen Verwechslungen sein.

mit der **Streuamplitude**

$$f(k; \vec{n}', \vec{n}) := \frac{-1}{4\pi} \int d^3x' \, d^3x'' \, e^{-ik\vec{n}'\vec{x}'} \, \langle \, x' \, | \, t(k) \, | \, x'' \, \rangle \, e^{ik\vec{n}\vec{x}''}.$$

Die Winkelabhängigkeit f der auslaufenden Kugelwelle wird daher durch t im Impulsraum auf der Energieschale bestimmt. Nur dieser Teil von t geht in $e^{2\pi i\delta(k)}\,\delta(H_0 - k^2) = (1 - 2\pi i\delta(H_0 - k^2)t(k))\delta(H_0 - k^2)$ ein. Insbesondere für $[t(k), \vec{L}] = 0$ findet man durch Koeffizientenvergleich (Aufgabe 6)

$$f(k; \vec{n}', \vec{n}) = \sum_\ell \langle \, \vec{n}' \, | \, P_\ell \, | \, \vec{n} \, \rangle \, \frac{e^{2i\delta_\ell(k)} - 1}{2ik} =$$

$$= \sum_\ell \frac{2\ell + 1}{k} \, P_\ell(\cos\vartheta) \, e^{i\delta_\ell(k)} \sin\delta_\ell(k), \quad \vartheta = \sphericalangle(\vec{n}', \vec{n}).$$

Entwickelt man die ebene Welle nach Kugelfunktionen, $e^{i\vec{k}\vec{x}} = \frac{e^{ikr} - e^{-ikr}}{2ikr} + \ldots$, wird ψ_- asymptotisch $\frac{e^{i(kr + \delta(k))} - e^{-i(kr + \delta(k))}}{2ikr} + \ldots$, so daß δ die Bedeutung der Phasenverschiebung der Kugelwellen als **Streuphase** gewinnt.

4. Für mehrere Kanäle (siehe 3.4.24,6) verallgemeinert sich (3.6.5) zu

$$S_{\alpha\beta} = \int_0^\infty dE \left[\delta_{\alpha\beta} - 2\pi i\delta(H_\alpha - E) \left(V_\alpha - V_\alpha \frac{1}{H - E - i\epsilon} V_\beta \right) \right] \delta(H_\beta - E).$$

Im folgenden sei V wieder so stark abfallend, daß die Norm aus (3.6.2,1) bis $\operatorname{Im} k > \kappa_0 < 0$ endlich bleibt. Dort ist dann

$$S(k) = V^{-1/2}D(-k)D^{-1}(k)V^{1/2}, \quad D(k) = 1 + V^{1/2}(H_0 - k^2)^{-1}|V|^{1/2}$$

eine meromorphe Funktion mit Werten in $\mathcal{B}(\mathcal{H})$. Wir diskutieren zuerst die

Polstruktur von $S(k)$ (3.6.11)

S hat an denjenigen Werten von k einen Pol, für die $D(k)$ einen Eigenwert Null oder $D(-k)$ einen Pol hat. Sowohl Pole als auch Nullstellen treten für k und $-k^*$ auf, in der oberen Halbebene gibt es keine Pole, sondern nur Nullstellen von $D(k)$ und die nur auf der imaginären Achse. Man nennt (siehe Fig 3.7)

Nullstellen bei $\operatorname{Im} k > 0$,   **gebundene Zustände**
Nullstellen bei $\operatorname{Im} k < 0$, $\operatorname{Re} k = 0$,   **virtuelle Zustände**
Nullstellen mit $\operatorname{Re} k \neq 0$,   **Resonanzen**.

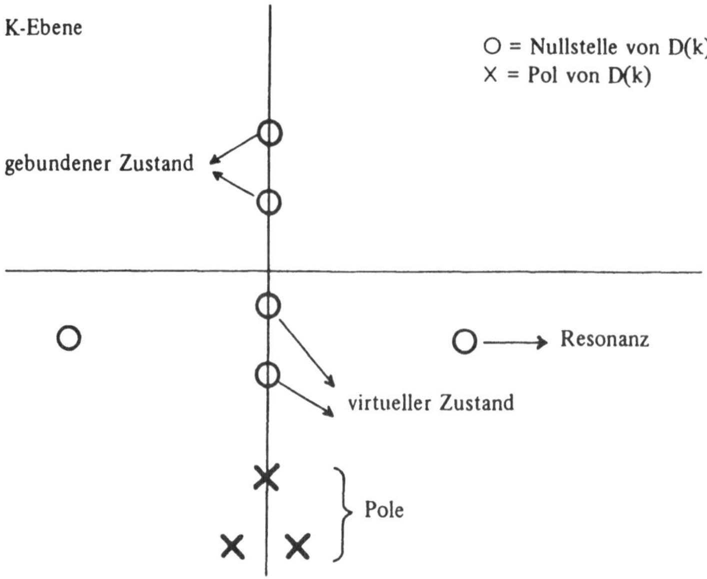

Fig. 3.7 Polstruktur und Nullstellen von $D(k)$

Beweis

$D(-k^*) = K\, D(k)\, K$ ist die Zeitumkehrung von $D(k)$ (vgl. 3.3.19,2) und daher haben beide Operatoren dieselben Pole und Nullstellen. $0 = D(k)\psi = \psi + V^{1/2}(H_0 - E)^{-1}V^{1/2}\psi$ bedeutet $(H_0 + V - E)\varphi = 0$, wobei $\varphi := (H_0 - E)^{-1}V^{1/2}\psi$. Fällt V genügend stark ab, so liegt φ mit ψ in L^2, und für solche Potentiale hat obige Gleichung nur für $E < 0$, also k rein imaginär, eine Lösung. Bei analytischer Fortsetzung in das zweite E-Blatt (untere k-Ebene) können komplexe Nullstellen und Pole auftreten. $\qquad\qquad\qquad\qquad\qquad\qquad\qquad\qquad\qquad\qquad\qquad\qquad\qquad\qquad\square$

Beispiele (3.6.12)

1. In (3.6.9) mit $\rho = M^2/[(\vec{p}^{\,2} + M^2)\vec{p}^{\,2}]$ aus (3.6.3) ist

$$S(k) = P_0 \frac{(M - ik)\left(M\left(1 + \frac{\lambda}{4\pi}M\right) + ik\right)}{(M + ik)\left(M\left(1 + \frac{\lambda}{4\pi}M\right) - ik\right)}.$$

Die Nullstelle von $D(k)$ bei $k = -iM\left(1 + \frac{\lambda}{4\pi}M\right)$ ist für $\lambda/4\pi > -1/M$ ein virtueller, für $\lambda/4\pi < -1/M$ ein gebundener Zustand. Der Pol bei $k = -iM$ von $D(k)$ gibt für S einen Pol bei $k = iM$ (im ersten E-Blatt bei $E = -M^2$).

2. Das separable Potential $V = \lambda\vec{p} \cdot P\,\vec{p}$ hat nur Wechselwirkung in $\ell = 1$-Zuständen, und die analoge Rechnung liefert für $P = |\rho\rangle\langle\rho|$,

$$\rho(\vec{p}) = M^2/(\vec{p}^2 + M^2),$$

$$D(k) = 1 + \lambda \int d^3p \, \frac{\vec{p}^2 M^4}{(\vec{p}^2 - k^2)(\vec{p}^2 + M^2)^4} = 1 + \frac{\lambda}{8\pi} \frac{M^2(M - 2ik)}{(M - ik)^2}.$$

Die Nullstellen bei $k = -iM\left[1 + \frac{\lambda}{8\pi}M^3 \pm \left(\frac{\lambda}{8\pi}M^3\left(1 + \frac{\lambda}{8\pi}M^3\right)\right)^{1/2}\right]$ sind für $\lambda > 0$ virtuelle Zustände, für $-8\pi/M^3 < \lambda < 0$ Resonanzen und für $\lambda < -8\pi/M^3$ hat man einen gebundenen und einen virtuellen Zustand.

Bemerkungen (3.6.13)

1. Die Pole von $D(k)$ wurden anfänglich falsche Pole genannt, da man zunächst annahm, daß alle Pole von $S(k)$ im ersten E-Blatt gebundenen Zuständen entsprechen. Die Pole von $D(k)$ haben keine physikalische Bedeutung und zeigen nur, wo die Fortsetzung der $\| \ \|_2$-Norm aus (3.6.2,1) divergiert.

2. $S(k)$ ist durch die Phase von $D(k)$ bestimmt, und im Unendlichen der oberen Halbebene geht D gegen 1. Normieren wir das durch (3.6.10,1) nur modulo π definierte $\delta(k)$ durch $\delta(0) = 0$, dann ist nach einem bekannten Satz der Funktionentheorie $-\delta(\infty) = \pi \cdot$(Zahl der gebundenen Zustände). Allgemeiner gilt diesbezüglich der

Levinsonsche Satz (3.6.14)

Sei V relativ zu H_0 kompakt, $\mathrm{Tr}|(H_0 - z)^{-1} - (H - z)^{-1}| \leq M(z)$, $M(z) \leq O(|z|^{-1-\epsilon})$ für $|z| \to \infty$, $\leq O(|\mathrm{Im}\, z|^{-1+\epsilon})$ für $\mathrm{Im}\, z \to 0$, $\mathrm{Re}\, z > 0$, $\epsilon > 0$; dann ist 2π(Zahl der gebundenen Zustände) $= i \lim_{k\to\infty} \ln \mathrm{Det}(S(k) - S(0)) = i \lim_{k\to\infty} \mathrm{Tr} \ln(S(k) - S(0))$, wenn $\{0\} \notin \sigma_{\mathrm{p}}(H)$, so daß $S(0)$ wohldefiniert ist.

Erläuterung (3.6.15)

$\ln(1 + A) := -\sum \frac{(-)^n}{n} A^n$ ist $\forall \|A\| < 1$, $\mathrm{Det}(1 + A) := \exp \mathrm{Tr} \ln(1 + A)$ $\forall \|A\|_1 < \infty$ definiert. Allgemein ist $\ln A \cdot B \neq \ln A + \ln B$, aber

$$\mathrm{Det}(1 + A)(1 + B) = \mathrm{Det}(1 + B)(1 + A) \quad \forall A + B + AB \in \mathcal{C}_1,$$
$$= \mathrm{Det}(1 + A)\,\mathrm{Det}(1 + B) \quad \forall A, B \in \mathcal{C}_1 \text{ (siehe [16])}.$$

Ist $A(z) : \mathbf{C} \to \mathcal{C}_1$ analytisch, gilt daher im Analytizitätsgebiet

$$\mathrm{Tr}\frac{d}{dz} \ln(1 + A(z)) = \mathrm{Tr}(1 + A(z))^{-1} A'(z).$$

Beweis von (3.6.14)

Sei $Q_\pm(E) = 1 + (H_0 - E \pm i\epsilon)^{-1}V$, $S(E) = Q_+(E)Q_-^{-1}(E)$. $(H_0 - z)^{-1}V$ ist zwar kompakt, aber nicht Spurklasse, wohl sind es aber Differenzen zweier solcher Terme mit verschiedenem z, denn $(H_0 - z_1)^{-1}V(H_0 - z_2)^{-1} = [(H_0 - z_1)^{-1} - (H - z_1)^{-1}][1 + (V - z_1 + z_2)(H_0 - z_2)^{-1}]$. Dies rechtfertigt die formalen Manipulationen

$$\mathrm{Tr}\frac{d}{dE} \ln S(E) = \mathrm{Tr}\, Q_- Q_+^{-1}[Q'_+ Q_-^{-1} - Q_+ Q_-^{-1} Q'_- Q_-^{-1}] =$$
$$= \mathrm{Tr}(Q_+^{-1}Q'_+ - Q_-^{-1}Q'_-) = \mathrm{Tr}\{[1 + (H_0 - E + i\epsilon)^{-1}V]^{-1}(H_0 - E + i\epsilon)^{-2}V -$$
$$-(\epsilon \leftrightarrow -\epsilon)\} = \mathrm{Tr}\left[\frac{1}{H_0 - E - i\epsilon} - \frac{1}{H - E + i\epsilon} - (\epsilon \leftrightarrow -\epsilon)\right].$$

Integrieren wir über E, wird

$$\mathrm{Tr}\ln S(E) = \mathrm{Tr}\int_C dz\left(\frac{1}{H-z} - \frac{1}{H_0-z}\right),$$

wobei C folgender komplexer Integrationsweg ist:

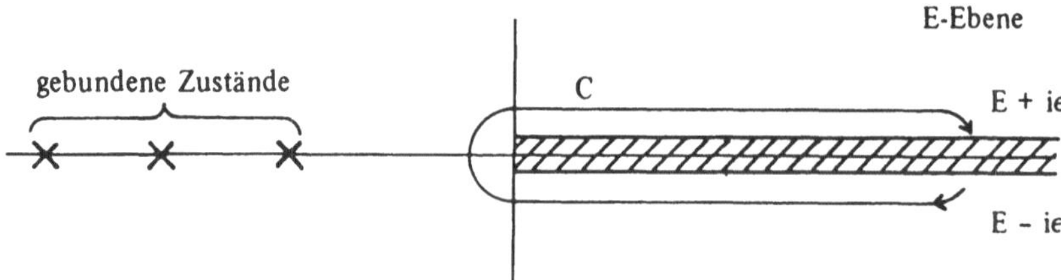

Nach Voraussetzung können wir zu C den Kreis $K : |z| = E$ hinzufügen, sein Beitrag geht für $E \to \infty$ nach Null. In diesem Limes schließt dann $C \cup K$ alle Pole von $(H - z)^{-1}$ ein, enthält aber nicht $\mathrm{Sp}(H_0)$. Die Aussage folgt daher aus dem Residuensatz. $\square$

Beispiel (3.6.16)

Im Falle des separablen Potentials (3.4.13,1) ist

$$\mathrm{Tr}((H_0 - z)^{-1} - (H - z)^{-1}) = \lambda\mathrm{Tr}(H_0 - z)^{-1}P(H_0 - z)^{-1}D^{-1}(z) = D^{-1}(z)\frac{\partial}{\partial z}D(z).$$

Für $\rho^2(\vec{p}) = \frac{M^2}{(\vec{p}^2+M^2)\vec{p}^2}$ hatten wir (3.6.3) $D(z) = 1 + \frac{\lambda}{4\pi}\frac{M^2}{M-i\sqrt{z}}$ gefunden. Also ist

$$\frac{\partial}{\partial z}D(z) = \frac{i}{2\sqrt{z}}\frac{\lambda}{4\pi}\frac{M^2}{(M-i\sqrt{z})^2},$$

so daß die Annahmen von (3.6.14) erfüllt sind.

$$\delta(k) = \arctan\frac{-kM^2\lambda/4\pi}{M^2\left(1+\frac{\lambda}{4\pi}M\right) + k^2},$$

gibt tatsächlich $\delta(0) = 0$, $\delta(\infty) = 0$, falls $1 + \frac{\lambda}{4\pi}M > 0$, und $\delta(\infty) = -\pi$, falls $1 + \frac{\lambda}{4\pi}M < 0$. Geht man aber zum Limes $M \to \infty$, $\lambda \uparrow 0$, so daß $\lambda_r := M\left(1+\frac{\lambda}{4\pi}M\right)$ endlich bleibt, wird $S(k) = (\lambda_r - ik)/(\lambda_r + ik)$. Sowohl für $\lambda_r < 0$ (ein virtueller Zustand) als auch für $\lambda_r > 0$ (ein gebundener Zustand) ist (3.6.14) verletzt, da dann $D(\infty) \neq 1$.

Die klassische Streutransformation (I, § 3.4), etwa für ein Zentralpotential in $\mathbf{R}^2$, ist für $r \to \infty$ eine kanonische Transformation, die p_r und L invariant läßt, und hat daher dort eine Erzeugende $2\delta(p_r, L)$ (vergl. I, 3.4.11,2):

$$(r,\vartheta;p_r,L) \to \left(r - 2\frac{\partial\delta}{\partial p_r},\vartheta - 2\frac{\partial\delta}{\partial L};p_r,L\right).$$

Sie enthält also Information über den Streuwinkel $-2\partial\delta/\partial L$ und den Vorsprung $-2\partial\delta/\partial p_r$, den das Teilchen bei der Zeitentwicklung nach H im Vergleich zu der nach H_0 gewinnt. Letzterer entspricht einer Verzögerungszeit $\frac{m}{p}2\frac{\partial\delta}{\partial p_r}$. Quantentheoretisch ist ebenfalls $e^{-2i\delta(p)}\,x\,e^{2i\delta(p)} = x - 2\frac{\partial\delta}{\partial p}$, und allgemein läßt sich die Verzögerung folgendermaßen definieren: Durch die Møller-Transformation geht x in $x_\pm \equiv \lim_{t\to\pm\infty}(x(t) - tp(t))$ über. Klassisch bedeutet das, daß wir uns auf den freien Trajektorien, die die tatsächlichen Trajektorien bei $t \to \pm\infty$ berühren, für $t = 0$ beim Punkt $x_\pm$ befinden. Die Zeitverzögerung ist dann die Differenz zwischen der Zeit, die auf der tatsächlichen Trajektorie in einer Kugel mit Radius R und dem Ursprung als Zentrum, und der Zeit, die auf der freien Vergleichstrajektorie in dieser Kugel verbracht wird, wobei der Limes $R \to \infty$ gezogen wird.

Nimmt man an, die Bahn betritt zur Zeit $-T_-$ die Kugel und verläßt sie zur Zeit T_+, wählt man R außerdem so groß, daß die Bewegung außerhalb der Kugel frei ist (wir betrachten Potentiale mit endlicher Reichweite und argumentieren im Rahmen der klassischen Physik). Dann gilt

$$\vec{x}(\pm T_\pm) = \vec{x}_\pm \pm T_\pm\vec{p}_\pm.$$

Multiplizieren wir mit $\vec{p}_\pm$, so erhalten wir

$$T_+ + T_- = \frac{|p_+|\sqrt{R^2 - b_+^2} - \vec{x}_+\vec{p}_+}{|p_+|^2} + \frac{|p_-|\sqrt{R^2 - b_-^2} + \vec{x}_-\vec{p}_-}{|p_-|^2},$$

wobei wir mit $b_\pm$ den Abstand der freien Trajektorie vom Ursprung bezeichnen. Auf der freien Trajektorie wird $2\frac{\sqrt{R^2-b_\pm^2}}{|p_+|}$ Zeit verbracht, damit wird im Limes $R \to \infty$ die Zeitverzögerung

$$D = \text{tatsächliche Zeit} - \text{Zeit der freien Vergleichsbahn} = \frac{\vec{x}_-\vec{p}_- - \vec{x}_+\vec{p}_+}{|p_+|^2}.$$

Nun läßt sich ein direkter Zusammenhang zwischen D, der Streumatrix und dem Virial feststellen:

Definition des **Zeit-Verzögerungsoperators** (3.6.17)

$$\text{(i)}\quad D = \Omega_-(1/|\vec{p}|)(\vec{x}\vec{p} + \vec{p}\vec{x})(1/2|\vec{p}|)\Omega_-^* -$$
$$-\Omega_+(1/|\vec{p}|)(\vec{x}\vec{p} + \vec{p}\vec{x})(1/2|\vec{p}|)\Omega_+^*;$$

$$\text{(ii)}\quad D = P_{\text{a.c.}}\left(1/\sqrt{H}\right)\int_{-\infty}^{\infty} dt\,(2V_t + \vec{x}_t \cdot \nabla V_t)\left(1/\sqrt{H}\right)P_{\text{a.c.}};$$

$$\text{(iii)}\quad D = \operatorname*{w\text{-}lim}_{R\to\infty}\Omega_-\int_{-\infty}^{\infty} dt\,\{\exp(iHt)\Theta(R^2 - |\vec{x}|^2)\exp(-iHt) -$$
$$-\exp(iH_0 t)\Theta(R^2 - |\vec{x}|^2)\exp(-iH_0 t)\,\Omega_-^*;$$

$$\text{(iv)}\quad D = -i\Omega_- S^{-1}\int_0^\infty dE\,\delta(H_0 - E)\,(\partial S(E)/\partial E)\,\Omega_-^*;$$

wobei $H_0 = \frac{|\vec{p}|^2}{2}$ und $H = H_0 + V$.

Bemerkungen (3.6.18)

1. Definitionen (i) und (ii) sind immer brauchbar, wenn die Streutheorie funktioniert, also wenn V und $x\nabla V$ stärker als $r^{-1-\epsilon}$ abfallen. Für Definition (iv) weiß man nur sicher, daß $\partial S/\partial E$ wohldefiniert ist, wenn V und $x\nabla V$ stärker als $r^{-4-\epsilon}$ abfallen.

2. In der klassischen Interpretation ist D unabhängig von der Wahl des Punktes x auf der Trajektorie. In der Quantentheorie sollte daher D mit H kommutieren. Formal folgt das aus (i), da

$$
\begin{aligned}
\exp(iHt)\,D\,\exp(-iHt) &= \Omega_+ \frac{1}{|\vec{p}|}\{(\vec{x}+\vec{p}t)\cdot\vec{p}+\vec{p}\cdot(\vec{x}+\vec{p}t)\}\frac{1}{2|\vec{p}|}\Omega_+^* - \\
&\quad -\Omega_- \frac{1}{|\vec{p}|}\{(\vec{x}+\vec{p}t)\cdot\vec{p}+\vec{p}\cdot(\vec{x}+\vec{p}t)\}\frac{1}{2|\vec{p}|}\Omega_-^* = \\
&= D.
\end{aligned}
$$

Allerdings hängt D von den Trajektorien ab. Entsprechend kommutiert es, genau wie S, nicht mit den Raumtranslationen.

3. Für abstoßende Potentiale $\sim r^{-\nu}$ gilt

$$
D = (2-\nu)P_{\text{a.c.}}\,\frac{1}{\sqrt{H}}\int_{-\infty}^{\infty} dt\, V(t)\,\frac{1}{\sqrt{H}}\,P_{\text{a.c.}}.
$$

Für $\nu = 2$ wird $D = 0$. Für $\nu > 2$ wird $D < 0$. Also verbleibt die wirkliche Trajektorie weniger lang in der Kugel als es die geradlinige täte. Für $\nu < 2$ wird D positiv und der dominante Effekt von V ist die Bremsung des Teilchens. Zu beachten ist, daß nach (iv) die Phasenverschiebung für diese Potentiale monoton von E abhängt.

4. Im Wellenbild wird eine einlaufende Welle $\exp(-ikr)$ in eine auslaufende Welle $\exp(i(kr + 2\delta(k)))$ umgewandelt. Nehmen wir an, daß das Wellenpaket um k_0 konzentriert ist und entwickeln wir $\delta(k) = \delta(k_0) + (k-k_0)\left(\frac{\partial\delta(k_0)}{\partial k_0}\right) + \ldots$, dann wird aus dem Koeffizienten von k $\ r+2\frac{\partial\delta(k)}{\partial k}$. Damit verschiebt sich das Zentrum des Wellenpaketes durch die Streuung von $r = k_0 t$ zu $r = k_0\left(t - 2\frac{\partial\delta}{\partial E}\right)$.

5. Für Resonanzen bei $\pm k_r - ib$ gilt

$$
S(k) = \frac{(-k-k_r+ib)(-k+k_r+ib)}{(k-k_r+ib)(k+k_r+ib)} \times \text{einem schwach variierenden Faktor.}
$$

Vernachlässigen wir diesen schwach variierenden Beitrag, so ist

$$
-i\frac{\partial}{\partial k^2}\ln S(k) \cong \frac{b}{k}\left[\frac{1}{(k-k_r)^2+b^2} + \frac{1}{(k+k_r)^2+b^2}\right].
$$

Für $b \ll k_r$ erhalten wir ein scharfes Maximum $\sim \frac{1}{bk_r}$ bei der Resonanzenergie. Hier wechselt $\delta(k)$ rasch durch $90°$. Daher läßt sich $\frac{1}{bk_r}$ als die Lebensdauer der Resonanz interpretieren. Wird sie sehr groß, läßt sich kaum ein Unterschied zwischen Resonanz und gebundenem Zustand feststellen. Zum Beispiel tritt dieses Phänomen bei α-Teilchen auf, die aus einem Kern austreten.

6. Für radiale Potentiale entspricht $2\delta_\ell(k)$ dem klassischen Erzeuger der Streutransformation, und (3.6.17) stimmen mit der klassischen Formal überein.

Die Äquivalenz der Definitionen von D

(i) $\Leftrightarrow$ (ii): Mit dem Erzeugenden der Dilatation $G = \frac{\vec{x}\vec{p}+\vec{p}\vec{x}}{2}$ gilt

$$iP_{\text{a.c.}}\frac{1}{\sqrt{H}}\int_{-T}^{T}dt\,\exp(iHt)[G,H]\exp(-iHt)\frac{1}{\sqrt{H}}P_{\text{a.c.}} =$$

$$= P_{\text{a.c.}}\frac{1}{\sqrt{H}}\left(\exp(-iHt)G\exp(iHt) - \exp(iHt)G\exp(-iHt)\frac{1}{\sqrt{H}}P_{\text{a.c.}},\right.$$

andererseits (vergleiche (3.3.29,8)) haben wir

$$P_{\text{a.c.}}\frac{1}{\sqrt{H}}\int_{-T}^{T}dt\,\exp(iHt)(\vec{x}\cdot\vec{\nabla}V - |\vec{p}|^2)\exp(-iHt)\frac{1}{\sqrt{H}}P_{\text{ac.}} =$$

$$= -4TP_{\text{a.c.}} + P_{\text{a.c.}}\frac{1}{\sqrt{H}}\int_{-T}^{T}dt\,\exp(iHt)(2V + \vec{x}\cdot\vec{\nabla}V)\exp(-iHt)\frac{1}{\sqrt{H}}P_{\text{a.c.}}.$$

Nun verwenden wir

$$G = \exp(-iH_0T)G\exp(iH_0T) + T|\vec{p}|^2$$

und

$$P_{\text{ac.}}\left(1/\sqrt{H}\right)\exp(iHT)\vec{p}^2\exp(-iHT)P_{\text{ac.}}\left(1/\sqrt{H}\right) \to 2$$

für $T \to \pm\infty$ und Potentiale mit V und $\vec{x}\vec{\nabla}V \sim r^{-1-\epsilon}$ für große $|\vec{x}|$. Im Limes $T \to \infty$ ergeben die beiden Gleichungen die Äquivalenz von (i) und (ii).

(i) $\Leftrightarrow$ (iv):

$$\text{(i)} = \frac{1}{2}\Omega_-\left(\frac{1}{\sqrt{H_0}}G\frac{1}{\sqrt{H_0}} - S^{-1}\frac{1}{\sqrt{H_0}}G\frac{1}{\sqrt{H_0}}S\right)\Omega_-^* = \frac{1}{2}\Omega_-\frac{1}{\sqrt{H_0}}S^{-1}[S,G]\frac{1}{\sqrt{H_0}}\Omega_-^*,$$

da $[S, H_0] = 0$. Aber

$$[G, S] = i\frac{\partial}{\partial\alpha}\int_0^\infty dE\,\delta(H_0\alpha^{-2} - E)S(E)|_{\alpha=1} = 2i\int_0^\infty dE\,\delta(H_0 - E)\,E\,\frac{\partial S(E)}{\partial E},$$

da der Winkelanteil von $S(E)$ durch die Dilatation unberührt bleibt, folgt (i) $\Leftrightarrow$ (iv).

(iii) $\Leftrightarrow$ (iv): Die Äquivalenz folgt aus ähnlichen, aber etwas umfangreicheren Überlegungen. Der Beweis wird in Aufgabe 10 angedeutet. $\qquad\square$

Die für die Experimentalphysik interessanteste in S enthaltene Information ist der Wirkungsquerschnitt σ. Folgend der klassischen Theorie (I, 3.4) definieren wir ihn als

Zahl der in einen Raumwinkel gestreuten Teilchen durch die Zahl der pro Flächeneinheit auftreffenden Teilchen. Die Impulsverteilung des einlaufenden Teilchens sei durch eine Wellenfunktion $\varphi(\vec{k})$ im $L^2(\mathbf{R}^3, d^3k/(2\pi)^3)$ beschrieben. In Wirklichkeit zielt man nicht ein Teilchen auf das Streuzentrum, sondern verwendet einen Strahl, der im Impulsraum um einen Impuls k_0 konzentriert ist, im x-Raum aber eine makroskopische Breite hat. Wir wollen den Anfangszustand durch die Mischung

$$\frac{1}{F} \int_F d^2a \left| e^{i\vec{a}\vec{k}}\varphi(\vec{k}) \right\rangle \left\langle e^{i\vec{a}\vec{k}}\varphi(\vec{k}) \right|$$

beschreiben, und zwar habe φ um $\vec{k}_0 = \left(0, 0, \sqrt{E}\right)$ einen kleinen kompakten Träger und $\vec{a} = (a_1, a_2, 0)$ sei eine Verschiebung in der Impaktparameterebene, die über eine Fläche F gemittelt wird. Wir fragen nun nach der Wahrscheinlichkeit, im auslaufenden Zustand einen Impuls in einem Kegel C so weit von $\vec{k}_0$ zu messen, daß $\varphi|_C = 0$ und keine Gefahr besteht, ein ungestreutes Teilchen zu finden. Dazu gibt $\mathbf{1}$ in S aus (3.6.5) keinen Beitrag, und wir erhalten mit $\psi = -2\pi i \int dE\, \delta(H_0 - E)t\,\delta(H_0 - E)\varphi$, $t = -4\pi f$:

$$\frac{(2\pi)^{-3}}{F} \int_F d^2a \int_C d^3k\, |\psi(\vec{k})|^2 = \frac{(2\pi)^{-9}}{F} \int_F d^2a \int d^3k\, d^3k'\, d^3k'' \cdot$$
$$\cdot \int_0^\infty dE\, \delta(\vec{k}^2 - E)\, \delta(\vec{k}'^2 - E)\, 8\pi^2 f(\vec{k}, \vec{k}')\, 8\pi^2 f^*(\vec{k}, \vec{k}'')\, \delta(\vec{k}''^2 - E) \cdot$$
$$\cdot e^{i\vec{k}'\vec{a}}\varphi(\vec{k}')\, e^{-i\vec{k}''a}\varphi^*(\vec{k}'').$$

Für σ müssen wir dies durch die Wahrscheinlichkeit, daß das Teilchen auf eine Flächeneinheit auftrifft, also durch $1/F$, dividieren. Dann können wir F unendlich groß nehmen $\Rightarrow \int d^2a\, e^{i(\vec{k}' - \vec{k}'')\vec{a}} = (2\pi)^2\delta^2(\vec{k}'_\perp - \vec{k}''_\perp)$, wobei $\perp$ die Projektion in die 1-2-Ebene bezeichnet. Wegen $\delta^2(\vec{k}'_\perp - \vec{k}''_\perp)\delta(\vec{k}'^2 - \vec{k}''^2) = \delta^3(\vec{k}' - \vec{k}'')/2k'_3$ und $\int_0^\infty k^2\, dk\, \delta(k^2 - \vec{k}'^2) = |\vec{k}'|/2$ erhält man

$$\sigma d\Omega = d\Omega \int \frac{dk'^3}{(2\pi)^3} |\varphi(\vec{k}')|^2 |f(\vec{k}, \vec{k}')|^2 \frac{|\vec{k}'|}{|k'_3|}.$$

Ist nur φ genügend um $\vec{k}_0$ konzentriert, so daß wir $|\vec{k}'|/|k'_3|$ gleich 1 setzten und $f(\vec{k}, \vec{k}')$ als konstant betrachten können, gehen wegen der Normierung der Funktion φ ihre weiteren Details nicht ein, und es wird der

Wirkungsquerschnitt (3.6.19)

$$\sigma(\vec{k}, \vec{k}_0) = |f(\vec{k}, \vec{k}_0)|^2, \quad \sigma_t = \int d\Omega_k\, \sigma(\vec{k}, \vec{k}_0).$$

Bemerkungen (3.6.20)

1. Wir haben nach der Wahrscheinlichkeit gefragt, für $t \to \infty$ einen Impuls k zu finden. Wegen

$$\operatorname*{s-lim}_{t\to\infty} \frac{\vec{x}(t)}{|\vec{x}(t)|} = \operatorname*{s-lim}_{t\to\infty} \frac{\vec{p}(t)}{|\vec{p}(t)|}$$

(Aufgabe 3) ist sie gleich der Wahrscheinlichkeit, den entsprechenden Winkel der Koordinate $\vec{x}$ zu messen.

2. f ist auch der Koeffizient der asymptotischen Kugelwelle (3.6.10,3). Die gesamte Wellenfunktion $|\psi_-|^2$ wird allerdings asymptotisch nicht durch $|f|^2/r^2$, sondern durch $|\varphi|^2$ und ein Interferenzglied $\sim 1/r$ dominiert.

3. In (II, 3.3 und 4) haben wir gesehen, daß die exakte Wellenfunktion ψ ziemlich komplizierte Details enthält. Insbesondere beschreibt $\sigma_t = \int d^3\Omega\,\sigma$ nicht einfach den Schatten, den das Objekt wirft, sondern bezieht sich auf das asymptotische Gebiet, wo sich der Schatten schon aufgelöst hat (Frauenhoferscher Bereich, vergl. II, 3.4.42).

Eigenschaften der Streuamplitude (3.6.21)

Für reelle k gilt

   (i) $f(k;\vec{n}',\vec{n}) - f(k;\vec{n},\vec{n}')^* = \frac{1}{2\pi}\int d\Omega''\,f(k;\vec{n}',\vec{n}'')\,f(k;\vec{n},\vec{n}'')^* ik$,

   (ii) $f(k;\vec{n}',\vec{n}) = f(k;-\vec{n},-\vec{n}')$, falls $KVK = V$,

   (iii) $f(k;\vec{n}',\vec{n}) = f(k;-\vec{n}',-\vec{n})$, falls $PVP = V$;

Zeitumkehr K und Parität P sind in (3.3.19,2) und (3.2.10) definiert.

Beweis

   (i) folgt aus (3.6.10,2), da für reelle k: $t(-k) = t(k)^*$.

   (ii) Sind H und H_0 unter K invariant, ist $KSK = S^*$ und daher $Kt(k)K = t(k)^*$. Aus den Regeln $K^2 = 1$, $\langle a\,|\,K\,b\rangle = \langle K\,a\,|\,b\rangle^*$, $K\vec{p}K = -\vec{p}$ folgt $\langle\,\vec{n}'\,|\,t(k)\,|\,\vec{n}\,\rangle = \langle\,\vec{n}'\,|\,K\,t(k)^*K\,|\,\vec{n}\,\rangle = \langle\,-\vec{n}'\,|\,t(k)^*\,|\,-\vec{n}\,\rangle^* = \langle\,-\vec{n}\,|\,t(k)\,|\,-\vec{n}'\,\rangle$.

   (iii) $P\,t(k)\,P = t(k)$ und $P\vec{p}P = -\vec{p}$ ergibt die Behauptung.   □

Beispiel (3.6.22)

Das separable Potential (3.6.9) liefert $f(k;\vec{n}',\vec{n}) = 4\pi\lambda\rho^*(k\vec{n}')\rho(k\vec{n})D^{-1}(k)$; es erfüllt (i), Invarianz unter K heißt $\rho^*(k) = \rho(-k) \Rightarrow$ (ii), Invarianz unter P heißt $\rho(k) = \rho(-k) \Rightarrow$ (iii).

Bemerkungen (2.6.23)

1. Für $\vec{n} = \vec{n}'$ ergibt (i) das **optische Theorem** $\sigma_t = \frac{4\pi}{k}\,\mathrm{Im}\,f(k;\vec{n},\vec{n})$. Die Vorwärtsstreuamplitude erhält als Information den totalen Wirkungsquerschnitt.

2. Eigenschaft (ii) wird als **Reziprozität** bezeichnet und besagt, daß bei Invarianz unter K auch der umgekehrte Bewegungsablauf möglich ist: $\sigma(k;\vec{n}',\vec{n}) = \sigma(k;-\vec{n},-\vec{n}')$.

3. (iii) gibt mit (ii) zusammen $\sigma(k; \vec{n}', \vec{n}) = \sigma(k; \vec{n}, \vec{n}')$, was als „**Detailed Balance**" bezeichnet wird. Diese Relation gilt nicht für Streuung an nicht reflexionsinvarianten Objekten.

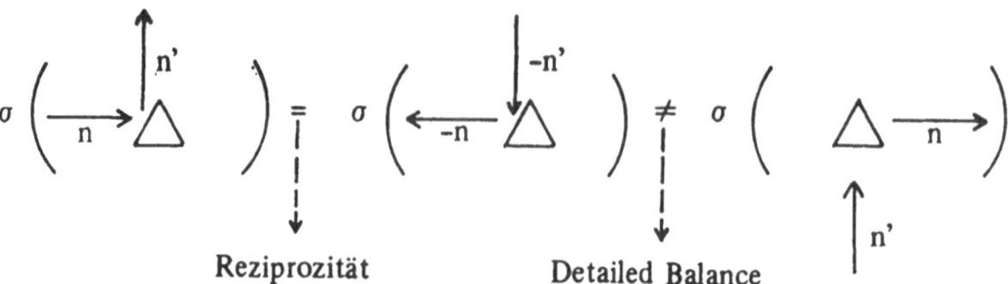

Fig. 3.8 Streuung am Dreieck

4. Für Zentralpotentiale gibt der Ausdruck für f in (3.6.10,3)

$$\sigma_t = \sum_\ell \sigma_\ell, \quad \sigma_\ell(k) = \frac{4\pi}{k^2}(2\ell + 1)\sin^2 \vartheta_\ell(k).$$

Der totale Querschnitt setzt sich additiv aus den Beiträgen der einzelnen Drehimpulse zusammen, wobei jene durch den **Unitaritätslimes**

$$\sigma_\ell \leq \frac{4\pi}{k^2}(2\ell + 1)$$

begrenzt sind. Er wird an der Resonanz angenommen; etwa

$$e^{2i\delta_\ell} = \frac{k - k_0 + ib}{k - k_0 - ib}$$

gäbe

$$\sigma_\ell = \frac{4\pi}{k^2}(2\ell + 1)\frac{b^2}{(k - k_0)^2 + b^2}.$$

Geometrisch ist er $4 \times$ Fläche des Kreisringes, der von den Impaktparametern $b_\ell = \ell/k$ und $b_{\ell+1}$ begrenzt wird:

$$\frac{4\pi}{k^2}(2\ell + 1) = 4\pi(b_{\ell+1}^2 - b_\ell^2).$$

Die b_ℓ sind gerade die Distanz, mit der man am Nullpunkt vorbeizielen muß, um mit dem Impuls k Drehimpuls ℓ zu haben.

5. Für $k \to 0$ divergiert der Unitaritätslimes und σ_ℓ könnte unendlich werden. Allerdings geht für die meisten Potentiale für $k \to 0$ δ_ℓ wie $k^{2\ell+1}$, so daß nur $\ell = 0$ zu σ_t beiträgt. Mit der **Streulänge** $a := -\lim_{k\to 0} \delta_0(k)/k = -f(0; \vec{n}, \vec{n})$ ist

$$\lim_{k\to 0} \sigma_t(k) = 4\pi a^2.$$

6. Klassisch erzeugen Potentiale, die nach Unendlich reichen (etwa $r^{-\eta}$), stets einen unendlichen totalen Wirkungsquerschnitt, da beliebig große Impaktparameter b noch immer einen endlichen Streuwinkel $\sim b^{-\eta}$ ergeben. Quantentheoretisch trifft dies nicht mehr zu, wenn das Potential stärker als r^{-2} abfällt (Aufgabe 4). Das klassische Argument gilt dann nicht mehr, da die Unschärfe des Streuwinkels durch die Impulsunschärfe wie b^{-1} gehen wird, also größer als der Streuwinkel wird. Durch solche Überlegungen sieht man allerdings nicht leicht, warum $\eta_C = 2$ die Grenze ist, zumal diese wesentlich von der Raumdimension abhängt $(\eta_C = (1+d)/2)$.

7. Während S eine in der starken Topologie stetige Funktion von V ist [8], geht die Stetigkeit bei f verloren, es handelt sich ja um Matrixelemente mit ebenen Wellen, die nicht aus L^2 sind. So kann es kommen, daß die Vorwärtsstreuamplitude und damit σ_t für ein beliebig weit draußen abgeschnittenes r^{-2}-Potential endlich sind, aber für r^{-2} unendlich werden, obgleich die Potentiale in der Norm beliebig nahe liegen.

Es verbleibt zu diskutieren, wie man f explizit berechnen soll oder, falls dies unmöglich ist, wie man die Güte approximativer Ausdrücke bestimmt. Für Zentralpotentiale und zwei Teilchen bleibt eine gewöhnliche Differentialgleichung zu lösen und $\delta(k)$ kann durch numerische Integration gewonnen werden. Im Falle mehrerer Teilchen steht man aber vor einer nichttrivialen partiellen Differentialgleichung, und wir wollen uns daher nach allgemeineren Methoden umsehen. Mangels besserer Ideen verfällt man vielfach auf eine Reihenentwicklung nach V, die sogenannte Bornsche Näherung. Dabei läßt sich hoffen, daß bei hohen Energien, bei denen die kinetische Energie die potentielle weit überwiegt, dadurch ein genaues Resultat entsteht. Wieweit dies der Fall ist, besagt die

Fehlerabschätzung der Bornschen Näherung (3.6.24)

Sei $V \in L^1$, so daß $|V|^{1/2} e^{i\vec{k}\vec{x}} =: v_k \in L^2$. Die n-te Bornsche Näherung $f^{(n)}$ für $f(k; \vec{n}', \vec{n})$:

$$-f^{(n)}(k; \vec{n}', \vec{n}) = 4\pi \left\langle v_{k'} \left| v^{1/2} |V|^{-1/2} \sum_{m=0}^{n-1} (|V|^{1/2}(k^2 - H_0)^{-1} V^{1/2})^m \right| v_k \right\rangle$$

genügt

$$|f(k; \vec{n}', \vec{n}) - f^{(n)}(k; \vec{n}', \vec{n})| \leq \frac{\|K\|^n}{1 - \|K\|} \int d^3x\, |V(x)|,$$

wobei $K = |V|^{1/2}(H_0 - k^2)^{-1}|V|^{1/2}$. Da

$$\|K\|^4 \leq (\operatorname{Tr} KK^*KK^*) =$$
$$= \int \prod_{i=1}^{4} \frac{d^3 x_i}{(4\pi)^4}\, V(x_i)\, \frac{e^{ik(|x_1 - x_2| - |x_2 - x_3| + |x_3 - x_4| - |x_4 - x_1|)}}{|x_1 - x_2||x_2 - x_3||x_3 - x_4||x_4 - x_1|} =: N(k)$$

für $k \to \infty$ nach Riemann-Lebesgue gegen Null geht, gibt es $\forall n \geq 1$, und $\epsilon > 0$ eine Energie, so daß $|f - f^{(n)}| < \epsilon$.

Bemerkung (3.6.25)

Ist $N(0) < 1$ und hat V ein einheitliches Vorzeichen, konvergiert die Bornsche Näherung für alle k, da $N(k) \leq N(0)$. Dies trifft aber nur zu, falls es keinen gebundenen Zustand gibt (vgl. 3.5). Die Reihenentwicklung hat also nur dann eine Chance, wenn V klein oder E groß ist.

Beispiel (3.6.26)

In (3.6.9) erhält man die erste Bornsche Näherung, indem man $D(k)$ gleich 1 setzt. Nun war etwa für $\rho(k) = M^2/(k^2 + M^2)$ diese Funktion $1 + \frac{\lambda}{4\pi}\frac{M^2}{M-ik}$, also

$$|D|^2 - 1 = \frac{\lambda}{2\pi}\frac{M^3}{M^2 + k^2}(1 + \lambda M/8\pi).$$

Falls $\lambda M \gg 1$, wird für $k > M^2\lambda$ der Fehler im Bereich von % liegen.

Für $H \geq 0$ läßt sich die Projektionsmethode (3.5.31) direkt verwenden, um durch die Ungleichung $H^{-1} \geq P(PHP)^{-1}P$ eine genauere obere Schranke für $t - V$ bei $E = 0$ zu bekommen. Hat H n gebundene Zustände, kann die Korrektur zur ersten Bornschen Näherung auch positiv werden, sogar unendlich, wenn gerade ein gebundener Zustand bei $E = 0$ entsteht. Würde man die gebundenen Zustände exakt kennen, könnte man die negativen Terme aus H^{-1} herausprojizieren. Kennt man sie nur approximativ, reduziert folgendes Lemma die Schranke auf eine Inversion einer endlichdimensionalen Matrix:

Lemma (3.6.27)

Der hermitische invertierbare Operator a habe n negative Eigenwerte und sei sonst positiv. Für alle n-dimensionalen Projektoren P mit $P\,a^{-1}P < 0$ gilt $a \geq P(Pa^{-1}P)^{-1}P$.

Beweis

Für $\chi \in a^{-1}P\mathcal{H}$ gilt $\langle \chi | a | \chi \rangle = \langle \chi | P(Pa^{-1}P)^{-1}P | \chi \rangle$ trivial. Ist $\chi \notin a^{-1}P\mathcal{H}$, und projiziert Q auf $P\mathcal{H} \cup \{\chi\}$, so müssen wir $\mathrm{Det}\, Qa^{-1}Q/\mathrm{Det}\, Pa^{-1}P \geq 0$ verlangen, sonst hätte $Qa^{-1}Q$ n+1 negative Eigenwerte. Dies widerspräche der Voraussetzung, daß a und folglich auch a^{-1} genau n negative Eigenwerte hat, und (3.5.21), da wegen $Pa^{-1}P < 0$ mindestens n negative Eigenwerte vorliegen. Das Verhältnis der Determinanten ist aber (Aufgabe 8) bis auf eine positive Konstante gleich $\langle \chi | a | \chi \rangle - \langle \chi | P(Pa^{-1}P)^{-1}P | \chi \rangle$. $\hfill \square$

Folgerung (3.6.28)

P sei ein n-dimensionaler Projektor. Ist $H \geq 0$ und PHP in $P\mathcal{H}$ invertierbar, gilt

$$\langle \chi | V - t | \chi \rangle \geq \langle \chi | VP(PHP)^{-1}PV | \chi \rangle.$$

Hat H n negative Eigenwerte und ist sonst positiv, gilt diese Ungleichung ebenfalls, soferen $PHP < 0$.

Vielfach gibt uns die Intuition ein Gefühl, was eine gute Näherung für t wäre. Diesen Glauben überprüft das

Kohnsche Variationsprinzip (3.6.29)

Sei V_t ein Testpotential, welches $t_t := V_t - V_t(H_0 + V_t - E)^{-1}V_t =: V_t\,\Omega_t$ zu berechnen erlaubt. Der Unterschied zum exakten t ist

$$t(k) = t_t(k) + \Omega_t^*(k)(V - V_t)\Omega_t(k) - \Omega_t^*(k)(V - V_t)(H - k^2)^{-1}(V - V_t)\Omega_t(k).$$

Bemerkungen (3.6.30)

1. (3.6.29) ist eine leicht nachzurechnende Operatoridentität. Ihr Vorteil liegt darin, daß der erste Korrekturterm nach Lösung des Problems mit V_t berechenbar ist und nur der zweite die Resolvente von H enthält. Da letzterer quadratisch in $V - V_t$ ist, kann man hoffen, daß er bei glücklicher Wahl von V_t klein wird.

2. Weiß man, daß H von n gebundenen Zuständen abgesehen positiv ist, kann man für $k = 0$ (3.6.27) im letzten Term verwenden, um eine obere Schranke für die Streulänge zu bekommen. Für $V_t = 0$, $\Omega_t = \mathbf{1}$, stimmt sie mit (3.6.28) überein, dies kann also durch günstigere Wahl von V_t verbessert werden. Ist $V \geq 0$, schließt man von $\mathbf{0} \leq H_0 \leq H$ auf $1/H \leq 1/H_0$, wodurch wir auch eine untere Schranke bekommen.

Beispiel (3.6.31)

Sei $|\ \rangle = 1$ der Vektor (aus L^∞, nicht L^2) einer ebenen Welle mit $k = 0$, und V so, daß alle

$$b_n = \Big\langle\ \Big|\ \underbrace{V\frac{1}{H_0}V\frac{1}{H_0}\ldots V}_{\text{n-mal}}\Big|\ \Big\rangle$$

existieren und $H > \mathbf{0}$. Setzen wir in (3.6.28) $|\chi\rangle = |\ \rangle$,

$$P = H_0^{-1}V|\ \rangle\langle\ |VH_0^{-2}V|\ \rangle^{-1}\langle\ |VH_0^{-1},$$

erfahren wir $\langle\ |t(0)|\ \rangle \leq b_1 - b_2^2/(b_2 + b_3)$. Approximiert man V durch das separable Potential $V_t := V|\ \rangle\langle\ |V|\ \rangle^{-1}\langle\ |V$, so daß $(V - V_t)|\ \rangle = 0$, wird nach (3.6.3)

$$\Omega_t(0) = \mathbf{1} - (b_1 + b_2)^{-1}\frac{1}{H_0}V|\ \rangle\langle\ |V, \qquad \langle\ |t_t|\ \rangle = \frac{b_1^2}{b_1 + b_2},$$

$$(V_t - V)\Omega_t(0)|\ \rangle = \frac{b_1}{b_1 + b_2}V\frac{1}{H_0}V|\ \rangle - \frac{b_2}{b_1 + b_2}V|\ \rangle,$$

$$\langle\ |\Omega_t^*(0)(V - V_t)\Omega_t(0)|\ \rangle = \frac{b_1^2 b_3 - b_1 b_2^2}{(b_1 + b_2)^2}.$$

Die obere Schranke (Aufgabe 7)

$$\langle\ |t|\ \rangle \leq \langle\ |t_1|\ \rangle + \langle\ |\Omega_t^*(0)(V - V_t)\Omega_t(0)|\ \rangle -$$

$$-\Big|\Big\langle\ \Big|\Omega_t^*(0)(V - V_t)\frac{1}{H_0}V\Big|\ \Big\rangle\Big|^2 \cdot \Big\langle\ \Big|V\frac{1}{H_0}V + V\frac{1}{H_0}V\frac{1}{H_0}V\Big|\ \Big\rangle^{-1} =$$

$$= \frac{b_1^2}{b_1 + b_2} - \frac{(b_2^2 - b_3 b_1)b_1}{(b_1 + b_2)^2} - \frac{(b_1 b_3 - b_2^2)^2}{(b_2 + b_3)(b_1 + b_2)^2}$$

ist gültig, solange $H > 0$. Ist auch $V > 0$, hat man noch die untere Schranke

$$\frac{b_1}{b_1 + b_2} - \frac{(b_2^2 - b_3 b_1)b_1 + b_2^3 - 2b_1 b_2 b_3 + b_1^2 b_4}{(b_1 + b_2)^2} = \langle \ |t_t| \ \rangle +$$

$$+ \langle \ |\Omega_t^*(0)(V - V_t)\Omega_t(0)| \ \rangle - \langle \ |\Omega_t^*(0)(V - V_t)H_0^{-1}(V - V_t)\Omega_t(0)| \ \rangle \leq$$

$$\leq \langle \ |t| \ \rangle.$$

Diese Ungleichungen gelten auch für Potentiale, die analytischen oder numerischen
Methoden unzugänglich sind. Ist V speziell ein Zentralpotential, etwa $V = \alpha$ für
$r < 1$, sonst 0, berechnet sich $\langle \ |t| \ \rangle$ zu $1 - \alpha^{-1/2} \tanh \alpha^{1/2}$ (Aufgabe 5) und erlaubt
die Berechnung aller b_n und daher der Schranken. Sie haben am Konvergenzradius
$\alpha = \pi^2/4$ der Bornschen Näherung noch $\%_{oo}$-Genauigkeit und sind noch weit darüber
durchaus akzeptabel:

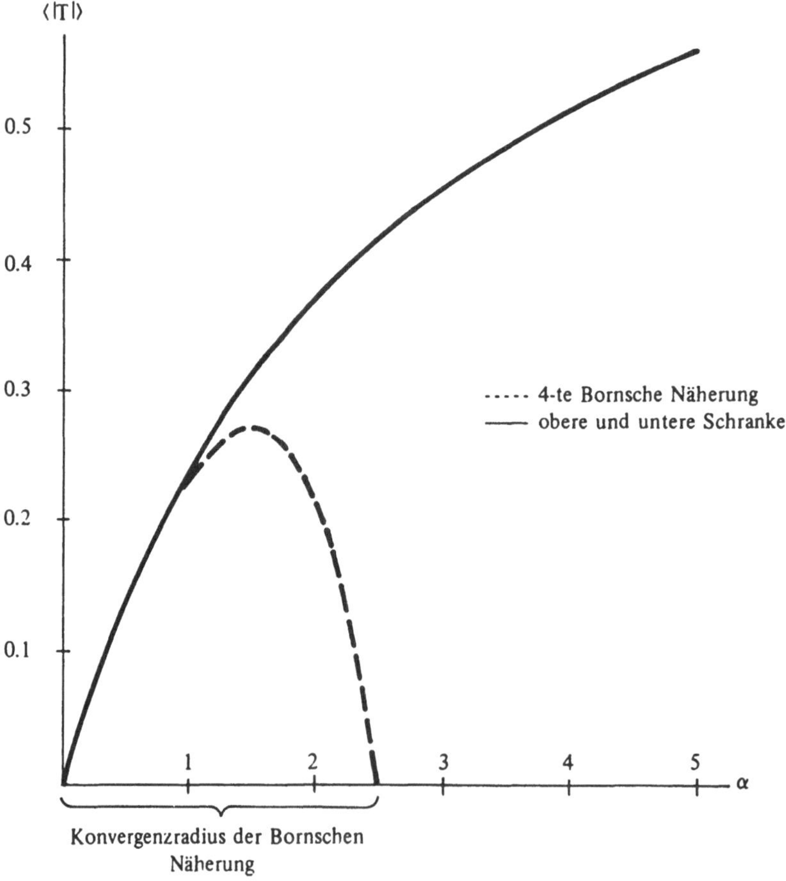

Fig. 3.9 Schranken und Näherung für die Streulänge eines Kastenpotentials

Aufgaben (3.6.32)

1. Zeige, daß $V(t) \to V \Rightarrow V = \underset{\epsilon \downarrow 0}{\text{s-lim}} \ \epsilon \int_0^\infty e^{-\epsilon t} V(t)\, dt$.

2. Zeige $\underset{R \to \infty}{\text{w-lim}} \ \int_{-\infty}^0 dt\, \tau_t^0 (\Omega_-^* \chi_R \Omega_- - \chi_R) = \mathbf{0}$, falls $\left\| \int_{-\infty}^0 dt \left(e^{-iHt}\Omega_- - e^{-iH_0 t} \right) \varphi \right\| < \infty \ \forall \varphi$ einer dichten Menge $(\chi_R = \Theta(R^2 - \vec{x}^{\,2}))$.

3. Sei $\underset{t \to \pm\infty}{\text{s-lim}} \ p_t = p_\pm$ (im Sinne von (2.5.8,3)). Zeige $\underset{t \to \pm\infty}{\text{s-lim}} \ \frac{\vec{x}(t)}{|\vec{x}(t)|} = \pm \frac{\vec{p}_\pm}{|\vec{p}_\pm|}$ und schließe $\lim_{t \to \pm\infty} \Delta\left(\frac{\vec{x}(t)}{|\vec{x}(t)|}\right) = \Delta\left(\frac{\vec{p}_\pm}{|\vec{p}_\pm|}\right)$.

4. V gehe für $r \to \infty$ wie $\lambda r^{-2-\epsilon}$, $\epsilon > 0$. Zeige, daß, wenn $k \neq 0$ und λ im Konvergenzradius der Bornschen Näherung, $\sigma_t < \infty$. [Da $\sigma_t = \infty$ nur von $\sum_\ell$ stammen kann und für genügend große ℓ die Bornsche Näherung genau wird, stimmt die Aussage auch für größere λ. Für $V = \lambda/r^2$ ist $\delta_\ell \sim \sqrt{\ell^2 + \lambda} - \ell \sim \lambda/\ell$ und $\sum_\ell (2\ell + 1)\sin^2 \delta_\ell \sim \sum_\ell 1/\ell$ divergiert logarithmisch.]

5. Berechne die Streulänge für das Potential $V(r) = \lambda \Theta(1 - r)$. (Setze $\psi(\vec{x}) = \frac{u_\ell(r)}{r} Y_\ell^m$, $u(0) = 0$.)

6. Berechne die Normierungsfaktoren der Streuamplitude in (3.6.10,3).

7. Leite die obere Schranke von (3.6.31) ab.

8. Q projiziere auf $P\mathcal{H} \oplus \psi$, $\psi \perp P\mathcal{H}$. Zeige $\operatorname{Det} QbQ = (\langle \psi | b | \psi \rangle - \langle \psi | bP(PbP)^{-1}Pb\psi \rangle)\operatorname{Det} PbP$ und schließe damit die Lücke im Beweis von (3.6.27).

9. Berechne die Erzeugende $\delta(E, L)$ der klassischen Streutransformation $(I, 3.4.11,2)$ des γ/r^2-Potentials und vergleiche mit der Streuphase. $D = ?$

10. Verwende (2.) zum Beweis der Äquivalenz (iii) $\Leftrightarrow$ (iv) in (3.6.17).

Lösungen (3.6.33)

1. Für $\delta > 0$ gibt es ein τ, so daß $\|(V - V(t))\psi\| \leq \delta$, falls $t \geq \tau \Rightarrow \epsilon \int_0^\infty e^{-\epsilon t} V(t)\, dt = \epsilon \int_0^\tau e^{-\epsilon t} V(t)\, dt + \epsilon \int_\tau^\infty e^{-\epsilon t}(V(t) - V)dt + \epsilon \int_\tau^\infty e^{-\epsilon t} V\, dt$; für $\epsilon \downarrow 0$ geht das 1. Integral $\to 0$, das dritte $= V$, das zweite ist beschränkt durch $\limsup_{\epsilon \downarrow 0} \epsilon \, \| \int \ldots \psi\| \leq \delta$.

2. Sei $\psi_t = e^{-iHt}\Omega_-\varphi$, $\varphi_t = e^{-iH_0 t}\varphi$. Zunächst ist zu verifizieren, daß der Erwartungswert mit φ zeitintegrabel ist: $|\langle \psi_t | \chi_R \psi_t \rangle - \langle \varphi_t | \chi_R \varphi_t \rangle| \leq |\langle (\psi_t - \varphi_t) | \chi_R \varphi_t \rangle| + |\langle \psi_t | \chi_R (\varphi_t - \psi_t) \rangle| \leq 2\|\psi_t - \varphi_t\|$, so daß nach Voraussetzung $\int_{-\infty}^0 dt$ beschränkt ist, und zwar gleichmäßig in R. Nach dem Lemma von dominierter Konvergenz können wir daher $\int_{-\infty}^0$ und $\lim_{R \to \infty}$ vertauschen, und letzterer gibt Null, da $\chi_R \to 1 = \Omega_-^*\Omega_-$.

3. $\frac{\vec{x}(t)}{t} = \frac{\vec{x}(0)}{t} + \frac{1}{t}\int_0^t dt'\, \vec{p}(t')$ konvergiert nach Voraussetzung stark gegen $p_\pm$, denn $\text{s-}\lim_{t \to \infty} a/t = 0$ für jeden selbstadjungierten Operator a, und der zweite Term gibt nach 1) $p_\pm$. Daher konvergieren die beschränkten Funktionen $\frac{\vec{x}(t)}{|\vec{x}(t)|}$ stark und dies bedeutet Konvergenz des Schwankungsquadrats beschränkter Funktionen: $a_n \to a \Rightarrow \langle |a_n^2| \rangle = \|a_n | \rangle\|^2 \to \|a | \rangle\|^2 = \langle |a^2| \rangle$.

4. Nach (3.6.24) haben wir im Konvergenzkreis $|f| < c|f^{(0)}|$, es genügt also, die Endlichkeit des totalen Querschnitts in der Bornschen Näherung zu zeigen. Er ist

$$\left\langle e^{ikx} \right| V\delta(H_0 - k^2)V \left| e^{ikx} \right\rangle = \int \frac{d^3p}{(2\pi)^3} \left| \tilde{V}(p-k) \right|^2 \delta(p^2 - k^2).$$

5. Die Lösung der Schrödingergleichung

$$\left(-\frac{\partial^2}{\partial r^2} + V(r) \right) u(r) = 0; \quad u(r) = \begin{cases} \left(\sqrt{\lambda} \cosh \sqrt{\lambda} \right)^{-1} \sinh \sqrt{\lambda}\, r & r \le 1 \\[2ex] r + \dfrac{\tanh \sqrt{\lambda}}{\sqrt{\lambda}} - 1 & r \ge 1 \end{cases}$$

ist für $r \to \infty$ mit $\lim_{k\to 0} \frac{1}{k}\sin(kr + \delta(k))$ zu vergleichen. Dies gibt $a := -\lim_{k\to 0}\delta(k)/k = 1 - \frac{\tanh\sqrt{\lambda}}{\sqrt{\lambda}}$.

6. Wir haben

$$-2\pi i \int_0^\infty \frac{p'^2 dp'}{(2\pi)^3} \delta(p'^2 - p^2)\langle n' | t | n \rangle = -\frac{2pi}{4\pi}\frac{\langle n' | t | n \rangle}{4\pi} = \sum_\ell \langle n' | P_\ell | n \rangle \left(e^{2i\delta_\ell} - 1 \right).$$

Nun ist nach dem Additionstheorem der Kugelfunktionen

$$\langle n' | P_\ell | n \rangle = \sum_m Y_\ell^{-m}(n') Y_\ell^m(n) = \frac{2\ell + 1}{4\pi} P_\ell(\cos\vartheta),$$

also

$$f = \frac{\langle n' | t | n \rangle}{-4\pi} = \sum_\ell \frac{2\ell + 1}{k} e^{i\delta_\ell} \sin\delta_\ell\, P_\ell(\cos\vartheta).$$

7. $H^{-1} \ge P(PHP)^{-1}P$ mit $P = H_0^{-1}V\,|\,\rangle\langle\,|\,VH_0^{-1}((\langle\,|\,VH_0^{-2}V\,|\,\rangle))^{-1}$ gibt $\langle\,|\,\Omega_t^*(0)(V - V_t)H^{-1}(V - V_t)\Omega_t(0)\,|\,\rangle \ge |\langle\,\|\,\Omega_t^*(0)(V - V_t)H_0^{-1}V\,|\,\rangle|^2 \langle\,|\,VH_0^{-1}(H_0 + V)H_0^{-1}V\,|\,\rangle^{-1}$.

8. $(\mathrm{Det}\, QbQ)^{-1/2} = \pi^{-(n+1)/2} \int \prod_{i=0}^n dx_i \exp\left(-\sum_{i,j=0}^n x_i x_j b_{ij} \right)$, $n = \mathrm{Dim}\, P$, $b_{00} = \langle \psi | b | \psi \rangle$. In den Integrationsvariablen $\bar{x}_k = x_k + x_0 b_{0j} c_{jk}$, $k = 1,\ldots,n$, $c = (PbP)^{-1}$ ist

$$\sum_{i,j=0}^n x_i x_j b_{ij} = \sum_{k,\ell=1}^n \bar{x}_k \bar{x}_\ell b_{k\ell} + x_0^2(b_{00} - b_{0k} c_{k\ell} b_{\ell 0}).$$

Integration über x_0 und die $\bar{x}_k$ gibt die Relation der Determinanten. Ist ψ nicht $\perp P\mathcal{H}$, ändert sie sich nur um einen positiven Faktor, da $\mathrm{Det}\, M^t bM = \mathrm{Det}\, b\,(\mathrm{Det}\, M)^2$. $b = a^{-1}$, $\psi = a\chi$ gibt die gesuchte Aussage.

9. $\delta = \frac{\pi}{2}\left(L - \sqrt{L^2 + 2\gamma} \right)$, $\delta_\ell = \left(\ell + 1/2 - \sqrt{(\ell + 1/2)^2 + 2\gamma} \right)\pi/2$, $D = 0$.

10. Die Gleichungen $\Omega_+ S = \Omega_-$ und $\tau_t \circ S = S$ können verwendet werden, D_R und $D = \lim_{R\to\infty} D_R$ umzuschreiben:

$$D_R = \int_0^\infty dt\, \tau_t^0[S^{-1}\chi_R S - \chi_R] + \int_{-\infty}^0 dt\, \tau_t^0[\Omega_-^* \chi_R \Omega_- - \chi_R] +$$
$$+ S^{-1} \int_0^\infty dt\, \tau_t^0[\Omega_+^* \chi_R \Omega_+ - \chi_R]S.$$

Als Konsequenz von Lösung 2. gehen die beiden letzten Summanden schwach gegen Null, wenn $R \to \infty$. Für das erste Integral verwenden wir die Fouriertransformation $\tilde{S}(t)$ von $S(E)$, dem Teil von S auf der Energieschale, und schreiben

$$S = \int dt\, \tilde{S}(t)\, \exp(itH_0), \quad [\tilde{S}, H_0] = 0.$$

Das letzte Integral wird dann

$$S^{-1} \int_0^\infty dt \int_{-\infty}^\infty dt'\, [\tau_t^0 \chi_R \exp(it'H_0)\tilde{S}(t') - \tilde{S}(t')\tau_t^0 \exp(it'H_0)\chi_R] =$$

$$= S^{-1} \int_0^\infty dt \int_{-\infty}^\infty dt'\, [\tau_t^0 \chi_R \tilde{S}(t') - \tilde{S}(t')\tau_{t+t'}^0 \chi_R] \exp(it'H_0) =$$

$$= S^{-1} \int_0^\infty dt \int_{-\infty}^\infty dt'\, [\tau_t^0 \chi_R, \tilde{S}(t')] \exp(it'H_0) +$$

$$+ S^{-1} \int_{-\infty}^\infty dt' \int_0^{t'} dt\, \tilde{S}(t')\tau_t^0 \chi_R \exp(it'H_0).$$

Im Limes $R \to \infty$ geht χ_R stark gegen **1**, also wird der erste Term 0 und der zweite konvergiert zu

$$S^{-1} \int_{-\infty}^\infty dt'\, t'\tilde{S}(t') \exp(it'H_0) = -iS^{-1} \int_0^\infty dE\, \delta(H_0 - E)\frac{\partial S(E)}{\partial E}.$$

4 Atomare Systeme

4.1 Das Wasserstoffatom

Seine Einfachheit macht es einer vollständigen mathematischen Analyse zugänglich und läßt es so zum Markstein der Atomphysik werden.

Die quantenmechanische Behandlung des Problems zweier Teilchen mit $1/r$-Potential folgt den Spuren der klassischen Theorie (I, 4.2). Wir gehen von der Hamiltonfunktion

$$H = \frac{\vec{p}_1^{\,2}}{2m_1} + \frac{\vec{p}_2^{\,2}}{2m_2} + \frac{\alpha}{|\vec{x}_1 - \vec{x}_2|}, \qquad \alpha = e_1 e_2, \tag{4.1.1}$$

aus. Zunächst wirkt sie in $\mathcal{H} = \mathcal{H}_1 \otimes \mathcal{H}_2$, $\mathcal{H}_i =$ Hilbertraum des i-ten Teilchens. Wir zerlegen sie in zwei unabhängige Teile durch die

Separation in Schwerpunkts- und Relativkoordinaten (4.1.2)

Die unitäre Transformation

$$(\vec{x}_1, \vec{x}_2; \vec{p}_1, \vec{p}_2) \to (\vec{x}_s, \vec{x}; \vec{p}_s, \vec{p}),$$

$$\vec{x}_s = \frac{m_1 \vec{x}_1 + m_2 \vec{x}_2}{m_1 + m_2}, \quad \vec{x} = \vec{x}_1 - \vec{x}_2; \quad \vec{p}_s = \vec{p}_1 + \vec{p}_2, \quad \vec{p} = \frac{\vec{p}_1 m_2 - \vec{p}_2 m_1}{m_1 + m_2},$$

führt H in $H = H_s + H_r$,

$$H_s = \frac{\vec{p}_s^{\,2}}{2M}, \quad H_r = \frac{\vec{p}^{\,2}}{2m} + \frac{\alpha}{|\vec{x}|}, \quad M = m_1 + m_2, \quad m = \frac{m_1 m_2}{m_1 + m_2},$$

über.

Bemerkungen (4.1.3)

1. Der Hilbertraum läßt sich auch $\mathcal{H} = \mathcal{H}_s \otimes \mathcal{H}_r$ schreiben, wobei H_s (bzw. H_r) nur in $\mathcal{H}_s$ (bzw. $\mathcal{H}_r$) nichttrivial wirkt.

2. Die Frage nach Selbstadjungiertheit wird durch (3.3.4,1) und (3.4.25,2) beantwortet: Da $1/r$ relativ zu $\vec{p}^{\,2}$ kompakt ist, ist H_r auf $D(\vec{p}^{\,2})$ selbstadjungiert und $\sigma_{\mathrm{ess}}(H_r) = \mathbf{R}^+$.

3. H_s erzeugt die freie Bewegung des Schwerpunkts; bezüglich der Invarianzgruppe ist die Situation analog wie in der klassischen Mechanik: Die zehn Erzeugenden der Galilei-Gruppe: H_s, $\vec{p}_s$, $\vec{k}_s := \vec{p}_s t - \vec{x}_s M$, $\vec{L}_s = \vec{x}_s \wedge \vec{p}_s$ bilden keine Lie-Algebra, da $[p_\ell, k_j] = i\delta_{\ell j} \times M$ durch sie nicht linear erzeugt wird. Faßt man M auch als Element der Observablenalgebra auf, bildet es mit den 10 Erzeugenden

eine 11-dimensionale Lie-Algebra $\mathcal{A}$. Das Zentrum $\mathcal{A}' \cap \mathcal{A}'' = \{$ Funktion von $M\}$ erzeugt eine Superauswahlregel (siehe 2.3.6,7), es sei denn, M wird durch ein Vielfaches von $\mathbf{1}$ dargestellt. Die Galilei-Gruppe ist wie in (I, 4.1.10,3) die Faktorgruppe nach dem Zentrum, und $\mathcal{A}$ erzeugt nur eine Strahldarstellung der Galilei-Gruppe. Dies muß so sein, denn $\vec{p}_s$ und $\vec{k}_s$ stellen ja $\mathbf{R}^6 : \vec{x}_s \to \vec{x}_s + \vec{a} + \vec{v}t$, $\vec{p}_s \to \vec{p}_s + \vec{v}M$ dar, und die von ihnen gebildeten unitären Operatoren $W(z)$ geben nach (3.1.6,5) nur eine Strahldarstellung von $\mathbf{R}^6$. Dies heißt, daß

$$e^{i\vec{v}\vec{k}_s} = e^{-\frac{itM\vec{v}^2}{2}} \, e^{-i\vec{x}_s \cdot \vec{v}M} \, e^{i\vec{p}_s \cdot \vec{v}t}$$

wohl $\vec{x}_s \to \vec{x}_s + \vec{v}t$, $\vec{p}_s \to \vec{p}_s + M\vec{v}$ bewirkt, die Wellenfunktion aber zusätzlich einen Phasenfaktor $e^{-itM\vec{v}^2/2}$ bekommt. Er ist jedoch unbeobachtbar, weil man nur relative Phasen messen kann.

Da H_s in (3.3.3) eingehend besprochen wurde, wenden wir uns H_r zu. Zunächst wissen wir $\sigma(H_s) = \sigma_{\mathrm{ess}}(H_r) = \mathbf{R}^+$, und es erhebt sich die Frage, ob $\sigma_{\mathrm{p}}(H_r) \subset \mathbf{R}^-$? (Vgl. 3.4.14,4.) Sie beantwortet der

Virialsatz (4.1.4)

Falls $(H_r - E)\psi = 0$, $\psi \in \mathcal{H}_r$, gilt

$$E = \frac{1}{2} \left\langle \psi \,\middle|\, \frac{\alpha}{r}\, \psi \right\rangle.$$

Beweis

Die in (3.3.21,8) verwendete Dilatation: $U^{-1}(\beta)(\vec{x}, \vec{p})U(\beta) = (e^\beta \vec{x}, e^{-\beta}\vec{p})$, $\beta \in \mathbf{R}$, erzeugt $U^{-1}(\beta)\, H_r\, U(\beta) = e^{-2\beta}H_0 + e^{-\beta}\alpha/r$, $H_0 = \vec{p}^2/(2m)$. Die Gleichungen

$$\left\langle \left(e^{2\beta}H_0 + e^{\beta}\frac{\alpha}{r} - E \right) \psi \,\middle|\, U(\beta)\psi \right\rangle = 0 = \left\langle \left(H_0 + \frac{\alpha}{r} - E \right) \psi \,\middle|\, U(\beta)\psi \right\rangle$$

kombinieren wir zu

$$-\left\langle \left(\frac{1 - e^{2\beta}}{\beta}H_0 + \frac{1 - e^{\beta}}{\beta}\frac{\alpha}{r} \right) \psi \,\middle|\, U(\beta)\psi \right\rangle = 0 \quad \forall \beta \in \mathbf{R}\backslash\{0\};$$

für $\beta \to 0$ konvergiert der linke Vektor gegen $(2H_0 + \alpha/r)\psi$, der rechte gegen ψ. Da es sich um starke Konvergenz handelt, beweist dies (4.1.4). $\qquad\square$

Folgerung (4.1.5)

Da $H_0 \geq 0$, hat H_r für $\alpha < 0$ nur negative Eigenwerte, sonst keine.

Bemerkungen (4.1.6)

1. Das übliche Argument: $0 = \langle \psi \,|\, i[H_r, \vec{x}\vec{p}]\psi \rangle = \langle \psi \,|\, 2H_0 + \alpha/r \,|\, \psi \rangle$ ist wegen $\mathrm{D}(\vec{x}\vec{p}) \not\supset \mathrm{D}(H_r)$ nicht ganz schlüssig, da es zunächst nur etwas für $\psi \in \mathrm{D}(H_r) \cap \mathrm{D}(\vec{x}\vec{p})$ aussagt.

2. Für die negativen Eigenwerte funktioniert die analytische Störungstheorie aus
   (3.5) ohne weiteres, und man kann auch wie folgt mit (3.5.19,2) argumentieren:
   Aus Dimensionsgründen ist $E(\alpha) = m\alpha^2 c$, c eine numerische Konstante, daher
   $\alpha\,\partial E/\partial\alpha = \langle\,\alpha/r\,\rangle = 2E$.

3. Das Dilatationsverhalten besagt auch, daß es für $\alpha < 0$ unendlich viele Eigen-
   werte < 0 mit Häufungspunkt 0 geben muß: $\forall\psi \in \mathrm{D}(H_r)$ existiert $\tau_0 \in \mathbf{R}^+$, so
   daß

$$\langle\, U(\tau_0)\psi \mid H_r U(\tau_0)\psi \,\rangle = e^{-2\tau_0}\left\langle\,\psi\,\left|\,\frac{\vec{p}^2}{2m}\psi\,\right\rangle\right. + \alpha\, e^{-\tau_0}\left\langle\,\psi\,\left|\,\frac{1}{r}\psi\,\right\rangle\right. < 0.$$

Hat ψ kompakten Träger, so gibt es eine Folge $\tau_0 < \tau_1 < \tau_2\ldots$, so daß $U(\tau_i)\psi$
disjunkte Träger haben und H_r daher in dem von ihnen aufgespannten Unter-
raum eine Diagonalmatrix mit negativen Eigenwerten ist. Die Behauptung folgt
dann aus dem Mini-Max-Prinzip (3.5.21).

Wir wollen uns zunächst mit $\sigma_\mathrm{p}(H_r)$ beschäftigen, $\sigma_\mathrm{ess}(H_r)$ sei das Ende des Ab-
schnitts gewidmet. In beiden Fällen dienen uns die

Konstanten der Bewegung (4.1.7)

$\{H_r\}'$ enthält die Vektoren $\vec{L}$ und $\vec{F} = \frac{1}{2}\left(\vec{p}\wedge\vec{L} - \vec{L}\wedge\vec{p}\right) + m\alpha\frac{\vec{x}}{r}$. Sie genügen den
Relationen

(i) $[H, L_m] = 0$, $[L_m, F_\ell] = i\,\epsilon_{m\ell s}\,F_s$,

(ii) $[H, F_m] = 0$, $[F_m, F_\ell] = -2im\,H_r\,\epsilon_{m\ell s}\,L_s$,

(iii) $\vec{L}\cdot\vec{F} = \vec{F}\cdot\vec{L} = 0$,

(iv) $\vec{F}^2 = 2mH_r\left(\vec{L}^2 + 1\right) + m^2\alpha^2$.

Beweis

(i) folgt daraus, daß H ein Skalar und $\vec{F}$ ein Vektor unter Drehungen ist.

(ii) ist etwas delikater, da man durch das Beispiel (3.1.17,4) verunsichert wird.
   $[H, F_m] = 0$ muß auf Bereichen gelten, die unter endlichen Transformationen
   invariant sind, damit $[e^{iHt}, e^{iF_s}] = 0$ folgt (vgl. Def. (3.1.7)). Nach Aufgabe 1
   genügt $\frac{d}{dt}[e^{iHt}F\,e^{-iHt}] = 0$; das wird in Aufgabe 2 gezeigt. Für die Berechnung
   von Kommutatoren mit $\vec{F}$ ist vielfach die Schreibweise $\vec{F} = \frac{i}{2}[\vec{p}, \vec{L}^2] + m\alpha\vec{x}/r$
   nützlich.

(iii) $\vec{L}\cdot\vec{x} = \vec{L}\cdot\vec{p} = 0$ ist klar, da keine Produkte nichtkommutativer Größen auftreten.
   Mit (i) folgt daraus (iii).

(iv) erfordert einige Rechnungen (Aufgabe 3).

Folgerung (4.1.8)

Die Kombinationen $A_k = \left(L_k + F_k/\sqrt{-2mH_r}\right)P/2$, $B_k = \left(L_k - F_k/\sqrt{-2mH_r}\right)P/2$, $P := \Theta(-H_r) =$ Projektor auf die negativen Spektralwerte von H_r, genügen den Vertauschungsrelationen zweier unabhängiger Drehimpulse,

$$[A_k, A_j] = i\,\epsilon_{kjm}\,A_m, \quad [B_k, B_j] = i\,\epsilon_{kjm}\,B_m, \quad [A_k, B_j] = 0,$$

hängen aber durch

$$\vec{A}^2 = \vec{B}^2 = -P\left(\frac{1}{4} + \frac{m\alpha^2}{8H_r}\right) \tag{4.1.9}$$

zusammen. Nach § 3.2 haben $\vec{A}^2$ und $\vec{B}^2$ keine anderen Eigenwerte als $\beta(\beta+1)$, $\beta = 0, 1/2, 1, 3/2, \ldots$, die nach (4.1.9) für beide gleich sind. Jeder Eigenvektor gehört zu einem $(2\beta+1)^2$-fach entarteten „Supermultiplett", dessen Vektoren sich durch die Eigenwerte von (A_z, B_z) unterscheiden, aber gleiches $\vec{A}^2$ und $\vec{B}^2$ haben. Sie sind Eigenvektoren von H_r, dessen Eigenwerte nach (4.1.9) dann der **Balmerschen Formel**

$$E_n = -\frac{m\alpha^2}{2n^2}, \qquad n = 2\beta + 1 = 1, 2, 3, \ldots, \tag{4.1.10}$$

gehorchen.

Bemerkungen (4.1.11)

1. Sowohl $\vec{A}$ als auch $\vec{B}$ bilden die Lie-Algebra von O(3), die mit der von SU(2) identisch ist, und es liegt kein Grund vor, warum nur Darstellungen von O(3) vorkommen sollen; β kann also ganz- und halbzahlig sein.

2. $\vec{L}$ erzeugt natürlich O(3) und hat Eigenwerte $\ell(\ell+1)$, ℓ ganzzahlig. Drückt man die Eigenwerte von $\vec{F}^2$ in (4.1.7,(iv)) durch n und ℓ aus,

$$\vec{F}^2\,|\ \rangle = m^2\alpha^2\left(1 - \frac{\ell^2 + \ell + 1}{n^2}\right)|\ \rangle,$$

so sieht man $\ell \leq n - 1$. Ist also n gegeben, kann ℓ die Werte $0, 1, \ldots, n-1$ annehmen.

3. Die Balmerformel erklärt, warum

$$K := \frac{1}{\sqrt{r}}(H_0 - z)^{-1}\frac{1}{\sqrt{r}}, \qquad z \notin \mathbf{R}^+,$$

für ganzzahlige p erst ab $p \geq 4$ in $\mathcal{C}_p$ ist (siehe 2.3.21): Wie im Beweis von (3.5.36) erörtert, sind für $z \in \mathbf{R}^-$ die Eigenwerte λ_n von K die Werte von $1/|\alpha|$, für die $H_0 - |\alpha|/r$ den Eigenwert z hat. Nach (4.1.10) ist dann $-z\lambda_n^2 = m/(2n^2)$, und jeder Eigenwert hat die Entartung $M(n) := n^2$. Nun ist

$$\|K\|_p^p = \sum_{n=1}^{\infty} M(n)\,\lambda_n^p$$

für ganzzahlige p erst ab $p = 4$ endlich.

Konstruktion der Eigenvektoren (4.1.12)

Da dieselbe algebraische Situation vorliegt, können wir wie bei den Eigenvektoren des Drehimpulses (3.2.13) vorgehen (mit der Notation $x_\pm = x_1 \pm x_2$ etc., nicht zu verwechseln mit (3.4.6)): In jedem Supermultiplett gibt es einen Zustand $|\ \rangle$ mit maximalen A_3 und B_3, so daß

$$A_+|\ \rangle = B_+|\ \rangle = 0 \Leftrightarrow F_+|\ \rangle = L_+|\ \rangle = 0, \quad F_\pm := F_1 \pm iF_2, \quad \text{etc.} \qquad (4.1.13)$$

Die anderen Zustände erhält man dann durch Anwendung von $A_-^p B_-^q, 0 \le p, q \le n-1$. Da F_+ aus x_+, p_+ und mit $\vec{L}^2$ kommutierenden Größen aufgebaut ist, erhöht es ℓ um 1, wenn es auf $|\ell, m = \ell\rangle$ wirkt (vgl. 3.2.14), so daß $F_+|\ \rangle = 0$ bedeutet, daß $|\ \rangle$ bereits maximalen Drehimpuls hat. Charakterisieren wir einen Eigenvektor $|n, \ell, m\rangle$ durch die Eigenwerte von H_r, $\vec{L}^2$ und L_3, ist der Basiszustand $|\ \rangle \equiv |n, n-1, n-1\rangle$.

Eigenfunktionen in der x-Darstellung (4.1.14)

Verwenden wir die Schreibweise

$$F_+ = \frac{i}{2}(p_+ L^2 - L^2 p_+) + m\alpha x_+/r$$

und berechnen (Aufgabe 4) die Wirkungen von p_+ und x_+ (bis auf einen Normierungsfaktor)

$$ip_+|n, \ell, \ell\rangle = \left(\frac{d}{dr} - \frac{\ell}{r}\right)|n, \ell+1, \ell+1\rangle,$$

$$\frac{x_+}{r}|n, \ell, \ell\rangle = |n, \ell+1, \ell+1\rangle,$$

wird die Gleichung (4.1.13)

$$F_+|n, n-1, n-1\rangle = \left(-n\left(\frac{d}{dr} - \frac{n-1}{r}\right) + m\alpha\right)|n, n-1, n-1\rangle = 0.$$

Ihre Lösung

$$|n, n-1, n-1\rangle = c\, r^{n-1}\, e^{m\alpha r/n}\, Y_{n-1}^{n-1}(\vartheta, \varphi)$$

ist für $\alpha < 0$ aus $L^2[(0, \infty), r^2 dr] \otimes L^2(S^2)$ und stellt den Basisvektor des Supermultipletts dar.

Bemerkungen (4.1.15)

1. $|n, n-1, n-1\rangle$ hat maximalen Drehimpuls und entspricht klassisch einer Kreisbahn, während $|n, 0, 0\rangle$ einer klassischen Bahn durch den Ursprung korrespondiert. Allerdings hat letzterer Vektor eine kugelsymmetrische Wellenfunktion, da keine Richtung ausgezeichnet ist.

2. Die Wellenfunktion $|n, n-1, n-1\rangle$ fällt mit e^{-r/nr_b} ab. ($r_b = 1/(m\alpha) = 0,529 \cdot 10^{-10}$m), aber das Maximum der Wellenfunktion wird für $n(n-1)r_b$ erreicht. Dies entspricht der rohen Abschätzung (1.2.3) und dem Virialsatz, der $\langle 1/r\rangle \sim n^{-2}$ fordert.

3. Ausrechnen der Erwartungswerte liefert

$$\langle\, n, n-1, m\,|\, r\,|\, n, n-1, m\,\rangle = r_b n \left(n + \frac{1}{2} \right),$$

$$\langle\, n, n-1, m\,|\, r^2\,|\, n, n-1, m\,\rangle = r_b^2 n^2 \left(n + \frac{1}{2} \right) (n + 1),$$

und zeigt, daß das relative Schwankungsquadrat $\Delta r / \langle\, r\,\rangle = 1/\sqrt{2n+1}$ für $n \to \infty$ verschwindet; $|\, n, n-1, n-1\,\rangle$ wird dann immer mehr auf einen Kreis in der $x - y$-Ebene konzentriert.

4. Zustände mit kleinerem ℓ und daher größerer Exzentrizität lassen sich durch Anwenden von F_- auf $|\, n, n-1, n-1\,\rangle$ und Herausprojizieren des gewünschten Drehimpulses erzeugen:

$$|\, n, \ell, \ell\,\rangle = \text{Normierungsfaktor} \times P_{\ell,\ell} F_- \,|\, n, \ell+1, \ell+1\,\rangle,$$

$P_{\ell,\ell} = $ Projektor auf den Unterraum mit Vektoren $|\, \ell, \ell\,\rangle$. Zur Berechnung trennt man r- und Winkelabhängigkeit:

$$L^2(\mathbf{R}^3, d^3 x) \cong L^2(\mathbf{R}^+, dr) \otimes L^2(\mathbf{S}^2, \sin\theta d\theta d\varphi), \quad \mathbf{S}^2 = \{\vec{s}, \vec{s}^{\,2} = 1\}.$$

Wellenfunktionen von Produktform sind

$$\psi(\vec{x}) = \frac{1}{r}\varphi(r)Y(\vec{s}) \cong \varphi \otimes Y \quad r = |\vec{x}|, \;\; \vec{s} = \vec{x}/r.$$

In dieser Darstellung wird

$$\vec{p} = \frac{\vec{x}}{r^2}(\vec{x}\cdot\vec{p}) - \frac{1}{r^2}\vec{x}\wedge(\vec{x}\wedge\vec{p}) \cong p_r \otimes \vec{s} - \frac{1}{r}\otimes\vec{s}\wedge\vec{L}, \quad p_r = \frac{1}{i}\frac{d}{dr} + \frac{i}{r},$$

$$\vec{F} \cong ip_r \otimes \frac{1}{2}[\vec{s}, \vec{L}^2] - \frac{1}{r}\otimes\frac{i}{2}[\vec{s}\wedge\vec{L}, \vec{L}^2] + m\alpha\mathbf{1}\otimes\vec{s}.$$

Für die Komponente F_+ verwenden wir $(\vec{s}\wedge\vec{L})_+ = is_3 L_+ - is_+ L_3$, mit der Auswahlregel (3.2.21,8) kann man die Werte von $\vec{L}^2$ auf den beiden Seiten der Kommutatoren zueinander in Beziehung setzen und es folgt

$$F_+ P_{\ell,\ell} = P_{\ell+1,\ell+1} F_+ P_{\ell,\ell} \cong$$

$$\cong \left[\left(-\frac{d}{dr} + \frac{1}{r} \right) \otimes (\ell+1)s_+ + \frac{1}{r}\otimes\ell(\ell+1)s_+ + m\alpha\mathbf{1}\otimes s_+ \right] \cdot [\mathbf{1}\otimes P_{\ell,\ell}] =$$

$$= \left(-\frac{d}{dr} + \frac{\ell+1}{r} + \frac{m\alpha}{\ell+1} \right) \otimes (\ell+1)s_+ P_{\ell,\ell}.$$

Adjunktion gibt die Formel für $P_{\ell,\ell} F_-$. Der erste Faktor, die Wirkung im $L^2(\mathbf{R})$, wird in der Darstellung des Wasserstoffatoms mit supersymmetrischer Quantenmechanik verwendet [26].

Nach Diskussion von σ_p wenden wir uns σ_{ess} zu, und es gilt zunächst, die Natur dieses Spektrums zu klären.

Abwesenheit von σ_{sing} (4.1.16)

$\sigma_{\text{sing}}(H_r) = \emptyset$, so daß $\sigma_{\text{a.c.}}(H_r) = \sigma_{\text{ess}}(H_r) = \mathbf{R}^+$.

Beweis

Setzen wir die Dilatation aus (4.1.4) ins Komplexe fort, ist $U(\tau)$, $\tau \in \mathbf{C}$, unbeschränkt, aber auf der dichten Menge D der ganzen Vektoren definiert (siehe 2.4.23,5). Die Wirkung von U auf H_r setzt sich analytisch fort, und es gilt

$$\langle \varphi \,|\, (H_r - z)^{-1}\psi \rangle = \left\langle U(\tau^*)\varphi \,\left|\, \left(e^{2\tau}H_0 + e^{\tau}\frac{\alpha}{r} - z\right)^{-1} U(\tau)\,\psi \right. \right\rangle, \quad \tau \in \mathbf{C}, \ \varphi, \psi \in \mathrm{D}.$$

Da Multiplikation mit der komplexen Zahl e^{τ} nichts an der relativen Kompaktheit von α/r ändert, schließen wir

$$\sigma_{\text{ess}}\left(e^{2\tau}H_0 + e^{\tau}\alpha/r\right) = \sigma_{\text{ess}}\left(e^{2\tau}H_0\right) = e^{2\tau}\mathbf{R}^+.$$

Die Matrixelemente der Resolvente mit φ, $\psi \in \mathrm{D}$ lassen sich also über $\mathbf{R}^+$ hinaus bis $e^{2\tau}\mathbf{R}^+$, der gedrehten positiven Achse, fortsetzen:

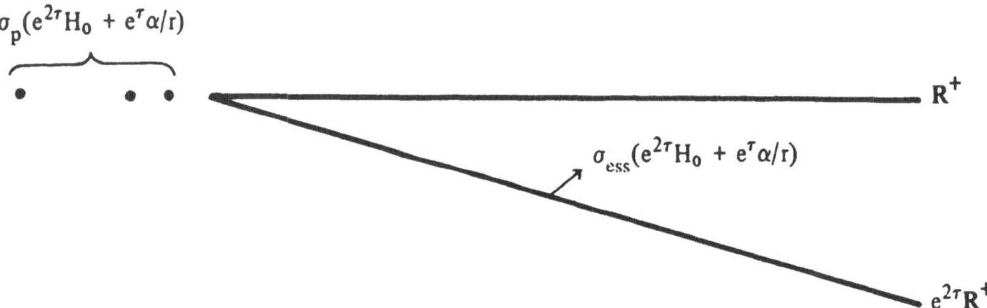

Fig. 4.1 Spektrum der dilatierten Hamiltonfunktion

Daraus folgt das Fehlen von σ_{sing}. Wir schreiben, wie in (2.2.31,5)

$$\langle \psi \,|\, f(H_r) \,|\, \psi \rangle = \int_{\mathbf{R}} f(E)\, d\mu_\psi(E).$$

Auf $\mathbf{R}^+$ ist

$$d\mu_\psi(E) = \lim_{\epsilon \to 0} \frac{1}{2\pi} \left\langle \psi \,\left|\, \left((H_r - E - i\epsilon)^{-1} - (H_r - E + i\epsilon)^{-1}\right) \right| \psi \right\rangle dE$$

nach dem eben Gezeigten für $\psi \in \mathrm{D}$ ein absolut stetiges Maß. D ist dicht und läßt bei der Zerlegung (2.3.16) des Hilbertraumes keinen Platz für einen Teilraum mit singulärem Spektrum. $\qquad\square$

Bemerkungen (4.1.17)

1. Es lassen sich nur Matrixelemente mit φ, $\psi \in D$ über $\mathbf{R}^+$ fortsetzen; die analytische Funktion $\mathbf{C} \to \mathcal{B}(\mathcal{H}) : z \to (H_r - z)^{-1}$ kann nicht über $\mathbf{R}^+$ fortgesetzt werden, die Resolvente wird dort unbeschränkt.

2. Was die Eigenwerte endlicher Multiplizität von $H(\tau) := e^{2\tau} H_0 + e^{\tau} \alpha/r$ anbelangt, so sind sie in τ analytisch; $H(\tau) - H(\tau - \delta)$ ist ja für kleine δ relativ zu $H(\tau)$ beschränkt, so daß die Störungstheorie (3.5) anwendbar ist. Daher sind die Eigenwerte $E(\tau)$ von $H(\tau)$ von τ unabhängig (solange sie bestehen bleiben): Für reelle τ sind H_r und $H(\tau)$ unitär äquivalent, und analytische Funktionen, die auf $\mathbf{R}$ übereinstimmen, sind überall gleich.

3. Die Eigenfunktionen $|\tau\rangle = U(\tau)|0\rangle$ von $H(\tau)$ sind ebenfalls in τ analytisch. Dies bedeutet $\frac{d}{d\tau}|\tau\rangle - id|\tau\rangle \in L^2$, wenn $U(\tau) = e^{-id\tau}$, also $|\tau\rangle \in D(d)$. Dies rechtfertigt nachträglich den formalen Beweis (4.1.6,1) des Virialsatzes.

4. In diesem einfachen Fall läßt sich der Integralkern für die Resolvente $R_z = (H_r - z)^{-1}$ explizit angeben. In der x-Darstellung [9] geht dies mit Whittaker-Funktionen [10]

$$R_z(x_1, x_2) = \frac{\Gamma(1 - i\nu)}{4\pi|x_1 - x_2|} \left[W'_{i\nu;1/2} \left(-i\sqrt{z}\,(r_1 + r_2 + |x_1 - x_2|) \right) \cdot \right.$$

$$\cdot M_{i\nu;1/2} \left(-i\sqrt{z}\,(r_1 + r_2 - |x_1 - x_2|) \right) - W_{i\nu;1/2} \left(-i\sqrt{z}\,(r_1 + r_2 + |x_1 - x_2|) \right) \cdot$$

$$\left. \cdot M'_{i\nu;1/1} \left(-i\sqrt{z}\,(r_1 + r_2 - |x_1 - x_2|) \right) \right], \quad \nu = \alpha/4\sqrt{z}, \quad m = 1/2;$$

in der p-Darstellung wird dies [9]

$$R_z(p_1, p_2) = \frac{\delta^3(\vec{p}_1 - \vec{p}_2)}{p_1^2 - z} - \frac{\alpha}{8\pi^2 z} \int_0^1 d\rho \, \rho^{i\nu} \frac{(1 - \rho^2)\,\rho^2}{\left[(\vec{p}_1 - \vec{p}_2)^2 - \frac{(1-\rho)^2}{\rho}\frac{(z-p_1^2)(z-p_2^2)}{4z} \right]^2}.$$

Wie man sieht, sind geeignete Matrixelemente in einer zweiblättrigen Riemannschen Fläche analytisch, aber für $z = 0$ wesentlich singulär. Unser Beweis von (4.1.16) ist auch auf kompliziertere Fälle übertragbar, bei denen kein expliziter Ausdruck für R_z vorliegt.

In 3.4 haben wir gesehen, daß $\sigma_{\text{a.c.}}$ die Zustände ergibt, in denen das Teilchen nach Unendlich entweicht. Allerdings können wir nach unseren Erfahrungen im klassischen Problem nicht hoffen, daß sich die Zeitentwicklung derjenigen nach H_0 nähert, denn $x(t) - tp(t)/m \sim \ln t$. (Vgl. I, 4.2.18,2.) Dementsprechend taugt auch $e^{iHt}e^{-iH_0 t}$ nichts, es konvergiert schwach gegen Null. Hingegen existieren wieder folgende

Asymptotische Konstanten (4.1.18)

Sei P der Projektor auf $\sigma_{\text{a.c.}}(H_r)$; dann ist $\left(P\,\vec{p}\,P,\ P\,\frac{\vec{x}}{r}\,P,\ P\,\frac{1}{r}\,P \right) \in \mathcal{A}$ und

$$\operatorname*{s-lim}_{t \to \pm\infty} \left(P\,\vec{p}\,P,\ P\,\frac{\vec{x}}{r}\,P,\ P\,\frac{1}{r}\,P \right) = \left(\vec{p}_{\pm},\ \pm\frac{\vec{p}_{\pm}}{|\vec{p}_{\pm}|},\ 0 \right).$$

(vgl. (3.4.6))

Beweis

(i)   Konvergenz der Impulse

Wir zeigen hier die Behauptung nur, wenn $\alpha > 0$, für $\alpha < 0$ wird der Beweis zu aufwendig (siehe [11]). Im abstoßenden Fall ist nämlich die Radialkomponente des Impulses p_r monoton wachsend und beschränkt, also als Liapunov-Funktion geeignet. Durch p_r ausgedrückt wird H_r wie in der klassischen Mechanik (I. 4.2.12) (Einzelheiten in Aufgabe 6)

$$H_r = \frac{1}{2m}\left(p_r^* p_r + \frac{L^2}{r^2}\right) + \frac{\alpha}{r}.$$

Bilden wir $L^2(\mathbf{R}^3, d^3x)$ unitär auf $L^2(\mathbf{S}^2, d\Omega) \otimes L^2([0,\infty), dr)$ durch $\psi \to \frac{1}{r} u$ ab, so wird p_r identisch mit dem Operator p_r aus (3.3.5,4). Sei wie immer $p_r(t) = e^{iH_r t}\, p_r\, e^{-iH_r t}$; dann ist gemäß (3.3.5,4(a))

$$\left\langle Y_\ell^m \frac{u(r)}{r} \,\middle|\, \frac{d}{dt} p_r \; Y_\ell^m \frac{u(r)}{r} \right\rangle = \int_0^\infty dr\, u^*(r)\, u(r) \left[\frac{\alpha}{r^2} + \frac{\ell(\ell+1)}{2mr^3}\right] + \frac{1}{2}\, |u'(0)|^2.$$

Da $\|p_r \psi\|^2 \le \langle \psi \,|\, H_r \psi \rangle$, ist dann r^{-2}, wie für $r \sim t$ zu erwarten, zeitintegrabel:

$$\int_0^T dt\, \left\| \frac{1}{r(t)} \psi \right\|^2 \le \langle \psi \,|\, p_r(T) - p_r(0) \,|\, \psi \rangle \le 2\|\psi\| \langle \psi \,|\, H_r \psi \rangle^{1/2}. \tag{a}$$

Da diese Schranke von T unabhängig ist, gibt es $\forall \psi \in \mathrm{D}(H_r)$ und $\epsilon > 0$ ein T, so daß

$$\int_T^\infty dt\, \left\| \frac{1}{r(t)} \psi \right\|^2 < \epsilon. \tag{b}$$

Um den technischen Schwierigkeiten, die unbeschränkte Operatoren verursachen, aus dem Wege zu gehen, betrachten wir $R\,\vec{p}\,R$, $R = (H_r + c)^{-1}$, $c \in \mathbf{R}^+$. Nun ist

$$\frac{d}{dt}\, R\, p_i(t)\, R = R\, \frac{x_i(t)}{r(t)^3}\, R$$

oder

$$\left\| \int_T^\infty dt\, \frac{d}{dt}\, R\, p_i\, R\, \psi \right\| = \sup_{\|\varphi\|=1} \left| \int_T^\infty dt\, \left\langle R\varphi \,\middle|\, \frac{x_i(t)}{r(t)^3}\, R\psi \right\rangle \right| \le$$

$$\le \sup_{\|\varphi\|=1} \left[\int_0^\infty dt\, \left\| \frac{1}{r(t)} R\varphi \right\|^2 \right]^{1/2} \left[\int_T^\infty dt\, \left\| \frac{x_i(t)}{r(t)^2} R\psi \right\|^2 \right]^{1/2} \le$$

$$\le \mathrm{const.} \left[\int_T^\infty dt\, \left\| \frac{1}{r(t)} R\psi \right\|^2 \right]^{1/2}$$

bei Verwendung von (a). Wegen (b) wird dies nach Obigem für $T \to \infty$ beliebig klein, was die starke Konvergenz von $P\,\vec{p}(t)\,P$ impliziert. Nun bildet R den Hilbertraum auf

D(H_r) ab. Dies ist ein Bereich wesentlicher Selbstadjungiertheit für $\vec{p}$ und $\vec{p}_\pm$. Daher konvergiert $\vec{p}$ gegen $\vec{p}_\pm$ auf einem Bereich wesentlicher Selbstadjungiertheit für $\vec{p}(t)$ und $\vec{p}_\pm$ und daher stark im Sinne von (2.5.8,3) (siehe Aufgabe 8).

(ii)   Konvergenz von $\vec{x}/r$ und $1/r$
Erstere haben wir schon in (3.6.32,3) nachgewiesen, letztere folgt aus $\vec{x}(t)/t \to \pm\vec{p}_\pm/m$.

Bemerkungen (4.1.19)

1. (4.1.18) besagt, daß alle endlichen Funktionen dieser Operatoren gegen die Funktionen der asymptotischen Größen konvergieren (vgl. 2.5.8,3). Bei unbeschränkten Operatoren stößt man wieder auf Bereichfragen: Aus $a_n\psi \to a\psi \ \forall\psi \in \mathrm{D} =$ dicht fogt noch nicht $a_n = a$. Sind etwa a und b zwei verschiedene selbstadjungierte Erweiterungen des dicht definierten Operators c, brauchen wir bloß $a_n = b \ \forall n$, $\mathrm{D} = \mathrm{D}(c)$ setzen. Wegen $a\,|_{\mathrm{D}(c)} = b\,|_{\mathrm{D}(c)}$ ist die Konvergenz trivial gegeben, aber endliche Funktionen von a und b können echt verschieden sein. Nur wenn D ein Bereich wesentlicher Selbstadjungiertheit für alle a_n und a ist, kann man tatsächlich auf $a_n \to a$ schließen (Aufgabe 8).

2. Um die Existenz der Mølleroperatoren zu retten, kann man H_0 so abändern, daß es die asymptotische Bewegung beschreibt. Allerdings sind solche H_0's explizit zeitabhängig, und man vergleicht dann die Zeitentwicklung nicht mit einer einparametrigen Automorphismengruppe. Eine Möglichkeit ist $U_t^0 = e^{-i\left(\frac{\vec{p}^2}{2m}t+\frac{m\alpha}{|\vec{p}|}\ln t\right)}$, denn $\exp(iH_r t)HU_t^0$ konvergiert tatsächlich gegen die gesuchte Wellenmatrix. Da das modifizierte H_0 noch immer mit $\vec{p}$ kommutiert, zeigt dies auch Konvergenz der $p_i(t)$. Da wir aber an bloßen Existenzsätzen weniger interessiert sind als an expliziten Berechnungen, wollen wir diesen Weg nicht weiter verfolgen.

Folgerungen (4.1.20)

1. Da H konstant ist, gilt $PHP = \vec{p}_+^2/(2m) = \vec{p}_-^2/(2m)$.

2. $P\vec{F}P = \frac{1}{2}\left(\vec{p}_\pm \wedge \vec{L} - \vec{L} \wedge \vec{p}_\pm\right) \pm m\alpha\vec{p}_\pm/|\vec{p}_\pm| = \frac{i}{2}[\vec{p}_\pm, L^2] \pm m\alpha\vec{p}_\pm/|\vec{p}_\pm|$.

Die Situation hinsichtlich der asymptotischen Konstanten ist also genau die von (I, 4.2.21,1) der klassischen Theorie. Um (I, 4.2.20) auf die Quantentheorie zu übertragen, müssen wir nur auf die Nichtkommutativität der verschiedenen Größen achten, dann erhalten wir den

Zusammenhang zwischen p_+ und p_- (4.1.21)

$$p_k^+ = p_k^- \frac{L^2 + i\eta - \eta^2}{L^2 - i\eta + \eta^2} + (p^- \wedge L - L \wedge p^-)_k \frac{\eta}{L^2 - i\eta + \eta^2} =$$

$$= p_k^- \frac{L^2(1 + i\eta) + i\eta - \eta^2}{L^2 - i\eta + \eta^2} - i\eta L^2 p_k^- \frac{1}{L^2 - i\eta + \eta^2},$$

$$\eta(H_r) := P\,m\,\alpha/\sqrt{2mH_r}.$$

Beweis

$$2\epsilon_{ijk}F_jL_k = \epsilon_{ijk}\left[\epsilon_{jmn}(p_m^\pm L_n - L_m p_n^\pm) \pm 2\eta p_j^\pm\right]L_k =$$
$$= -p_i^\pm L^2 + p_k^\pm L_i L_k - L_k p_i^\pm L_k \pm 2\eta(F_i \mp \eta p_i^\pm) \pm 2i\eta p_i^\pm =$$
$$= -2p_i^\pm L^2 \pm 2\eta F_i - 2\eta^2 p_i^\pm \pm 2i\eta p_i^\pm.$$

Setzt man für $\vec{F}$ (4.1.20,2) ein, folgt daraus die Behauptung.

Bemerkungen (4.1.22)

1. Die erste Version ist das Analogon von (I, 4.2.20) und folgt daraus, daß $\vec{p}_+$ aus $\vec{p}_-$ durch Spiegelung an $\vec{F}$ entsteht (siehe I, 4.2.18,1).

2. Die zweite Form erlaubt es, den Zusammenhang von $\vec{p}_+$ und $\vec{p}_-$ in der Spektraldarstellung von $\vec{L}^2$, L_3 und $H_r P = \vec{p}_\pm^2/(2m)$ abzulesen. So kommen wir mit (3.4.24,5) direkt zur

Streutransformation (4.1.23)

$$S = \frac{\Gamma\left(\frac{1}{2} + \sqrt{\vec{L}^2 + 1/4} + i\eta(H_r)\right)}{\Gamma\left(\frac{1}{2} + \sqrt{\vec{L}^2 + 1/4} - i\eta(H_r)\right)}$$

erzeugt

$$\vec{p}_+ = S^{-1}\vec{p}_- S.$$

Beweis

Da S mit $\vec{L}$ kommutiert, schreibt es sich in der Tensorproduktdarstellung (3.6.10,1) und den Eigenvektoren $|\,\ell, m\,\rangle \in L^2(\mathbf{S}^2, d\Omega)$ von $\vec{L}^2$ und L_3 als

$$S\,|\,\ell, m\,\rangle \otimes \varphi(k) = e^{2i\delta_\ell(k)}|\,\ell, m\,\rangle \otimes \varphi(k).$$

Nun kommutiert p_3^+ mit L_3 und H_r und verändert ℓ, wie x_3 in (3.2.14), um 1. Nehmen wir von der zweiten Form von (4.1.21) das Matrixelement $\langle\,\ell+1, m\,|\,\cdot\,|\,\ell, m\,\rangle$, so lesen wir

$$\frac{\langle\,\ell+1, m\,|\,p_3^+\,|\,\ell, m\,\rangle}{\langle\,\ell+1, m\,|\,p_3^-\,|\,\ell, m\,\rangle} = \frac{\ell + 1 - i\eta}{\ell + 1 + i\eta} = e^{2i(\delta_\ell - \delta_{\ell+1})}$$

ab. Daraus folgt (4.1.23) rekursiv, wenn wir konventionellerweise $e^{2i\delta_0(k)} = \Gamma(1 + i\eta(k))/\Gamma(1 - i\eta(k))$ setzen.

Bemerkungen (4.1.24)

1. Wie in (I, 4.2.21) erläutert, wird S durch die Forderung $S^{-1}\vec{p}_- S = \vec{p}_+$, $S^{-1}\vec{L}S = \vec{L}$, nicht eindeutig festgelegt. Es bleiben die unitären Elemente aus der Kommutante der von $\vec{p}_-$ und $\vec{L}$ gebildeten Algebra $\mathcal{A}$ offen. Nun besteht $\{\mathcal{A}\}'$ aus den Funktionen der Energie, so daß diese Willkür gerade einer Wahl von $\delta_0(k)$ entspricht. Auf $|S|$ und daher den Wirkungsquerschnitt für $\vec{k} \neq \vec{k}'$ hat dies keinen Einfluß. Hingegen ist die Verzögerungszeit jetzt nicht $\partial\delta(k)/\partial k^2$, sondern unendlich, da $mx - pt \sim \ln t$ für $t \to \infty$.

2. Für $\ell \to \infty$ divergiert δ_ℓ wie $\sum_\ell (\ell + 1)^{-1}$. Wir konnten daher nicht δ_∞ zu Null normieren, sondern haben δ_0 festgelegt. So kommt es, daß δ_ℓ der für kurzreichweitige Potentiale für Streuphase δ und Streulänge a gültigen Regel: $V > 0 \Rightarrow \delta < 0 \Rightarrow a > 0$ und umgekehrt (siehe (3.6.5) und (3.6.23,5)) widerspricht: Wäre $\delta_\infty = 0$, so hätten wir $\delta_\ell \lessgtr 0$ für $\alpha \gtrless 0$.

3. S kommutiert nicht mit allen Konstanten (vgl. I, 4.21.4): Etwa $S^{-1}\vec{F}S = \vec{F} - 2\eta\vec{p}_+$.

4. Wir haben die Streumatrix der Heisenbergdarstellung berechnet. Das S_{00} der Wechselwirkungsdarstellung (siehe (3.4.23) und (3.2.24,6)) hängt allgemein damit wie folgt zusammen: $\Omega_-^* \, S \, \Omega_- = S_{00}$ und $\Omega_-^* \, H_r \, \Omega_- = H_0$; also erhält man S_{00} aus S, indem man H_r durch H_0 oder $\vec{p}_-^2$ durch $\vec{p}^2$ ersetzt.

5. Obgleich wir die Aussagen (3.6.11) über die Pole von S nur unter einschränkenden Voraussetzungen über V gewonnen haben, enthält S noch immer die Information über die Balmer-Formel: $\exp(2i\delta_\ell(k))$ hat für $k = -im\,\alpha/(\ell + n_r)$, $n_r = 1, 2, \ldots$, Pole. Für $\alpha < 0$ liegen sie in der oberen Halbebene, und $k^2/2m$ ist dann gerade die Energie der gebundenen Zustände.

Nachdem wir alle Phasenverschiebungen δ_ℓ kennen, berechnen wir ohne weiteres (Aufgabe 7) die in (3.6.10,3) definierte

Streuamplitude (4.1.25)

$$f(k; \vec{n}', \vec{n}) = \sum_{\ell=0}^{\infty} \frac{2\ell + 1}{2ik} P_\ell(\cos\vartheta) \left[\frac{\Gamma(1 + \ell + i\eta)}{\Gamma(1 + \ell - i\eta)} - 1 \right] =$$

$$= \frac{i\eta}{2k} \left(\frac{4}{|\vec{n} - \vec{n}'|^2} \right)^{1+i\eta} \frac{\Gamma(1 + i\eta)}{\Gamma(1 - i\eta)} - \frac{1}{2ik}\delta^2(\vec{n} - \vec{n}').$$

Bemerkungen (4.1.26)

1. Die Summe über ℓ konvergiert etwa auf der dichten Menge der endlichen Linearkombinationen der Y_ℓ^m, wird aber für $\vec{n} = \vec{n}'$ singulär.

2. Der erste Beitrag zur Streuamplitude, $f(k; \vec{n}', \vec{n}) \sim (\sin\vartheta/2)^{-2-2i\eta}$, ist $\forall \vec{n}, \vec{n}' \in \mathbf{S}^2$ eine wohldefinierte Distribution und gibt eine Darstellung des unitären Operators S mit Hilfe eines Integralkerns. Diese Eigenschaft geht in der Bornschen Näherung verloren; hier fehlt das $i\eta$ im Exponenten, und f ist nichtintegrabel singulär. Als Ganzes bleibt f singulär, auch wenn man die δ-Funktion in Vorwärtsrichtung abzieht; es ist keine gewöhnliche Funktion, sondern eine Distribution.

3. Der Wirkungsquerschnitt ist genau der klassische (I 4.2.22)

$$\sigma(k; \vec{n}, \vec{n}') = |f(k; \vec{n}, \vec{n}')|^2 = \frac{\alpha^2}{16\left(\frac{k^2}{2m}\right)^2} \sin^{-4}\frac{\vartheta}{2}.$$

Aufgaben (4.1.27)

1. Zeige, daß, wenn a selbstadjungiert ist und b wesentlich selbstadjungiert auf einem unter allen e^{iat} ($t \in \mathbf{R}$) invarianten Bereich D, dann kommutieren a und $\bar{b}$ = Abschluß von b in Sinne von (3.1.7), wenn $e^{iat} b\, e^{-iat}\psi = b\psi \;\forall\psi \in$ D, $t \in \mathbf{R}$.

2. Zeige:

   (i) $D(F) \supset D(H_r) \cap D_{\mathrm{end}}(L^2)$, wo $D_{\mathrm{end}}(L^2)$ = endliche Kombinationen der Y_ℓ^m,

   (ii) F ist auf $D(H_r) \cap D_{\mathrm{end}}(L^2)$ wesentlich selbstadjungiert,

   (iii) $\forall\varphi, \psi \in D(H_r) \cap D_{\mathrm{end}}(L^2)$, $\frac{d}{dt}\left\langle \varphi \left| e^{iH_r t}\, F\, e^{-iH_r t} \right| \psi \right\rangle = 0$.

   Benütze 1), um $[H_r, F] = 0$ zu beweisen.

3. Verifiziere (4.1.7(ii), (iv)).

4. Berechne die Wirkungen von $p_\pm$ und p_3 auf $|\,\ell, m\,\rangle$.

5. Berechne $|\,2,0,0\,\rangle = F_- \,|\,2,1,1\,\rangle$ in der $\vec{x}$-Darstellung.

6. Drücke $\vec{p}^{\,2}$ durch $p_r = \frac{1}{r}(\vec{x}\vec{p}) - \frac{i}{r}$, r und $\vec{L}^2$ aus.

7. Berechne $\sum_{\ell=0}^{\infty}$ in (4.1.25).

8. Zeige, daß $a_n\psi \to a\psi \;\forall\psi \in$ D = Bereich der wesentlichen Selbstadjungiertheit für die a_n und a, impliziert $a_n \to a$ im Sinne von (2.5.8,3).

Lösungen (4.1.28)

1. $D(\bar{b}) = \{\psi:$ es gibt eine Folge $\psi_n \in$ D, so daß $\psi_n \to \psi$ und $b_n\psi$ konvergiert$\}$.
   $b\, e^{iat}\psi = e^{iat} b\,\psi \;\forall\psi \in$ D $\Rightarrow \bar{b}\, e^{iat}\psi = e^{iat}\bar{b}\,\psi \;\forall\psi \in D(\bar{b})$, denn
   $b\, e^{iat}\psi_n = e^{iat} b\,\psi_n$, $b\,\psi_n \to \bar{b}\,\psi$, $e^{iat} b\,\psi_n \to e^{iat}\bar{b}\,\psi$, $e^{iat}\psi_n \to e^{iat}\psi$,
   somit konvergiert $b\, e^{iat}\psi_n \Rightarrow e^{iat}\psi \in D(\bar{b})$, $\bar{b}\, e^{iat}\psi = e^{iat}\bar{b}\,\psi$.
   Sei $\mathcal{C} = \{$endliche Linearkombinationen der $e^{iat}\}$. $\bar{b}\, c\,\psi = c\,\bar{b}\,\psi \;\forall c \in \mathcal{C}$, $\psi \in D(\bar{b})$. Sei
   weiters $U = (\bar{b} - i)(\bar{b} + i)^{-1}$. Jeder Vektor $\varphi \in \mathcal{H} = (\bar{b} + i)\psi$, $\psi \in D(\bar{b})$; $U\varphi = (\bar{b} - i)\psi$.
   $c\varphi = c(\bar{b} + i)\psi = (\bar{b} + i)c\psi$, $Uc\varphi = (\bar{b} - i)c\psi = c(\bar{b} - i)\psi = cU\varphi$, also $Uc = cU$
   $\forall c \in \mathcal{C} \Rightarrow$ alle beschränkten Funktionen von $\bar{b}$ kommutieren mit $\mathcal{C}$.

2. (i) $\|F_j\psi\| \leq c_1\|L^2 p_j\psi\| + c_2\|p_j\psi\| + c_3\|\psi\|$ mit gewissen $c_i \in \mathbf{R}^+$. Da p_j den Drehimpuls nur um Eins verändert, ist $\|L^2 p_j\psi\| \leq c_4\|p_j\psi\| \leq c_5\langle \psi\,|\,PH_r\psi\rangle^{1/2}$, also $\|F_j\psi\| < \infty \;\forall\psi \in D(H_r) \cap D_{\mathrm{end}}(L^2)$.

   (ii) $D(H_r) \cap D_{\mathrm{end}}(L^2) \supset \{e^{-x^2/2}\, x_1^{g_1}\, x_2^{g_2}\, x_3^{g_3},\ g_i = 0,1,2,\ldots\}$ und F ist auf letzterem wesentlich selbstadjungiert.

   (iii) $\langle \varphi(t)\,|\,i[H, F_k]\psi(t)\rangle = \left\langle \varphi(t) \left|\, i\alpha\left[\frac{x_k}{r^3}, L^2\right] + \alpha i\left[\frac{L^2}{2r^2}, \frac{x_k}{r}\right] \right| \psi(t)\right\rangle = 0$, da $[L^2, r] = 0$ und $D(L^2/r^2) \supset D(H_r) \cap D_{\mathrm{end}}(L^2)$. Somit sind alle Matrixelemente von $F(t)$ und $F(0)$ auf $D(H_r) \cap D_{\mathrm{end}}(L^2)$ gleich, und es stimmen die eindeutigen selbstadjungierten Erweiterungen überein, nach 1) das Kriterium für Kommutativität.

3. Die im folgenden benützten Vertauschungsrelationen ergeben sich aus $[\vec{p}, f(\vec{x})] =$
$= -i\vec{\nabla}f(\vec{x})$, $[\vec{x}, f(\vec{p})] = i\vec{\nabla}f(\vec{p})$ und den Identitäten $[ab, c] = a[b, c] + [a, c]b$ bzw.
$[ab, cd] = ac[b, d] + a[b, c]d + c[a, d]b + [a, c]db$.

$$\vec{F}^2 = \left(\vec{p} \wedge \vec{L} - i\vec{p} + \tfrac{m\alpha}{r}\vec{x}\right) \left(\vec{p} \wedge \vec{L} - i\vec{p} + \tfrac{m\alpha}{r}\vec{x}\right) \text{ (weil } \vec{p} \wedge \vec{L} = -\vec{L} \wedge \vec{p} + 2i\vec{p}).$$

$$\vec{p}(\vec{p} \wedge \vec{L}) = (\vec{p} \wedge \vec{p})\vec{L} = 0, \quad (\vec{p} \wedge \vec{L})\vec{p} = (-\vec{L} \wedge \vec{p} + 2i\vec{p})\vec{p} = 2i\vec{p}^2.$$

$$(\vec{p} \wedge \vec{L})\vec{x} = (-\vec{L} \wedge \vec{p} + 2i\vec{p})\vec{x} = \vec{L}^2 + 2i\vec{p}\vec{x},$$

$$\vec{x}(\vec{p} \wedge \vec{L}) = (\vec{x} \wedge \vec{p})\vec{L} = \vec{L}^2.$$

$$(\vec{p} \wedge \vec{L})^2 = \vec{p}^2\vec{L}^2 - (\vec{p}\vec{L})^2 = \vec{p}^2\vec{L}^2.$$

$$\Rightarrow \vec{F}^2 = \vec{p}^2\vec{L}^2 + 2\vec{p}^2 + \tfrac{m\alpha}{r}\vec{L}^2 + (\vec{p}\vec{x})\tfrac{2im\alpha}{r} - \vec{p}^2 - (\vec{p}\vec{x})\tfrac{im\alpha}{r} + \tfrac{m\alpha}{r}\vec{L}^2 - \tfrac{im\alpha}{r}(\vec{x}\vec{p}) + m^2\alpha^2.$$

Wegen $[\vec{x}, (\vec{p}\vec{x})] = i\vec{x}$, $[(\vec{p}\vec{x}), 1/r] = i/r$ erhält man schließlich
$$\vec{F}^2 = \vec{p}^2\vec{L}^2 + \vec{p}^2 + \tfrac{2m\alpha}{r}\vec{L}^2 + \tfrac{2m\alpha}{r} + m^2\alpha^2 = m^2\alpha^2 + 2mH_r(\vec{L}^2 + 1).$$

Die Vertauschungsrelationen der Komponenten von $\vec{F}$ folgen aus $\vec{F} = \vec{p}^2\vec{x} - (\vec{p}\vec{x})\vec{p} + \tfrac{2m\alpha}{r}\vec{x}$ und den obigen Relationen sowie $[\vec{x}, \vec{p}^2] = 2i\vec{p}$, $[(\vec{p}\vec{x}), \vec{p}^2] = 2i\vec{p}^2$, $[\vec{p}, 1/r] = \tfrac{i}{r^3}\vec{x}$, $[\vec{p}^2, 1/r] = \tfrac{i}{r^3}(\vec{x}\vec{p}) + i(\vec{p}\vec{x})\tfrac{1}{r^3}$, $\vec{x}\vec{p} - \vec{p}\vec{x} = 3i$ durch unmittelbares Ausrechnen.

4. In der $\vec{x}$-Darstellung ist $\tfrac{\partial}{\partial z} = \cos\vartheta\tfrac{\partial}{\partial r} - \tfrac{\sin\vartheta}{r}\tfrac{\partial}{\partial\vartheta}$. Wegen $\cos\vartheta Y_\ell^\ell = cY_{\ell+1}^\ell$, $\sin\vartheta Y_\ell^\ell = \ell c Y_{\ell+1}^\ell$ und den analogen Relationen für $\partial/\partial x$, $\partial/\partial y$ erhält man

$$ip_3 \,|\, n, \ell, \ell\,\rangle = c\left(\frac{\partial}{\partial r} - \frac{\ell}{r}\right) |\, n, \ell+1, \ell\,\rangle,$$

bzw.

$$ip_+ \,|\, n, \ell, \ell\,\rangle = c'\left(\frac{\partial}{\partial r} - \frac{\ell}{r}\right) |\, n, \ell+1, \ell+1\,\rangle.$$

$(ip_- \,|\, n, \ell, \ell\,\rangle$ ist eine Linearkombination von $\left(\tfrac{\partial}{\partial r} - \tfrac{\ell}{r}\right) |\, n, \ell+1, \ell-1\,\rangle$ und $\left(\tfrac{\partial}{\partial r} + \tfrac{\ell+1}{r}\right) |\, n, \ell-1, \ell-1\,\rangle$.) (Vgl. dazu auch (3.2.14) und (3.2.21,8).)

5. $|\,2, 0, 0\,\rangle = \frac{(m\alpha)^{3/2}}{\sqrt{8\pi}}\left(1 - \tfrac{m\alpha r}{2}\right)e^{-m\alpha r/2}$.

6. Zunächst ist aufgrund der in 3) gegebenen Relationen formal $p_r^* = p_r$ und

$$\vec{L}^2 = x_k\, p_i\, x_t\, p_s\, \epsilon_{ikl}\, \epsilon_{stl} = \vec{x}^2\vec{p}^2 + i(\vec{x}\vec{p}) - (\vec{x}\vec{p})(\vec{x}\vec{p})$$

oder $\vec{p}^2 = p_r^2 + \vec{L}^2/r^2$. Bildet man $L^2(\mathbf{R}^3, d^3x)$ auf $L^2(\mathbf{S}^2, d\Omega) \otimes L^2(\mathbf{R}^+, dr)$ durch $\psi \to u/r$ unitär ab, wird p_r der hermitische Operator $-id/dr$ aus (3.3.5,4). Er ist aber nicht selbstadjungiert, $p_r^* \supset p_r$, denn $\mathrm{D}(p_r) = \{\psi \in L^2 : \psi = \text{absolut stetig,}$ $\psi' \in L^2, \psi(0) = 0\} \subset \mathrm{D}(p_r^*) = \{\psi \in L^2 : \psi = \text{absolut stetig, } \psi' \in L^2\}$. Genauer ist $\vec{p}^2 = p_r^* p_r + \vec{L}^2/r^2$.

Schließlich ist noch zu bemerken, daß p_r durch die gewünschte Darstellung von $\vec{p}^2$ nicht eindeutig bestimmt ist. Addiert man zu dem hier gewählten Exemplar noch $\tfrac{i}{r}$, bekommt man eine andere mögliche Variante (vgl. (4.1.15,4)).

7. Mit $t = \cos\Theta$ ist

$$(\sin\Theta/2)^{-2-2i\eta} = \sum_{\ell=0}^{\infty} 2^{i\eta}(2\ell+1)P_\ell(t)\int_{-1}^{1} /(1-z)^{-i\eta-1}P_\ell(z)\,dz.$$

Mittels der Regel von Rodrigues wird

$$\int_{-1}^{1} \ldots = \frac{1}{2^{\ell}\ell!} \int_{-1}^{1} (1-z)^{-i\eta-1} \frac{d^{\ell}}{dz^{\ell}} (z^2-1)^{\ell}\, dz =$$

$$= \frac{1}{2^{\ell}\ell!} (1+i\eta)\ldots(\ell+i\eta) \int_{-1}^{1} (1-z)^{-i\eta-\ell-1}(1-z)^{\ell}(1+z)^{\ell}\, dz =$$

$$= \frac{1}{2^{\ell}\ell!} \frac{\Gamma(\ell+1+i\eta)}{\Gamma(1+i\eta)} 2^{-i\eta+\ell} \frac{\Gamma(-i\eta)\Gamma(\ell+1)}{\Gamma(\ell+1-i\eta)} = \frac{-1}{i\eta} \frac{\Gamma(1-i\eta)}{\Gamma(1+i\eta)} \frac{\Gamma(\ell+1+i\eta)}{\Gamma(\ell-1-i\eta)} 2^{-i\eta}$$

und $(\sin \Theta/2)^{-2-2i\eta} = \sum \frac{1}{-i\eta}(2\ell+1)\, e^{i\delta_{\ell}} P_{\ell}(\cos\Theta)$, falls $\delta_0 = 0$ gewählt wird.

8. Sei $\psi = (a+i)\varphi$, $\varphi \in D$. $((a_n+i)^{-1} - (a+i)^{-1})\psi = (a_n+i)^{-1}(a-a_n)\varphi \to 0$, da $\|(a_n+i)^{-1}\| \le 1$; analog für $i \to -i$. $(a \pm i)D$ ist aber in $\mathcal{H}$ dicht $\Rightarrow (a_n \pm i)^{-1}\psi \to (a \pm i)^{-1}\psi \ \forall \psi \in \mathcal{H}$.

4.2 Das H-Atom in äußeren Feldern

Konstante elektrische und magnetische Felder haben wesentlich mitgehol-
fen, die Atomspektren zu enträtseln. Kleine Felder verschieben scheinbar
nur etwas die Energieniveaus, verändern aber drastisch das Problem.

Die Felder, welche man üblicherweise für Versuche im Laboratorium verwendet,
sind schwach gegenüber atomaren Feldern und scheinen die Struktur des Atoms wenig
zu beeinflussen. In extrem hohen Magnetfeldern B, wie sie etwa auf einem Neutronen-
stern herrschen, kann der Radius $(eB)^{-1/2}$ der tiefsten Bahn (vgl. 3.3.5,3) kleiner als
der Bohrsche Radius werden, und das Atom zieht sich um die magnetischen Kraftlini-
en zusammen. Zu starke elektrische Felder führen zur Autoionisation, und wir werden
sehen, daß sogar beliebig kleine elektrische Felder das Punktspektrum zerstören. Das
Reizvolle an diesem Problem ist, daß hier die in (3.5) entwickelte Störungstheorie er-
folgreich angewandt wurde, ohne eigentlich anwendbar zu sein. Wir werden zu klären
haben, welche asymptotische Bedeutung sie behält.

Wir stören also die Hamiltonfunktion (4.1.1) wie (3.3.5,1) oder (3.3.5,3) und erhalten die

Hamiltonfunktion für Stark- und Zeeman-Effekt (4.2.1)

$$H_E = \frac{p^2}{2m} + \frac{\alpha}{|x|} + eEx_3 =: H_0 + \lambda H',$$

$$H_0 = \frac{p^2}{2m} + \frac{\alpha}{|x|}, \quad H' = x_3, \quad \lambda = eE,$$

$$H_B = \frac{1}{2m}\left(\left(p_1 + \frac{eB}{2}x_2\right)^2 + \left(p_2 - \frac{eB}{2}x_1\right)^2 + p_3^2\right) + \frac{\alpha}{|x|} =: H_0 + \lambda H',$$

$$H_0 = \frac{p^2}{2m} + \frac{\alpha}{|x|} - \frac{eB}{2m}\hat{L}_3, \quad H' = x_1^2 + x_2^2, \quad \lambda = \frac{e^2 B^2}{8m},$$

$$\hat{L} = x \wedge p = \text{kanonischer Drehimpuls (vgl. 3.3.20,4)}.$$

Da H' nicht H_0-beschränkt ist, erhebt sich die Frage nach der Selbstadjungiertheit
der Hamiltonfunktionen. Man wird hier keine Schwierigkeiten erwarten, da nach
Entschärfung der Singularität bei $r = 0$ die klassische Zeitentwicklung friedlich
vor sich geht und das Elektron in endlicher Zeit keine Grenze erreicht. Grob könn-
te man so argumentieren: Gibt es $c \in \mathbf{R}^+$, so daß $\frac{d}{dt}(\vec{p}^2 + \vec{x}^2) \leq c(\vec{p}^2 + \vec{x}^2)$, ist
$\vec{p}^2(t) + \vec{x}^2(t) \leq e^{ct}(\vec{p}^2(0) + \vec{x}^2(0))$, und weder Impuls noch Koordinate eines Teilchens
können in endlicher Zeit beliebig groß werden. Die Bedingung $|\dot{N}| \leq cN$ ist äquiva-
lent zu $\pm\dot{N} + cN \geq 0$ und dieser Gedanke wird präzisiert durch ein Lemma über

Selbstadjungiertheit auf dem Bereich zeitlich exponentiell beschränkter
Operatoren (4.2.2)

Sei H hermitisch, $N \geq 1$ selbstadjungiert mit $\mathrm{D}(N) \subset \mathrm{D}(H)$, und es existiere
$c \in \mathbf{R}^+ : \langle \psi | (\pm i[H, N] + cN)|\psi\rangle > 0 \;\; \forall \psi \in \mathrm{D}(N)$. Dann ist H auf $\mathrm{D}(N)$ wesentlich selbstadjungiert.

Beweis

Gemäß (2.5.10,1) zeigen wir, daß $\forall \gamma \in \mathbf{R}^+ : \langle \varphi \,|\, (H \pm i\gamma)\psi \rangle = 0 \;\; \forall \psi \in D(N) \Rightarrow \varphi = 0$. Insbesondere hätten wir $0 = 2\,\mathrm{Im}\,\langle \varphi \,|\, (H \pm i\gamma)N^{-1}\varphi \rangle = \pm 2\gamma\langle \varphi \,|\, N^{-1}\varphi \rangle - \langle N^{-1}\varphi \,|\, i[H,N]N^{-1}\varphi \rangle$, was für $\gamma > c/2$ mit der Annahme des Lemmas nur für $\varphi = 0$ verträglich ist. Dann gilt die Implikation $\forall \gamma \in \mathbf{R}^+$. $\qquad\square$

Anwendung (4.2.3)

Setzen wir jeweils $N_{E,B} = H_{E,B} + \omega^2 \vec{x}^{\,2}$, $\omega \in \mathbf{R}$ und genügend groß, so sind diese Operatoren auf $D(\vec{p}^{\,2} + \vec{x}^{\,2})$ selbstadjungiert, denn die anderen Terme in $H_{E,B}$ sind dazu relativ beschränkt. Es gilt

$$\pm i\,[H_{E,B}, N_{E,B}] = \pm i\left[\frac{\vec{p}^{\,2}}{2m}, \vec{x}^{\,2}\right] = \mp\frac{1}{m}(\vec{p}\vec{x} + \vec{x}\vec{p}) < c\,N_{E,B}.$$

Wir kommen somit zu dem Schluß, daß H_E und H_B auf $D(\vec{p}^{\,2} + \vec{x}^{\,2})$ wesentlich selbstadjungiert sind.

(4.2.1) definiert also die Zeitentwicklung eindeutig. Sie ist aber für $\lambda = 0$ und $\lambda < 0$ so verschieden, daß der in § 3.5 entwickelten Störungstheorie die Grundlage entzogen wird. Es ist vielmehr so, daß für große Abstände α/r gegenüber den äußeren Feldern unwesentlich wird und letztere das Geschehen bestimmen. Daher ist für H_E der freie Fall (3.3.5,1) und für H_B mit $\lambda < 0$ eine abstoßende harmonische Kraft eine geeignetere Vergleichsbasis.

Existenz der Mølleroperatoren (4.2.4)

Seien $H_E(\alpha)$ und $H_B(\alpha)$ die Ausdrücke (4.2.1); dann existieren

$$\Omega_\pm = \underset{t \to \pm\infty}{\text{s-lim}}\; e^{iH_{E,B}(\alpha)t}\, e^{-iH_{E,B}(0)t}$$

für H_E, falls $\lambda \neq 0$, und H_B, falls $\lambda < 0$.

Bemerkungen (4.2.5)

1. Wie in § 4.1 diskutiert, gibt es die Mølleroperatoren für $\lambda = 0$ nicht. Daß äußere Felder den Zeitlimes begünstigen, rührt daher, daß $1/r$ zwar unter $x \to x + pt$ nicht zeitintegrabel gegen Null geht, unter $x \to x + pt + gt^2$ oder gar $x \to x \cosh t + p \sinh t$ aber schon.

2. Aus $\Omega^* H(\alpha)\,\Omega = H(0)$ folgt dann, daß $H(\alpha)$ am Bildraum von Ω dasselbe Spektrum wie $H(0)$ hat. Dies zeigt $\sigma_{\mathrm{a.c.}}(H_E) = \mathbf{R}$ für $\lambda \neq 0$ und $\sigma_{\mathrm{a.c.}}(H_B) = \mathbf{R}$ für $\lambda < 0$. Die Unbeschränktheit nach unten sieht man natürlich sofort durch weit draußen konzentrierte Testfunktionen, wo das Potential sehr negativ wird; sie zeigen die Unmöglichkeit der analytischen Störungstheorie aus § 3.5.

3. Die Vollständigkeit der $\Omega_\pm$ würde $\sigma_{\mathrm{p}} = \sigma_{\mathrm{sing}} = \emptyset$ zeigen. Obgleich letzteres zutrifft, müssen wir für den Beweis dafür auf [12] verweisen.

Beweis

Wir gehen wie in (3.4.11) von der Zeitableitung von $\Omega(t)$ aus, begnügen uns aber mit der rohen Abschätzung

$$\int_{-\infty}^{\infty} dt \, \left\| e^{iHt} V \, e^{-iH_0 t} \psi \right\| = \int_{-\infty}^{\infty} dt \, \left\| V \, e^{-iH_0 t} \psi \right\| \leq$$

$$\leq \left(\int_{-\infty}^{\infty} \frac{dt}{1 + t^2} \right)^{1/2} \left(\int_{-\infty}^{\infty} dt \, (1 + t^2) \left\| V \, e^{-iH_0 t} \psi \right\|^2 \right)^{1/2}.$$

Da es sich um starke Konvergenz einer Folge beschränkter Operatoren handelt, können wir uns auf die totale Menge $\{\psi = \exp(-|\vec{x} - \vec{\bar{x}}|^2/2b^2), \, \vec{\bar{x}} \in \mathbf{R}^3, \, b \in \mathbf{R}^+\}$ beschränken. Nun bewirkt $H_E(0)$ (in Einheiten $2m = 1$, $Ee = 2g$) so wie

$$\exp(2itgx_3) \exp(-it^2 p_3 g) \exp(-itp^2)$$

die Zeitentwicklung

$$(x_1, x_2, x_3; p_1, p_2, p_3) \rightarrow (x_1 + p_1 t, x_2 + p_2 t, x_3 + p_3 t; p_1, p_2, p_3 + 2gt);$$

sie unterscheiden sich somit nur um ein Vielfaches von **1**. Nach (3.3.21,2) ist

$$\left(e^{-itp^2} \psi \right)(x) = \left[\exp \frac{-(\vec{x} - \vec{\bar{x}})^2}{2(b^2 + t^2 b^{-2})} \right] (1 + t^2 b^{-4})^{-3/4};$$

$\exp(-it^2 p_3 g)$ verschiebt x_3 um gt^2, und $\exp(2igtx_3)$ kommutiert mit V und fällt daher heraus. Wir haben also

$$\int_0^{\infty} dt \, (1 + t^2)(1 + t^2 b^{-4})^{-3/2} \int \frac{d^3 x}{r^2} \exp \frac{-(\vec{x} - \vec{\bar{x}}(t))^2}{(b^2 + t^2 b^{-2})} < \infty,$$

$$(\bar{x}_1(t), \bar{x}_2(t), \bar{x}_3(t)) = (\bar{x}_1, \bar{x}_2, \bar{x}_3 + gt^2),$$

zu zeigen, was durch einfache Variablensubstitution ersichtlich ist (Aufgabe 1). Für H_B verläuft der Beweis analog; wir müssen jetzt nur in (3.3.21,2) die harmonische Bewegung mit imaginärer Frequenz nehmen. Dadurch wird $\bar{x}(t) = \bar{x} \cosh \nu t$ und die Konvergenz noch offensichtlicher. $\qquad\square$

Aus den bisherigen Ergebnissen wissen wir zunächst, daß die Resolvente

$$(H_0 + \lambda H' - z)^{-1}, \quad z \in \mathbf{C} \setminus \mathbf{R},$$

bei $\lambda = 0$ in λ nicht analytisch ist, wenn wir H wie in (4.2.1) in H_0 und H' aufteilen. Die Störungstheorie nach den äußeren Feldern wird also nicht konvergieren, und es erhebt sich die Frage, ob die störungstheoretischen Formeln einen Sinn behalten oder nur Unsinn darstellen. Wenn auch Analytizität fehlt, so haben wir immerhin

Starke Stetigkeit in λ (4.2.6)

$\lambda \rightarrow (H_0 + \lambda H' - z)^{-1}$ ist für $z \in \mathbf{C} \setminus \mathbf{R}$, H_0 und H' aus (4.2.1) eine stetige Abbildung in $\mathcal{B}(\mathcal{H})$, wenn dieser Raum mit der starken Topologie versehen wird.

Beweis

Die Resolventengleichung

$$(H_0 - z)^{-1} - (H_0 - \lambda H' - z)^{-1} = \lambda(H_0 + \lambda H' - z)^{-1} H'(H_0 - z)^{-1}$$

gilt offensichtlich auf $(H_0 - z)\mathrm{D}(\vec{p}^2 + \vec{x}^2)$, denn $\mathrm{D}(\vec{p}^2 + \vec{x}^2) \subset \mathrm{D}(H')$. Nun ist H_0 auf $\mathrm{D}(\vec{p}^2 + \vec{x}^2)$ wesentlich selbstadjungiert und das bedeutet, daß $(H_0 - z)\,\mathrm{D}(\vec{p}^2 + \vec{x}^2)$ dicht liegt, denn der Abschluß dieses Raumes ist $(H_0 - z)\,\mathrm{D}(H_0)$, das nach (2.5.5) ganz $\mathcal{H}$ ist. Da die Resolventen durch $|\mathrm{Im}\,z|^{-1}$ in der Norm und gleichmäßig in λ beschränkt sind, können wir von der starken Stetigkeit auf einer dichten Menge auf (4.2.6) schließen. $\qquad\square$

(4.2.6) besagt, daß für $\lambda \to 0$ alle beschränkten stetigen Funktionen von $H_0 + \lambda H'$ gegen die von H_0 stark konvergieren. Ja wir bekommen auf demselben abstrakten Niveau sogar folgende

Stetigkeitseigenschaften des Spektrums (4.2.7)

(i) $\forall z \in \mathrm{Sp}(H_0)$ existiert $z(\lambda) \in \mathrm{Sp}(H_0 + \lambda H')$, so daß $\lim_{\lambda \to 0} z(\lambda) = z$.

(ii) $\forall a, b \in \mathbf{R}$, $a < b$, $a, b \notin \sigma_\mathrm{p}(H_0)$, konvergieren die Projektionsoperatoren $P_{(a,b)}(H_0 + \lambda H')$ stark gegen $P_{(a,b)}(H_0)$.

Bemerkungen (4.2.8)

1. (i) besagt, daß sich das Spektrum des Grenzoperators nicht plötzlich ausdehnen kann. In (3.5.11,1) haben wir gesehen, daß es sich von $\mathbf{R}$ auf $\{0\}$ zusammenziehen kann. Um dies auszuschließen, benötigt man Normstetigkeit der Resolvente in λ, wie sie etwa bei analytischen Störungen gegeben ist.

2. Enthält (a, b) nur einen Eigenwert von H_0, so besagt (ii), daß $P_{(a,b)}(H_0 + \lambda H')$ gegen den Projektor auf den entsprechenden Eigenraum konvergiert.

3. Die Forderung $a \notin \sigma_\mathrm{p}(H_0)$ ist nötig: Sei wie in (3.5.11,1) $H_0 = \mathbf{0}$, $H' = x$, in $L^2((-\infty, \infty), dx)$ und $\chi_{(0,1)}$ die charakteristische Funktion von $(0, 1)$: dann gilt $\chi_{(0,1)}(\lambda x) = P_{(0,1)}(H_0 + \lambda H') \to P_{(0,\infty)}(x)$, aber $\chi_{(0,1)}(0) = 0$.

Beweis

(i) Wir zeigen die äquivalente Aussage $(a, b) \cap \mathrm{Sp}(H_0 + \lambda H') =$ leer für genügend kleine $\lambda \Rightarrow (a, b) \cap \mathrm{Sp}(H_0) =$ leer. Letzteres ist (laut Spektraldarstellung) mit $\left\| \left(H_0 - \frac{a+b}{2} + i\frac{b-a}{2}\right)^{-1} \right\| \leq \sqrt{2}/(b - a)$ gleichbedeutend. Voraussetzungsgemäß haben wir $\left\| \left(H_0 + \lambda H' - \frac{a+b}{2} + i\frac{b-a}{2}\right)^{-1} \right\| \leq \sqrt{2}/(b - a)$ für genügend kleine λ. Nun ist die Operatornorm stark unterhalbstetig ($\| \cdot \| = \sup_{\|\psi\|=1} \| \cdot \psi\|$), also $R_\lambda \to R \Rightarrow \|R\| \leq \liminf \|R_\lambda\|$, woraus die Aussage folgt.

(ii) Um die Konvergenz von stetigen Funktionen auf die von charakteristischen Funktionen auszudehnen, bemerken wir: Es gibt stetige Funktionen $f_n, g_n, 0 \leq f_n \leq \chi_{(a,b)}$ und $g_n \geq \chi_{[a,b]}$, so daß punktweise $f_n \uparrow \chi_{(a,b)}$ und $g_n \downarrow \chi_{[a,b]}$. Daher $f_n(H_0) \to \chi_{(a,b)}(H_0)$, $g_n(H_0) \to \chi_{[a,b]}(H_0)$ (Aufgabe 2). Wegen $a, b \notin \sigma_{\mathrm{p}}(H_0)$ ist $P_{(a,b)}(H_0) = P_{[a,b]}(H_0)$, also $\chi_{(a,b)}(H_0) = \chi_{[a,b]}(H_0)$. Das heißt $\forall \psi, \epsilon$ gibt es stetige Funktionen $f \leq \chi_{(a,b)} \leq \chi_{[a,b]} \leq g$, so daß $\|(f(H_0) - g(H_0))\psi\| \leq \epsilon$. Damit wird

$$\left\|\left(P_{(a,b)}(H_0 + \lambda H') - P_{(a,b)}(H_0)\right)\psi\right\| \leq \left\|\left(P_{(a,b)}(H_0 + \lambda H') - f(H_0 + \lambda H')\right)\psi\right\| +$$

$$+ \|(f(H_0 + \lambda H') - f(H_0))\psi\| + \left\|\left(P_{(a,b)}(H_0) - f(H_0)\right)\psi\right\| \leq$$

$$\leq \|(g(H_0 + \lambda H') - f(H_0 + \lambda H'))\psi\| + \|(f(H_0 + \lambda H') - f(H_0))\psi\| +$$

$$+ \|(g(H_0) - f(H_0))\psi\| \leq \|(g(H_0 + \lambda H') - g(H_0))\psi\| +$$

$$+ 2\|(f(H_0 + \lambda H') - f(H_0))\psi\| + 2\|(g(H_0) - f(H_0))\psi\| =$$

$$= \text{beliebig klein.} \qquad \qquad \square$$

In dem von uns betrachteten Fall hat zwar H_0 ein Punktspektrum, aber (4.2.7) garantiert nicht, daß dieses für $\lambda \neq 0$ erhalten bleibt. Das Punktspektrum kann aber nicht spurlos verschwinden, sondern es bleibt eine

Konzentration des Spektrums (4.2.9)

Sei E_0 ein isolierter Eigenwert von H_0 mit endlicher Multiplizität, P_0 der entsprechende Projektor. $P_0 H' P_0$ existiere und habe Eigenwerte E_j' mit Projektoren P_j, $\sum_j P_j = P_0$. Dann gilt $\forall \epsilon > 0$ und η, $1 < \eta < 2$

$$\operatorname*{s\text{-}lim}_{\lambda \to 0} \ P_{(E_0 + \lambda E_j' - \epsilon \lambda^\eta, E_0 + \lambda E_j' + \epsilon \lambda^\eta)}(H_0 + \lambda H') = P_j.$$

Bemerkungen (4.2.10)

1. In den von uns betrachteten Fällen (4.2.1) sind die Eigenvektoren von H_0 wegen ihres exponentiellen Abfalls in $D(H')$, so daß die Endlichkeit von $P_0 H' P_0$ unproblematisch ist.

2. (4.2.9) sagt, daß sich das Spektrum bis zur Ordnung λ^η, $\eta < 2$, auf die von der Störungstheorie erster Ordnung vorausgesagten Energiewerte zusammenzieht. Die Aussage läßt sich auch auf höhere Ordnungen verallgemeinern.

Beweis

Sei ψ_j einer der Vektoren, die den Raum von P_j aufspannen, also $H_0 \psi_j = E_0 \psi_j$, $P_0 H' \psi_j = P_0 E_j' \psi_j$. Dann läßt sich nicht leugnen, daß das nach der Störungstheorie (3.5.18) konstruierte ψ bis $O(\lambda^2)$ Eigenvektor von $H_0 + \lambda H'$ ist (vgl. 3.5.19,3):

$$\left\|\left(H_0 + \lambda H' - \lambda E_j'\right)\left(\psi_j - \lambda(H_0 - E_0)^{-1}(H' - E_j')\psi_j\right)\right\|^2 =$$

$$= \lambda^4 \left\|(H' - E_j')(H_0 - E_0)^{-1}(H' - E_j')\psi_j\right\|^2.$$

(Man erinnere sich, daß $\lambda E_j'$ in 3.5 bereits in H_0 einverleibt war.) Ist nun μ_j das dem Vektor $(\mathbf{1}-\lambda(H_0-E_0)^{-1}(H'-E_j'))\psi_j =: \psi_j(\lambda)$ entsprechende Wahrscheinlichkeitsmaß von $H_0 + \lambda H'$ und

$$I_j(\lambda) = (E_0 + \lambda E_j' - \epsilon\lambda^\eta, E_0 + \lambda E_j' + \epsilon\lambda^\eta),$$

haben wir die Abschätzung

$$\lambda^4 \left\| (H' - E_j')(H_0 - E_0)^{-1}(H' - E_j')\psi \right\|^2 = \int_{-\infty}^\infty d\mu_j(h)\,(h - E_0 - \lambda E_j')^2 \geq$$

$$\geq \epsilon^2\,\lambda^{2\eta} \int_{h\notin I_j(\lambda)} d\mu_j(h) = \epsilon^2\,\lambda^{2\eta} \left\| \left(\mathbf{1} - P_{I_j(\lambda)}(H_0 + \lambda H')\right)\psi_j(\lambda) \right\|^2.$$

Wegen $\psi_j(\lambda) \to \psi_j$, $\eta < 2$ gilt also $\left(\mathbf{1} - P_{I_j(\lambda)}(H_0 + \lambda H')\right)\psi_j \to 0$. Da die ψ_j den Raum von P_j aufspannen, bedeutet dies die Normkonvergenz $P_{I_j(\lambda)}(H_0 + \lambda H')P_j \Rightarrow P_j$.

Das heißt, daß der starke Limes von $P_{I_j(\lambda)}(H_0 + \lambda H')$, falls er existiert, größer gleich P_j ist. Er kann aber auch nicht kleiner sein: Sobald für kleine λ jedes $I_j(\lambda)$ nur mehr einen Eigenwert $E_0 + \lambda E_j'$ von $H_0 + \lambda P_0 H' P_0$ enthält, die verschiedenen $I_j(\lambda)$ disjunkt sind, und $\cup_j I_j(\lambda) \subset (a, b)$ mit $P_{(a,b)}(H_0) = P_0$, gilt

$$\sum_j P_{I_j} = P_{\cup_j I_j} \leq P_{(a,b)},$$

und nach (4.2.7)

$$\text{s-lim}\sum_j P_{I_j}(H_0 + \lambda H') \leq \text{s-lim}\, P_{(a,b)}(H_0 + \lambda H') = P_0 = \sum_j P_j. \qquad \Box$$

Zunächst scheint (4.2.9) ohne physikalische Bedeutung zu sein: Etwa in dem trivialen Beispiel (4.2.8,3) geht zwar die Störungstheorie nicht, da 0 ein unendlich entarteter Eigenwert von H_0 ist, aber mit $E_0 = E_j = 0$, $\eta < 1$, gilt (4.2.9) noch immer, aber nichts zeichnet den Spektralpunkt 0 des Operators λx aus. Was die Situation von (4.2.9) für experimentelle Konsequenzen hat, lehrt aber die

Zeit-Energie Unschärferelation (4.2.11)

$|\langle \psi \,|\, e^{-iHt}\psi \rangle|^2$ ist die Wahrscheinlichkeit, zur Zeit t den Anfangszustand ψ wieder zu finden, so daß man $\tau(\psi) := \frac{1}{2}\int_{-\infty}^\infty dt\,|\langle \psi \,|\, e^{-iHt}\psi \rangle|^2$ als **Lebensdauer** von ψ ansprechen wird. Wenn $\langle \psi \,|\, P_{(E_0-\epsilon, E_0+\epsilon)}(H) \,|\, \psi \rangle \geq 1 - \delta$, so ist $\tau(\psi) \geq (1-\delta)^2/(8\pi\epsilon)$.

Beweis

Wie im Beweis von (3.4.11) folgt aus der Parsevalschen Gleichung $\tau(\psi) = \frac{1}{4\pi}\int d\omega\,|\langle \psi \,|\, \delta(H - \omega)\psi \rangle|^2$, und mit Cauchy-Schwarz ist

$$(1-\delta)^2 \leq \left(\int_{E_0-\epsilon}^{E_0+\epsilon} d\omega\,\langle \psi \,|\, \delta(H - \omega)\psi \rangle\right)^2 \leq$$

$$\leq \int_{E_0-\epsilon}^{E_0+\epsilon} d\omega' \int_{E_0-\epsilon}^{E_0+\epsilon} d\omega\,\langle \psi \,|\, \delta(H - \omega)\psi \rangle^2 = 8\pi\epsilon\tau(\psi). \qquad \Box$$

Durch eine nur stark stetige Störung kann zwar ein Eigenwert E_0 im plötzlich entstehenden Kontinuum verschwinden, aber auf jeden Fall hat ψ_0 für kleine λ eine große Lebensdauer:

Lebensdauer von im Kontinuum verschwundenen Eigenzuständen (4.2.12)

Unter den Voraussetzungen von (4.2.9) gibt es $\forall \epsilon > 0$ ein $\lambda_0 > 0$, so daß $\tau(\psi_j) > 1/(8\pi\epsilon\lambda^\eta)\ \forall \lambda,\ 0 < \lambda < \lambda_0$.

Beweis

Sei $\psi_I = P_{I(\lambda)}\psi_j$. Aus der starken Konvergenz von $H(\lambda)$ folgt die Existenz von λ_0, so daß $\|\psi_I - \psi_j\| = \|(P_{I(\lambda)} - P_j)\psi_j\| < \epsilon/2\ \forall \lambda,\ 0 < \lambda < \lambda_0$. Also ist

$$\|\psi_I\|^2 = \int_{E_0-\epsilon\lambda^\eta}^{E_0+\epsilon\lambda^\eta} d\omega\,\langle\,\psi_j\,|\,\delta(H-\omega)\psi_j\,\rangle \geq 1 - \epsilon.$$

Dann folgt die Aussage aus (4.2.11). $\qquad\qquad\qquad\qquad\qquad\qquad\square$

Nach Klärung dieses mathematischen Sachverhalts kehren wir zum physikalischen Problem zurück und betrachten $H_B = H_0 + \lambda H'$. Hier ist die Situation halb so schlimm, da im physikalischen Gebiet $\lambda \geq 0$ ein Punktspektrum erhalten bleibt. Dies folgt sofort aus dem Mini-Max-Prinzip, da der in B lineare Term, der in (4.2.1) in H_0 einbezogen wurde, mit $\hat{L}_3$ (siehe 3.3.20,4) diagonal wird und $\frac{e^2B^2}{8m}(x_1^2 + x_2^2)$ eine positive Störung ist. Die Zahl der Eigenwerte von H_B unter einer bestimmten Energie ist daher höchstens gleich derjenigen der Eigenwerte $E^{(0)}_{n,\ell,\ell_3} := -\frac{m\alpha^2}{2n^2} - \frac{eB}{2m}\ell_3$ von H_0, und wir bekomen sofort die

Schranken für Eigenwerte von H_B (4.2.13)

Die tiefsten Eigenwerte E_{ℓ_3} von H_B mit $\ell_3 = $ Eigenwert von $\hat{L}_3$ genügen

$$E^{(0)}_{\ell_3+1,\ell_3,\ell_3} \leq E_{\ell_3} \leq E^{(0)}_{\ell_3+1,\ell_3,\ell_3} + \frac{e^2B^2}{8m}\langle\,\ell_3+1,\ell_3,\ell_3\,|\,x_1^2 + x_2^2\,|\,\ell_3+1,\ell_3,\ell_3\,\rangle,$$

$$H_0\,|\,n,\ell,\ell_3\,\rangle = E^{(0)}_{n,\ell,\ell_3}\,|\,n,\ell,\ell_3\,\rangle.$$

Bemerkungen (4.2.14)

1. Die Divergenz der Störungstheorie mindert somit nicht den Wert der linearen Formel für kleine B. Es kann sogar gezeigt werden, daß die Störungsreihe Borel-summierbar ist [3].

2. α/r ist relativ zum Rest von H_B kompakt (Aufgabe 6), so daß das wesentliche Spektrum von H_B wie das von (3.3.5,3) erst bei $eB/2m > 0$ anfängt.

3. (4.2.11) gilt zunächst nur für Teilchen ohne Spin. Letzterer gibt zu H_B einen Zusatz $B\mu S_3$, wobei etwa für ein Elektron das Spin-Moment μ gleich $2\,[1.0011596] \cdot e/2m$ ist. Dieser Term läßt sich mit H_0 gleichzeitig diagonalisieren. Solange man die relativistische Spin-Bahn-Kopplung nicht einbezieht, gibt er einfach einen additiven Beitrag.

Wir kommen schließlich dazu, den Stark-Effekt mehr im Detail zu besprechen. Da wir für $E \neq 0$ $\sigma_{\mathrm{a.c.}}(H_E) = \mathbf{R}$, $\sigma_{\mathrm{p}}(H_E) = \sigma_{\mathrm{s}}(H_E) = \emptyset$ gesehen haben, wird man sich zunächst fragen, wieso so viele Physiker erfolgreiche Karrieren durch Messung und Berechnung der Eigenwerte von H_E gemacht haben. Dies rührt her von folgenden

Leckerbissen beim Stark-Effekt für mathematische Feinschmecker (4.2.15)

(i) Für $E \neq 0$ hat $(H_E - z)^{-1}$ einen Schnitt längs $\mathbf{R}$, und die Pole für $E = 0$ wandern beim Einschalten von E ins zweite Blatt.

(ii) Der Imaginärteil der Position des Pols für den Grundzustand geht bei $E \to 0$ wie $e^{-\alpha^3/6eE}$, und macht sich durch lange Lebensdauer (4.2.12) und daher lange Verzögerungszeit (3.6.17) bemerkbar.

(iii) Die Störungstheorie gibt eine asymptotische Entwicklung der Position der Pole, wobei alle Koeffizienten Integrale von reellen Funktionen und somit reell sind. Sie erfaßt nicht ihre Imaginärteile, da diese stärker als jede Potenz gegen Null gehen.

(iv) Durch jede denkbare Summation der Störungstheorie erhält man zunächst etwas Reelles, also nicht die exakte Lage der Pole. Beginnt man jedoch mit einem komplexen elektrischen Feld E, liefert die Borel-Summe, wenn man nachher Im E gegen Null gehen läßt, gerade die komplexen Pole.

Für den Nachweis dieser mathematischen Fakten verweisen wir auf [13]. Die Physik hinter den komplexen Polen ist der quantenmechanische Tunneleffekt, durch den das Elektron zu großen $-x_3$ entweichen kann. Für nicht zu starke Felder dauert dies so lange, daß man es bei irdischen Versuchen vernachlässigen kann.

Wir wollen nun die Energien ermitteln, an denen sich das Spektrum asymptotisch konzentriert. Hier geben wir keine exakten Schranken für die (nicht existenten) Eigenwerte an.

Störungstheorie erster Ordnung (4.2.16)

Als erster Schritt ist H' in den Entartungsräumen von H_0 zu diagonalisieren. Wegen der Erhaltung von $\hat{L}_3$ und (3.2.14) haben wir $\langle n, \ell, \ell_3 \, | \, x_3 \, | \, n', \ell', \ell_3' \rangle = \delta_{\ell_3,\ell_3'} \, \delta_{\ell,\ell'+1} \langle n, \ell, \ell_3 \, | \, x_3 \, | \, n', \ell \mp 1, \ell_3 \rangle$, so daß dies in einer Matrixdarstellung für die einfachsten Fälle folgendermaßen aussieht:

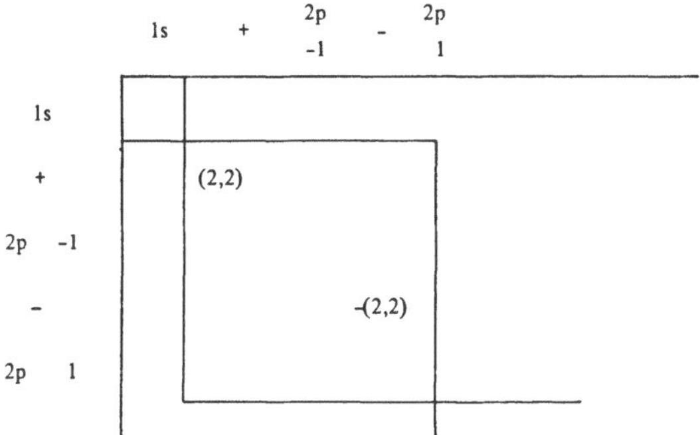

und durch die Kombinationen $|\pm\rangle = \frac{1}{\sqrt{2}}(|2,0,0,\rangle \pm |2,1,0\rangle)$ diagonalisiert wird:

In erster Ordnung in E sind also die E_{n,ℓ,ℓ_3} für $n=1$ unverändert und für $n=2$, $\ell_3 = 0$ um $\pm eE\langle 2,0,0\,|\,x_3\,|\,2,1,0\rangle$ verschoben (Aufgabe 5).

Bemerkungen (4.2.17)

1. Daß die Energie wie beim Zeeman-Effekt in erster Näherung gerade um Feldstärke × Diplomoment korrigiert wird, entspricht der naiven Erwartung.

2. Das Resultat widerspricht dem allgemeinen Theorem: Der Erwartungswert des Dipolmoments in Eigenzuständen eines mit der Parität P vertauschbaren Operators H verschwindet. Beweis: $H\,|\,\rangle = E\,|\,\rangle \Rightarrow P\,|\,\rangle = \pm|\,\rangle$, $\langle\,|\,x_3\,|\,\rangle = -\langle\,|\,Px_3P\,|\,\rangle = -\langle\,|\,x_3\,|\,\rangle$. Diese Formulierung des Satzes ist aber unvollständig: Man muß noch ausschließen, daß Zustände verschiedener Parität zum selben Eigenwert E gehören, was beim Stark-Effekt jedoch zutrifft.

3. Da durch relativistische Effekte die Entartung von s- und p-Zuständen aufgehoben wird, ist der Satz dann anwendbar, und es gibt streng genommen keinen linearen Stark-Effekt.

4. Da die exaktere Formel für die Aufspaltung der Energien von der Form

$$\frac{\epsilon_{2s} + \epsilon_{2p}}{2} \pm \sqrt{\left(\frac{\epsilon_{2s} - \epsilon_{2p}}{2}\right)^2 + (eE\langle z\rangle)^2}$$

(ϵ = Eigenwerte für $E = 0$) ist, und $\epsilon_{2s} - \epsilon_{2p}$ sehr klein ist, wird schließlich die Aufspaltung doch alsbald in E linear.

5. Daß relativistisch kein Dipolmoment auftritt, nichtrelativistisch schon, kann man so verstehen, daß eine klassische Keplerellipse eines hat: Der positive Kern sitzt in einem Fokus und das Elektron hält sich länger auf der anderen Seite auf. Relativistisch beginnt die Ellipse zu rotieren, so daß sich dann im Zeitmittel das Dipolmoment heraushebt.

Aufgaben (4.2.18)

1. Zeige $\int_0^\infty dt\,(1 + t^2)(1 + t^2 b^{-4})^{-3/2} \int \frac{d^3x}{r^2} \exp \frac{-(x - \bar{x}(t))^2}{b^2 + t^2 b^{-2}} < \infty$, $\bar{x}(t) = (\bar{x}_1, \bar{x}_2, \bar{x}_3 + gt^2)$.

2. Zeige: $f_n(x) \downarrow f(x) \geq 0 \to f$ stark als Multiplikationsoperator.

3. Berechne $\langle n, \ell, \ell_3 \,|\, x_1^2 + x_2^2 \,|\, n, \ell, \ell_3\rangle$ für $n = 1$ und 2.

4. Konstruiere Projektoren P_n, welche stark gegen P konvergieren, wobei dim $P_n = \infty$, dim $P < \infty$.

5. Berechne $\langle 2, 0, 0 \,|\, x_3 \,|\, 2, 1, 0\rangle$.

6. Sei $a|_M$ die Einschränkung eines Operators auf den Teil des Hilbertraumes, in welchem $|\hat{L}_3| \leq M$. Zeige, daß $H_B|_M(\alpha)$ relativ zu $H_B|_M(\alpha = 0)$ kompakt ist.

Lösungen (4.2.19)

1. Zunächst kann man $r^{-2} = \int_0^\infty ds\, e^{-sr^2}$ schreiben; die dann vorhandenen Gauß-Integrationen über x_1, x_2 und x_3 können durch Ergänzung des jeweiligen Exponenten zu einem vollständigen Quadrat leicht ausgerechnet werden. Um den Rechengang anzuzeigen, wählen wir der Einfachheit halber $b = 1$ (die Rechnung verläuft für $b \neq 1$ entsprechend); dann wird

$$\int_0^\infty \frac{dt}{\sqrt{1 + t^2}} \int_0^\infty ds \int_{\mathbf{R}^3} d^3x \, \exp\left(-sr^2 - \frac{x_1^2 + x_2^2 + (x_3 + gt^2)^2}{1 + t^2}\right) =$$

$$= \text{const} \int_0^\infty \frac{dt}{\sqrt{1 + t^2}} \int_0^\infty \frac{ds}{(s + (1 + t^2)^{-1})^{3/2}} \exp\left(-\frac{g^2 t^4}{1 + t^2}\left(1 - \frac{1}{1 + s(1 + t^2)}\right)\right),$$

wobei im letzten Schritt der Exponent zu einem vollständigen Quadrat ergänzt wurde. Die verbleibenden beiden Integrationen können leicht abgeschätzt werden, wenn man den Integrationsbereich zerlegt: $0 \leq s, t \leq 1$; $1 \leq s, t < \infty$; und Rest.

2. $\int d\mu(x)\,|\psi(x)|^2 (f_n(x) - f(x))^2 \to 0$ wegen des Satzes von Lebesgue über die dominierte Konvergenz.

3. In Einheiten $m\alpha = 1$ ist

$$|1,0,0\rangle = \frac{1}{\sqrt{\pi}}\, e^{-r}, \qquad\qquad |2,0,0\rangle = \frac{1}{\sqrt{8\pi}}\left(1 - \frac{r}{2}\right) e^{-r/2},$$

$$|2,1,\pm 1\rangle = \frac{1}{8\sqrt{\pi}}\, r\, e^{-r/2}\sin\vartheta\, e^{\pm i\varphi}, \qquad\qquad |2,1,0\rangle = \frac{1}{4\sqrt{2\pi}}\, r\, e^{-r/2}\cos\vartheta,$$

(vgl. 4.1.27,5) und die entsprechenden Erwartungswerte sind 2, 28, 24, und 12.

4. Sei P_n in $\mathcal{B}(\ell^2)$ diagonal mit Elementen $(\underbrace{0,0,\dots,0}_{n},1,1,\dots)$: $\operatorname{Tr} P_n = \infty$, $P_n \to 0$.

5. $\langle 2,0,0\,|\,x_3\,|\,2,1,0\rangle = -1/2$.

6. Wir zeigen, daß auf diesem Unterraum die Graphennorm von H_B für $\alpha = 0$, $B > 0$ eine feinere Topologie als für $\alpha = 0$, $B = 0$ gibt. Der Rest geht wie die relative Kompaktheit für $B = 0$. Zunächst ist $(2m = 1)$
$$a\left\|(p^2 + \lambda(x_1^2 + x_2^2) - w\hat{L}_3)\psi\right\| + b\,\|\psi\| \geq a\left\|(p^2 + \lambda(x_1^2 + x_2^2))\psi\right\| + (b - M)\|\psi\|,$$
und unter Verwendung der Vertauschungsrelationen wird
$$\langle\psi\,|(|\vec{p}\,|^2 + \lambda(x_1^2 + x_2^2))^2\psi\rangle = \langle\psi\,|\,|\vec{p}\,|^4 + 2\lambda(|\vec{p}\,|(x_1^2 + x_2^2)|\vec{p}\,| - 2) + \lambda^2(x_1^2 + x_2^2)^2\,|\,\psi\rangle$$
$$\geq \langle\psi\,|\,|\vec{p}\,|^4\psi\rangle - 4\lambda\|\psi\|^2, \text{ daher}$$

$$a\left\|(|\vec{p}\,|^2 + \lambda(x_1^2 + x_2^2) - w\hat{L}_3)\psi\right\| + b\|\psi\| \geq a\||\vec{p}\,|^2\psi\| + (b - M - 2\lambda)\|\psi\|.$$

Da die Normen $a\|H_B\psi\| + b\|\psi\|$ $\forall a, b > 0$ äquivalent sind, folgt die Behauptung.

4.3 Heliumartige Atome

Obwohl die Schrödingergleichung heliumartiger Atome nicht exakt lösbar ist, lassen sich doch beliebig genaue Aussagen machen, so daß sie zu einem Prüfstein der Quantenmechanik werden.

Die Erklärung des Heliumspektrums war einer der Erfolge der neueren Quantentheorie, da hier die ältere (= klassische Mechanik + aufgepfropfte Quantenbedingungen) kaum brauchbare Information lieferte. Auch heute noch stellt dieser Problemkreis eines der Glanzstücke der mathematischen Physik dar. Obgleich sich die Schrödingergleichung dafür nicht durch übliche Funktionen lösen läßt, kann man nicht nur über das Spektrum des Hamiltonoperators stichhaltige Aussagen machen, sondern die Kunst der Ungleichungen ist soweit verfeinert, daß es für die Eigenwerte sehr genaue Schranken gibt.

Wenn man es mit zwei Elektronen zu tun hat, kommt das Ausschließungsprinzip zur Geltung. Da man jedoch noch den Spin-Freiheitsgrad zur Verfügung hat, spielt es hier nur eine untergeordnete Rolle. Zunächst kann man jede Bahn mit den beiden Elektronen besetzen, man muß nur ihre Spins antiparallel richten. Kräfte, welche nicht am Spin rütteln, bewirken keine Übergänge zwischen Zuständen mit parallelen und antiparallelen Spins, und der Spin kann absepariert werden.

Abgesehen von Helium wollen wir gleich die Ionen H^-, Li^+, Be^{++}, ... betrachten, sie werden sich durch Veränderung des Störungsparameters in der Hamiltonfunktion ergeben. Ferner hat die Elementarteilchenphysik das Problem durch die Möglichkeit bereichert, ein e^- durch ein μ^- zu ersetzen, also die Massen zu variieren. Beim Wasserstoffatom haben wir zunächst Schwerpunkts- und Relativkoordinaten eingeführt. In letzteren hat sich die Masse des Atomkerns nur in der reduzierten Masse ausgewirkt, sonst hatte das Problem die Form des Limes Kernmasse $\to \infty$. Da wir das Kapitel (4.6) dem Problem der Kernbewegung widmen, wollen wir hier gleich diesen Grenzfall betrachten. Allerdings wird dann noch zu bestimmen sein, wieweit die Resultate hier noch für Systeme wie $e^-\mu^+e^-$ gültig bleiben.

Wenn wir nun unsere übliche Checkliste durchgehen, wird alles so glatt verlaufen, daß wir uns bald an detailliertere, weniger triviale Fragen heranmachen können. Wir beginnen also mit der

Hamiltonfunktion eines Atoms mit zwei Elektronen (4.3.1)

$$H = \frac{1}{2m}(p_1^2 + p_2^2) - Ze^2\left(\frac{1}{|x_1|} + \frac{1}{|x_2|}\right) + e^2\frac{1}{|x_1 - x_2|}$$

gewinnt durch die Dilatation $p \to Zme^2p$, $x \to (Zme^2)^{-1}x$ und Abseparieren von Faktoren die Normalform

$$H(\alpha) = H(0) + \alpha H' := Z^{-2}e^{-4}m^{-1}H = \frac{1}{2}(p_1^2 + p_2^2) - \frac{1}{|x_1|} - \frac{1}{|x_2|} + \frac{\alpha}{|x_1 - x_2|},$$

$$\alpha = 1/Z.$$

Bemerkung (4.3.2)

Der Störparameter α läßt sich zwar in Wirklichkeit nicht kontinuierlich variieren, aber immerhin können wir ihn die Werte $(1, 1/2, 1/3, 1/4, \ldots)$ durchlaufen lassen, indem wir H^-, He, Li^+, Be^{++} ... betrachten.

Da die potentielle Energie relativ zur kinetischen ϵ-beschränkt ist (vgl. 3.4.2,2), haben wir den

Bereich der Selbstadjungiertheit (4.3.3)

$$\mathrm{D}(H) = \left(\mathrm{D}(p^2) \otimes \mathbf{C}^2\right) \wedge \left(\mathrm{D}(p^2) \otimes \mathbf{C}^2\right) \subset \left(L^2(\mathbf{R}^3) \otimes \mathbf{C}^2\right) \wedge \left(L^2(\mathbf{R}^3) \otimes \mathbf{C}^2\right).$$

Erläuterung (4.3.4)

Der Spin wirkt im zweidimensionalen Hilbertraum $\mathbf{C}^2$, so daß für ein Elektron mit dem Spin der Hilbertraum $L^2(\mathbf{R}^3) \otimes \mathbf{C}^2$ ist. Für zwei Elektronen ist nach (3.1.16) das antisymmetrische Tensorprodukt $\wedge$ (siehe I, 2.4.7) dieser Räume zu verwenden.

Als nächstes gilt es, $\sigma_{\mathrm{ess}}(H(\alpha))$ zu lokalisieren, was in diesem Fall besonders einfach ist, weil wir für $\alpha > 0$ eine positive Störung haben.

Beginn des wesentlichen Spektrums (4.3.5)

$$\sigma_{\mathrm{ess}}(H(\alpha)) = \sigma_{\mathrm{ess}}(H(0)) = \left[-\frac{1}{2}, \infty\right).$$

Beweis

Nach (2.3.18,5) brauchen wir $\forall E \in \left[-\frac{1}{2}, \infty\right)$ eine orthogonale Folge ψ_n mit $(H - E)\psi_n \to 0$ und $\|\psi_n\| \geq c > 0\ \forall n$. Sei φ_1 die Grundzustandswellenfunktion $|1, 0, 0\rangle$ aus (4.1.14), $R > 0$, und $\chi_n(r)$ eine Folge mit Träger in $(2^n R, 2^{n+1} R)$, so daß $\left(\frac{p^2}{2} - E - \frac{1}{2}\right)\chi_n \to 0$ (etwa $\chi_n(r) \sim e^{ikr}/r$, $k^2/2 = E + 1/2$, bei $(2^n R, 2^{n+1} R)$ abgeschnitten und ausgebügelt). Die Folge $\psi_n := \varphi_1(x_1)\chi_n(x_2)$ leistet das Gewünschte, da

$$\left\|\frac{1}{|x_1 - x_2|}\psi_n\right\| \sim (2^n R)^{-1}.$$

$\square$

Bemerkungen (4.3.6)

1. Physikalisch bedeutet das Kontinuum über $-1/2$, daß ein Elektron im Grundzustand verweilt, während das andere im Unendlichen spaziert.

2. Mathematisch gesprochen sehen wir, daß die potentielle Energie relativ zur kinetischen nicht kompakt sein kann (sie verschiebt σ_{ess}), obgleich sie relativ ϵ-beschränkt ist.

Im folgenden Abschnitt werden wir das Punktspektrum studieren. Zunächst ist klar, daß H halbbeschränkt ist, denn $H' \geq 0$, also $\sigma_{\mathrm{p}}(H) \subset [-1, \infty)$. Weiters wollen wir zeigen, daß es für $\alpha < 1$ unendlich viele isolierte Eigenwerte gibt. Dies ist physikalisch zu erwarten, da dann für das Elektron weit draußen das Kernpotential nicht völlig abgeschirmt ist und ein beliebig schwaches $1/r$-Potential unendlich viele gebundene Zustände hat. Dazu müssen wir wieder unendlich viele orthogonale Testfunktionen angeben, welche H als Diagonalmatrix mit Eigenwerten $< -1/2$, dem Beginn des wesentlichen Wasserstoffspektrums, darstellen. Zu diesem Zweck wird man ein Elektron in den Grundzustand φ_1 von $p_1^2/2 - 1/r$ setzen und das andere weit weg rücken:

$$\langle \varphi_1(x_1) \otimes \psi(x_2) \mid H \mid \varphi_1(x_1) \otimes \psi(x_2) \rangle = -\frac{1}{2} + \left\langle \psi(x_2) \left| \frac{p_2^2}{2} - \frac{1}{r_2} \right| \psi(x_2) \right\rangle +$$

$$+\alpha \left\langle \varphi_1(x_1) \otimes \psi(x_2) \left| \frac{1}{r_{12}} \right| \varphi_1(x_1) \otimes \psi(x_2) \right\rangle .$$

Das zweite Elektron spürt hier von der Abstoßung durch das erste ein effektives Potential, welches für große Abstände wie α/r gehen sollte, und welches sich tatsächlich zu (Aufgabe 5)

$$\left\langle \varphi_1(x_1) \left| \frac{\alpha}{r_{12}} \right| \varphi_1(x_1) \right\rangle = \frac{\alpha}{r_2} - \alpha\, e^{-2r_2} \left(1 + \frac{1}{r_2} \right) \tag{4.3.7}$$

berechnet. Damit wird

$$\langle H \rangle = -\frac{1}{2} + \left\langle \psi(x_2) \left| \frac{p_2^2}{2} - \frac{1-\alpha}{r_2} - \alpha \left(1 + \frac{1}{r_2} \right) e^{-2r_2} \right| \psi(x_2) \right\rangle .$$

Für Funktionen ψ_j mit disjunkten Trägern ist $\langle \varphi \otimes \psi_j \mid H \mid \varphi \otimes \psi_k \rangle = 0$ für $k \neq j$. Durch Dilatation und Verschiebung können wir wieder

$$\left\langle \psi_j \left| \frac{p^2}{2} - \frac{1-\alpha}{r} + \alpha \left(1 + \frac{1}{r} \right) e^{-2r} \right| \psi_j \right\rangle < 0$$

erreichen, so daß $\langle \varphi \otimes \psi_j \mid H \mid \varphi \otimes \psi_k \rangle = \epsilon_k \, \delta_{jk}$, $\epsilon_k < -1/2$, und wir schließen auf die

Unendlichkeit des Punktspektrums (4.3.8)

Für $\alpha < 1$ hat $H(\alpha)$ aus (4.3.1) unter dem Beginn seines wesentlichen Spektrums bei $-1/2$ unendlich viele Eigenwerte.

Bemerkung (4.3.9)

Wir haben das Ausschließungsprinzip nicht berücksichtigt, was aber hier noch keine Rolle spielt. Wenn wir die beiden Spinzustände $\uparrow$ und $\downarrow$ bezeichnen, so gibt der Zustand $(\uparrow \varphi_1(1) \otimes \downarrow \psi(2) - \downarrow \psi(1) \otimes \uparrow \varphi_1(2))/\sqrt{2}$ denselben Erwartungswert.

In (4.1.4) hatten wir nur das Dilatationsverhalten von kinetischer und potentieller Energie verwendet. Da dies auch bei mehr Elektronen unverändert vorliegt, gilt der

Virialsatz (4.3.10)

$$\left(H(\alpha) - E \right)\psi = 0 \Rightarrow E = -\langle \psi \mid T \mid \psi \rangle = -\frac{1}{2} \left\langle \psi \left| \frac{1}{r_1} + \frac{1}{r_2} - \frac{\alpha}{r_{12}} \right| \psi \right\rangle .$$

Folgerung (4.3.11)

$H(\alpha)$ hat für $E \geq 0$ keine Eigenwerte.

Bemerkungen (4.3.12)

1. Man könnte vermuten, daß es nur für $E < -1/2$ ein Punktspektrum gibt. Tatsächlich werden wir zwischen $-1/2$ und 0 in σ_{ess} eingebettete Eigenwerte finden (für $\alpha < 1$ sogar unendlich viele). Sie entsprechen Zuständen, deren Zerfall durch die Konstellation der Quantenzahlen verhindert wird.

2. Die Existenz von σ_{sing} werden wir später ausschließen, so daß σ aus σ_{p} zwischen -1 und $-1/2$, σ_{p} und $\sigma_{\text{a.c.}}$ zwischen $-1/2$ und 0 und nur $\sigma_{\text{a.c.}}$ über 0 besteht.

Nachdem wir uns über die groben Züge des Spektrums ein Bild gemacht haben, wollen wir die feineren Details ermitteln. Da die Eigenwerte von $H(\alpha)$ in α analytisch sind, beginnen wir mit $H(0)$ und verfolgen ihre Spuren beim Einschalten von α.

Das Punktspektrum von $H(0)$ (4.3.13)

Sei $\varphi_{n,\ell,m,s}$ die Eigenfunktion $|n,\ell,m\rangle$ aus (4.1.14) mal einer Spin-Eigenfunktion ($s = \pm 1/2$); dann gehört die Eigenfunktion

$$\varphi_{n_1,\ell_1,m_1,s_1}(1)\,\varphi_{n_2,\ell_2,m_2,s_2}(2) - \varphi_{n_2,\ell_2,m_2,s_2}(1)\,\varphi_{n_1,\ell_1,m_1,s_1}(2)$$

zum Eigenwert $-(n_1^{-2}+n_2^{-2})/2$ von $H(0)$. Er ist für $n_1 \neq n_2$, $4n_1^2 n_2^2$-fach, für $n_1 = n_2$, $2n_1^2(2n_2^2 - 1)$-fach entartet. Manche Werte sind noch stärker entartet, falls sie Zahlen $(n_1,n_2; m_1, m_2)$ entsprechen, für die $\frac{1}{n_1^2} + \frac{1}{n_2^2} = \frac{1}{m_1^2} + \frac{1}{m_2^2}$ (z.B. (7,7;5,35)).

Bemerkungen (4.3.14)

1. Alle Zustände mit $n_1 > 1$, $n_2 > 1$ haben Energien $\geq -1/4$ und liegen daher in dem bei $-1/2$ beginnenden Kontinuum.

2. $H(0)$ besitzt eine reichhaltige Kommutante, $\{H(0)\}' \supset \{\vec{L}_1, \vec{F}_1, \vec{\sigma}_1, \vec{L}_2, \vec{F}_2, \vec{\sigma}_2\}$. Diese Konstanten teilen das Spektrum ein und verhindern, daß die diskreten Zustände im Kontinuum zerfallen. Die Einteilung der Zustände nach dem Gesamtspin $\vec{S} = (\vec{\sigma}_1 + \vec{\sigma}_2)/2$ in solche mit Eigenwert $\vec{S}^2 = 0$ (Singlettzustände $\frac{\uparrow\downarrow - \downarrow\uparrow}{\sqrt{2}}$) und solche mit $\vec{S}^2 = 2$ (Triplettzustände $\uparrow\uparrow$, $\frac{\uparrow\downarrow + \downarrow\uparrow}{\sqrt{2}}$, $\downarrow\downarrow$; $S_3 = +1, 0 - 1$) ergibt eine Aufteilung des Hilbertraumes in einen Unterraum mit räumlich symmetrischem Anteil, $L^2(\mathbf{R}^3) \circledS L^2(\mathbf{R}^3) = \{\psi(\vec{x}_1, \vec{x}_2) = \psi(\vec{x}_2, \vec{x}_1)\}$, und einen räumlich antisymmetrischen:

$$\left(L^2(\mathbf{R}^3) \otimes \mathbf{C}^2\right) \wedge \left(L^2(\mathbf{R}^3 \otimes \mathbf{C}^2)\right) = \left(L^2 \circledS L^2\right) \otimes (\mathbf{C}^2 \wedge \mathbf{C}^2) \oplus \left(L^2 \wedge L^2\right) \otimes \left(\mathbf{C}^2 \circledS \mathbf{C}^2\right).$$

3. Wir haben die Parität (3.2.11) nicht eigens unter den Konstanten angeführt, da sie sich nach (3.2.22,1) durch den Drehimpuls ausdrücken läßt. In der Zeitentwicklung nach $H(0)$ sind die Paritäten der einzelnen Elektronen $P_i := (-1)^{\ell_i}$, $\ell_i = \sqrt{L_i^2 + \frac{1}{4}} - \frac{1}{2}$ separat erhalten. Die Gesamtparität $P := P_1 P_2 = (-1)^{\ell_1 + \ell_2}$ ist aber nicht notwendig $(-1)^\ell$, da sich $\vec{L} := \vec{L}_1 + \vec{L}_2$ zu jedem ℓ, $|\ell_1 - \ell_2| \leq \ell \leq \ell_1 + \ell_2$, zusammensetzen kann. Es gibt daher

Zustände natürlicher und unnatürlicher Parität (4.3.15)

Wenn $P = (-1)^\ell$, sprechen wir von natürlicher, wenn $P = (-1)^{\ell+1}$, von unnatürlicher Parität.

Beispiel (4.3.16)

Wenn n_1 oder $n_2 = 1$, ist ℓ gleich ℓ_2 oder ℓ_1, und es resultiert ein Zustand natürlicher Parität $(-)^{\ell_2} = (-)^\ell$ oder $(-)^{\ell_1} = (-)^\ell$. Das isolierte Punktspektrum hat daher natürliche Parität. Unnatürliche Parität tritt zuerst für $\ell_1 = \ell_2 = \ell = 1$, $P = +$ auf. Seine Wellenfunktion ist von der Form $(\vec{x}_1 \wedge \vec{x}_2)f(r_1,r_2)$ und die Energie für $n_1 = n_2 = 2$ gleich $-1/4$. Das Kontinuum beginnt im Sektor der unnatürliche Parität bei $n_1 = 2$, $n_2 = \infty$, also $E = -1/8$.

Konstanten für $\alpha \neq 0$ (4.3.17)

Für $\alpha \neq 0$ sind außer H noch $\vec{L}$, P und $\vec{\sigma}_1$, $\vec{\sigma}_2$ erhalten.

Physikalische Folgen der Paritätserhaltung (4.3.18)

1. P ist jetzt eigens anzuführen, da sie von $\vec{L}$ unabhängig ist. Der Hilbertraum zerfällt in Zustände natürlicher und unnatürlicher Parität, die auch von $H(\alpha)$ nicht gemischt werden. Es werden daher diskrete Zustände unnatürlicher Parität im Kontinuum natürlicher Parität bestehen bleiben. Der Beginn des Kontinuums unnatürlicher Parität bei $-1/8$ wird ja wie bei (4.3.5) durch Einschalten von α nicht verändert. Da sich der Eigenwert unnatürlicher Parität bei $-1/4$ stetig mit α ändert, wird er für genügend kleine α in diesem Sektor des Hilbertraumes vom Kontinuum isoliert bleiben.

2. Eigenzustände von $H(0)$ mit natürlicher Parität und $E > -1/2$ hindert für $\alpha > 0$ nichts am Zerfall in ein Elektron im Grundzustand, das andere im Unendlichen (Auger-Effekt).

3. Zustände unnatürlicher Parität können nicht in ein Elektron im Grundzustand, das andere im Unendlichen, zerfallen, denn dieses hätte ja natürliche Parität. Sie können daher auch nicht durch Stöße von Elektronen an Atome direkt erzeugt werden. Sicher sind sie nicht absolut stabil, sondern können durch in $H(\alpha)$ nicht enthaltene Wechselwirkungen, zum Beispiel mit elektromagnetischer Strahlung, zerfallen. Diese Übergänge sind aber wesentlich langsamer als die Auger-Übergänge.

4. Die Streutheorie sagt uns, daß es im absolut stetigen Spektrum noch wesentlich mehr Konstante gibt, nämlich die mit den Mølleroperatoren transformierten Konstanten von $H(0)$, insbesodere die von P_1 und P_2. (Vgl. 3.4.24,5.)

Beim Einschalten von α wird also die immense Invarianzgruppe von $H(0)$ gebrochen, und hochgradig entartete Zustände werden aufgespalten. Da H' eine positive Störung ist, sind die $E_i(\alpha)$ in α wachsend, und man wird sich folgendes grobes Bild über ihre Bewegung machen:

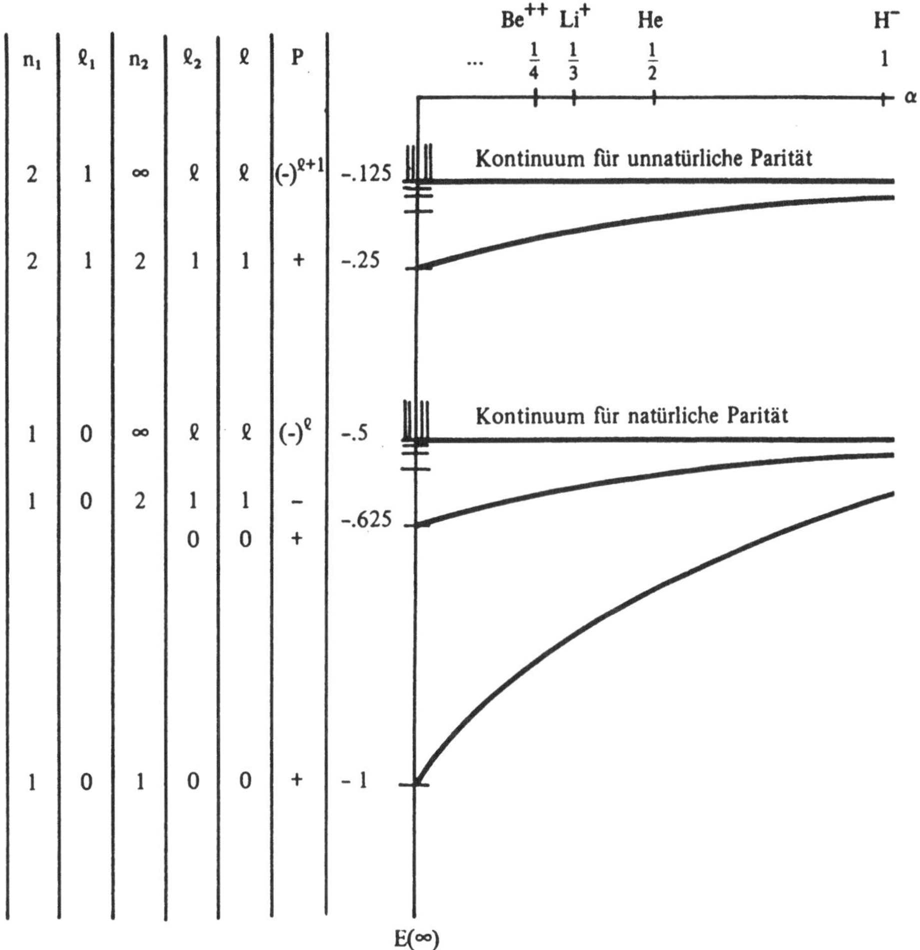

Um nun die Eigenwerte als Funktion von α genauer einzugrenzen, erinnern wir uns, daß sie nicht nur monoton wachsend, sondern die Summe der ersten n Eigenwerte, $n = 1, 2, 3, \ldots$, nach (3.5.23) auch in α konkav ist. Dabei gilt dies offensichtlich auch, wenn man die Einschränkung von H auf einen Sektor betrachtet. Ja es gilt sogar die verschärfte

Konkavität der Eigenwerte (4.3.19)

Sei $E(\alpha)$ die Summe von $n \in \mathbf{N}$ tiefsten Eigenwerten in einem Unterrraum bestimmter Werte für Bahndrehimpuls, Spin und Parität, dann ist $-(-E(\alpha))^{1/2}$ in α konkav.

Beweis

Schreiben wir $H = \frac{1}{2}(p_1^2 + p_2^2) - \alpha_0 \left(\frac{1}{r_1} + \frac{1}{r_2}\right) + \frac{\alpha}{r_{12}}$, dann folgt aus dem Dilatationsverhalten (vgl. 4.3.1), daß $E(\alpha, \alpha_0)$ von der Form $\alpha_0^2 f(\alpha/\alpha_0)$ ist. Dies muß nicht nur in α, sondern sogar in (α, α_0) konkav sein. Die Bedingung $f'' \leq 0$ verallgemeinert sich zu $E_{,\alpha\alpha}\, E_{,\alpha_0\alpha_0} - (E_{,\alpha\alpha_0})^2 \geq 0$, was $2ff'' \geq (f')^2$ oder $\frac{\partial^2}{\partial\alpha^2}\left(-\sqrt{-f(\alpha)}\right) \leq 0$ liefert. $\quad\square$

Bemerkungen (4.3.20)

1. An endlich vielen Punkten könnten sich Eigenwerte überkreuzen und f nicht differenzierbar sein. Es läßt sich jedoch beliebig genau durch eine konkave C^∞-Funktion approximieren, was den Beweis auch dann rechtfertigt.

2. Setzt man m nicht gleich Eins, so muß E in den drei Variablen $(1/m, \alpha, \alpha_0)$ konkav sein, doch liefert dies keine neue Information.

3. Im folgenden rechnen wir nur mit den radialen Variablen und dem Normierungsintegral $\int_0^\infty r^2\, dr$.

Folgerungen (4.3.21)

1. Lineare Schranken lassen sich dadurch zu parabolischen verbessern. Etwa gilt nach (3.5.32,1) mit $(H_0 - E_1(0))\,|\,0\,\rangle = 0$

$$E_1(0) + \alpha\,\langle\,0\,|\,(H')^{-1}\,|\,0\,\rangle \leq E_1(\alpha) \leq E_1(0) + \alpha\langle\,0\,|\,H'\,|\,0\,\rangle,$$

wobei die untere Schranke für $\alpha \leq \alpha_0 := (E_2(0) - E_1(0))\langle\,0\,|\,(H')^{-1}\,|\,0\,\rangle$ gilt. Da sogar $-\sqrt{-E_1(\alpha)}$ konkav ist, geben die linearen Schranken $g(\alpha) \leq g(0) + \alpha g'(0)$ für die Wurzel $g = -\sqrt{-f}$:

$$E_1(0)\left(1 + \frac{\alpha}{\alpha_0}\left(\sqrt{\frac{E_2(0)}{E_1(0)}} - 1\right)\right)^2 \leq E_1(\alpha) \leq E_1(0)\left(1 + \frac{\alpha}{2}\frac{\langle\,0\,|\,H'\,|\,0\,\rangle}{E_1(0)}\right)^2.$$

2. Für $\alpha_1 < \alpha < \alpha_2$ ist

$$\frac{-\sqrt{-f(\alpha)} + \sqrt{-f(\alpha_1)}}{\alpha - \alpha_1} \geq \frac{f'(\alpha)}{2\sqrt{-f(\alpha)}} \geq \frac{-\sqrt{-f(\alpha_2)} + \sqrt{-f(\alpha)}}{\alpha_2 - \alpha},$$

also erhält man für f' und damit den Erwartungswert von H'

$$\frac{2}{\alpha - \alpha_1}\left(\sqrt{E_1(\alpha)\,E_1(\alpha_1)} - |E_1(\alpha)|\right) \geq f'(\alpha) = \left\langle\,\alpha\,\left|\,\frac{1}{r_{12}}\,\right|\,\alpha\,\right\rangle \geq$$

$$\geq \frac{2}{\alpha_2 - \alpha}\left(|E_1(\alpha)| - \sqrt{E_1(\alpha)\,E_1(\alpha_2)}\right),$$

$(\,|\,\alpha\,\rangle$ ist der Eigenvektor $(H_0 + \alpha H' - E_1(\alpha))\,|\,\alpha\,\rangle = 0)$.

Anwendungen (4.3.22)

1. Grundzustand von Parahelium $((1s)^2)$:
   $|0\rangle$ ist von der Form $(\uparrow\downarrow - \downarrow\uparrow)\varphi_1(r_1) \cdot \varphi_1(r_2)/\sqrt{2}$;
   $\varphi_1(r) = 2e^{-r}$ und $E_1(0) = -1$, $E_2(0) = -5/8$. Man berechnet (Aufgabe 3)
   $\left\langle 0 \left| \frac{1}{r_{12}} \right| 0 \right\rangle = 5/8$, $\langle 0 | r_{12} | 0 \rangle = 35/16$. Daher $\alpha_0 = 105/128$ und

$$\min\left\{ -\frac{5}{8}, -\left(1 - \alpha\frac{128}{105}\left(1 - \sqrt{\frac{5}{8}}\right)\right)^2 = -(1 - \alpha \cdot 0,2553)^2\right\} \le$$

$$\le E_1(\alpha) \le -\left(1 - \frac{5\alpha}{16}\right)^2 = -(1 - \alpha \cdot 0,3152)^2.$$

2. Grundzustand von Orthohelium $((1s)(2s))$:
   $|0\rangle = \uparrow\uparrow (\varphi_1(r_1)\varphi_2(r_2) - \varphi_2(r_1)\varphi_1(r_2))/\sqrt{2}$,
   $\varphi_2(r) = e^{-r/2}(1 - r/2)/\sqrt{2}$, $E_1(0) = -5/8$, $E_2(0) = -5/9$.
   $\left\langle 0 \left| \frac{1}{r_{12}} \right| 0 \right\rangle = \frac{17}{81} - \frac{16}{729}$, $\langle 0 | r_{12} | 0 \rangle = \frac{25}{4} - \frac{11}{324} + \frac{2^{12}}{3^9} - \frac{5^2 2^7}{3^9}$, $\alpha_0 = 0,4348$, (siehe
   Fig. 4.2 und 4.3),

$$\min\left\{ -\frac{5}{9}, -\frac{5}{8}\left(1 - \frac{\alpha}{0,4348}\left(1 - \sqrt{\frac{8}{9}}\right)\right)^2 = -\frac{5}{8}(1 - \alpha \cdot 0,1315)^2\right\} \le$$

$$\le E_1(\alpha) \le -\frac{5}{8}(1 - \alpha \cdot 0,1503)^2.$$

3. Tiefste Zustände mit $L = 1$, $(1s)(2p)$:
   $|0\rangle = (\uparrow\downarrow \mp \downarrow\uparrow)(\varphi_1(r_1)\varphi_2(\vec{x}_2) \pm \varphi_2(\vec{x}_1)\varphi_1(r_2))/2$,
   $\varphi_2(\vec{x}) = Y_1^0(\vartheta)\, r\, e^{-r/2}/\sqrt{4!}$, wieder $E_1 = -5/8$, $E_2 = -5/9$,
   $\left\langle 0 \left| \frac{1}{r_{12}} \right| 0 \right\rangle = \frac{59}{243} \pm \frac{112}{6561}$, $\langle 0 | r_{12} | 0 \rangle = 5,2449 \mp 0,1366$,
   $\alpha_0 = (0,35471,\ 0,37372)$,

$$\min\left\{ -\frac{5}{9}, -\frac{5}{8}\left(1 - \alpha \cdot \frac{0,16123}{0,15303}\right)^2\right\} \le E(\alpha) \le -\frac{5}{8}\left(1 - \alpha \cdot \frac{0,2091}{0,1792}\right)^2.$$

Bemerkungen (4.3.23)

1. $\langle 0 | H' | 0 \rangle$ gibt die Steigung bei $\alpha = 0$ exakt wieder und zeigt, daß von den
   $n = 2$-Zuständen der $(1s)(2s)$ energetisch günstiger ist. Das ist plausibel, da
   die s-Bahnen dichter an den Kern herankommen und daher weniger unter der
   Abschirmung durch das andere Elektron leiden. Von den $(1s)(2p)$-Zuständen
   ist nach erster Ordnung Störungstheorie der mit Spin 1 günstiger (**Hundsche
   Regel**), da dann die Elektronen wegen des Ausschließungsprinzips einander
   meiden und nicht so sehr die Coulomb-Abstoßung fühlen (Aufgabe 7). Unsere Grenzen sind allerdings noch nicht fein genug, um zu beweisen, daß diese
   Tendenz auch für endliche α anhält.

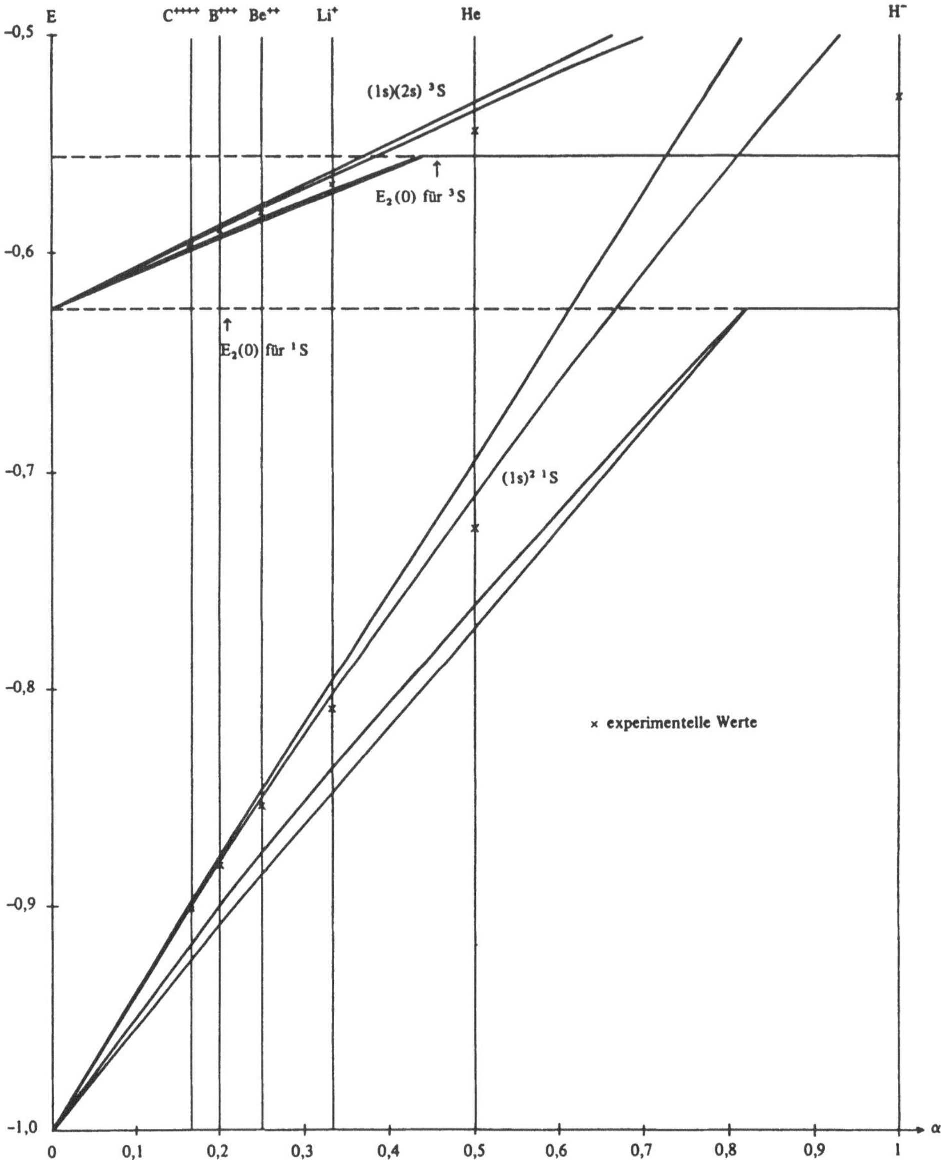

Fig. 4.2 Lineare und parabolische Schranken für $(1s)^2\,^1S$ und $(1s)(2s)\,^3S$

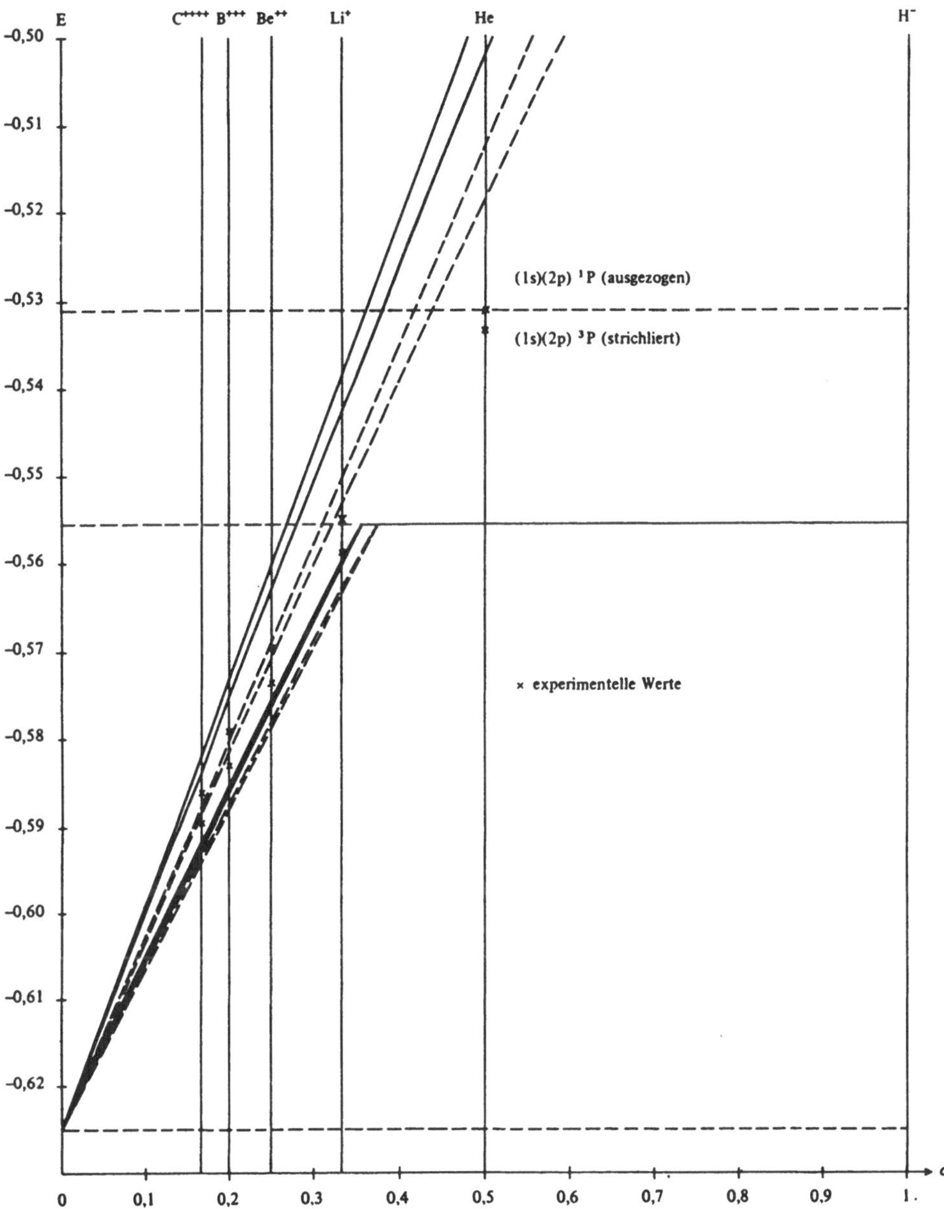

Fig. 4.3 Lineare und parabolische Schranken für $(1s)(2p)\,{}^3P$ und $(1s)(2p)\,{}^1P$

2. Man sieht leicht, daß mit $\langle n, \ell \,|\, r \,|\, n, \ell \rangle = (3n^2 - \ell(\ell+1))/2$ die Ungleichungen $\langle r \rangle \langle 1/r \rangle \geq 1$ und $\langle r_{12} \rangle \leq \langle r_1 + r_2 \rangle$ gar nicht so schlecht sind.

3. Die Hauptschwäche der bisherigen Resultate liegt am Versagen der unteren Grenze für $E(\alpha) > E_2$. Nach (3.5.32,1) kann dem nur durch Verwendung mehrdimensionaler Projektoren abgeholfen werden.

Grundzustände mit zweidimensionalen Projektoren (4.3.24)

1. Wir nehmen die zwei tiefsten Parazustände für $\alpha = 0$

$$|(1s)^2\rangle = \frac{1}{\sqrt{2}}(\uparrow\downarrow - \downarrow\uparrow) \otimes \varphi_1(1)\varphi_1(2),$$

$$|(1s)(2s)\rangle = \frac{1}{2}(\uparrow\downarrow - \downarrow\uparrow) \otimes (\varphi_1(1)\,\varphi_2(2) + \varphi_2(1)\,\varphi_1(2)),$$

und berechnen die Matrizen

$$\begin{pmatrix} \langle (1s)^2 \,|\, r_{12} \,|\, (1s)^2 \rangle & \langle (1s)^2 \,|\, r_{12} \,|\, (1s)(2s) \rangle \\ \langle (1s)(2s) \,|\, r_{12} \,|\, (1s)^2 \rangle & \langle (1s)(2s) \,|\, r_{12} \,|\, (1s)(2s) \rangle \end{pmatrix} =$$

$$= \begin{pmatrix} 2,1875 & -0,6371 \\ -0,6371 & 0,1706 \end{pmatrix} =: M_L^{-1},$$

$$\begin{pmatrix} \langle (1s)^2 \,|\, \frac{1}{r_{12}} \,|\, (1s)^2 \rangle & \langle (1s)^2 \,|\, \frac{1}{r_{12}} \,|\, (1s)(2s) \rangle \\ \langle (1s)(2s) \,|\, \frac{1}{r_{12}} \,|\, (1s)^2 \rangle & \langle (1s)(2s) \,|\, \frac{1}{r_{12}} \,|\, (1s)(2s) \rangle \end{pmatrix} =$$

$$= \begin{pmatrix} 0,625 & 0,1263 \\ 0,1263 & 0,2318 \end{pmatrix} =: M_U^{-1}.$$

Von der Matrix

$$\begin{pmatrix} E_1(0) & 0 \\ 0 & E_2(0) \end{pmatrix} + \alpha M$$

sind die Eigenwerte ($\epsilon_1 = E_1(0)$, $\epsilon_2 = E_2(0)$)

$$E_{1,2} = \frac{\epsilon_1 + \epsilon_2}{2} + \alpha\,\frac{M_{11} + M_{22}}{2} \mp \sqrt{\left(\frac{\epsilon_1 - \epsilon_2}{2} + \alpha\,\frac{M_{11} - M_{22}}{2}\right)^2 + \alpha^2 M_{12}^2}$$

bei Verwendung von M_L (bzw. M_U) untere Grenzen (bzw. obere Grenzen) für die ersten beiden Zustände, solange sie unter $E_3(0)$ liegen.

2. Analog berechnet man für die anderen in (4.3.22) betrachteten Zustände jeweils die 2×2-Matrizen von H', $(H')^{-1}$ mit $(1s)(2s)$ und $(1s)(3s)$ bzw. $(1s)(2p)$ und $(1s)(3p)$ (Aufgabe 4).

Obere Schranken durch zweiparametrige Testfunktionen (4.3.25)

Um dem Wunsch der Elektronen nach mehr Bewegungsfreiheit nachzukommen, liegt es nahe, für die Grundzustände mit $L = 0,1$ und $S = 0,1$ die Funktionen

$e^{-\gamma r_1 - \beta r_2} \pm e^{-\beta r_1 - \gamma r_2}$ und $Y_1(1)\, r_1\, e^{-\gamma r_1 - \beta r_2} \pm Y_1(2)\, r_2\, e^{-\beta r_1 - \gamma r_2}$ zu versuchen und den Erwartungswert von H nach β und γ zu minimieren. In der folgenden Tabelle sind die optimalen Parameter als Funktion von α angegeben. Der Fluchtversuch des äußeren Elektrons bei schwindender Kernladung ist offensichtlich.

VARIATIONSRECHNUNG

Zustand $^S(L)$	$(1s)(1s)\ ^1S$		$(1s)(2s)\ ^3S$		$(1s)(2p)\ ^3P$		$(1s)(2p)\ ^1P$	
α	β	γ	β	γ	β	γ	β	γ
1.	0.283	1.039	0.000		0.000		0.001	1.001
0.75	0.452	1.070	0.094	0.982	0.129	0.999	0.123	1.001
0.5	0.588	1.085	0.161	0.984	0.272	0.997	0.240	1.002
0.3333	0.695	1.097	0.202	0.979	0.361	0.994	0.322	1.003
0.25	0.754	1.108	0.222	0.975	0.400	0.993	0.366	1.003
0.2	0.769	1.082	0.232	0.970	0.424	0.992	0.392	1.001

Bemerkungen (4.3.26)

1. In den Figuren 4.3a, b, c zeigen wir die weitere Verfeinerung des Bildes durch die Verwendung zweidimensionaler Projektoren und den Variationsansatz (4.3.25). Dabei haben wir die Wurzel der Energie aufgetragen, und man sieht, daß dann die exponentiellen Punkte schon fast auf einer Geraden liegen und daher (4.3.19) die Konkavitätseigenschaften fast voll ausschöpft.

2. Die parabolischen oberen Grenzen (4.3.21) lassen sich auch so erhalten, daß man als Testfunktion nicht den Grundzustand von H_0, sondern $e^{-r Z_{\text{eff}}}$ verwendet und nach Z_{eff} optimiert. Für den ^1S-Zustand gibt dies $Z_{\text{eff}} = 1 - 5\alpha/16$ und spiegelt die teilweise Abschirmung der Kernladung wider.

3. Unsere Schranken sind schon fein genug, um für die $\alpha = 0$ entarteten Zustände ^3S, ^3P, ^1P zu trennen und zu beweisen, daß die Reihung der Hundschen Regel genügt.

4. Durch Versuchsfunktionen mit vielen Parametern und größerem numerischen Aufwand lassen sich sehr genaue obere und mit der Templeschen Ungleichung (3.5.32,2) dann auch untere Schranken angeben.[1] Dadurch ist bis He ($\alpha \leq 1/2$) das Problem der Eigenwerte praktisch gelöst [14].

Für das negative Wasserstoffion H^{-1} ($\alpha = 1$) sind unsere bisherigen Resultate noch dürftig: Wir wissen, daß es für $\alpha < 1$ unendlich viele gebundene Zustände gibt (4.3.8), für $\alpha = 1$ haben wir bisher durch die verfeinerten oberen Schranken nur einen mit natürlicher Parität sichergestellt. Es erhebt sich die Frage, was mit den unendlich vielen anderen Zuständen geschieht, ob sie bei $\alpha = 1$ ins Kontinuum münden oder isoliert bleiben. Daß die erste Alternative zutrifft, wurde erst kürzlich von Hill [15] nachgewiesen.

---

[1] Pekeris und Kinoshita erreichten mit dieser Methode eine fantastische Genauigkeit für den Grundzustand.

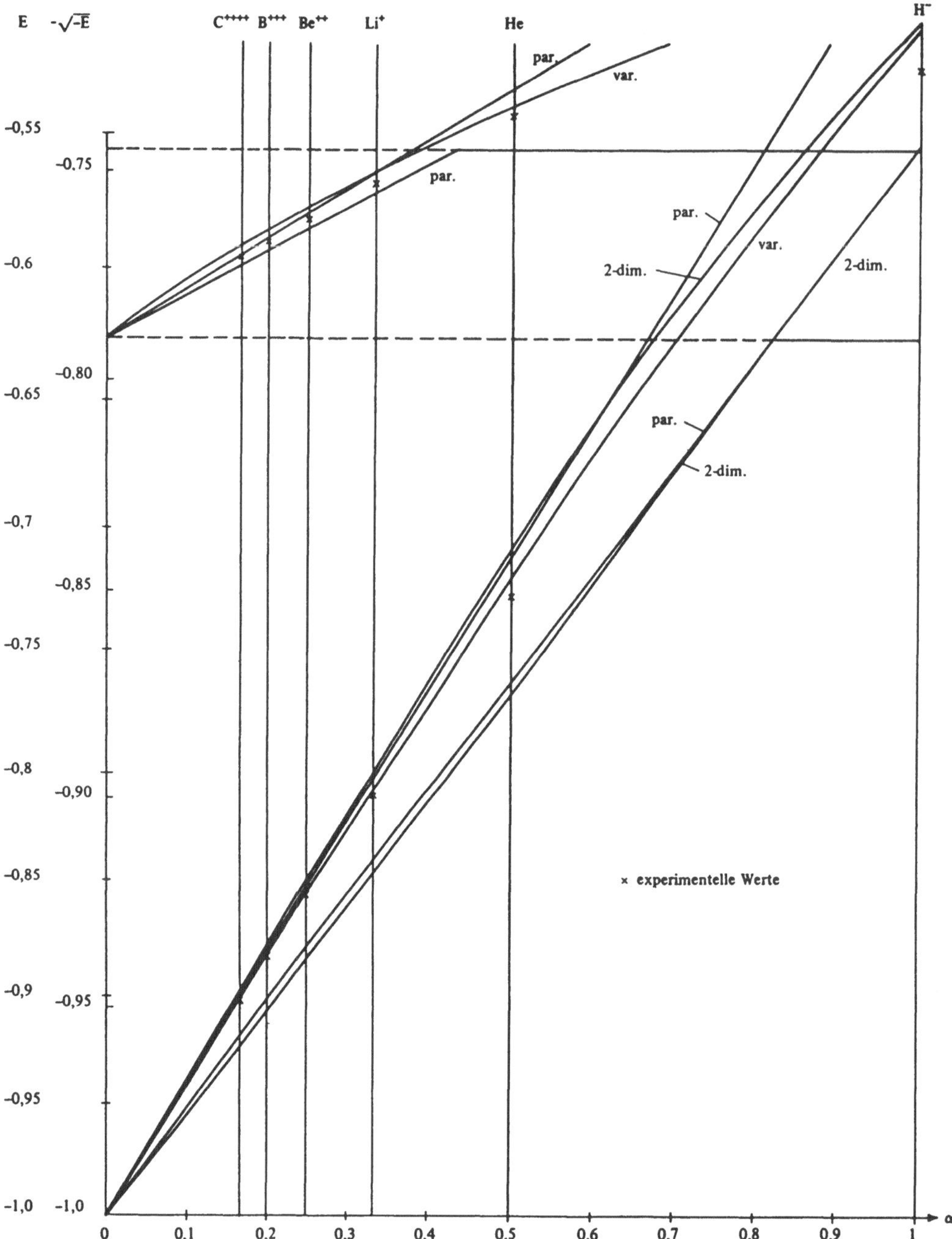

Fig. 4.4a Variationsrechnung, parabolische und zweidimensionale Schranken für $(1s)^2\,^1S$ und $(1s)(2s)\,^3S$

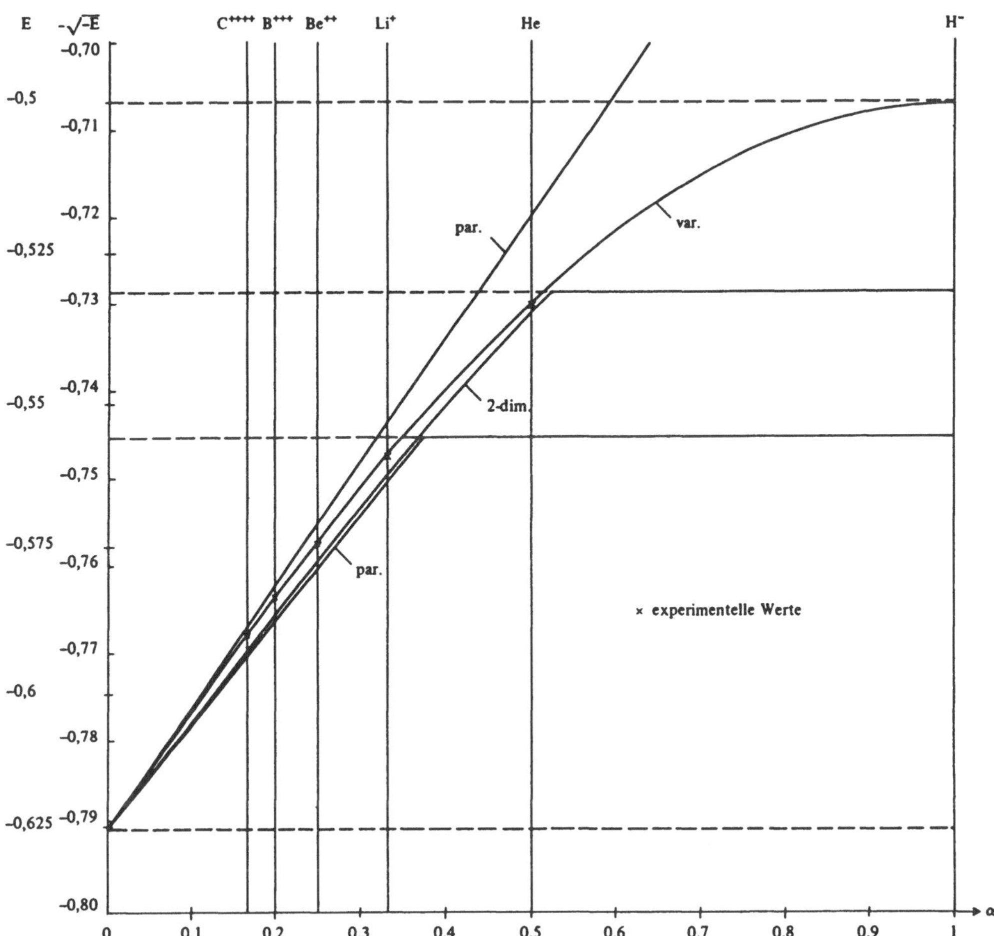

Fig. 4.4b Variationsrechnung, parabolische und zweidimensionale Schranken für $(1s)(2p)\,{}^3P$

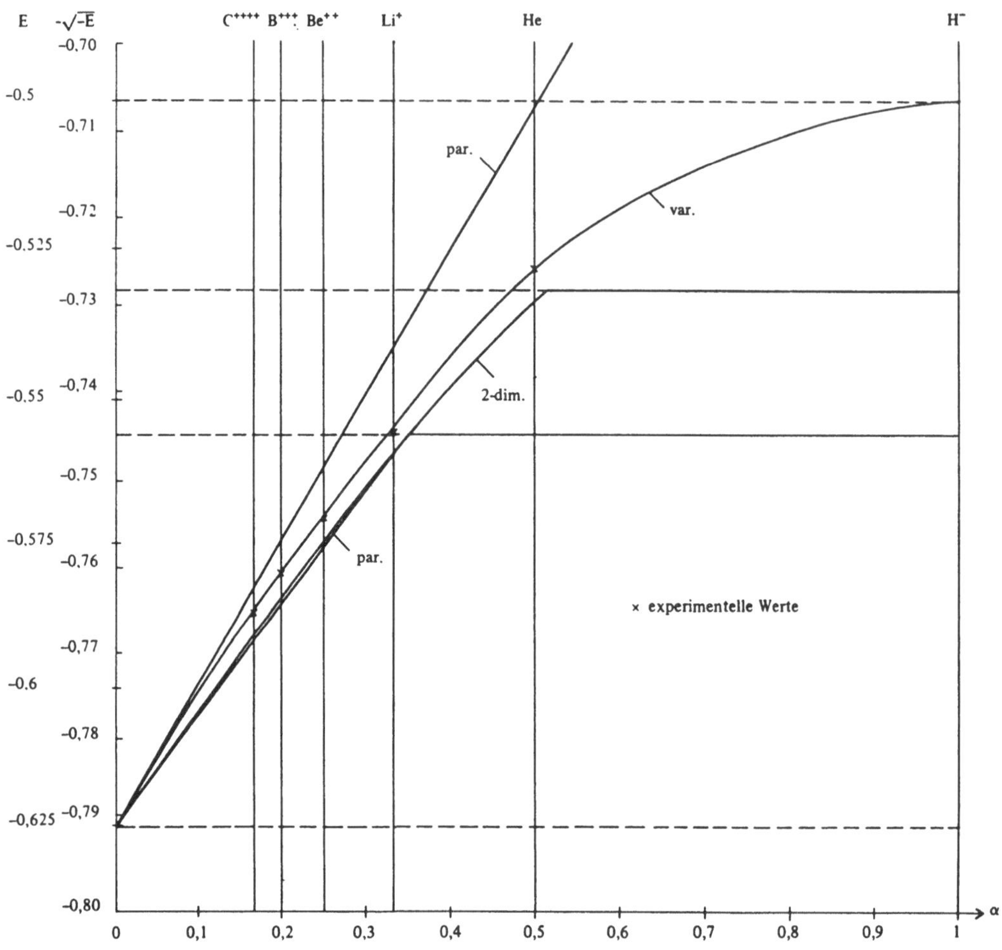

Fig. 4.4c Variationsrechnung, parabolische und zweidimensionale Schranken für
$(1s)(2p)\,{}^1P$

Gebundene Zustände für $\alpha = 1$ **(4.3.27)**

$$H = \frac{p_1^2}{2} + \frac{p_2^2}{2\mu} - \frac{1}{|x_1|} - \frac{1}{|x_2|} + \frac{1}{|x_1 - x_2|}$$

hat für $\mu = 1$ zwei nichtentartete Eigenwerte. Sie entwickeln sich aus den Grundzuständen für $\alpha < 1$ in den Sektoren mit natürlicher bzw. unnatürlicher Parität. Ist das Massenverhältnis genügend von 1 verschieden, verschwindet σ_{p} vollständig.

Bemerkungen (4.3.28)

1. Wir betrachten nur den Sektor natürlicher Parität, doch läßt sich der folgende Beweis leicht übertragen [27].

2. $\mu \neq 1$ ist etwa beim System $p\,\mu^- e^-$ realisiert. Da der Bohrsche Radius für das Müon um das Massenverhältnis, also 207, gegenüber r_B für das Elektron verringert ist, wird man annehmen, daß es das Proton ganz abschirmt und das Elektron nicht mehr bindet. Wir werden sehen, daß dies schon bei viel weniger extremen Massenverhältnissen eintritt. Den genauen Wert von μ anzugeben, bei dem σ_{p} verschwindet, ist allerdings schwierig.

3. Die Beweisstrategie wird sein, ein $H_L \leq H$ zu finden, von dem man zeigen kann, daß es unter dem Kontinuum bei $-1/2$ keinen Eigenwert hat. Eigenwerte im Kontinuum mit gleichen Quantenzahlen auszuschließen, ist aufwendiger und kann hier nicht geschehen. Dazu wäre nachzuweisen, daß solche Zustände durch H' instabil würden, siehe [3] und (4.4.13,3).

Beweis

(i) $\mu > \pi$

Wir beginnen mit dem leichteren Teil und zeigen, daß für $\mu > \pi$ kein gebundener Zustand existiert. Der Grundzustand von $H(0)$ hat die Energie $-(1 + \mu)/2$, das Kontinuum beginnt bei $-\mu/2$. Wenn das Teilchen 2 (nennen wir es Müon) angeregt ist, wird die Energie des Zustands $\geq -\frac{1}{2}\left(1 + \frac{\mu}{4}\right)$, und für $\mu > 4/3$ liegt dies schon in $\sigma_{\mathrm{a.c.}}$. Ist P_0 der Projektor auf den Grundzustand $2\mu^{3/2}e^{-\mu r_2}$ des Müons und $P = \mathbb{1}\otimes P_0$, gilt offenbar

$$\frac{p_2^2}{2\mu} - \frac{1}{r_2} \geq -\frac{\mu}{2}P - \frac{\mu}{8}(1 - P).$$

Wie in (3.5.31) benützen wir nun

$$|x_1 - x_2|^{-1} \geq P(P|x_1 - x_2|P)^{-1}P =: V_L(r_1)P,$$

wobei man leicht (Aufgabe 3)

$$V_L(r_1) = \left[\left(\frac{\mu^3}{\pi}\right)\int d^3x_2\, e^{-2\mu r_2}\, |x_1 - x_2|\right]^{-1} = \mu\left[\mu r_1 + \frac{1}{\mu r_1} - e^{-2\mu r_1}\left(\frac{1}{2} + \frac{1}{\mu r_1}\right)\right]^{-1}$$

$$(4.3.29)$$

berechnet. Da schließlich

$$\frac{p_1^2}{2} - \frac{1}{|x_1|} + \frac{1}{|x_1 - x_2|} \geq -\frac{1}{2},$$

haben wir insgesamt

$$H \geq \left(-\frac{\mu}{2} + \frac{p_1^2}{2} - \frac{1}{r_1} + V_L(r_1) \right) P + \left(-\frac{\mu}{8} - \frac{1}{2} \right) (1 - P). \qquad (4.3.30)$$

Um $H \geq -\mu/2$ zu zeigen, müssen wir nur $\frac{p^2}{2} - \frac{1}{r} + V_L(r) \geq 0$ verifizieren. Nun ist

$$-\frac{1}{r} + \left[r + \frac{1}{\mu^2 r} - e^{-2\mu r} \left(\frac{1}{2\mu} + \frac{1}{\mu^2 r} \right) \right]^{-1} = -\frac{1}{r} \left[1 + \frac{r^2 \mu^2}{1 - e^{-2\mu r} \left(1 + \frac{\mu r}{2} \right)} \right]^{-1} \geq$$

$$\geq -\frac{1}{r(1 + r^2 \mu^2)}.$$

Nach der Bargmann-Schranke (3.5.37,1) gibt es keinen gebundenen Zustand, falls $2 \int_0^\infty \frac{dr}{1 + r^2 \mu^2} = \frac{\pi}{\mu} < 1$, also wenn die Müonmasse $> \pi \cdot$ Elektronmasse.

(ii) $\mu = 1$

In diesem Fall ist das P von vorhin, welches auf Wellenfunktionen der Form $f(x_1) e^{-\mu r_2}$ projiziert, nicht ausreichend, da jetzt $e^{-r_1} f(x_2)$ gleich tiefe Energie hat. Wir werden daher für zwei Elektronen besser die Hilберträume $\mathcal{H}_2^\pm$ der Funktionen der Form

$$\bar{f}_\pm(x_1, x_2) = \left(e^{-r_1} f(x_2) \pm f(x_1) e^{-r_2} \right) \otimes \left(\begin{array}{c} \sqrt{\tfrac{1}{2}}(\uparrow\downarrow - \downarrow\uparrow) \\ \uparrow\uparrow \end{array} \right), \quad f \in L^2(\mathbf{R}^3), \quad (4.3.31)$$

betrachten. Die Pfeile geben die zu verwendenden Spinfunktionen an, und in $\mathcal{H}_2^-$ können wir $f \perp$ zu e^{-r} nehmen. $\mathcal{H}_2^\pm$ sind unter den Operatoren der Form

$$\bar{h} = P_0(1) \otimes h(2) + h(1) \otimes P_0(2) \qquad (4.3.32)$$

invariant. (Das Argument der Operatoren deutet an, in welchem Faktor sie wirken.) Durch (4.3.31) und (4.3.32) wird $L^2(\mathbf{R}^3)$ in $\mathcal{H}_2^\pm$ und $\mathcal{B}(L^2(\mathbf{R}^3))$ in $\mathcal{B}(\mathcal{H}_2^\pm)$ abgebildet, wobei

$$\langle \bar{f} \,|\, \bar{h}\bar{g} \rangle = 2 \langle (1 \pm P)f \,|\, h(1 \pm P)g \rangle \qquad (4.3.33)$$

gilt.

Wir können nun die vorige Prozedur imitieren und projizieren auf die Vereinigung der Bildräume der beiden Projektoren $\mathcal{P}_{1,2}$:

$$\mathcal{P}_1 = r_{12}^{1/2} P_0(1) V_L(x_2) r_{12}^{1/2}, \qquad \mathcal{P}_2 = r_{12}^{1/2} P_0(2) V_L(x_1) r_{12}^{1/2},$$

mit $r_{12} := |x_1 - x_2|$, V_L von (4.3.29) mit $\mu = 1$. Der entsprechende Projektor sei im Sinne von (2.2.35) als $\mathcal{P}_1 \vee \mathcal{P}_2$ bezeichnet. Von dort wissen wir

$$\mathcal{P}_2 \geq \mathcal{P}_2 \mathcal{P}_1 \mathcal{P}_2 \geq \mathcal{P}_2 \mathcal{P}_1 \mathcal{P}_2 \mathcal{P}_1 \mathcal{P}_2 \geq \ldots \geq \mathcal{P}_1 \wedge \mathcal{P}_2,$$

was sich auf $\mathcal{P}_1 \vee \mathcal{P}_2 = \mathbf{1} - (\mathbf{1} - \mathcal{P}_1) \wedge (\mathbf{1} - \mathcal{P}_2)$ umschreiben läßt, aber mühsam ist. Glücklicherweise werden wir mit

$$\mathcal{P}_1 \wedge \mathcal{P}_2 \leq \frac{1}{2}(\mathcal{P}_1\mathcal{P}_2\mathcal{P}_1 + \mathcal{P}_2\mathcal{P}_1\mathcal{P}_2) \Leftrightarrow$$
$$\mathcal{P}_1 \vee \mathcal{P}_2 \geq \mathcal{P}_1 + \mathcal{P}_2 - \mathcal{P}_1\mathcal{P}_2 - \mathcal{P}_2\mathcal{P}_1 + \tfrac{1}{2}(\mathcal{P}_1\mathcal{P}_2\mathcal{P}_1 + \mathcal{P}_2\mathcal{P}_1\mathcal{P}_2)$$

$$(4.3.34)$$

auskommen. Dies vereinfachen wir durch die Beobachtung, daß $\mathcal{P}_1$ und $\mathcal{P}_2$ zwar nicht kommutieren, aber die gemeinsame normierte Eigenfunktion $\in L^2(\mathbf{R}^6)$

$$\chi(x_1, x_2) = \frac{1}{\pi}\sqrt{\frac{16 r_{12}}{35}}\, e^{-r_1-r_2}, \qquad \mathcal{P}_i \chi = \chi;$$

haben. Sie gehört somit zum Eigenwert -1 des Operators $-\mathcal{P}_1\mathcal{P}_2 - \mathcal{P}_2\mathcal{P}_1 + (\mathcal{P}_1\mathcal{P}_2\mathcal{P}_1 + \mathcal{P}_2\mathcal{P}_1\mathcal{P}_2)/2$. Da man zeigen kann (Aufgabe 2), daß die anderen Eigenwerte dieses Operators positiv sind, setzt sich auf $\mathcal{H}_2^+$ (4.3.34) zu

$$\mathcal{P}_1 \vee \mathcal{P}_2 \geq \mathcal{P}_1 + \mathcal{P}_2 - |\chi\rangle\langle\chi|$$

fort. Dann liefert die Projektionsmethode (3.5.31)

$$\frac{1}{r_{12}} \geq r_{12}^{-1/2}\,\mathcal{P}_1 \vee \mathcal{P}_2\, r_{12}^{-1/2} \geq P_0(1)\,V_L(2) + P_0(2)\,V_L(1) - \frac{16}{35}\,P_0(1)\,P_0(2). \quad (4.3.36)$$

Wir wollen nun das Fehlen weiterer negativer Eigenwerte von

$$H_0 + r_{12}^{-1}, \qquad H_0 := \frac{1}{2} + \frac{1}{2}(p_1^2 + p_2^2) - r_1^{-1} - r_2^{-1},$$

zeigen. H_0 läßt die Räume $\mathcal{H}_2^\pm$ invariant und wirkt in $\mathcal{H}_2^\pm$ wie

$$H_0 \bar{f} = \overline{\left(\frac{1}{2}p^2 - \frac{1}{r}\right) f_\pm} = \overline{\left(\frac{1}{2}p^2 - \frac{1}{r} + \begin{matrix}\frac{1}{4}P_0 \\ 0\end{matrix}\right) \bar{f}_\pm}.$$

Auf dem orthogonalen Komplement von $\mathcal{H}_2^\pm$ ist kein Elektron im Grundzustand und H_0 daher $> +1/4$. Sind $P^\pm$ die Projektoren auf $\mathcal{H}_2^\pm$, können wir mit (4.3.36)

$$H_0 + r_{12}^{-1} \geq P^+ \overline{\left(\frac{1}{2}p^2 - \frac{1}{r} + V_L(r) + P_0\left(\frac{1}{4} - \frac{8}{35}\right)\right)} + \frac{1}{4}(1 - P^+)$$

schreiben. Da $1/4 > 8/35$, müssen wir verifizieren, daß $h := \frac{1}{2}p^2 - \frac{1}{r} + V_L(r)$ nur einen gebundenen Zustand hat, während er bei $(1 - P_0)h(1 - P_0)$ fehlt. Ersteres gelingt analytisch, wenn wir $h \geq \frac{1}{2}p^2 - \frac{2}{r(1+r)^2}$ aus (i) verwenden und etwas genauer rechnen. Wie im Beweis von (3.5.36) fragen wir nach der Zahl der $\lambda \leq 1$, die ein $\psi \in L^2$ mit

$$\frac{p^2}{2}\psi = \frac{1}{2}\left(\frac{-1}{r}\frac{\partial^2}{\partial r^2} r + \frac{\ell(\ell+1)}{r^2}\right)\psi = \frac{2\lambda}{r(1+r)^2}\psi$$

zulassen. Durch die Variablentransformation $r = z/(1-z)$, $\psi = r^\ell w(z)$, wird daraus die hypergeometrische Gleichung $z(1-z)w'' + 2(\ell+1-z)w' + 4\lambda w = 0$. Ihre bekannten

Eigenschaften verlangen $\lambda = (n + 2\ell + 1)(n + 2\ell + 2)/4$, $n = 0,1,2$, und nur für $n = \ell = 0$ ist $\lambda = 1/2 < 1$. Es gibt daher höchstens einen gebundenen Zustand. Der Beweis in $\mathcal{H}_2^-$ erfordert eine etwas längere Diskussion, und wir müssen auf [15] verweisen. $\qquad\qquad\qquad\qquad\qquad\qquad\qquad\qquad\qquad\qquad\qquad\qquad\qquad\quad\square$

Bemerkungen (4.3.37)

1. Der Beweis für H$^-$ läßt sich auch für endliche, aber große Kernmasse verallgemeinern. Für beliebige Kernmassen gilt er nicht, etwa $p\,e^-p$ hat viele gebundene Zustände.

2. Für $Z > 1$ ($\alpha < 1$) wird man erwarten, daß ein Müon im Grundzustand z um 1 abschirmt und das Elektron-Spektrum ein Balmer-Spektrum mit $Z - 1$, also $\sim (1 - \alpha)^2$ wird. Um dies mathematisch zu deduzieren, schreiben wir

$$\frac{1}{2}\left(p_1^2 + \frac{p_2^2}{\mu}\right) - \frac{1}{r_1} - \frac{1}{r_2} + \frac{\alpha}{r_{12}} \geq$$

$$\geq P\left(-\frac{\mu}{2} + \frac{p_1^2}{2\mu_1} + p_1^2\frac{\mu_1 - 1}{2\mu_1} - \frac{1-\alpha}{r_1} + \alpha\left(V_L(r_1) - \frac{1}{r_1}\right)\right) + \left(-\frac{\mu}{8} - \frac{1}{2}\right)(1 - P)$$

und wählen μ_1 so groß, daß $\frac{p^2}{2\mu_1} + \alpha\left(V_L(r) - \frac{1}{r}\right) \geq 0$ gerade noch gilt. Der Wert $\alpha\mu_1/\mu = 1/\pi$ von (i) wurde in (ii) zu $\alpha\mu_1/\mu = 1/2$ verbessert, so daß

$$H \geq \left(-\frac{\mu}{2} + \frac{p_1^2}{2}\left(1 - \frac{2\alpha}{\mu}\right) + \frac{1-\alpha}{r_1}\right)P + \left(-\frac{\mu}{8} - \frac{1}{2}\right)(1 - P).$$

Für den Zustand des Elektrons mit Hauptquantenzahl n gilt daher

$$-\frac{1}{2}\left(\mu + \frac{(1-\alpha)^2}{n^2}\left(1 - \frac{2\alpha}{\mu}\right)^{-1}\right) \leq E_n \leq -\frac{1}{2}\left(\mu + \frac{(1-\alpha)^2}{n^2}\right).$$

Die obere Schranke erhält man durch Verwendung von Versuchsfunktionen der Form $\chi := \varphi(\vec{x}_1)\,e^{-\mu r_2}$. Da

$$\int d^3x_2\,|\vec{x}_2 - \vec{x}_1|^{-1}\,e^{-2\mu r_2} \Big/ \int d^3x_2\,e^{-2\mu r_2} \leq 1/r_1$$

bleibt, ist

$$\langle \chi\,|\,H\chi\rangle \leq -\frac{\mu}{2} + \langle\varphi\,|\,h\varphi\rangle, \qquad h \geq \frac{p^2}{2} - \frac{1-\alpha}{r}.$$

Das Mini-Max-Prinzip liefert dann die rechte Seite, und für $\mu \sim 200$ sind die Eigenwerte mit %-Genauigkeit bestimmt.

Nachdem wir das Problem der Eigenwerte von H als praktisch gelöst ansehen können, interessiert uns die Form der Eigenfunktionen. Für gute Testfunktionen gäbe (3.5.33) wohl enge L^2-Schranken, wir wollen uns aber qualitativen Fragen des Zweielektronen-Problems zuwenden und sie mit Methoden studieren, die auf komplexe Atome verallgemeinerbar sind. Dabei erscheinen die Limiten $r \to \infty$ und $r \to 0$

mathematisch zugänglich und für Chemiker und Kernphysiker von Interesse.

Das asymptotische Verhalten der Elektronendichte (4.3.38)

Die Ein-Elektrondichte im Grundzustand $\rho(\vec{x}_1) = \int d^3x_2 |\psi(\vec{x}_1, \vec{x}_2)|^2$ genügt $\forall r > r_0$, r_0 hinreichend groß, den **Hoffmann-Ostenhof-Morganschen** Ungleichungen

$$c_- \, r^{\frac{1-\alpha}{\sqrt{2\epsilon_1}}-1} e^{-\sqrt{2\epsilon_1}\, r} \leq \sqrt{\rho(r)} \leq c_+ \, r^{\frac{1-\alpha}{\sqrt{2\epsilon_1}}-1} e^{-\sqrt{2\epsilon_1}\, r},$$

wobei $\epsilon_1 = -E_1 - 1/2$ und $r_0 < r < \infty$, $0 < c_- < c_+ < \infty$.

Bemerkung (4.3.39)

Daß die Eigenfunktionen isolierter Eigenwerte im Mittel exponentiell abfallen, läßt sich allgemein so begründen: $\exp i\vec{s}(\vec{x}_1 + \vec{x}_2)$ erzeugt $\vec{x}_i \to \vec{x}_i$, $\vec{p}_i \to \vec{p}_i + \vec{s}$,

$$H \to H + \frac{\vec{s}}{m}(\vec{p}_1 + \vec{p}_2) + \frac{\vec{s}^2}{m} =: H_s.$$

Da der Zusatz relativ zu $p_1^2 + p_2^2$ beschränkt ist, stellt H_s eine im Sinne von (3.5.12) und (3.5.14) analytische Operatorfamilie dar. Die Eigenvektoren φ_s werden durch $\exp i\vec{s}(\vec{x}_1 + \vec{x}_2)$ miteinander verbunden, so daß für eine komplexe Umgebung U des Nullpunktes

$$\int d^3x_1 \, d^3x_2 \, |e^{i\vec{s}(\vec{x}_1+\vec{x}_2)}\varphi(\vec{x}_1, \vec{x}_2)|^2 < \infty \qquad \forall s \in U,$$

gilt. (4.3.38) zeigt nun im Detail, wie die Ionisierungsenergie das Verhalten für große r bestimmt.

Der Beweis von (4.3.38) erfordert einige Lemmata, die für sich von Interesse sind. Zuerst verallgemeinern wir die Feststellung im Beweis von (3.5.28), daß die kinetische Energie von $\sqrt{\rho}$ durch die tatsächliche kinetische Energie dominiert wird.

Die Schrödungerungleichung (4.3.40)

$$\left(-\frac{\triangle}{2} - \frac{1}{r} + \alpha V_L(r) + \epsilon_1\right)\sqrt{\rho} \leq 0$$

mit V_L aus (4.3.29) und $\mu = 1$.

Beweis

Die Schrödingergleichung

$$\left(\frac{1}{2}(p_1^2 + p_2^2) - \frac{1}{r_1} - \frac{1}{r_2} + \frac{\alpha}{r_{12}}\right)\psi = E_1\psi$$

sagt zunächst

$$E_1\rho(r) = -\frac{1}{r}\rho(r) - \frac{1}{2}\int d^3x_2 \, \psi^*(\vec{x}_1, \vec{x}_2) \overset{\leftrightarrow}{\triangle}_1 \psi(\vec{x}_1, \vec{x}_2) +$$

$$+ \int d^3x_2 \, \psi^*(\vec{x}_1, \vec{x}_2)\left(-\frac{\triangle_2}{2} - \frac{1}{r_2} + \frac{\alpha}{r_{12}}\right)\psi(\vec{x}_1, \vec{x}_2).$$

$\left[f \overset{\leftrightarrow}{\Delta} g := (f\Delta g + g\Delta f)/2. \right]$ Benützt man in $\Delta_1\sqrt{\rho} = \vec{\nabla}_1((\vec{\nabla}_1\rho)/2\sqrt{\rho})$ die Cauchy-Schwarzsche Ungleichung, so gilt im Distributionssinn

$$-\sqrt{\rho}\,\Delta_1\sqrt{\rho} \leq -\int \psi^* \overset{\leftrightarrow}{\Delta}_1 \psi\, d^3x_2,$$

da $\Delta_1\rho/2 = \left|\nabla_1\sqrt{\rho}\right|^2 + \sqrt{\rho}\,\Delta_1\sqrt{\rho}$,

$$-\sqrt{\rho}\,\Delta_1\sqrt{\rho} = -\int \psi^* \overset{\leftrightarrow}{\Delta}_1 \psi\, d^3x_2 - \int |\nabla_1\psi|^2 d^3x_2 - |\nabla_1\rho|^2/4\rho.$$

Die beiden letzten Terme sind dann ≤ 0 nach der Cauchy-Schwarz-Ungleichung für $|\nabla_1\rho|^2 = 4\left|\int \psi^*\nabla_1\psi\, d^3x_2\right|^2$. Im letzten Term von $E_1\rho$ giltdie Operatorungleichung (siehe 3.5.31)

$$\frac{1}{2}p_2^2 - \frac{1}{r_2} + \frac{\alpha}{r_{12}} \geq \frac{1}{2}p_2^2 - \frac{1}{r_2} + \alpha P_0 V_L(r_1) \geq -\frac{1}{2} + \alpha V_L(r_1),$$

falls $-\frac{1}{2} + \alpha V_L(r_1) \leq -\frac{1}{8}$, sonst projiziert man zweidimensional. Also ist

$$\left(-E_1 - \frac{1}{r} - \frac{1}{2} + \alpha V_L(r)\right)\rho - \frac{1}{2}\sqrt{\rho}\,\Delta\sqrt{\rho} \leq 0.$$

□

Monotonie der Grundzustandsfunktion in Potential und Quelle (4.3.41)

In einem Gebiet $\Omega \subset \mathbf{R}^n$ sei $f, g, V, W \geq 0$, f, g auf $\bar{\Omega}$ stetig, $V \leq W$. Gilt in Ω $\Delta f \leq Vf$, $\Delta g \geq Wg$, und ist $f \geq g$ auf $\partial\Omega$, dann gilt die letzte Ungleichung auch in ganz Ω.

Erläuterung (4.3.42)

Wir setzen voraus, daß f und g stetig sind, so daß Δf und Δg zumindest im Distributionssinn existieren. Falls Ω unbeschränkt ist, sollen f und g im Unendlichen verschwinden.

Beweis

Sei D:$= \{x \in \Omega : g > f\}$. In D ist $\Delta(g - f) \geq Wg - Vf \geq 0$. In einer Dimension nimmt eine Funktion positiver Krümmung (also eine konvexe Funktion) ihr Maximum am Rand an. Diese Eigenschaft gilt im $\mathbf{R}^n$ für F mit $\Delta F \geq 0$ (subharmonische Funktionen). Da auf ∂D aus Stetigkeitsgründen $g = f$, kann g in D nicht $> f$ sein, und D ist daher leer.

Beweis von (4.3.38)

(i)   Obere Schranke

Wir wissen $V_L > \frac{1}{r} - \frac{1}{r^3}$, und nach (4.3.40) ist $\Delta\sqrt{\rho} \geq 2\left(\epsilon_1 - \frac{1-\alpha}{r} - \frac{\alpha}{r^3}\right)\sqrt{\rho}$. Nun gilt mit $j = \frac{1-\alpha}{\sqrt{2\epsilon_1}}$ und $f = \frac{1}{r}e^{-\sqrt{2\epsilon_1}\,r}(r^j + \beta r^{j-1})$

$$\Delta f = \left[2\epsilon_1 - 2\frac{1-\alpha}{r} + \frac{\left[j(j-1) + 2\beta\sqrt{2\epsilon_1}\right]r^{-2} + (j-1)(j-2)\beta r^{-3}}{1 + \beta/r}\right]f.$$

Wählen wir $\beta < 0$, so daß für $r > r_1$

$$\left[j(j+1) + 2\beta\sqrt{2\epsilon_1}\right] r^{-2} + (j-1)(j-2)\beta r^{-3} < \left(-\frac{\alpha}{r^3} - \frac{\beta\alpha}{r^4}\right) \cdot 2$$

gilt, können wir $\sqrt{\rho}$ mit g aus (4.3.41) identifizieren. Wir müssen noch $r_0 = \max\{-\beta, r_1, r_2\}$ setzen, wobei r_2 die größte Wurzel von $\epsilon_1 = \frac{1-\alpha}{r_2} + \frac{\alpha}{r_2^3}$ ist. In $\Omega = \{r > r_0\}$ sind dann die Voraussetzungen von (4.3.41) erfüllt, wenn wir

$$c_+ \geq \frac{r_0\, \rho(r_0)\, e^{\sqrt{2\epsilon_1}\, r_0}}{r_0^j(1 - |\beta|/r_0)}$$

setzen.

(ii)   Untere Schranke

Sei $\varphi(x)$ der Grundzustand von $\frac{p^2}{2} - \frac{1}{r}$, ψ der von $H(\alpha)$ (4.3.1). Wegen $\varphi, \psi \geq 0$ und der Cauchy-Schwarzschen Ungleichung ist

$$0 \leq f(x_1) := \int d^3x_2\, \varphi(\vec{x}_2)\, \psi(\vec{x}_1, \vec{x}_2) \leq \sqrt{\rho(\vec{x}_1)}.$$

Nun gilt

$$0 = \int d^3x_2\, \varphi(\vec{x}_2)(H - E_1)\psi(\vec{x}_1, \vec{x}_2) = \left(-\frac{\Delta}{2} - \frac{1}{r_1} + \epsilon_1\right)f + \alpha \int d^3x_2\, \frac{\varphi(\vec{x}_2)\psi(\vec{x}_1, \vec{x}_2)}{|\vec{x}_1 - \vec{x}_2|}.$$

Für große r_1 schätzen wir ab

$$\int d^3x_2\, \frac{\varphi(\vec{x}_2)\, \psi(\vec{x}_1, \vec{x}_2)}{|\vec{x}_1 - \vec{x}_2|} = \int_{r_2 \leq \sqrt{r_1}} + \int_{r_2 \geq \sqrt{r_1}} \leq \frac{f(r_1)}{r_1 - \sqrt{r_1}} + c\, e^{-\sqrt{r_1}}\sqrt{\rho},$$

denn $\varphi \sim e^{-r}$ und ρ bleibt beschränkt. Also haben wir jetzt unter Benützung der oberen Schranke für $\sqrt{\rho}$

$$\frac{1}{2}\Delta f \leq \left(\epsilon_1 - \frac{1}{r} + \frac{\alpha}{r - \sqrt{r}}\right)f + c'\, e^{-\sqrt{2\epsilon_1 - \delta}\, r - \sqrt{r}},$$

und mit $g = c'' e^{-\sqrt{2\epsilon_1}\, r} r^{j-1}(1 + \beta r^{-1/2})$ und c'', β passend gewählt (dazu bedarf es einer längeren Untersuchung [24]), lassen sich die Voraussetzungen von (4.3.41) erfüllen. Da $\varphi > 0$, ist $f(x_1) = 0$ nur, falls $\psi(\vec{x}_1, \vec{x}_2) = 0$ $\forall \vec{x}_2$. Insbesondere kann f nicht für alle $|\vec{x}_1| \in I = (a, \infty)$ verschwinden: ψ wäre dann 0 in $I \times I$ und daher in dem $I \times I$ umfassenden Analytizitätsgebiet gleich 0. Daher gibt es genügend große $|\vec{x}_1|$ mit $f(\vec{x}_1) > 0$, und wir erhalten eine untere Schranke gleicher asymptotischer Gestalt.   □ □

Als nächstes studieren wir die Elektronendichte am Ort des Kerns. Für ein Teilchen in einem Zentralpotential V folgt aus (3.3.5,4b) die Relation $\rho(0) = \frac{1}{2\pi}\left\langle \frac{dV}{dr}\right\rangle$ und sie gilt es zu verallgemeinern. Die Aufenthaltswahrscheinlichkeit des Elektrons im

Atomkern wird durch eine im Teilchenbild unverständliche Fokussierung der Elektronenwellen am Ursprung bestimmt. Für ein konvexes Potential, etwa $V = r^2$, wächst dV/dr mit r, so daß höher angeregte Zustände größeres $\rho(r)$ haben, während man klassisch kleineres $\rho(r)$ erwarten sollte, da die Teilchen dann schneller am Kern vorbeifliegen. Nur bei konkaven Potentialen wie $-1/r$ entspricht die Ordnung der Intuition.

Schranken für $\rho(0)$ (4.3.43)

$$\frac{1}{2\pi}\,|E_1|(E_2 - E_1) + \alpha\rho_{12}(0) \le \rho(0) \le \frac{1}{2\pi}\langle\,\psi_1\,|\,r_1^{-2}\,|\,\psi_1\,\rangle,$$

wobei

$$\rho(0) = \int d^3x_1\,d^3x_2\,|\psi_1(\vec{x}_1, \vec{x}_2)|^2\,\delta^3(\vec{x}_1),$$

$$\rho_{12}(0) = \int d^3x_1\,d^3x_2\,|\psi_1(\vec{x}_1, \vec{x}_2)|^2\,\delta^3(\vec{x}_1 - \vec{x}_2),$$

$$H\psi_1 = E_1\psi_1.$$

Beweis

Obere Schranke (sie gilt für alle Eigenvektoren):
Für $u(\vec{x}_1, \vec{x}_2) = r_1\psi_1(\vec{x}_1, \vec{x}_2)$ wird die Schrödingergleichung

$$-\frac{\partial^2}{\partial r_1^2}\,u + Wu = 0,$$

$$W = r_1^{-2}\vec{L}_1^2 - \triangle_2 - \frac{2}{r_1} + \frac{2\alpha}{r_{12}} - 2E.$$

Wegen $\psi_1(\vec{0}, \vec{x}_2) = \frac{\partial}{\partial r_1}\,u(\vec{x}_1, \vec{x}_2)|_{r_1=0}$ ist

$$\rho(0) = -\frac{1}{2\pi}\int d^3x_1\,d^3x_2\,\frac{\partial u}{\partial r_1}\frac{\partial^2 u}{\partial r_1^2}\,r_1^{-2}.$$

Die partiellen Integrationen von (3.3.5,4) geben jetzt

$$\rho(0) = -\frac{1}{2\pi}\int d^3x_1\,d^3x_2\,\frac{\partial u}{\partial r_1}\,r_1^{-2}Wu =$$

$$= (2\pi)^{-1}\left(\left\langle\,\psi_1\,\left|\,r_1^{-2} - \frac{\vec{L}_1^2}{r_1^3}\,\right|\,\psi_1\,\right\rangle - \alpha\left\langle\,\psi_1\,\left|\,\frac{\vec{x}_1(\vec{x}_1 - \vec{x}_2)}{r_1|\vec{x}_1 - \vec{x}_2|^3}\,\right|\,\psi_1\,\right\rangle\right).$$

Da $|\psi_1|^2$ in $\vec{x}_1$ und $\vec{x}_2$ symmetrisch ist, wird auch der letzte Beitrag negativ:

$$\left\langle\,\psi_1\,\left|\,\frac{r_1^2 - \vec{x}_1\cdot\vec{x}_2}{r_1\,r_{12}^3}\,\right|\,\psi_1\,\right\rangle = \frac{1}{2}\left\langle\,\psi_1\,\left|\,r_{12}^{-3}\left(\frac{1}{r_1} + \frac{1}{r_2}\right)(r_1 r_2 - \vec{x}_1\vec{x}_2)\,\right|\,\psi_1\,\right\rangle \ge 0.$$

Untere Schranke:
Hier benützen wir das Lemma über die

Beschränkung des Schwankungsquadrats (4.3.44)

$$(\Delta a)^2 \leq \frac{\langle 1 \,|\, [a, [H, a]] \,|\, 1 \rangle}{2(E_2 - E_1)},$$

wobei $H|1\rangle = E_1|1\rangle$, $E_{1,2}$ die beiden tiefsten Eigenwerte $\leq \inf \sigma_{\text{ess}}$, Δa mit $|1\rangle$ berechnet und $|1\rangle \in D(a)$ vorausgesetzt ist.

Beweis

$$\langle 1\,|\,a(Ha - aH)\,|\,1\rangle = -\langle 1\,|\,(Ha - aH)a\,|\,1\rangle = \langle 1\,|\,a(\mathbf{1} - |1\rangle\langle 1\,|)(Ha - aH)|1\rangle \geq$$
$$\geq (E_2 - E_1)(\langle 1\,|\,a^2\,|\,1\rangle - \langle 1\,|\,a\,|\,1\rangle^2).$$

$\square$

Verwenden wir im Lemma nun $\vec{p}_1$ für a, findet sich nach partieller Integration

$$(\Delta \vec{p}_1)^2 = \langle \vec{p}_1^{\,2} \rangle = |E_1| \leq \frac{\left\langle \,\left|\, \Delta_1 \left(\frac{-1}{r_1} + \frac{\alpha}{r_{12}}\right) \,\right|\, \right\rangle}{2(E_2 - E_1)} = \frac{2\pi}{E_2 - E_1} [\rho(0) - \alpha\rho_{12}(0)].$$

$\square$ $\square$

Bemerkungen (4.3.45)

1. In (3.3.5,4b) haben wir nur den Beitrag von $L = 0$ zu $\rho(0)$ berechnet, aber da für vernünftige Potentiale $|\psi_\ell|^2 \sim r^{2\ell}$ gilt, gibt der L^2/r^3-Term im Fall eines Teilchens keinen Beitrag.

2. Für die Ableitung von $\bar{\rho}$, $\rho(r)$ sphärisch gemittelt am Kernort, gilt

$$\frac{d\bar{\rho}}{dr}\Big|_{r=0} = -2\,\rho(0). \tag{4.3.46}$$

Dies sieht man, indem man $u'' = Wu$ mit ψ multipliziert und über $d\Omega\,dx_2$ integriert:

$$\frac{d\bar{\rho}}{dr} = \frac{r}{4\pi} \int \left(\psi W \psi - \psi \frac{\partial^2}{\partial r_1^2} \psi\right) d\Omega\,dx_2.$$

Im Limes $r \to 0$ trägt nur $-2r_1^{-1}$ aus W bei und liefert (4.3.46). Wir haben daher die Schranken

$$-\frac{1}{\pi}\langle \psi_1 \,|\, r^{-2} \,|\, \psi_1 \rangle \leq \frac{d\bar{\rho}}{dr}\Big|_{r=0} \leq -\frac{1}{\pi} |E_1|\,(E_2 - E_1) - 2\alpha\rho_{12}(0).$$

Zum Schluß wollen wir allgemeiner Erwartungswerte von r^ν diskutieren. Zunächst gelten die

Monotonieeigenschaften von $\langle a^\nu \rangle$ (4.3.47)

Ist a ein positiver Operator, so sind die Abbildungen $\mathbf{R} \to \bar{\mathbf{R}} : \nu \to \langle a^\nu \rangle^{1/\nu}$ monoton wachsend und $\nu \to -\ln\langle a^\nu \rangle$ konkav.

Beweis

In der Spektraldarstellung folgt dies direkt aus der Jensenschen Ungleichung. $\square$

Bemerkungen (4.3.48)

1. Liegen für manche ν nur schwächere Abschätzungen für $\langle a^\nu \rangle$ vor, so hilft (4.3.47) sie durch bessere Werte für andere ν mit Interpolation zu überbrücken.

2. Für viele Operatoren läßt sich die Berechnung von Erwartungswerten auf genaue Schranken für eine Energie zurückführen: $\langle b \rangle = \partial E(\beta)/\partial\beta$, wenn $E(\beta)$ der Eigenwert von $H + \beta b$ ist. Wegen der Konkavität von $E(\beta)$ lassen sich durch Grenzen für $E(\beta)$ solche für $\partial E/\partial\beta$ angeben. So bekommen wir etwa durch unsere Kenntnis von $E(\alpha)$ den Erwartungswert von $1/r_{12}$ und über das Virialtheorem dann $\langle \vec{p}_1^2 \rangle = \langle \vec{p}_2^2 \rangle = |E|$ und $\langle 1/r_1 \rangle = \langle 1/r_2 \rangle$.

Um keinen Rechenaufwand zu betreiben, verfolgen wir den in 2) erwähnten Weg nicht weiter, sondern zitieren nur einige allgemeine Ungleichungen für Erwartungswerte für r und $|\vec{p}|$. Da sie nur Variationen über die Unschärferelation sind und die genaue Form der Wechselwirkung nicht eingeht, lassen sie in unserem Spezialfall numerisch zu wünschen übrig.

Untere Grenzen für $\langle r^\nu \rangle^{1/\nu}$ (4.3.49)

$\nu = 2$: Aus $\frac{\vec{p}^2}{2} + \frac{r^2\omega^2}{2} \geq \frac{3}{2}\omega$ folgt für $\omega = \frac{2}{3}\langle \vec{p}^2 \rangle : \langle r^2 \rangle \geq \frac{9}{4\langle \vec{p}^2 \rangle}$,
$\langle r^2 \rangle^{1/2} \geq \frac{3}{2}\langle \vec{p}^2 \rangle^{-1/2}$.

$\nu = 1$: $\frac{\vec{p}^2}{2} + gr \geq \left(\frac{g}{2}\right)^{2/3} \cdot c$, ($c = $ erste Nullstelle der Airy-Funktion $Ai(x)$) $= 2,338$, $\Rightarrow \langle r \rangle \geq 1,2446\langle \vec{p}^2 \rangle^{-1/2}$.

$\nu = -1$: $\frac{\vec{p}^2}{2} - \frac{\alpha}{r} \geq -\frac{\alpha^2}{2} : \langle 1/r \rangle^{-1} \geq \langle \vec{p}^2 \rangle^{-1/2}$.

$\nu = -2$: $\frac{\vec{p}^2}{2} - \frac{1}{8r^2} \geq 0$ nach (2.5.20,1): $\langle 1/r^2 \rangle \geq \frac{1}{2}\langle \vec{p}^2 \rangle^{-1/2}$.

Obere Grenzen für $\langle r^\nu \rangle^{1/\nu}$ (4.3.50)

Setzt man in (4.3.44) $\vec{a} = \vec{x}_1 r_1^{q-1}$, so daß in drehinvarianten Zuständen $\langle \vec{a} \rangle = 0$ und $[\vec{a}, [H, \vec{a}]] = (\nabla\vec{a})^2 = r^{2q-2}(2 + q^2)$, dann ist $\langle r^{2q} \rangle \leq (2 + q^2)\langle r^{2q-2} \rangle(2(E_2 - E_1))^{-1}$. Damit und mit früheren Resultaten erhalten wir für $-2 \leq \nu \leq 2$, $\nu = $ ganzzahlig, schon Vergleichswerte:

$\nu = 2$: $q = 1$ in obiger Formel, $\langle r^2 \rangle^{1/2} \leq \sqrt{3/2}(E_2 - E_1)^{-1/2}$.

$\nu = 1$: $q = 1/2$ gibt $\langle r \rangle \leq \frac{9}{8}\langle 1/r \rangle(E_2 - E_1)^{-1} \leq \frac{9}{8}\frac{\langle \vec{p}^2 \rangle^{1/2}}{(E_2-E_1)}$.
Zweimalige Anwendung einer ungenauen Ungleichung gibt jedoch ein sehr schwaches Resultat.

$\nu = -1$: In unserem Fall liefert das Virialtheorem $\langle 1/r_1 \rangle \geq |E_1|$, $\langle 1/r_1 \rangle^{-1} \leq |E_1|^{-1}$ (in atomaren Einheiten).

$\nu = -2$: $q = 0$ in obiger Formel, $\langle r^{-2} \rangle^{-1/2} \leq (E_2 - E_1)^{-1/2}$.

Die Ungleichungen besagen also, daß die Mittelwerte von r nicht zu klein werden können, ohne daß die kinetische Energie zu stark anwächst, und nicht zu groß, ohne den Abstand der Eigenwerte zu vermindern. Kennt man schon E_1 und E_2 und benützt den Virialsatz, ergeben sich für He folgende Schranken für $\langle r^\nu \rangle^{1/\nu}$ (in atomaren Einheiten); manche lassen sich durch (4.3.48,1) verbessern.

ν	untere	obere Schranken
2	0.88	1.408
1	0.73	2.535
-1	0.587	0.689
-2	0.293	1.150

Nach (4.3.21,2) ist $\langle 1/r \rangle^{-1} \cong 0,61$. Für größere Präzision sind diese Ungleichungen zu allgemein und größerer numerischer Aufwand ist erforderlich.

Da $\langle r^{-2} \rangle$ für $\rho(0)$ von Bedeutung ist, wollen wir das Resultat für $\nu = -2$ mit (2.2.33,3) verbessern. Aus $i\langle a^*b - b^*a \rangle \leq \langle a^*a \rangle + \langle b^*b \rangle$ folgern wir mit $a = p_r + ic/r$, $b, c \in \mathbf{R}$, daß

$$\langle r^{-2} \rangle c(1-c) + \langle r^{-1} \rangle 2bc - b^2 - \langle \vec{p}^{\,2} \rangle \leq 0.$$

Oder, nach Optimieren nach b und c,

$$\langle r^{-2} \rangle^2 - 4\langle \vec{p}^{\,2} \rangle + 4\langle r^{-1} \rangle^2 \langle \vec{p}^{\,2} \rangle \leq 0 \Rightarrow$$

$$\langle r^{-2} \rangle \begin{array}{c} \leq \\ \geq \end{array} 2\langle \vec{p}^{\,2} \rangle \left(1 \pm \sqrt{1 - \langle r^{-1} \rangle^2 / \langle \vec{p}^{\,2} \rangle} \right).$$

Der Virialsatz gibt schließlich die

Beschränkung von $\langle r^{-2} \rangle$ durch E_1 (4.3.51)

Für zwei Elektronen und $\alpha > 0$ gilt

$$\langle r^{-2} \rangle \begin{array}{c} \leq \\ \geq \end{array} 2|E_1| \left(1 \pm \sqrt{1 - |E_1|} \right).$$

Aufgaben (4.3.52)

1. Zeige, daß der Operator mit Integralkern $\varphi(\vec{x})V_L(\vec{x})|\vec{x} - \vec{x}'|V_L(\vec{x}')\varphi(\vec{x}')$ nur einen positiven, sonst nur negative Spektralwerte hat. (Man zeige, daß $|x - x'|$ als Operator dominiert wird durch einen eindimensionalen Projektionsoperator.)

2. Zeige, daß $r_{12}^{-1/2}(\mathcal{P}_1\mathcal{P}_2 + \mathcal{P}_2\mathcal{P}_1)r_{12}^{-1/2}$ im Raum der symmetrischen Funktionen nur einen positiven Eigenwert hat, und schließe, daß $r_{12}^{-1} \geq r_{12}^{-1/2}(\mathcal{P}_1 + \mathcal{P}_2 - |\chi\rangle\langle\chi|)r_{12}^{-1/2}$.

3. Berechne $\langle 0 |1/r_{12}| 0 \rangle$ und $\langle 0 |r_{12}| 0 \rangle$ in (4.3.21,1)

4. Berechne die 2×2-Matrizen M_L^{-1} und M_L für $(1s2p)$ und $(1s3p)$ (siehe (4.3.24,2)).

5. Berechne das abgeschirmte Potential von (4.3.7).

6. Zeige $\langle V^2 \rangle = 3E^2 + \langle T^2 \rangle$ für Coulombsysteme, $(T, V = $ kinetische, potentielle Energie$)$. $H | \rangle = E | \rangle$.

7. Zeige die Gültigkeit der ersten Hundschen Regel in erster Ordnung Störungstheorie: Für zwei orthogonale Wellenfunktionen φ_1, φ_2 aus $L^2(\mathbf{R}^3)$, $\Phi = \frac{\varphi_1 \wedge \varphi_2}{\sqrt{2}}$, $\Psi = \frac{\varphi_1 \otimes \varphi_2}{\sqrt{2}}$ gilt

$$\langle\, \Phi \,|\, H' \,|\, \Phi \,\rangle \leq \langle\, \Psi \,|\, H' \,|\, \Psi \,\rangle.$$

Die Ungleichung ist strikt, wenn die φ_i nicht disjunkte Träger haben.

Hinweis: Verwende die Fouriertransformation des Coulomb-Potentials.

Lösungen (4.3.53)

1. Die Dreiecksungleichung liefert ($r = |\vec{x}|$, $r' = |\vec{x}'|$):

$$|\vec{x} - \vec{x}'| = r + r' - 8\pi \int \frac{d^3q}{q^4} \left(e^{i\vec{q}\vec{x}} - 1\right)\left(e^{i\vec{q}\vec{x}'} - 1\right) \leq r + r' \leq$$

$$\leq \frac{1}{2}(1 + r)(1 + r') - \frac{1}{2}(1 - r)(1 - r') \leq \frac{1}{2}(1 + r)(1 + r').$$

Dieser Integralkern entspricht einem eindimensionalen Projektionsoperator. Die Aussage folgt dann aus dem Mini-Max-Prinzip angewandt auf die Operatoren, die man mittels Multiplizieren beider Seiten mit φV_L erhält.

2. Der Operator $P_0(1) V_L(x_2) r_{12} P_0(2) V_L(x_1) + P_0(2) V_L(x_1) r_{12} P_0(1) V_L(x_2) = K^{(2)}$ hat die Erwartungswerte

$$\langle\, \Phi \,|\, K^{(2)} \,|\, \Phi \,\rangle = 2 \int d^3x_2 \, d^3x_2' \, f(\vec{x}_2) \, K^{(1)}(\vec{x}_2, \vec{x}_2') \, f(\vec{x}_2')$$

mit

$$f(\vec{x}_2) = \int d^3x_1 \, \varphi_1(\vec{x}_1) \, \Phi(\vec{x}_1, \vec{x}_2),$$

$$K^{(1)}(\vec{x}_2, \vec{x}_2') = \varphi_1(\vec{x}_2) \, V_L(\vec{x}_2) \, |\vec{x}_2 - \vec{x}_2'| \, V_L(\vec{x}_2') \, \varphi_1(\vec{x}_2'),$$

falls $\Phi(\vec{x}_1, \vec{x}_2) = \Phi(\vec{x}_2, \vec{x}_1)$. Nach 1) hat $K^{(1)}$ nur einen positiven Eigenwert, dasselbe gilt dann auch für $\mathcal{P}_1 \mathcal{P}_2 + \mathcal{P}_2 \mathcal{P}_1$. Da wir wissen, daß dieser positive Eigenwert 2 ist und $|\chi\rangle$ der entsprechende Eigenvektor, gilt $\mathcal{P}_1 \mathcal{P}_2 + \mathcal{P}_2 \mathcal{P}_1 < 2\,|\chi\rangle\langle\chi|$. Aus $\mathcal{P}_1 \mathcal{P}_2 \mathcal{P}_1 + \mathcal{P}_2 \mathcal{P}_1 \mathcal{P}_2 \geq 2\,|\chi\rangle\langle\chi|$ folgt dann die Aussage.

3.

$$\left\langle\, 0 \,\left|\, \frac{1}{r_{12}} \,\right|\, 0 \,\right\rangle = 16 \int_0^\infty dr_1 \, r_1^2 \, e^{-2r_1} \int_0^\infty dr_2 \, r_2^2 \, e^{-2r_2} \int_{-1}^1 \frac{dz}{2} \, (r_1^2 + r_2^2 - 2r_1 r_2 z)^{-1/2} =$$

$$= 16 \int_0^\infty dr_1 \, r_1 \, e^{-2r_1} \int_0^\infty dr_2 \, r_2 \, e^{-2r_2} \cdot \begin{cases} r_2 & \text{falls } r_1 > r_2 \\ r_1 & \text{falls } r_2 > r_1 \end{cases}.$$

Für $\langle\, 0 \,|\, r_{12} \,|\, 0 \,\rangle$ kommt bei der z-Integration $\int_{-1}^1 \frac{dz}{2} (r_1^2 + r_2^2 - 2r_1 r_2 z)^{1/2}$ anstelle des vorherigen Ausdrucks, $\int_{-1}^{+1} \frac{dz}{2} (r_1^2 + r_2^2 - r_1 r_2 z)^{-1/2}$.

4.

$$M_L^{-1} =$$

$$= \frac{1}{2} \left[\begin{array}{cc} \langle (1s2p) \pm (2p1s)|r_{12}|(1s2p) \pm (2p1s)\rangle, & \langle (1s2p) \pm (2p1s)|r_{12}|(1s3p) \pm (3p1s)\rangle \\ \langle (1s3p) \pm (3p1s)|r_{12}|(1s2p) \pm (2p1s)\rangle, & \langle (1s3p) \pm (3p1s)|r_{12}|(1s3p) \pm (3p1s)\rangle \end{array} \right].$$

Symmetrisch:

$$M^{-1} = \begin{bmatrix} 5,11 & -1,77 \\ -1,77 & 12,58 \end{bmatrix}, \qquad M = \begin{bmatrix} 0,21 & 0,02 \\ 0,02 & 0,08 \end{bmatrix},$$

$$E_{1,2} = -\frac{5,17}{144} \pm \frac{\alpha}{2}(0,206 + 0,08) \mp \sqrt{\left(-\frac{5}{144} + \frac{\alpha}{2}(0,206 - 0,08)\right)^2 + \alpha^2\,0,029^2},$$

$$E_{1,2} = -0,590 + \alpha\,0,145 \mp \sqrt{(-0,035 + \alpha\,0,061)^2 + \alpha^2\,0,00084}.$$

Antisymmetrisch:

$$M^{-1} = \begin{bmatrix} 5,38 & -1,65 \\ -1,65 & 12,64 \end{bmatrix}, \qquad M = \begin{bmatrix} 0,194 & 0,025 \\ 0,025 & 0,082 \end{bmatrix},$$

$$E_{1,2} = -0,590 + \alpha\,0,138 \mp \sqrt{(-0,035 + \alpha\,0,056)^2 + \alpha^2\,0,00064}.$$

5.
$$\left\langle \varphi_1(x_1) \left| \frac{1}{r_{12}} \right| \varphi_1(x_1) \right\rangle = \frac{4}{r_2} \int_0^{r_2} e^{-2r_1} r_1^2\,dr_1 + 4 \int_{r_2}^{\infty} e^{-2r_1} r_1\,dr_1.$$

6. Aus $V = H - T$ folgt $\Delta V = \Delta T$ für das Schwankungsquadrat mit Eigenzuständen von H. Der Virialsatz liefert dann die Aussage.

7. Mit $\rho_i(\vec{x}) := |\varphi_i(\vec{x})|^2$, $\sigma(\vec{x}) := \varphi_1(\vec{x})\,\varphi_2^*(\vec{x})$ ist

$$\begin{pmatrix} \langle \Phi \,|\, H' \,|\, \Phi \rangle \\ \langle \Psi \,|\, H' \,|\, \Psi \rangle \end{pmatrix} = \int d^3x\,d^3y\,\rho_1(\vec{x})\,\frac{1}{|\vec{x} - \vec{y}|}\,\rho_2(\vec{y}) \mp A.$$

Die „Austausch-Wechselwirkung"

$$A := \int d^3x\,d^3y\,\sigma^*(\vec{x})\,\frac{1}{|\vec{x} - \vec{y}|}\,\sigma(\vec{y}) = 2\pi \int d^3k\,|\tilde{\sigma}(\vec{k})|^2\,\frac{1}{|\vec{k}|^2}$$

ist strikt positiv, wenn $\sigma \neq 0$, da das Fourier-transformierte Coulomb-Potential positiv ist (das Potential ist von „positivem Typ") und nirgends $= 0$.

4.4   Streuung am einfachen Atom

Nach Klärung des Punktspektrums zweier geladener Teilchen im Coulomb-feld gilt es, das kontinuierliche Spektrum zu analysieren. Um seine physi-kalische Bedeutung zu verstehen, muß man die Anwendbarkeit der Streu-theorie nachweisen.

Mehrteilchenstreuprobleme sind komplizierte Beugungsprobleme im $\mathbf{R}^{3n}$ mit Po-tentialen, die in manchen Richtungen abfallen, in manchen nicht. Dementsprechend war dieses Gebiet lange Tummelplatz von allen möglichen Ansätzen und Approxima-tionen, deren Genauigkeit im Dunkel blieb. Zunächst gilt es einmal, die physikalische Bedeutung des kontinuierlichen Spektrums zu klären. Wie wir gesehen haben, fällt die Wellenfunktion der gebundenen Zustände exponentiell ab, in ihnen bleibt also ein Teilchen beim Atomkern. Die Frage ist nun, ob bei den anderen Zuständen min-destens ein Teilchen asymptotisch frei wird, wie man es intuitiv erwartet. Dazu ist zunächst die Abwesenheit von σ_{sing} zu zeigen, welches der physikalischen Vorstellung fremd ist. Die einzigen realistischen Beispiele mit $\sigma_{\mathrm{sing}} \neq \emptyset$ sind die von Pearson erklügelten Bändermodelle, in denen die erlaubten Zonen im Energiespektrum eine Cantormenge sind. Sie erfordern Potentiale, die bis ins Unendliche gehen, und σ_{sing} sollte bei der Streuung an einem Atom nicht auftreten.[1]

Als nächstes ist auszuschließen, daß die in (3.4.10,1) erwähnte sonderbare Erschei-nung von Wellen, die zwar einlaufen, aber nie wieder herauskommen, auftritt. Die beim Beweis der asymptotischen Vollständigkeit der Einteilchenstreuung verwendete relative Kompaktheit geht ja verloren, und erst nach den Arbeiten von L. Faddeev hat man herausgefunden, wie kompakte Anteile der Resolvente zu sammeln sind. Unter der Ionisierungsschwelle gelingt es auf einfache Weise, Existenz und Vollständigkeit der Mølleroperatoren zu beweisen. Oberhalb der Ionisierungsschwelle steht ein befrie-digender Nachweis der asymptotischen Vollständigkeit noch aus.

Der Physiker kann sich aber nach Existenzbeweisen nicht zur Ruhe begeben, son-dern dann beginnt seine eigentliche Arbeit. Wie lassen sich die der Messung zugäng-lichen Größen tatsächlich berechnen? Welche Genauigkeit kann man für den Zahlen-wert garantieren? Nach den Erfahrungen von II, § 3.4, wird man auf das Schlimmste gefaßt sein, die komplizierten Interferenzphänomene bei Beugungsproblemen schei-nen menschlichen Rechenversuchen zu spotten. Umso erfreulicher ist es, daß durch die beharrlichen Anstrengungen von L. Spruch, R. Blankenbecler, R. Sugar und vielen anderen in den letzten Jahrzehnten Operatorungleichungen entwickelt wurden, die in manchen Grenzfällen die Streuparameter mit erstaunlicher Präzision festlegen.

Als erste Aufgabe haben wir die Natur von σ_{ess} zu klären und das Schicksal der im Kontinuum eingebetteten diskreten Eigenzustände von H_0 zu verfolgen. In unserer früheren Analyse haben wir gerne die Kompaktheit von $V(H_0 - z)^{-1}$ in $(H - z)^{-1} = (H_0 - z)^{-1}(1 + V(H_0 - z)^{-1})^{-1}$ verwendet, doch, wie erwähnt, gilt dies für mehrere Teilchen mit Paarpotentialen nicht. Wir wollen daher als erstes eine Darstellung der Resolvente finden, aus der man durch Kompaktheitsargumente auf den Einfluß der Wechselwirkung auf das Spektrum schließen kann. Im folgenden

---

[1]Tatsächlich existiert es in keinem System mit Coulomb-Wechselwirkungen [22].

beschränken wir uns auf das 3-Teilchen-Problem, doch können die Methoden auf Vielteilchensysteme übertragen werden.

Jedenfalls für relativ beschränkte Potentiale läßt sich die Resolvente in die normkonvergente Reihe

$$(H(\alpha) - z)^{-1} = \sum_{n=0}^{\infty} \sum_{\gamma_1=1}^{3} \ldots \sum_{\gamma_n=1}^{3} (-)^n R_0 \, v_{\gamma_1} R_0 \, v_{\gamma_2} \ldots R_0 \, v_{\gamma_n} R_0,$$

$$R_0 := (T - z)^{-1}, \quad v_1 = -1/r_1, \quad v_2 = -1/r_2, \quad v_3 = \alpha/r_{12}, \tag{4.4.1}$$

$$T = \frac{1}{2}(p_1^2 + p_2^2),$$

entwickeln, solange $d(z, \mathrm{Sp}(T)) = d(z, \mathbf{R}^+) = |\mathrm{Im}\, z|$ für $\mathrm{Re}\, z > 0$ bzw. $|z|$ für $\mathrm{Re}\, z \leq 0$, groß genug ist:

$$\left\| \frac{1}{r} R_0 \psi \right\| \leq \epsilon \|\psi\| + a\|R_0\psi\| \leq \left(\epsilon + a[d(z, \mathbf{R}^+)]^{-1} \right) \|\psi\|.$$

Im Falle von nur einem Elektron waren alle Summanden außer dem ersten, R_0, kompakt. Da der Normlimes von kompakt wieder kompakt ergibt, konnten wir schließen, daß das wesentliche Spektrum nicht verschoben wird. Jetzt ist die Situation verändert, da die Operatoren im Tensorprodukt wirken und für $n > 0$ die Beiträge wohl in einem Faktor, aber nicht notwendig in beiden kompakt sind. Um die Faktorisierung zu sehen, schreiben wir die Resolvente als das normkonvergente Integral

$$R_0 = \int_C \frac{d\xi/2\pi i}{\left(\frac{1}{2}\vec{p}_1^2 - \xi\right)\left(\frac{1}{2}\vec{p}_2^2 - z + \xi\right)}, \tag{4.4.2}$$

wobei der komplexe Integrationsweg $C = (\mathbf{R}^+ - i\epsilon) \cup (-i\epsilon, i\epsilon) \cup (\mathbf{R}^+ + i\epsilon)$, $0 < \epsilon < |\mathrm{Im}\, z|$. Somit ist

$$R_0 \frac{1}{r_1} R_0 =$$

$$= \int_{C \times C} \frac{d\xi_1 \, d\xi_2}{(2\pi i)^2} \frac{1}{\left(\frac{1}{2}\vec{p}_1^2 - \xi_1\right)} \frac{1}{r_1} \frac{1}{\left(\frac{1}{2}\vec{p}_1^2 - \xi_2\right)} \otimes \frac{1}{\left(\frac{1}{2}\vec{p}_2^2 - z + \xi_1\right)} \frac{1}{\left(\frac{1}{2}\vec{p}_2^2 - z + \xi_2\right)}, \tag{4.4.3}$$

und der Integrand ist von der Form kompakt $\otimes$ beschränkt. Hat man jedoch zwei verschiedene Potentiale, werden beide Faktoren kompakt:

$$R_0 \frac{1}{r_1} R_0 \frac{1}{r_2} R_0 = \int \frac{d\xi_1 \, d\xi_2 \, d\xi_3}{(2\pi i)^3} \frac{1}{\left(\frac{1}{2}\vec{p}_1^2 - \xi_1\right)} \frac{1}{r_1} \frac{1}{\left(\frac{1}{2}\vec{p}_1^2 - \xi_2\right)} \frac{1}{\left(\frac{1}{2}\vec{p}_1^2 - \xi_3\right)} \otimes$$

$$\otimes \frac{1}{\left(\frac{1}{2}\vec{p}_2^2 - z + \xi_1\right)} \frac{1}{\left(\frac{1}{2}\vec{p}_2^2 - z + \xi_2\right)} \frac{1}{r_2} \frac{1}{\left(\frac{1}{2}\vec{p}_2^2 - z + \xi_3\right)}. \tag{4.4.4}$$

Dasselbe gilt auch, wenn man r_{12} anstelle von r_1 oder r_2 verwendet. In (4.4.1) sind also die Beiträge nicht kompakt, bei denen alle γ_i gleich sind, die anderen sind kompakt.

Die Glieder in (4.4.1) kann man sich graphisch vor Augen führen, indem man die Elektronen durch Linien darstellt und die Wechselwirkungen $1/r_\gamma$ durch gewellte Linien nach außen (für $\gamma = 1$ oder 2) oder zwischen den Elektronen (für $\gamma = (12)$):

R_0 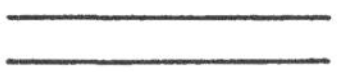 $R_0 \dfrac{1}{r_{12}} R_0$ 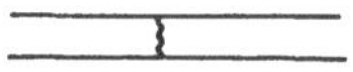

$R_0 \dfrac{1}{r_1} R_0$ 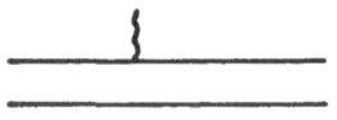 $R_0 \dfrac{1}{r_2} R_0 \dfrac{1}{r_{12}} R_0$ 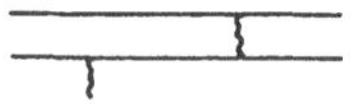

etc. Produkt in (4.4.1) heißt Aneinanderfügen der entsprechenden Graphen, sie übernehmen somit die algebraische Struktur der Operatoren. Die nicht kompakten Operatoren sind die nicht zusammenhängenden Graphen, was heißen soll, daß die Elektronenlinien nicht untereinander oder nicht nach außen verbunden sind. Die den kompakten Operatoren entsprechenden zusammenhängenden Graphen sind ein Ideal dieser Algebra. Wir können daher mit der Notation

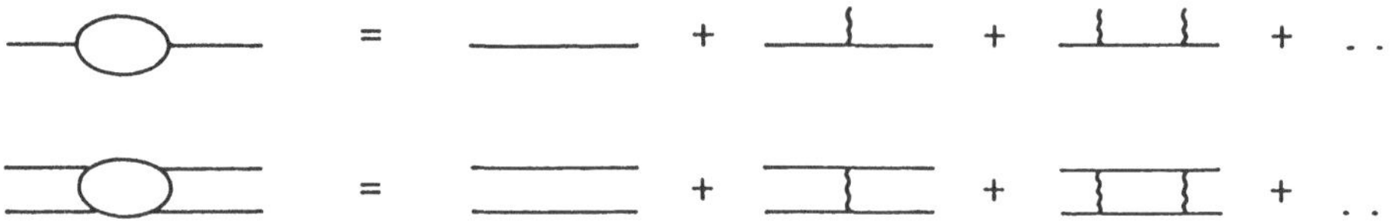

die Resolvente graphisch als

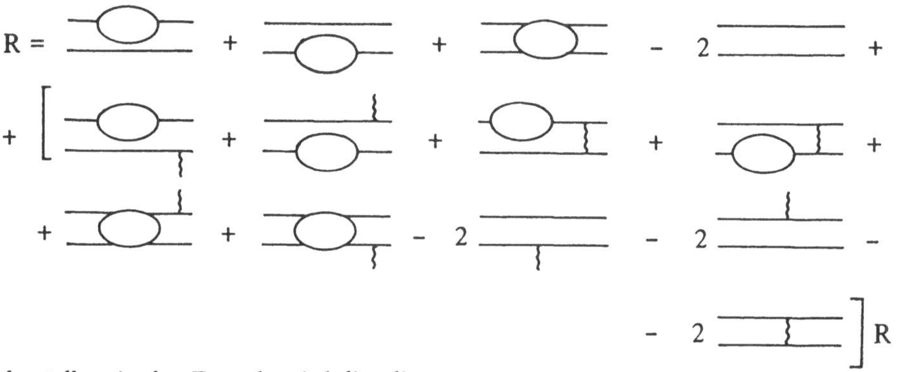

darstellen, in den Formeln wird dies die

Weinberg-Van Winter Gleichung (4.4.5)

$$R = D + JR,$$

$$D = \left(T - \frac{1}{r_1} - z\right)^{-1} + \left(T - \frac{1}{r_2} - z\right)^{-1} + \left(T + \frac{\alpha}{r_{12}} - z\right)^{-1} - 2(T - z)^{-1},$$

$$J = \left(T - \frac{1}{r_1} - z\right)^{-1} \left(-\frac{1}{r_2} + \frac{\alpha}{r_{12}}\right) + \left(T - \frac{1}{r_2} - z\right)^{-1} \left(-\frac{1}{r_1} + \frac{\alpha}{r_{12}}\right) -$$

$$-\left(T+\frac{\alpha}{r_{12}}-z\right)^{-1}\left(\frac{1}{r_1}+\frac{1}{r_2}\right)-2(T-z)^{-1}\left(-\frac{1}{r_1}-\frac{1}{r_2}+\frac{\alpha}{r_{12}}\right)=$$

$$=(T-z)^{-1}\frac{1}{r_1}\left(T-\frac{1}{r_1}-z\right)^{-1}\left(-\frac{1}{r_2}+\frac{\alpha}{r_{12}}\right)+$$

$$+(T-z)^{-1}\frac{1}{r_2}\left(T-\frac{1}{r_2}-z\right)^{-1}\left(-\frac{1}{r_1}+\frac{\alpha}{r_{12}}\right)+$$

$$+(T-z)^{-1}\frac{\alpha}{r_{12}}\left(T+\frac{\alpha}{r_{12}}-z\right)^{-1}\left(\frac{1}{r_1}+\frac{1}{r_2}\right).$$

Folgerung (4.4.6)

Wie gezeigt, ist $J(z)$ für genügend große $d(z,\mathbf{R})$ kompakt, diese Eigenschaft pflanzt sich aber im ganzen Analytizitätsgebiet $\mathbf{C}\setminus\mathbf{R}^+\bigcup_{n=1}^{\infty}\{-1/2n^2\}$ fort (Aufgabe 3). Daher hat $(1-J(z))^{-1}$ auf dem Analytizitätsgebiet nur isolierte Pole endlicher Multiplizität und $R(z)=(1-J(z))^{-1}D(z)$ sonst nur die Singularitäten von $D(z)$. So kommen wir zu einem Resultat von Hunziker, Van Winter und Zhislin, welches (4.3.5) für nicht notwendig positive α verallgemeinert.

HVZ-Satz (4.4.7)

$$\sigma_{\text{ess}}(H(\alpha))=\sigma_{\text{ess}}\left(T-\frac{1}{r_1}\right)\cup\sigma_{\text{ess}}\left(T-\frac{1}{r_2}\right)\cup\sigma_{\text{ess}}\left(T+\frac{\alpha}{r_{12}}\right).$$

Bemerkung (4.4.8)

In diesem Abschnitt wird die Aussage (4.3.6,1) noch verständlicher. Im wesentlichen Spektrum läuft ein Teilchen nach Unendlich, so daß σ_{ess} bei den jeweiligen Ionisierungsenergien beginnt.

Um σ_{sing} auszuschließen, betrachten wir wie in (4.1.16) $H(\alpha)$ mit einem komplexen Parameter τ dilatiert:

$$H_\alpha(\tau):=U(\tau)H(\alpha)U^{-1}(\tau)=e^{2\tau}T+e^\tau V,$$

$$(H_\alpha(\tau)-z)^{-1}=(1-J)^{-1}D,$$

$$D=\left(e^{2\tau}T-\frac{e^\tau}{r_1}-z\right)^{-1}+\left(e^{2\tau}T-\frac{e^\tau}{r_2}-z\right)^{-1}+$$

$$+\left(e^{2\tau}T+\frac{\alpha e^\tau}{r_{12}}-z\right)^{-1}-2\left(e^{2\tau}T-z\right)^{-1},$$

(4.4.9)

$$e^{2\tau}J=(T-e^{-2\tau}z)^{-1}\frac{1}{r_1}\left(T-\frac{e^{-\tau}}{r_1}-e^{-2\tau}z\right)^{-1}\left(-\frac{1}{r_2}+\frac{\alpha}{r_{12}}\right)+$$

$$+(T-e^{-2\tau}z)^{-1}\frac{1}{r_2}\left(T-\frac{e^{-\tau}}{r_2}-e^{-2\tau}z\right)^{-1}\left(-\frac{1}{r_1}+\frac{\alpha}{r_{12}}\right)+$$

$$+(T-e^{-2\tau}z)^{-1}\frac{\alpha}{r_{12}}\left(T+\frac{\alpha e^{-\tau}}{r_{12}}-e^{-2\tau}z\right)^{-1}\left(\frac{1}{r_1}+\frac{1}{r_2}\right).$$

Wieder ist J ein kompakter Operator, so daß $(1 - J)^{-1}$ nur zum Punktspektrum von $H_\alpha(\tau)$ beiträgt und das wesentliche Spektrum von D herrührt. Letzteres enthält aber nur Ausdrücke, wie sie uns in (4.1.16) begegnet sind: Da

$$\sigma(A \otimes \mathbf{1} + \mathbf{1} \otimes B) = \sigma(A) + \sigma(B)$$

(siehe [3], XIII,9) und

$$\sigma\left(e^{2\tau}\frac{p^2}{2} - \frac{e^\tau}{r}\right) = \bigcup_{n \geq 1}\left\{\frac{-1}{2n^2}\right\} \cup e^{2\tau}\mathbf{R}^+$$

(siehe (4.1.17,2)), ist

$$\sigma\left(e^{2\tau}\frac{1}{2}(\vec{p}_1^2 + \vec{p}_2^2) - \frac{e^\tau}{r_1}\right) = \bigcup_{n \geq 1}\left\{\frac{-1}{2n^2} + e^{2\tau}\mathbf{R}^+\right\} \cup e^{2\tau}\mathbf{R}^+.$$

Das heißt, das bei jedem Energieniveau $-1/2n^2$ ansetzende Kontinuum des anderen Elektrons wird durch die Dilatation ins Komplexe umgebogen:

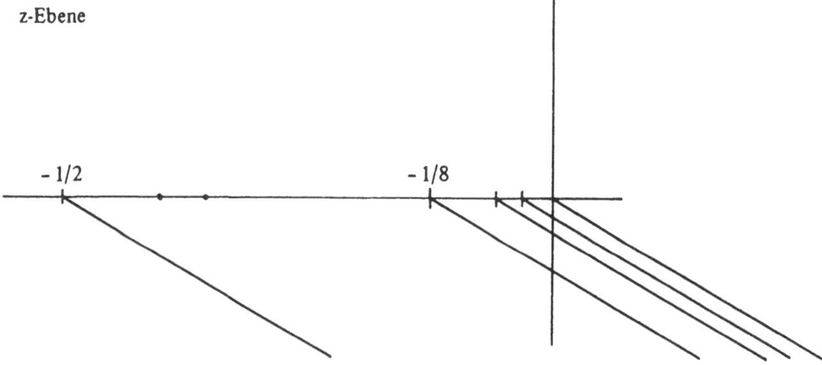

Fig. 4.5 $\sigma\left(e^{2\tau}\frac{1}{2}(p_1^2 + p_2^2) - \frac{e^\tau}{r_1}\right)$ für $\mathrm{Im}\,e^{2\tau} < 0$

Somit lassen sich auf der dichten Menge D der bezüglich $U(\tau)$ ganzen Vektoren die Matrixelemente der Resolvente analytisch über die reelle Achse fortsetzen, denn diese berührt ja σ_{ess} nur an $\bigcup_n\{-1/2n^2\} \cup \{0\}$. Wir schließen daher wie in (4.1.16) auf die

Abwesenheit von σ_{sing} (4.4.10)

$$\sigma_{\mathrm{sing}}(H_\alpha) = \emptyset, \text{ so daß } \sigma_{\mathrm{ess}}(H_\alpha) = \sigma_{\mathrm{a.c.}}(H_\alpha).$$

Wegen $\langle U^{-1}(\tau^*)\varphi \,|\, (H_\alpha - z)^{-1}U^{-1}(\tau)\psi \rangle = \langle \varphi \,|\, (H_\alpha(\tau) - z)^{-1}\psi \rangle$ spiegelt das Spektrum von $H_\alpha(\tau)$ die Singularitäten wider, welche bei der analytischen Fortsetzung der Matrixelemente der Resolvente auftreten. Wir wollen nun untersuchen, wie die Eigenwerte im Kontinuum von H_0 beim Einschalten der Störung α/r_{12} in das zweite z-Blatt wandern. Zunächst kennen wir das

Spektrum von $H_0(\tau)$ (4.4.11)

$$\sigma_{\mathrm{p}}(H_0(\tau)) = \sigma_{\mathrm{p}}(H_0(0)) = \bigcup_{n,m \geq 1} \left\{ -\frac{1}{2n^2} - \frac{1}{2m^2} \right\},$$

$$\sigma_{\mathrm{a.c.}}(H_0(\tau)) = \bigcup_{n \geq 1} \left\{ -\frac{1}{2n^2} + e^{2\tau}\mathbf{R}^+ \right\} \cup \{ e^{2\tau}\mathbf{R}^+ \}.$$

Was die Eigenwerte des nicht-hermitischen $H_\alpha(\tau)$ anbelangt, so kann es für $\operatorname{Im} e^{2\tau} < 0$ solche mit negativem Imaginärteil geben: Das in (4.1.17) gebrachte Argument, nach dem die Eigenwerte in τ analytisch sind und daher konstant, da sie sich für reelle τ nicht verändern, gilt ja nur, wenn sie stets isoliert bleiben. Über die zwischen $\mathbf{R}^+$ und $e^{2\tau}\mathbf{R}^+$ fegt aber σ_{ess}, wenn $\operatorname{Im}\tau \to 0$, und das Argument versagt. Tatsächlich werden die Eigenwerte $\cup_{n,m \geq 2} \left\{ \frac{-1}{2n^2} - \frac{1}{2m^2} \right\}$ von $H_0(\tau)$ beim Einschalten von α/r_{12} (bei festem τ) ins Komplexe wandern, sofern dies nicht von Auswahlregeln verhindert wird. Da in $H_0(\tau)$ das Kontinuum weggebogen wurde, sind für $\operatorname{Im}\tau < 0$, $\alpha = 0$, die Eigenwerte isoliert, und wir können ihre Verschiebung beim Einschalten von α/r_{12} (3.5.18) in niedrigster Ordnung Störungstheorie verwenden (bei dessen Ableitung wurde die Hermitizität von H nicht benützt). Wie erwartet, hängt dann die Position des Eigenwertes nicht von τ ab, sondern dieses bestimmt nur die Richtung, in der man im Komplexen den Limes zur reellen Achse nehmen muß:

Störungstheorie der komplexen Eigenwerte (4.4.12)

Sei in der Notation von (3.5.18) $|\tau\rangle = U(\tau)|0\rangle$, $|0\rangle$ und $E(0)$ Eigenfunktion und Eigenwert von $H_0(\tau)$. Der Eigenwert von $H_\alpha(\tau)$ ist

$$E(\alpha) = E(0) + \alpha \left\langle \tau \left| \frac{e^\tau}{r_{12}} \right| \tau \right\rangle -$$

$$-\alpha^2 \left\langle \tau \left| \frac{e^\tau}{r_{12}} P_\perp(\tau)(H_0(\tau) - E(0))^{-1} P_\perp(\tau) \frac{e^\tau}{r_{12}} \right| \tau \right\rangle + o(\alpha^2) =$$

$$= E(0) + \alpha \left\langle 0 \left| \frac{1}{r_{12}} \right| 0 \right\rangle -$$

$$-\alpha^2 \lim_{\epsilon \downarrow 0} \left\langle 0 \left| \frac{1}{r_{12}} P_\perp(\tau)(H_0(0) - E(0) - i\epsilon)^{-1} P_\perp(\tau) \frac{1}{r_{12}} \right| 0 \right\rangle + o(\alpha^2).$$

Bemerkungen (4.4.13)

1. In $O(\alpha^2)$ hat $E(\alpha)$ den Imaginärteil

$$\operatorname{Im} E(\alpha) = -\pi\alpha^2 \left\langle 0 \left| \frac{1}{r_{12}} P_\perp \, \delta(H_0 - E(0)) \, P_\perp \frac{1}{r_{12}} \right| 0 \right\rangle$$

(Fermis Goldene Regel). Dies ist sowohl ein Eigenwert von $H_\alpha(\tau)$ mit $\operatorname{Im}\tau$ genügend groß, aber natürlich hat das hermitische $H_\alpha(0)$ keine komplexen Eigenwerte, sondern diese treten nur bei der analytischen Fortsetzung der Matrixelemente der Resolvente in Erscheinung:

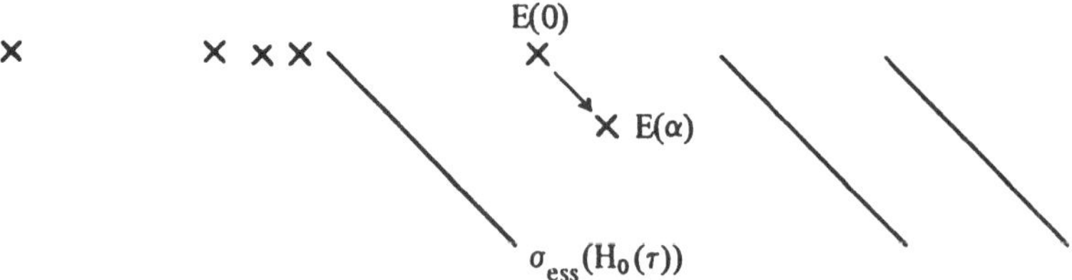

Fig. 4.6 Bewegung der Eigenwerte von $H_\alpha(\tau)$ für $\alpha > 0$.

2. Die Interpretation dieser Pole als Resonanzen wird sowohl durch die Lebensdauer (4.2.11) als auch durch den Streuoperator $V - V(H - E)^{-1}V$ gestützt: Für kleine α sind sie der ausschlaggebende Beitrag zur Resolvente bei $E = \mathrm{Re}(E(\alpha))$. Im $E(\alpha)$ bestimmt dann die Zerfallswahrscheinlichkeit.

3. Bei den Zuständen unnatürlicher Parität hat $H_0(0)$ kein Kontinuum im Sektor gleicher Quantenzahlen, so daß $P_\perp\, \delta(H(0) - E_0)\, P_\perp$ und damit $\mathrm{Im}\, E(\alpha)$ verschwinden. Bei anderen Zuständen ist aber $\mathrm{Im}\, E(\alpha) < 0$. Dies klärt nachträglich die Frage nach $\sigma_\mathrm{p}(H(\alpha))$ im Kontinuum. Es entwickelt sich für genügend kleine α genau aus den Eigenwerten $-\frac{1}{2n^2} - \frac{1}{2m^2}$ von $H(0)$, für die $\mathrm{Im}\, E(\alpha) = 0$.

Das nächste Problem ist, zu zeigen, daß $\sigma_\mathrm{a.c.}(H(\alpha))$ aus Streuzuständen besteht, um dann schließlich die relevanten Streuparameter mit einer den experimentellen Gegebenheiten entsprechenden Genauigkeit zu berechnen. Da dieses Programm recht aufwendig ist, müssen wir uns mit der einfachsten nichttrivialen Situation begnügen: Wir wollen die Streuung von e^- an einem aus μ^- und p bestehenden Atom berechnen. Wir betrachten nur Energien $< 1\mathrm{KeV}$, bei denen μ^- im Grundzustand bleiben muß. Langt die Energie zur Anregung einiger gebundener Zustände, verläuft die Rechnung im Prinzip gleich und fordert nur etwas mehr Schreibarbeit. Kann das Müon ionisiert werden, so existieren die gewöhnlichen Mølleroperatoren nicht, und man muß zu der in (4.1.19,2) erwähnten Vergleichszeitentwicklung greifen. Nur solange das Müon gebunden bleibt, ist das Coulombfeld abgeschirmt, und die Wechselwirkung hat so kurze Reichweite, daß die Streutheorie von § 3.4 funktioniert. Im Sinne von (3.4.16) betrachten wir also die

Kanal-Hamiltonfunktion (4.4.14)

$$H = \frac{\vec{p}_1^2}{2\mu} + \frac{\vec{p}_2^2}{2} - \frac{1}{r_1} - \frac{1}{r_2} + \frac{1}{r_{12}},$$

$$H_1 = \frac{\vec{p}_1^2}{2\mu} - \frac{1}{r_1} + \frac{\vec{p}_2^2}{2}, \qquad I_1 = -\frac{1}{r_2} + \frac{1}{r_{12}},$$

$$P_1(E) := \Theta(E - H_1) = |\varphi\rangle\langle\varphi| \otimes \Theta\left(E + \frac{\mu}{2} - \frac{\vec{p}_2^2}{2}\right) \qquad \text{für } E < -\mu/8,$$

$$Q_1(E) := \Theta(E - H),$$

$$\varphi(r_1) = 2\mu^{3/2}\, e^{-\mu r_1} = \text{Grundzustand von } \frac{p_1^2}{2\mu} - \frac{1}{r_1}.$$

Mit dieser Notation können wir das wesentliche Resultat aussprechen:

Die Einkanal-Mølleroperatoren (4.4.15)

Für $E < -\mu/8$ existieren Mølleroperatoren

$$\Omega_{1\pm} := \underset{t\to\pm\infty}{\text{s-lim}}\; Q_1(E)\, e^{iHt}\, e^{-iH_1 t}\, P_1(E),$$

$$\Omega_{1\pm}^{*} := \underset{t\to\pm\infty}{\text{s-lim}}\; P_1(E)\, e^{iH_1 t}\, e^{-iHt}\, Q_1(E),$$

und sind vollständig

$$\Omega_{1\pm}^{*}\, \Omega_{1\pm} = P_1(E), \qquad\qquad \Omega_{1\pm}\, \Omega_{1\pm}^{*} = Q_1(E).$$

Bemerkungen (4.4.16)

1. Wesentlich wird sein, daß die effektive Wechselwirkung von e^- und $\mu^- p$ stärker als $1/r$ abfällt. Hätte man statt p einen Kern mit Ladungszahl Z, müßte man

$$H_1 = \frac{\vec{p}_1^2}{2\mu} + \frac{\vec{p}_2^2}{2} - \frac{Z}{r_1} - \frac{Z-1}{r_2}$$

   wählen.

2. Streuung von e^+ an $\mu^- p$ erfordert nur einige Vorzeichenänderungen.

3. Streuung von e^- am Wassestoffatom wird für parallele Spins durch das Pauliprinzip kompliziert: H_1 ist ja nicht invariant unter der Permutation der beiden Elektronen, so daß $e^{iHt}\, e^{-iH_1 t}$ aus dem Raum der antisymmetrischen Zustände herausführt. Man muß daher den Limes von $e^{iHt}\, e^{-iH_1 t}\, |\,\psi_1\,\rangle \pm e^{iHt}\, e^{-iH_2 t}\, |\,\psi_2\,\rangle$ betrachten, was einer Antisymmetrisierung der Streuamplituden gleichkommt.

4. Für antiparallele Spins der Elektronen hat H einen gebundenen Zustand. Seine genaue Kenntnis ist für die Berechnung der Streulänge wesentlich, da sie im Falle eines Eigenwerts bei Null unendlich wird.

5. Die S-Matrix der Wechselwirkungsdarstellung $S_{11} = \Omega_{1+}^{*}\, \Omega_{1-}$ genügt der Unitaritätsrelation $S_{11}^{*} S_{11} = S_{11} S_{11}^{*} = P_1(E)$.

Beweis von (4.4.15)

Wie im Beweis von (3.4.11) studieren wir die Integrabilität in t von

$$Q_1(E)\, e^{iHt}\, I_1\, e^{-iH_1 t}\, P_1(E)$$

und

$$P_1(E)\, e^{-iH_1 t}\, I_1\, e^{-iHt}\, Q_1(E).$$

In den dort gegebenen Bedingungen an H (bzw. H_1) müssen wir nur die Projektoren Q_1 (bzw. P_1) hinzufügen, so daß das Supremum nur über

$$\omega \in I := \left(-\frac{\mu}{2} + \delta, -\frac{\mu}{8} - \delta \right), \quad \delta \downarrow 0,$$

zu nehmen ist.

(i) $\sup_{\omega \in I} \left\| \sqrt{I_1}\, \delta(H_1 - \omega) \sqrt{I_1} \right\|.$
Intuitiv ist für $\omega < -\mu/8$ klar, daß

$$\delta\left(\frac{\vec{p}_1^{\,2}}{2\mu} - \frac{1}{r_1} + \frac{\vec{p}_2^{\,2}}{2} - \omega \right) = |\varphi\rangle\langle\varphi| \otimes \delta\left(\frac{\vec{p}_2^{\,2}}{2} - \omega - \frac{\mu}{2} \right);$$

dies wird in Aufgabe 1 formal abgeleitet. Daher ist mit (4.3.7) und $k^2/2 = \omega + \mu/2$

$$\mathrm{Tr}\left(\sqrt{I_1}\, \delta(H_1 - \omega) \sqrt{I_1} \right) =$$

$$\int d^3x_1 \ldots d^3x_n\, u(\vec{x}_1)\, g_k(\vec{x}_1 - \vec{x}_2)\, u(\vec{x}_2)\, g_k(\vec{x}_2 - \vec{x}_3) \ldots g_k(\vec{x}_n - \vec{x}_1),$$

$$g_k(\vec{x}) = \frac{1}{4\pi^2 r} \sin kr, \tag{4.4.17}$$

$$u(\vec{x}) = \int d^3x'\, |\varphi(\vec{x}')|^2 I_1(\vec{x}, \vec{x}') = \int d^3x'\, |\varphi(\vec{x}')|^2 \left| \frac{1}{|\vec{x}|} - \frac{1}{|\vec{x} - \vec{x}'|} \right|.$$

Das Potential u ist größer als das Potential

$$V(\vec{x}) = \int d^3x'\, |\varphi(\vec{x}')|^2 \left(\frac{1}{|\vec{x} - \vec{x}'|} - \frac{1}{|\vec{x}|} \right) = -\left(\mu + \frac{1}{r} \right) e^{-2\mu r}, \tag{4.4.17}$$

(siehe (4.3.7)), welches das vom Proton mit Abschirmung durch die Müon-Wolke erzeugte Potential ist. Die Multipol-Entwicklung

$$\frac{1}{|\vec{x} - \vec{x}'|} = \frac{1}{r} + \frac{\vec{x}\,\vec{x}'}{r^3} + O(r^{-3})$$

zeigt jedoch, daß $u \sim r^{-2}$ bei $r \to \infty$. Wir haben es daher mit einer Ein-Teilchen-Situation der Art zu tun, wie sie in (3.4.11) behandelt wurde. Da u nur eine Singularität am Ursprung wie $1/r$ hat, folgt aus (3.4.14,1)

$$\sup_{\omega \in I} \left\| \sqrt{I_1}\, \delta(H_1 - \omega) \sqrt{I_1} \right\| < \infty.$$

(ii)

$$\sup_{\omega \in I} \left\| \sqrt{I_1}\, \delta(H - \omega) \sqrt{I_1} \right\|,$$

$$\delta(H - \omega) = \frac{1}{2\pi i} \lim_{\epsilon \downarrow 0} \left(\frac{1}{H - \omega - i\epsilon} - \frac{1}{H - \omega + i\epsilon} \right).$$

Auch in der trivialen Verallgemeinerung von (4.4.5) für $\mu > 1$ hat die Resolvente dieselbe Struktur,

$$\sqrt{I_1}(H - z)^{-1}\sqrt{I_1} = \left(1 - \sqrt{I_1}\,J(z)/\sqrt{I_1}\right)^{-1}\sqrt{I_1}\,D(z)\sqrt{I_1},$$

und wir müssen wieder die Beschränktheit von $\sqrt{I_1}\,D(z)\sqrt{I_1}$ bzw. die Kompaktheit von $\sqrt{I_1}\,J(z)/\sqrt{I_1}$ zeigen. Für komplexe z wissen wir dies schon, und es verbleibt zu studieren, was für $z \in [-\mu/2 + \delta \pm i\epsilon, -\mu/8 - \delta \pm i\epsilon] = I$, $\delta > 0$, $\epsilon \downarrow 0$, geschieht. In $D(z)$ ist nur

$$\left(\frac{\vec{p}_1^2}{2\mu} - \frac{1}{r_1} + \frac{\vec{p}_2^2}{2} - z\right)^{-1} =$$

$$= |\varphi\rangle\langle\varphi| \otimes \left(\frac{\vec{p}_2^2}{2} - z - \frac{\mu}{2}\right)^{-1} + (1 - |\varphi\rangle\langle\varphi| \otimes 1)\left(\frac{\vec{p}_1^2}{2\mu} - \frac{1}{r_1} + \frac{\vec{p}_2^2}{2} - z\right)^{-1}$$

singulär und davon nur der erste Term; wenn das Müon angeregt ist, ist seine Energie $\geq -\mu/8$, und der zweite Term ist $\forall z \in I$ durch $1/\delta$ gleichmäßig beschränkt.

$$\sqrt{I_1}\,|\varphi\rangle\langle\varphi| \otimes \left(\frac{\vec{p}_2^2}{2} - \omega - \frac{\mu}{2} \pm i\epsilon\right)^{-1}\sqrt{I_1}$$

haben wir aber in (i) als endlich erkannt. Der Beweis gilt auch mit $(\vec{p}^2 - z)^{-1}$ statt $\delta(\vec{p}^2 - z)$.) Analog ist in $\sqrt{I_1}\,J/\sqrt{I_1}$ nur der Term

$$\sqrt{I_1}\,(T - z)^{-1}\frac{1}{r_1}\left(T - \frac{1}{r_1} - z\right)^{-1}\sqrt{I_1}$$

fraglich, und zwar wieder nur der Beitrag, wenn das Müon im Grundzustand ist. Um die Kompaktheit von

$$\sqrt{I_1(\vec{x}_1, \vec{x}_2}\,(T - z)^{-1}\frac{1}{r_1}\,|\varphi(\vec{x}_1)\rangle\langle\varphi(\vec{x}_1)| \otimes \left(\frac{\vec{p}_2^2}{2} - z - \frac{\mu}{2}\right)^{-1}\sqrt{I_1(\vec{x}_1, \vec{x}_2)}$$

zu beweisen, verfahren wir wie in (3.4.13). Man kann sich überzeugen (Aufgabe 2), daß $K = \sqrt{I_1(\vec{x}_1, \vec{x}_2)}\,(T - z)^{-1}\frac{1}{r_1}\,|\varphi(\vec{x}_1)\rangle\langle\varphi(\vec{x}_1)|\,\delta(\vec{p}^2 - \omega)\sqrt{I_1(\vec{x}_1, \vec{x}_2)}$ zu $\mathcal{C}_4$ gehört und in ω Hölder-stetig ist. Das garantiert die Kompaktheit des zu untersuchenden Operators für $z = x + iy$, $-\frac{\mu}{2} < x < 0$, bei $y \downarrow 0$ (Aufgabe 2).

Die $z_i \in \mathbf{R}$, an denen $J(z)$ den Eigenwert 1 hat, sind Eigenwerte endlicher Multiplizität von H. Die zugehörigen Eigenfunktionen ψ fallen exponentiell ab (4.3.38), so daß $\sqrt{I_1}\,\psi$ in $\mathcal{H}$ ist. An diesen z_i hat auch $\sqrt{I_1}\,J(z)/\sqrt{I_1}$ Eigenwert 1 und umgekehrt. Da wir aber wissen, daß in I kein Eigenwert von H liegt, bleibt $\left(1 - \sqrt{I_1}\,J(z)/\sqrt{I_1}\right)^{-1}$ in I gleichmäßig beschränkt, und somit ist auch

$$\sup_{\omega \in I}\left\|\sqrt{I_1}\,\delta(H - \omega)\sqrt{I_1}\right\| < \infty.$$

$\square$

Nachdem die Existenz der Mølleroperatoren und damit der S-Matrix gesichert ist, wollen wir an die Berechnung der Streuamplitude von e^- an $(\mu^- p)$ gehen. Dabei handelt es sich um den Erwartungswert von $I_1 - I_1(H - E)^{-1}I_1$ mit dem (nicht normierbaren) $\varphi(\vec{x}_1)\exp i\vec{k}\vec{x}_2$, $E = -\mu/2 + \vec{k}^2/2$. Intuitiv wird man erwarten, daß sich das Müon wegen seiner großen Masse durch ein niederenergetisches Elektron kaum beeinflussen läßt. Letzteres sollte also einfach das uns schon früher begegnete effektive Potential $V_t = 1 \otimes V$, V von (4.4.17), spüren. Jedenfalls können wir diese Vermutung testen, indem wir V_t in (3.6.29) als Versuchspotential verwenden und für Ω_t einsetzen: Dafür betrachten wir $k = 0$ und erhalten das

Variationsprinzip für die Streulänge (4.4.18)

Die Streulänge ist $\frac{1}{4\pi} \times$ Erwartungswert von

$$T = T_t + T_t V_t^{-1}(I_1 - V_t)V_t^{-1}T_t - T_t V_t^{-1}(I_1 - V_t)\left(H + \frac{\mu}{2}\right)^{-1}(I_1 - V_t)V_t^{-1}T_t,$$

$$T_t = V_t - V_t\left(H + \frac{\mu}{2}\right)^{-1}V_t,$$

$$H_t = H + V_t - I_1 = \frac{\vec{p}_1^2}{2\mu} - \frac{1}{r_1} + \frac{\vec{p}_2^2}{2} + V_t(x_2)$$

mit $\varphi(x_1) \otimes 1$.

Berechnung der drei Beiträge zu T (4.4.19)

(i) T_t: Hier haben wir einfach die Streuung des Elektrons an dem kurzreichweitigen Potential V_t. Das Müon hat hier keine Wechselwirkung mit dem Elektron, alles faktorisiert sich. Da V_t zentralsymmetrisch ist, ließe sich T_t am Computer ausrechnen, doch es lohnt sich kaum, da V_t für den tatsächlichen Wert $\mu = 207$ eine so kleine Störung ist, daß die erste Bornsche Näherung a_B bereits auf ‰ genau ist. Um dies zu sehen, verweisen wir auf (3.6.24) und berechnen das dortige

$$\|K\|_2^2 = \|v\|_{\mathbf{R}}^2 = \int d^3x\, d^3x'\, v(\vec{x})\, v(\vec{x}')\, (4\pi|\vec{x} - \vec{x}'|)^{-2} = \int \frac{d^3k}{(2\pi)^3}\left(\frac{\tilde{v}(\vec{k})}{4\pi}\right)^2 \frac{2\pi^2}{|\vec{k}|} =$$

$$= \frac{1}{2}\int_0^\infty dk^2\, \frac{[\vec{k}^2 + 8\mu^2]^2}{[\vec{k}^2 + 4\mu^2]^4} = \frac{1}{4\mu^2}\frac{7}{6},$$

denn $|\varphi(\vec{x})|^2$ hat die Fouriertransformierte $(1 + \vec{k}^2/4\mu^2)^{-2}$, also ist

$$\frac{\tilde{v}(\vec{k})}{4\pi} = \frac{-1}{\vec{k}^2}\left(1 - \frac{(4\mu^2)^2}{(\vec{k}^2 + 4\mu^2)^2}\right).$$

Daher ist die Streulänge $a_t = a_B(1 \pm \|K\|/(1 - \|K\|)) = a_B(1 \pm 0.002)$, und a_B berechnet sich zu

$$a_B = \int \frac{d^3x}{4\pi}\, v(\vec{x}) = \frac{\tilde{v}(\vec{0})}{4\pi} = -\frac{1}{2\mu^2} = -\frac{1}{2}(206.8)^{-2} \cdot (\text{Bohrscher Radius}) =$$

$$= -0,619 \cdot 10^{-13}\text{cm}.$$

(ii) Der Term linear in $I_1 - V_t$ verschwindet: Es gilt ja

$$T_t\,\varphi(\vec{x}_1) \otimes e^{i\vec{k}\vec{x}_2} = \varphi(\vec{x}_1) \otimes \left(V_t - V_t \left(\frac{\vec{p}_2^2}{2} - \vec{k}^2 \right)^{-1} V_t \right) e^{i\vec{k}\vec{x}_2},$$

und $\int d^3x_1\,|\varphi(\vec{x}_1)|^2\,(I_1(\vec{x}_1, \vec{x}_2) - V_t(\vec{x}_2))$ ist per definitionem Null. Unser V_t ist also in dem Sinne optimal gewählt, daß der Unterschied zwischen $\langle T \rangle$ und $\langle T_t \rangle$ quadratisch in $I_1 - V_t$ wird.

(iii) Um $(H + \mu/2)^{-1}$ im letzten Term abzuschätzen, verwenden wir das Resultat von § 4.3, daß H keine gebundenen Zustände hat, oder $H + \mu/2 \geq 0$. H war ja sogar größer als eine Einteilchen-Hamiltonfunktion ohne gebundene Zustände:

$$H + \frac{\mu}{2} \geq \left[\frac{\vec{p}_2^2}{2} - \frac{1}{r_2} + V_L(r_2) \right] P + \left(\frac{3\mu}{8} - \frac{1}{2\gamma} + \frac{1-\gamma}{2}\,\vec{p}_2^2 \right) (\mathbf{1} - P) =: H_L,$$

$$P := |\varphi\rangle\langle\varphi| \otimes \mathbf{1},$$

wobei wir im letzten Term $\frac{\vec{p}^2}{2} - \frac{1}{r} \geq -\frac{1}{2\gamma} + \frac{1-\gamma}{2}\,\vec{p}^2$, $0 < \gamma < 1$ verwendet haben. γ werden wir dann so wählen, daß die Schranke optimal wird. $a \geq b > 0$ impliziert nun $a^{-1} \leq b^{-1}$ (2.2.38,11), so daß wir einmal die obere Schranke

$$\frac{1}{H + \mu/2} \leq \frac{1}{H_L} = \frac{P}{\frac{\vec{p}_2^2}{2} - \frac{1}{r_2} + V_L(r_2)} + \frac{\mathbf{1} - P}{\frac{1-\gamma}{2}\,\vec{p}_2^2 - \frac{1}{2\gamma} + \frac{3\mu}{8}}$$

haben. Null wäre eine triviale untere Schranke für $(H + \mu/2)^{-1}$, doch wir wollen sehen, wieviel die Korrektur zu T_t mindestens ausmachen muß. Dazu können wir wieder die Methoden von (3.5.31) verwenden und setzen in $(H + \mu/2)^{-1} \geq P'(P'(H + \mu/2)P')^{-1} \cdot P'$ für P' den Projektor $|\varphi'\rangle\langle\varphi'| \otimes \mathbf{1}$ mit einem $\varphi'(r)$ ein. Es ist

$$P' \left(\frac{\vec{p}_2^2}{2} - \frac{1}{r_2} + \frac{1}{r_{12}} \right) P' \leq P' \frac{\vec{p}_2^2}{2},$$

da

$$\int \frac{d^3x'\,\rho(\vec{x}')}{|\vec{x} - \vec{x}'|} \leq \frac{1}{r}$$

für ein kugelsymmetrisches ρ. $P' \left(\frac{\vec{p}_1^2}{2\mu} - \frac{1}{r_1} \right) P'$ sei $\epsilon_1 P'$. Insgesamt wird so die nicht exakt bekannte Resolvente durch folgende Einteilchen-Operatoren eingegrenzt:

$$\frac{2P'}{\vec{p}_2^2 + \kappa'^2} \leq \frac{1}{H + \frac{\mu}{2}} \leq \frac{P}{\frac{\vec{p}_2^2}{2} - \frac{1}{r_2} + V_L(r_2)} + \frac{2}{1-\gamma}\frac{\mathbf{1} - P}{\vec{p}_2^2 + \kappa^2},$$

$$\kappa'^2 = \mu + 2\epsilon_1, \qquad \kappa^2 = \frac{2}{1-\gamma} \left[\frac{3\mu}{8} - \frac{1}{2\gamma} \right].$$

Da wir unser V_t so gewählt haben, daß $P(I_1 - V_t)P = 0$, trägt rechts nur der letzte Term zu T bei, und die Streulänge wird folgendermaßen beschränkt:

$$\langle\psi|T_t|\psi\rangle - \|R(I_1 - V_t)V_t^{-1}T_t\psi\|^2 \leq \langle\psi|T|\psi\rangle \leq$$

$$\leq \langle \psi \,|\, T_t \,|\, \psi \rangle - \| P' R' (I_1 - V_t) V_t^{-1} T_t \psi \|^2,$$

$$R = \left[\frac{2/(\gamma - 1)}{p_2^2 + \kappa^2} \right]^{1/2}, \qquad R' = \left[\frac{2}{p_2^2 + \kappa'^2} \right]^{1/2}, \qquad \psi = \varphi \otimes 1.$$

Der Term

$$V_t^{-1} T_t \psi = \varphi(\vec{x}_1) \otimes \left(1 + \frac{1}{2}\, \vec{p}_2^{\,-2} V_t(\vec{x}_2) \right)^{-1} \cdot 1 =: \varphi(\vec{x}_1) \otimes \psi_t(\vec{x}_2)$$

faktorisiert sich in (Grundzustand des Müons) $\otimes$ (Streuwellenfunktion des Elektrons). Letztere ließe sich durch numerische Lösung der radialen Schrödingergleichung gewinnen, doch ist die Bornsche Näherung 1 für ψ_t so gut, daß sich der Aufwand nicht lohnt: In L_∞ hat nämlich $\vec{p}^{\,-2} V_t/2$ die Norm

$$\left\| \frac{1}{2}|\vec{p}|^{-2} V_t \right\|_\infty = \frac{1}{8\pi} \sup_x \int \frac{dx'\, V_t(\vec{x}')}{|\vec{x} - \vec{x}'|} = \frac{3}{8\mu},$$

so daß $\left\| \psi_t - 1 \right\|_\infty \leq \left\| \frac{1}{2}|\vec{p}|^{-2} V_t \right\|_\infty = 0.001$. Wir können also mit ‰-Genauigkeit ψ_t in den folgenden Integralen durch 1 ersetzen, die dann wieder durch Fouriertransformationen elementar berechnet werden:

$$\| R(I_1 - V_t)\psi_t \|^2 = \int d^3x_1\, d^3x_2\, d^3x_2'\, \frac{e^{-\kappa|\vec{x}_2 - \vec{x}_2'|}}{2\pi(1-\gamma)|\vec{x}_2 - \vec{x}_2'|}\, \psi_t(\vec{x}_2) \cdot$$

$$\cdot \left(-\frac{1}{|\vec{x}_2|} + \frac{1}{|\vec{x}_2 - \vec{x}_1|} - V_t(\vec{x}_2) \right) \left(-\frac{1}{|\vec{x}_2'|} + \frac{1}{|\vec{x}_2' - \vec{x}_1|} - V_t(\vec{x}_2') \right) \psi_t(\vec{x}_2') \cdot |\varphi(\vec{x}_1)|^2 \overset{\psi_t \to 1}{\cong}$$

$$\overset{\psi_t \to 1}{\cong} \int \frac{d^3k}{(2\pi)^3}\, \frac{\kappa^2}{\vec{k}^2 + \kappa^2} \left[2 - \frac{2}{(1 + \vec{k}^2/4\mu^2)^2} - \right.$$

$$\left. - \left(1 - \frac{1}{(1 + \vec{k}^2/4\mu^2)^2} \right)^2 \right] \frac{(4\pi)^2}{\vec{k}^4}\, \frac{2}{1 - \gamma} =$$

$$= \frac{2}{1 - \gamma} \int \frac{d^3k}{(2\pi)^3}\, \frac{\kappa^2}{\vec{k}^2 + \kappa^2}\, \frac{(4\pi)^2}{\vec{k}^4} \left[1 - \frac{1}{(1 + \vec{k}^2/4\mu^2)^4} \right].$$

Der entsprechende Beitrag zur oberen Schranke ist

$$\int d^3x_1\, d^3x_1'\, d^3x_2\, d^3x_2'\, \varphi'(\vec{x}_1)\, \varphi(\vec{x}_1) \left(-\frac{1}{|\vec{x}_2|} + \frac{1}{|\vec{x}_1 - \vec{x}_2|} - V_t(\vec{x}_2) \right) \cdot$$

$$\cdot \frac{e^{-\kappa'|\vec{x}_2 - \vec{x}_2'|}}{2\pi|\vec{x}_2 - \vec{x}_2'|} \left(-\frac{1}{|\vec{x}_2'|} + \frac{1}{|\vec{x}_1' - \vec{x}_2'|} - V_t(\vec{x}_2') \right) \varphi'(\vec{x}_1')\, \varphi(\vec{x}_1').$$

Wählt man φ' von der Form $(1 + \alpha r)e^{-\beta r}$ und optimiert numerisch bezüglich α, β und γ, erhält man die

Schranken für die Streulänge $e^- - (p\mu)$ **(4.4.20)**

$a = \langle \psi \,|\, T\psi \rangle /4\pi$ liegt zwischen den Grenzen

$$-0{,}835 \cdot 10^{-13}\text{cm} = a_t - \frac{4}{\sqrt{3}}\,\mu^{-5/2}\left(1 - \frac{2}{\sqrt{3\mu}}\right)^{-1} \le a \le -0{,}62 \cdot 10^{-13}\text{cm}.$$

Bemerkungen (4.4.21)

1. Das System $\mu^- p$ hat zwar eine Größe $r_b/\mu \sim 2{,}4 \cdot 10^{-11}$cm, aber die Streuwellenlänge ist um den Faktor μ^{-1} kleiner: Die kinetische Energie macht die Wellenfunktion des Elektrons so steif, daß sie auf ein kurzreichweitiges Potential nur wenig reagiert. Dies erklärt, warum das System $\mu^- p$ wie ein Neutron ohne nennenswerte Wechselwirkung mit Elektronen durch Materie diffundiert.

2. Die Abweichung von a_t kann man als virtuelle Anregung des Müons interpretieren. Die untere Schranke zeigt, daß das Verhältnis dieser Korrektur zu a_t bei $\mu \to \infty$ mit $\mu^{-1/2}$ gegen Null geht. Für ein Müon ist das noch $\sim 10\%$.

3. Für $k > 0$ geht die Positivität von $(H - E)^{-1}$ verloren, und man braucht eine genauere Analyse der Resolvente.

Aufgaben (4.4.22)

1. Beweise $\delta\left(\frac{\vec{p}_1^{\,2}}{2\mu} - \frac{1}{r} + \frac{\vec{p}_2^{\,2}}{2} - \omega\right) = |\varphi\rangle\langle\varphi| \otimes \delta\left(\frac{\vec{p}_2^{\,2}}{2} - \omega - \frac{\mu}{2}\right)$ für $\omega < \frac{3\mu}{8}$ (siehe Beweis von (4.4.15)).

2. Zeige, daß $K = |\sqrt{I_1}| \left(\frac{\vec{p}_1^{\,2}+\vec{p}_2^{\,2}-z}{2}\right)^{-1} \frac{1}{r_1} |\varphi(\vec{x}_1)\rangle\langle\varphi(\vec{x}_1)| \otimes \delta\left(\vec{p}^{\,2} - \omega\right) \sqrt{I_1}$ für $z < 0$ in $\mathcal{C}_4$ ist.

3. Zeige: Ist $I(z)$ eine im Gebiet G analytische Operatorfamilie und sind die $I(z)$ in einer Umgebung von $z_0 \in G$ kompakt, so ist $I(z)$ auch kompakt $\forall z \in G$. (Verwende: In einer genügend kleinen Umgebung von z_0 gilt die normkonvergente Entwicklung

$$\sum_{n=0}^{\infty} \frac{(z - z_0)^n}{n!}\, I^{(n)}(z_0).$$

Zeige, daß alle $I^{(n)}(z_0)$ kompakt sind, und wende das Kreiskettenverfahren (vgl. etwa [17], S. 178) an.)

Lösungen (4.4.23)

1. Verwende $\delta(a \otimes \mathbf{1} + \mathbf{1} \otimes b) = \int_{-\infty}^{\infty} d\alpha\, \delta(a - \alpha) \otimes \delta(\alpha + b)$:

$$\int_{-\infty}^{\infty} d\alpha\, \delta\left(\frac{\vec{p}_1^{\,2}}{2\mu} - \frac{1}{r} - \alpha\right) \otimes \delta\left(\frac{\vec{p}_2^{\,2}}{2} - \omega + \alpha\right) = \int_{-\infty}^{\omega} d\alpha\, \delta \otimes \delta = |\varphi\rangle\langle\varphi| \otimes \left(\frac{\vec{p}_2^{\,2}}{2} - \omega - \frac{\mu}{2}\right).$$

2. Der Operator hat die Form

$$\sqrt{I_1(\vec{x}_1, \vec{x}_2)}\, |\psi(\vec{x}_1)\rangle\langle\varphi(\vec{x}_1)|\, \delta(\vec{p}_2^{\,2} - \omega)\, \sqrt{I_1} = \sqrt{I_1(\vec{x}_1, \vec{x}_2)},$$

mit

$$\psi(\vec{x}_1) = \left(\frac{\vec{p}_1^2 + \omega}{2} - z\right)^{-1} \frac{1}{r_1} \varphi(\vec{x}_1)$$

Für $z < 0$ ist diese Funktion genauso gut wie φ, da $\hat{u}(\vec{x}) = \int d^3x' \, |\psi(\vec{x}')|^2 \, |I_1(\vec{x}, \vec{x}')|$ genauso ein $\frac{1}{r^2}$-Verhalten zeigt wie $U(\vec{x})$. Also schließen wir aus (3.4.13,2) $\mathrm{Tr}(K K^*) < \infty$.

3. $I^{(n)}(z_0) = \frac{n!}{2\pi i} \int_{C_0} \frac{I(z)}{(z-z_0)^{n+1}} \, dz =$ Norm-Limes Riemannscher Summen von kompakten Operatoren = kompakt, falls C_0 ein Kreis im **Kompaktizitätsgebiet** um z_0 ist. Die Potenzreihenentwicklung konvergiert aber im größten Kreis um z_0, der ganz im **Analytizitätsgebiet** G liegt. Daher überträgt sich die Kompaktizität wir beim Kreiskettenverfahren auf das ganze Gebiet G.

4.5 Komplexe Atome

*Das Verhalten der Elektronen (bis auf das Bindungselektron) läßt sich in
einem großen Atom bis auf wenige Prozent genau durch die Bewegung in
einem mittleren Feld approximieren.*

Ein (unendlich schwerer) Atomkern mit Ladung Z und N Elektronen stellt das
erste echte Vielkörperproblem dar, das wir ernsthaft zu studieren haben. Wir werden
wieder dieselben Methoden wie bei He anwenden, wobei sich zunächst das Ausschließungsprinzip entscheidend bemerkbar macht. Dies führt, sofern man die Abstoßung der
Elektronen untereinander vernachlässigt, zur bekannten Schalenstruktur der Atome,
welche sich im periodischen System der Elemente widerspiegelt. Ob dies auch eine
Konsequenz der Schrödingergleichung mit Wechselwirkung der Elektronen untereinander ist, konnte leider noch nicht entschieden werden. Dies würde ungemein genaue
obere und untere Schranken für die Eigenwerte der Energie erfordern. Mit den Varia-
tionsverfahren lassen sich zwar leicht obere Grenzen angeben, welche bei elementaren
Abschätzungen etwa $\sim 10\%$ und bei größerem Aufwand $\sim 1\%$ Genauigkeit liefern.
Die bisherigen Methoden für untere Grenzen versagen hier, da die Abstoßung der
Elektronen den Grundzustand weit ins Kontinuum von H_0 anhebt. Durch eine andere Strategie lassen sich aber bis auf Prozente ganaue untere Grenzen finden. Nur
bezieht sich diese relative Genauigkeit auf die Gesamtenergie, welche wie $Z^2 N^{1/3}\mathrm{eV}$
geht, also bis in die MeV-Gegend kommt. Da die für die Schalenstruktur und die
gesamte Chemie wesentlichen Energiedifferenzen von der Ordnung einiger eV sind,
lassen sie sich mit dieser Präzision noch nicht auflösen. Man muß sich hier mit den
qualitativen Zügen des Spektrums, wie es durch die verschiedenen Erhaltungsgrößen
geprägt wird, begnügen.

Folgen wir den Schritten von (4.3).

Normalform H_N der Hamiltonfunktion (4.5.1)

$$H = \frac{1}{2m} \sum_{i=1}^{N} \vec{p}_i^2 - Ze^2 \sum_{i=1}^{N} \frac{1}{|\vec{x}_i|} + e^2 \sum_{i>j} \frac{1}{|\vec{x}_i - \vec{x}_j|}$$

läßt sich durch Dilatation auf $Z^2 e^4 m H_N$,

$$H_N(\alpha) = \sum_{i=1}^{N} \left(\frac{1}{2}\vec{p}_i^2 - \frac{1}{|\vec{x}_i|} \right) + \alpha \sum_{i>j} \frac{1}{|\vec{x}_i - \vec{x}_j|} = H_0 + \alpha H', \quad \alpha = 1/Z,$$

transformieren.

Bemerkungen (4.5.2)

1. Wieder ist die potentielle Energie relativ zur kinetischen ϵ-beschränkt, H auf
   dem Bereich letzterer selbstadjungiert und nach unten beschränkt.

2. Die Analyse der Resolventen kann wie in (4.4.5) vorgenommen werden. Alle
   zusammenhängenden Beiträge in der Entwicklung der Resoventen sind kompakt, die nichtkompakten entsprechen einer Aufteilung von Kern + Elektronen

in Gruppen, bei denen zwar Teilchen innerhalb einer Gruppe wechselwirken, aber die Gruppen nicht verbunden werden. Letztere bestimmen den Beginn des wesentlichen Spektrums, und (4.4.7) verallgemeinert sich (für $\alpha > 0$) zu dem

HVZ-Satz (4.5.3)

$$\sigma_{\text{ess}}(H_N(\alpha)) = \bigcup_{M=1}^{N-1} \text{Sp}(H_M(\alpha)).$$

Was das Punktspektrum anbelangt, so folgen wie früher aus dem Dilatationsverhalten:

Konkavität der Grundzustandsenergie (4.5.4)

Nicht nur $E_1(\alpha)$, sondern auch $-\sqrt{-E_1(\alpha)}$ ist in α konkav.

Virialsatz (4.5.5)

$$(H(\alpha) - E)\psi = 0 \Rightarrow E = -\left\langle \psi \left| \sum_{i=1}^N \frac{\vec{p}_i^{\,2}}{2} \right| \psi \right\rangle = \frac{1}{2}\left\langle \psi \left| -\sum_{i=1}^N \frac{1}{|\vec{x}_i|} + \alpha \sum_{i>j} \frac{1}{|\vec{x}_i - \vec{x}_j|} \right| \psi \right\rangle.$$

Bemerkungen (4.4.6)

1. Wieder gibt es daher für $E \geq 0$ keine Eigenwerte.

2. Ist $E(\alpha)$ bekannt, kann man wegen

$$\frac{\partial E}{\partial \alpha} = \left\langle \psi \left| \sum_{i>j} \frac{1}{|\vec{x}_i - \vec{x}_j|} \right| \psi \right\rangle$$

auch die Erwartungswerte der $1/|\vec{x}_i|$ bekommen.

Ferner haben positive Ionen und Atome unendlich viele gebundene Zustände. Der Beweis wird durch die Symmetrieforderung an die Wellenfunktion aufwendiger als bei He.

Unendlichkeit des Punktspektrums (4.5.7)

Für $\alpha < 1/(N-1)$ hat $H_N(\alpha)$ ein unendliches Punktspektrum.

Beweis

Wir befolgen unser altbewährtes Rezept, müssen aber dem Ausschließungsprinzip Rechnung tragen. Dementsprechend setzen wir als Versuchsfunktion

$$\Psi_{n,\tau}(\vec{x}_1 \ldots \vec{x}_N) = \mathcal{N} \sum_{j=1}^N \varphi_n(r_j \tau)\, \chi(\vec{x}_1 \ldots \hat{\vec{x}}_j \ldots \vec{x}_N), \quad \tau \in \mathbf{R}^+, \quad r_j = |\vec{x}_j|,$$

an. Dabei ist χ der antisymmetrisierte und normierte Grundzustand von H_{N-1} (Energie E_{N-1}). $\hat{\vec{x}}_j$ soll heißen, daß diese Koordinate fehlt, und die $\vec{x}_i$ stehen für Raum- und Spinkoordinaten des i-ten Teilchens. Von φ setzen wir zunächst nur C^∞ und

$\varphi_n(r) \neq 0$ für $n < r < n+1$ voraus. $\mathcal{N}$ ist eine Normierungskonstante, und da H reell ist, können wir uns auf reelle φ, χ beschränken:

$$\mathcal{N}^2 \sum_{j=1}^{N}(-)^j \sum_{k=1}^{N}(-)^k \int d^3x_1...d^3x_N\, \varphi_n(\tau r_j)\, \varphi_n(\tau r_k)\, \chi(\vec{x}_1...\hat{\vec{x}}_j...\vec{x}_N)\, \chi(\vec{x}_1...\hat{\vec{x}}_k...\vec{x}_N) = 1.$$

Hier stören die gemischten Glieder, etwa

$$\int d^3x_1 \ldots d^3x_n\, \varphi_n(\tau r_1)\, \varphi_n(\tau r_2)\, \chi(\vec{x}_2 \ldots \vec{x}_N)\, \chi(\vec{x}_1, \vec{x}_3 \ldots \vec{x}_N).$$

Nun wissen wir aber, daß die χ exponentiell abfallen, das zu (4.3.39) führende Argument ist von der Teilchenzahl unabhängig: Betrachten wir die von e^{isr_1} erzeugte Gruppe, so gibt die analytische Fortsetzung für ein $\delta > 0$, $e^{sr_1}\chi(\vec{x}_1 \ldots \vec{x}_{N-1}) \in \mathcal{H}\ \forall s$, $|s| < \delta$. Daraus folgt dann, daß für $\tau \to \infty$ das gemischte Glied $= O(e^{-2\tau\delta})$ ist, denn $\|e^{-sr}\varphi_n(r\tau)\| \leq e^{-ns\tau}$. Somit ist $\mathcal{N}^2 = N + O(e^{-2\tau\delta})$. Berechnen wir nun $\langle\, \psi\, |\, H_N\psi\, \rangle$, so ergeben sich wieder gemischte Glieder:

$$O(e^{-2\tau\delta}) + \left\langle \varphi \left| \frac{\vec{p}^2}{2} - \frac{1}{r} + \alpha V(r) \right| \varphi \right\rangle + E_{N-1}(\alpha),$$

$$V(r) := (N-1)\int d^3x_2 \ldots d^3x_N\, \frac{1}{r_{12}}\, |\chi(\vec{x}_2 \ldots \vec{x}_N)|^2.$$

Wegen des exponentiellen Abfalls gilt für $r \to \infty$, $V(r) = (N-1)\frac{1}{r} + O(e^{-2\tau\delta})$. Insgesamt haben wir

$$\langle\, \Psi_{n,\tau}\, |\, H_N\, |\, \Psi_{n,\tau}\, \rangle = E_{N-1} + \tau^{-2}\left\langle \varphi_n \left| \frac{\vec{p}^2}{2}\, \varphi_n \right.\right\rangle - (1 - \alpha(N-1))\left\langle \varphi_n \left| \frac{1}{r} \right| \varphi_n \right\rangle \tau^{-1} +$$

$$+ O(e^{-2\tau\delta}) < E_{N-1}$$

für τ genügend groß und $\alpha < 1/(N-1)$. Nun sind zwar die Ψ_n nicht orthogonal, aber immerhin gilt $\langle\, \Psi_n\, |\, \Psi_{n'}\, \rangle = \delta_{nn'} + O(e^{-2\tau\delta})$. Man kann sie also für $\tau \to \infty$ orthogonalisieren, ohne $\langle\, H_N\, \rangle \leq E_{N-1}$ zu zerstören. Die Glieder $\langle\, \Psi_{n,\tau}\, |\, H_N\, |\, \Psi_{n',\tau}\, \rangle$ außerhalb der Diagonale sind ebenfalls $O(e^{-2\tau\delta})$. Für genügend große τ bekommt man so $\forall n \in \mathbf{Z}^+$ einen n-dimensionalen Unterraum, in dem alle Eigenwerte von H_N unter E_{N-1} liegen, was (4.5.7) beweist. $\square$

Gebundene Zustände im Kontinuum (4.5.8)

Allgemein liegen im kontinuierlichen Spektrum zwischen E_{N-1} und 0 Eigenwerte, da die Erhaltungssätze manche Zustände am Zerfall hindern. Nehmen wir etwa $N = 3$ (Lithium), so ist der Grundzustand die $(1s)^2(2s)$-Konfiguration $^2S^+$. Der tiefste Zustand mit Spin 3/2 ist $(1s)(2s)(2p)$, also $^4P^-$. Er liegt schon weit im Kontinuum der $^2S^+$-Zustände $(1s)^2(\infty s)$. Aber es gibt auch die Zustände unnatürlicher Parität $^4P^+$ der $(1s)(2p)^2$-Konfiguration, ebenfalls im Kontinuum der $^2S^+$-Zustände (Notation $^{(2S+1)}L^P$).

Es ginge zu weit, jedes einzelne aus dieser Unzahl von Energieniveaus zu verfolgen. Um einen Überblick über die Entwicklung der Energie mit N zu gewinnen, wollen wir die Grundzustände von Atomen mit vollen Schalen untersuchen. Sie sind Meilensteine im Periodischen System, welche einer theoretischen Analyse etwas zugänglicher sind.

Obere Schranke zu $E_1(\alpha)$ mit $H(0)$-Eigenfunktionen (4.5.9)

Die primitivste Abschätzung ist der Erwartungswert von H mit dem Grundzustand von $H(0)$. Letzterer ist leicht anzugeben, wir müssen nur die Balmerniveaus dem Ausschließungsprinzip entsprechend mit den vorhandenen Elektronen auffüllen. Numeriert der Index j die Zustände mit (n, ℓ, ℓ_3, s) durch, so hat man also die Wellenfunktion

$$\Psi(\vec{x}_1 \ldots \vec{x}_N) = \frac{1}{\sqrt{N!}} \sum_p (-)^p \prod_{j=1}^N \psi_j(\vec{x}_{p_j}), \tag{4.5.10}$$

wobei p_j eine Permutation von $1 \ldots N$ ist. Da die Niveaus mit Energie $-1/2n^2$ eine Entartung $2n^2$ besitzen, ist bei vollbesetzten n-Schalen der zugehörige Eigenwert von $H(0)$ (vgl. Aufgabe 1), wenn die Niveaus bis $n \le n_0$ besetzt sind,

$$E = -\frac{1}{2} \sum_{n=1}^{n_0} \frac{2n^2}{n^2} = -n_0$$

mit

$$N = 2 \sum_{n=1}^{n_0} n^2 = \frac{2n_0^3 + 3n_0^2 + n_0}{3}.$$

Die Berechnung von $\langle \psi \,|\, H \,|\, \psi \rangle$ erfordert die Auswertung von

$$\langle \Psi \,|\, H' \,|\, \Psi \rangle = \frac{N(N-1)}{2} \left\langle \Psi \,\left|\, \frac{1}{r_{12}} \,\right|\, \Psi \right\rangle =$$
$$= \frac{1}{2} \int \frac{d^3x_1 \, d^3x_2}{|\vec{x}_1 - \vec{x}_2|} \sum_{j,j'} \left(|\psi_j(\vec{x}_1)|^2 |\psi_{j'}(\vec{x}_2)|^2 - \psi_j(\vec{x}_1)\psi_{j'}(\vec{x}_2)\psi_{j'}^*(\vec{x}_1)\psi_j^*(\vec{x}_2) \right). \tag{4.5.11}$$

Der zweite, sogenannte **Austauschterm** tritt nur auf, wenn ψ_j und $\psi_{j'}$ gleiche Spins haben, denn das Skalarprodukt $\langle \ \rangle$ beinhaltet auch dasjenige im Spinraum. $\forall j, j'$ ist der Austauschterm ≤ 0:

$$\int \frac{d^3x_1 \, d^3x_2}{|\vec{x}_1 - \vec{x}_2|} \rho^*(\vec{x}_1) \, \rho(\vec{x}_2) \ge 0$$

folgt daraus, daß $1/|\vec{x}|$ die positive Fouriertransformierte $1/2\pi^2 \vec{k}^2$ hat.

In (4.3) hatten wir die Austauschterme für die einfachsten Zustände berechnet, sie waren etwa 10% des ersten Terms. Lassen wir sie für $j \ne j'$ weg, so erhalten wir auf alle Fälle eine obere Grenze. Der restliche Term vereinfacht sich für geschlossene L-Schalen, wenn man

$$\frac{1}{|\vec{x}_1 - \vec{x}_2|} = \frac{1}{r_2} \sum_{\ell=0}^{\infty} \sum_{m=-\ell}^{\ell} \left(\frac{r_1}{r_2} \right)^\ell \frac{4\pi}{2\ell + 1} Y_\ell^m(\Omega_1) \, Y_\ell^{-m}(\Omega_2) \tag{4.5.12}$$

für $r_2 > r_1$, sonst $r_1 \leftrightarrow r_2$, berücksichtigt. Da $\sum_{m=-\ell}^{\ell} |Y_\ell^m(\Omega)|^2$ winkelunabhängig ist, sieht man, daß in (4.5.11) der erste Beitrag von $\sum_{j,j'}$ kugelsymmetrisch ist und bei Winkelintegration von der Zerlegung (4.5.12) den Term mit $\ell = 0$ herausblendet:

$$\langle \Psi | H' | \Psi \rangle \leq \frac{1}{2} \int d^3 x_1 \, d^3 x_2 \sum_{j \neq j'} |\psi_j(\vec{x}_1)|^2 |\psi_{j'}(\vec{x}_2)|^2 \left(\frac{\Theta(r_1 - r_2)}{r_1} + \frac{\Theta(r_2 - r_1)}{r_2} \right) \leq$$

$$= \frac{1}{2} \sum_{j \neq j'} \min \left\{ \left\langle \psi_j \left| \frac{1}{r} \right| \psi_j \right\rangle, \left\langle \psi_{j'} \left| \frac{1}{r} \right| \psi_{j'} \right\rangle \right\}. \tag{4.5.13}$$

Wegen des Virialtheorems ist $\left\langle \psi_j \left| \frac{1}{r} \right| \psi_j \right\rangle = 1/n^2$, $j = (n, \ell, \ell_3, s)$, also (vgl. Aufgabe 1)

$$\langle \Psi | H' | \Psi \rangle \leq \frac{1}{2} \sum_{n,n'=1}^{n_0} 2n^2 2n'^2 \min \left\{ \frac{1}{n^2}, \frac{1}{n'^2} \right\} = \sum_{n=1}^{n_0} 4 \sum_{n'=1}^{n} n'^2 =$$

$$= \frac{1}{3}[n_0^4 + 4n_0^3 + 5n_0^2 + 2n_0]$$

und insgesamt

$$\langle \Psi | H | \Psi \rangle \leq -n_0 + \frac{\alpha}{3}[n_0^4 + 4n_0^3 + 5n_0^2 + 2n_0].$$

Für $N \to \infty$ haben wir $n_0 = (3N/2)^{1/3} + O(1)$, und für $\alpha = O(1/N)$,

$$E \leq -N^{1/3} \left(\frac{3}{2} \right)^{1/3} \left(1 - \frac{\alpha N}{2} \right) + O(1). \tag{4.5.14}$$

Wegen (4.5.4) läßt sich (4.5.13) wieder zu einer parabolischen Grenze verbessern, und da $H' > 0$, bekommen wir

Rohe Schranken für E_N von neutralen Atomen (4.5.15)

Für $\alpha N = N/Z = 1$ ist der tiefste Eigenwert E_N von H_N bis auf $O(N^{-1/3})$

$$-\left(\frac{3}{2} \right)^{1/3} = -1,145 \leq \frac{E_N}{N^{1/3}} \leq -\left(\frac{3}{2} \right)^{1/3} \left(1 - \frac{1}{4} \right)^2 = -0,6439.$$

Bemerkungen (4.5.16)

1. Dieses E_N ist (Eigenwert von H aus (4.5.1)) $\times Z^{-2}e^{-4}m^{-1}$, so daß das in (1.2.11) vorhergesagte N- und Z-Verhalten sichergestellt ist.

2. Für reale Atome ist $O(N^{-1/3})$ unbrauchbar, denn in (4.5.14) ist noch für $n_0 = 10$, $N = 770$ die weggelassene Korrektur ($n^3/3$ statt $\sum_{n'=1}^{n} n'^2$) etwa 50%.

3. Die Abschätzung (4.5.13) ist für Elektronen in Schalen nicht sehr gut, etwa für $(1s)^2$ ist die rechte Seite 1, während die linke in Wirklichkeit nur 5/8 ist (siehe (4.3.22,1)). Aber für verschiedene Schalen ist sie recht genau, schon für $(1s)(2s)$ gibt sie 0,25 statt 0,2318. Da bei großen Atomen die Wechselwirkung verschiedener Schalen das $N^{1/3}$ verursacht, ist dieser Fehler nicht so schlimm.

4. Für beliebige α ist die obere Schranke $\left(-\frac{3}{2}\right)^{1/3} N^{1/3} \left(1 - \frac{\alpha N}{4}\right)^2$ und hat bezüglich N das Maximum $\left(\frac{6}{7}\right)^{7/3} \alpha^{-1/3}$ bei $N\alpha = \frac{4}{7}$. Für $N > \frac{4}{7}Z$ ist also eine günstigere Testfunktion die, bei der die restlichen Elektronen mit Energie 0 im Unendlichen sind. Für sie ist $E/N^{1/3} \leq - \left(\frac{6}{7}\right)^{7/3} = -0,6978$. Nach der Thomas-Fermi-Theorie (siehe Band IV) ist der richtige asymptotische Wert $-0,77$.

$E_1(\alpha)$ mit zweiparametrigen Testfunktionen (4.5.17)

Zur weiteren Verfeinerung erinnern wir uns, daß die parabolische Verbesserung der Verwendung einer Wellenfunktion $e^{id\tau}\Psi$ mit optimal gewähltem Dilatationsparameter τ entsprach. Dieser trägt der teilweisen Abschirmung des Kernfeldes Rechnung, und es ist klar, daß dies die äußeren Elektronen am meisten spüren. Es wäre daher günstiger, jedes ψ_j mit seinem eigenen τ_j zu strecken. Dies würde allerdings die für unsere Rechnung wesentliche Orthogonalität der ψ_j zerstören, aber immerhin kann man ψ's mit verschiedenen ℓ unabhängig dilatieren, die Orthogonalität der Kugelfunktionen garantiert ja dann auf jeden Fall deren Orthogonalität. Um den Versuchsfunktionen etwas mehr Flexibilität zu geben, nehmen wir Eigenfunktionen von einem H mit einem zusätzlichen $1/r^2$-Potential, da dafür auch alle Erwartungswerte leicht anzugeben sind. Für Drehimpuls ℓ nehmen wir also

$$H_\ell = \frac{p_r^* p_r}{2} + \frac{(\ell + \delta_\ell)(\ell + \delta_\ell + 1)}{r^2} - \frac{\tau_\ell}{r}$$

mit den Eigenwerten

$$E_{n_r,\ell} = -\frac{\tau_\ell^2}{2}(n_r + \ell + \delta_\ell + 1)^{-2}$$

und optimieren später bezüglich τ_ℓ und δ_ℓ. Die Erwartungswerte von $1/r$, $1/r^2$ und daher von p^2 lassen sich durch Ableiten von E nach τ bzw. δ ermitteln ($n = n_r + \ell + 1$)

$$\left\langle \frac{1}{r} \right\rangle = \tau_\ell(n + \delta_\ell)^{-2},$$

$$\langle \vec{p}^{\,2} \rangle = \tau_\ell^2(n + \delta_\ell)^{-3} \left(n - \frac{\delta_\ell(\ell + 1/2)}{\delta_\ell + \ell + 1/2} \right).$$

Zur Auffüllung der Schalen wollen wir wieder die Quantenzahlen (n, ℓ, ℓ_3, s) lexikographisch durch einen Index j durchnumerieren. Um sphärische Symmetrie zu gewinnen, müssen wir jede ℓ-Schale mit $2\ell + 1$ oder $2(2\ell + 1)$ Elektronen besetzen. Sei $\nu(n, \ell)$ dieser Besetzungsgrad. Dann ist

$$\langle H \rangle = \sum_\ell \sum_n \nu(n, \ell) \left\{ \frac{\tau_\ell^2}{2}(n + \delta_\ell)^{-3} \left[n - \frac{\delta_\ell(\ell + 1/2)}{\delta_\ell + \ell + 1/2} \right] - \frac{\tau_\ell}{(n + \delta_\ell)^2}(1 - \alpha N(n, \ell)) \right\},$$

$$N(n, \ell) = \sum_{j' < j} \nu(n(j), \ell(j')),$$

wobei wir die δ_ℓ nur soweit variieren dürfen, daß $n + \delta_\ell$ in j monoton bleibt. Das Optimum bezüglich τ wird bei

$$\tau_\ell = \sum_n \nu(n, \ell)\frac{1 - \alpha N(n, \ell)}{(n + \delta_\ell)^2} \left[\sum_{n'} \frac{\nu(n', \ell)}{(n + \delta_\ell)^3} \left(n' - \frac{\delta_\ell(\ell + 1/2)}{\delta_\ell + \ell + 1/2} \right) \right]^{-1}$$

angenommen:

$$\langle H \rangle = -\frac{1}{2} \left\{ \sum_n \nu(n, \ell) \frac{1 - \alpha N(n, \ell)}{(n + \delta_\ell)^2} \right\}^2 \left\{ \frac{\nu(n', \ell)}{(n + \delta_\ell)^3} \left(n' - \frac{\delta_\ell(\ell + 1/2)}{\delta_\ell + \ell + 1/2} \right) \right\}^{-1}.$$

$$(4.5.18)$$

Optimieren bezüglich δ_ℓ muß numerisch geschehen und bringt Verbesserungen um einige Prozent gegenüber unserem früheren Ansatz mit $\delta_\ell = 0$. In der folgenden Tabelle sind für einige typische Atome die Energien zusammen mit den Abschirmungskonstanten und den δ_ℓ gesammelt. Man beachte, daß (4.5.18) wegen (4.5.13) auch für eine sphärische Konfiguration + ein Elektron noch immer eine strenge obere Schranke ist.

Z	Konfiguration nicht voller n-Schalen	δ_0 / τ_0	δ_1 / τ_1	δ_2 / τ_2	δ_3 / τ_3	δ_4 / τ_4	δ_5 / τ_5	$EN^{-7/3}$ nach (4.5.18)	$EN^{-7/3}$ nach Hartree-Fock
10	$2s^2 p^3 3p^3$	$-0,03$	$-0,39$	$-$	$-$	$-$	$-$	$-0,524$	$-0,594$
		$0,86$	$0,28$						
20	$3d^3 4d^5$	$-0,01$	0	$-0,82$	$-$	$-$	$-$	$-0,562$	$-0,620$
		$0,94$	$0,69$	$0,17$					
40	$3p^6 d^{10} 4f^{14}$	$-0,01$	$-0,11$	0	0	$-$	$-$	$-0,591$	$-0,646$
		$0,96$	$0,72$	$0,48$	$0,19$				
60	$4d^5 f^7 5g^9 6h^{11}$	$-0,02$	$-0,09$	$-0,19$	0	0	0	$-0,607$	$-0,648$
		$0,94$	$0,78$	$0,53$	$0,40$	$0,27$	$0,10$		
80	$4s^1 p^6 d^{10} f^{14} 5d^5 f^7 g^9$	$-0,02$	$-0,17$	$-0,59$	$-0,86$	0	$-$	$-0,613$	$-0,656$
		$0,94$	$0,73$	$0,41$	$0,20$	$0,06$			

Mit diesem einfachen analytischen Ansatz haben wir uns schon fast auf 10% an den richtigen Wert herangetastet. Der Weg zu größerer Präzision ist mühsam, wird aber durch folgenden intuitiven Ansatz erhellt:

Das selbstkonsistente Feld (4.5.19)

Eine beliebte Methode zur Auffindung guter Versuchsfunktionen stammt von Hartree und Fock. In ihr fragt man nach dem Infimum von $\langle \Psi \mid H\Psi \rangle$ für Ψ von der Produkt- bzw. Determinantenform (4.5.10). Hier ergeben sich zunächst die Fragen, ob das Infimum ein Minimum ist; wenn ja, genügen die minimierenden ψ_j den entsprechenden Variationsgleichungen (e_{ij} = Lagrangeparameter wegen Orthonormierung):

$$(H_\Psi \varphi_i)(\vec{x}) = \sum_{j=1}^{N} e_{ij} \varphi_j(\vec{x}), \quad i = 1 \ldots N,$$

$$(H_\Psi \varphi)(\vec{x}) = \left\{ -\frac{\Delta}{2} - \frac{1}{|\vec{x}|} + \alpha U_\Psi(\vec{x}) \right\} \varphi(\vec{x}) - \alpha(K_\psi \varphi)(\vec{x}),$$

$$U_\Psi(x) = \sum_{i=1}^{N} \int d^3 x' \frac{|\varphi_i(\vec{x}')|^2}{|\vec{x} - \vec{x}'|},$$

$$(K_\psi \varphi)(\vec{x}) = \sum_{i=1}^{N} \varphi_i(\vec{x}) \int dx' \, \varphi(\vec{x}') \, \varphi_i^*(\vec{x}') \, \frac{1}{|\vec{x} - \vec{x}'|}.$$

Da H_Ψ selbstadjungiert ist, ist e_{ij} eine hermitische Matrix, welche wir auf die Diagonalform $e_{ij} = \delta_{ij} e_i$ bringen können, so daß wir die N tiefsten Eigenwerte von H_Ψ suchen. Für $\alpha \leq 1/N$ (positive Ionen und neutrale Atome) konnte deren Existenz vor kurzem sichergestellt werden [18], aber an eine analytische Lösung dieses nichtlinearen Systems ist nicht zu denken. Es lädt zu einem iterativen Verfahren auf der Rechenmaschine ein und wenn dies auch keinen exakten Lösungen liefert, ist $\langle \psi \,|\, H\psi \rangle$ auf alle Fälle eine obere Grenze für den tiefsten Eigenwert. Allerdings ist die Prozedur, besonders wegen des Austauschterms $K\varphi$, numerisch sehr aufwendig. Die so erhaltenen oberen Grenzen sind zum Vergleich ebenfalls in der Tabelle eingetragen. Man nimmt an, daß dies schon auf wenige Prozente an den exakten Wert herankommt. Dementsprechend wäre der Produktansatz (4.5.10) gar nicht so schlecht und legt nahe, auch für die unteren Grenzen nach effektiven Einteilchen-Potentialen zu suchen, welche die Coulombabstoßung der Elektronen von unten annähern.

Der theoretische Fehler stammt ja hauptsächlich von der schlechten unteren Grenze, eine weitere Verfeinerung der oberen bringt nicht mehr viel. Die in § 4.3 verwendeten Methoden versagen bei der riesigen Zahl der Niveaus von $H(0)$ hier völlig, aber es hilft die

Untere Schranke für Wechselwirkungen positiven Typs (4.5.20)

Sei $V(\vec{x})$ ein Potential positiven Typs (also Fouriertransformierte $\widetilde{V}(\vec{k}) \geq 0$, $V(\vec{0}) \leq \infty$ und $\Phi(\vec{x}) \in L^1(\mathbf{R}^3) \cap L^\infty(\mathbf{R}^3)$, so daß $\widetilde{\Phi}(\vec{k})$ existiert. Es gilt

$$\sum_{n>m} V(\vec{x}_n - \vec{x}_m) \geq \sum_{n=1}^{N} \Phi(\vec{x}_n) - \frac{1}{2} \int \frac{d^3 k}{(2\pi)^3} \left[\frac{|\widetilde{\Phi}(\vec{k})|^2}{\widetilde{V}(\vec{k})} + H\widetilde{V}(\vec{k}) \right].$$

Beweis

Aus

$$0 \leq \int d^3 x \, d^3 x' \left(\sum_{n=1}^{N} \delta(\vec{x} - \vec{x}_n) - \rho(\vec{x}) \right) V(\vec{x} - \vec{x}') \left(\sum_{m=1}^{N} \delta(\vec{x}' - \vec{x}'_m) - \rho(\vec{x}') \right)$$

folgt

$$\sum_{n>m} V(\vec{x}_n - \vec{x}_m) \geq \sum_{n=1}^{N} \int d^3 x \, \rho(\vec{x}) V(\vec{x} - \vec{x}_n) - \frac{N}{2} V(0) - \frac{1}{2} \int d^3 x \, d^3 x' \, \rho(\vec{x}) \rho(\vec{x}') V(\vec{x} - \vec{x}').$$

Setzt man $\Phi(\vec{x}) = \int d^3 x' \, \rho(\vec{x}') \, V(\vec{x} - \vec{x}')$, so erhält man durch Fouriertransformation die Aussage. $\qquad\square$

Bemerkungen (4.5.21)

1. Die Bedeutung von (4.5.20) liegt darin, daß eine Paarwechselwirkung durch ein effektives Einteilchenpotential Φ beschränkt wird.

2. Es mag erstaunen, daß Φ weitgehend willkürlich ist. Bei ungeschickter Wahl von Φ kann (4.5.20) aber in die triviale Aussage ausarten, daß etwas Positives größer als etwas Negatives ist.

Das nach unten beschränkende Atompotential (4.5.22)

Ein V positiven Typs läßt sich also durch beliebige Einteilchenpotentiale von unten abschätzen, als Preis hat man eine Konstante zu zahlen. Da für das Coulombpotential $V(0) = \infty$, muß man es zunächst durch ein Potential mit positiver Fouriertransformierten minorisieren; etwa

$$\frac{1}{r} \geq \frac{1 - e^{-\mu r}}{r} =: V(\vec{x}), \quad \tilde{V}(\vec{k}) = \frac{4\pi\mu^2}{\vec{k}^2(\vec{k}^2 + \mu^2)}, \qquad (4.5.23)$$

ist möglich. Für die effektive Abstoßung wird man vermuten, daß

$$\Phi(\vec{x}) = \int d^3x' \, \frac{n(\vec{x}')}{|\vec{x} - \vec{x}'|}, \quad n(\vec{x}) = \text{Elektronendichte},$$

der Wirklichkeit am nächsten kommt und daher das beste Resultat liefert. Dann ist aber (wieder auf $\vec{x}$ transformiert)

$$H' \geq \sum_{n=1}^{N} \Phi(\vec{x}_n) - \frac{1}{2}\left\{\int d^3x \, \Phi(\vec{x}) \, n(\vec{x}) + 4\pi\mu^{-2} \int d^3x \, n(\vec{x})^2 + N\mu\right\}. \qquad (4.5.24)$$

Da μ nur in den Konstanten vorkommt, können wir danach zunächst optimieren, also

$$\mu = \left[\frac{8\pi}{N} \int d^3x \, n(\vec{x})^2\right]^{1/3}$$

setzen. Als analytisch handliche Näherung an $n(\vec{x})$ verwenden wir den semiempirischen Ausdruck (für $N = Z$)

$$\Phi(\vec{x}) = N \, \frac{r + 2(9/2N)^{1/3}}{[r + (9/2N)^{1/3}]^2}, \quad n(\vec{x}) = \frac{N^{2/3}}{4\pi r} \frac{6(9/2N)^{1/3}}{[r + (9/2N)^{1/3}]^4},$$

$$\frac{1}{2}\{\,\} = \frac{2}{5}\left(\frac{2}{9}\right)^{1/3} N^{7/3} + \frac{3}{2}\left(\frac{2}{7}\right)^{1/3} N^{5/3}. \qquad (4.5.25)$$

Die Schrödingergleichung läßt sich für dieses Potential wohl nicht analytisch lösen, aber die Lösung der radialen Gleichung ist für eine Rechenmaschine kein Problem. Man erhält dann folgende Einteilchenniveaus für $Z^{-2}[-\Delta/2 - Z/r + \Phi_N(\vec{x}) - 1/2N\,\{\,\}] =: \hat{H}_N$:

n	ℓ	H_0	$\hat{H}_{10}$	$\hat{H}_{20}$	$\hat{H}_{40}$
1	0	$-0,5$	$-0,395$	$-0,412$	$-0,436$
2	0	$-0,125$	$-0,112$	$-0,084$	$-0,083$
2	1	$-0,125$	$-0,103$	$-0,077$	$-0,079$
3	0	$-0,055$	$-0,097$	$-0,053$	$-0,036$
3	1	$-0,055$	$-$	$-0,051$	$-0,034$
3	2	$-0,055$	$-$	$-0,051$	$-0,031$
4	0	$-0,031$	$-$	$-0,051$	$-0,028$
4	1	$-0,031$	$-$	$-$	$-0,028$
4	2	$-0,031$	$-$	$-$	$-0,028$

Füllt man diese Niveaus auf, vergleichen sich die so gewonnenen unteren Schranken folgendermaßen mit den oberen Grenzen nach Hartree-Fock:

$$
\begin{array}{ccc}
N & \leq EZ^{-2}N^{-1/3} \leq & \\
\hline
10 & -0{,}761 & -0{,}594 \\
20 & -0{,}730 & -0{,}620 \\
40 & -0{,}715 & -0{,}646 \\
60 & -0{,}712 & -0{,}648 \\
80 & -0{,}711 & -0{,}656 \\
\hline
\end{array}
\tag{4.5.26}
$$

Bemerkungen (4.5.27)

1. Die Methode funktioniert für größere N besser. Tatsächlich sagt die Thomas-Fermi-Theorie, daß im Limes $N \to \infty$ der Produktansatz mit Wellenfunnktionen für ein mittleres Feld exakt wird (siehe Band IV).

2. Das hier erratene Potential (4.5.25) ist noch nicht das beste. Mit $n(\vec{x}) = c\exp(-1{,}56r)$ erhält man für $Z = N = 36$ schon $-0{,}698$ als untere Schranke.

3. Im Band IV werden wir (4.5.24) als Spezialfall einer Familie von Ungleichungen der Thomas-Fermi-Theorie erkennen. Sie haben aber alle in diesem Fall etwa dieselbe numerische Güte.

4. Im Gegensatz zu den oberen Grenzen erhält man hier auch gleichzeitig untere Grenzen für die einzelnen angeregten Zustände. Der n-te Eigenwert der Enegie von N Fermionen im Potential (4.5.25) ist unter dem wirklichen n-ten Eigenwert.

5. Die unteren Grenzen hängen wesentlich an der Produktform von Ψ, während sich die oberen Grenzen weiter verfeinern lassen, indem man Linearkombinationen solcher Funktionen nimmt.

6. Die bisherigen Grenzen zeigen, daß der asymptotische Wert $-0{,}77$ von oben angenähert wird und man für $N = 80$ noch ziemlich davon entfernt ist.

7. Für schwere Elemente sind die relativistischen Effekte von der Größe des theoretischen Fehlers. Korrigiert man sie, liegen die experimentellen Werte innerhalb der hier gefundenen Schranken.

Was die Eigenschaften der Elektronendichte $\rho(\vec{x})$ anbelangt, so lassen sich die oberen Schranken aus § 4.3 über $r \to \infty$ und $r = 0$ ohne weiteres auf N Elektronen übertragen. Für eine qualitative Diskussion begnügen wir uns mit

Schranken für $\langle r^\nu \rangle$ (4.5.28)

Wir haben uns in § 1.2 überlegt, daß der Mittelwert von r wie $N^{-1/3}$ gehen sollte. Dies soll nicht heißen, daß schwere Atome kleiner als leichtere sind. Was man als Größe zunächst bemerkt, ist die Ausdehneung der äußersten Elektronenbahn, während im

Mittelwert das dichte Innere ausschlaggebend ist. Um festzustellen, ob diese Vermutung wirklich eine Konsequenz der Quantenmechanik ist, suchen wir Grenzen für $\langle r^{1/\nu}\rangle$. Für $\nu = -1$ liefert das Virialtheorem

$$\left\langle \frac{1}{r}\right\rangle^{-1} \leq \frac{NZ}{2|E_N|},$$

also für $N = Z$ nach (4.5.14)

$$\left\langle \frac{1}{r}\right\rangle^{-1} \leq N^{-1/3}(0,6978)^{-1}\frac{1}{2}(1 + O(N^{-1/3})).$$

Umgekehrt haben wir (für Spin 1/2, Fermionen)

$$\sum_{i=1}^{N}\left(\frac{\vec{p}_i^2}{2} - \beta\frac{1}{r_i}\right) \geq -\beta^2 N^{1/3}\left(\frac{3}{2}\right)^{1/3}(1 + O(N^{-1/3})), \quad \beta > 0,$$

oder

$$N\left\langle\frac{1}{r}\right\rangle \leq \frac{1}{\beta}\left\langle\sum_i \frac{\vec{p}_i^2}{2}\right\rangle + \beta\left(\frac{3N}{2}\right)^{1/3}(1 + O(N^{-1/3})).$$

Für $\beta^2 = \left\langle\sum_i \frac{\vec{p}_i^2}{2}\right\rangle\left(\frac{3N}{2}\right)^{-1/3}$ und $\sum_i\left\langle\frac{\vec{p}_i^2}{2}\right\rangle = |E_N| \leq \left(\frac{3}{2}\right)^{1/3}N^{7/3}(1 + O(N^{-1/3}))$ gibt dies

$$\left\langle\frac{1}{r}\right\rangle^{-1} \geq N^{-1/3}\left(\frac{3}{2}\right)^{-1/3}\frac{1}{2}(1 + O(N^{-1/3})).$$

Insgesamt haben wir also bis $O(N^{-1/3})$: $0,436 \leq N^{1/3}\langle 1/r\rangle^{-1} \leq 0,716$. Der asymptotische Thomas-Fermi-Wert ist 0,556. Für $\nu = 2$ erhält man eine untere Schranke durch Auffüllen der Oszillatorniveaus:

$$\frac{1}{2}\sum_{i=1}^{N}(\vec{p}_i^2 + \omega^2\vec{x}_i^2) \geq \omega N^{4/3}\frac{3^{4/3}}{4}(1 + O(N^{-1/3})) \Rightarrow$$

$$\left\langle\sum_{i=1}^{N}\vec{x}_i^2\right\rangle \geq \frac{(3N)^{8/3}}{16\langle\sum\vec{p}_i^2\rangle} \geq \frac{6^{1/3}9N^{1/3}}{32} \Rightarrow N^{1/3}\langle r^2\rangle^{1/2} \geq 0,71 \text{ bis } O(N^{-1/3}).$$

Diese rohen Zahlen dienen nur einem Überblick, für spezielle Atome könnte man die genaueren Werte von (4.5.22) verwenden.

Aufgabe (4.5.29)

1. Berechne $\sum_{n=1}^{n_0} n^\nu$, $\nu = 1, 2, 3$.

Lösung (4.5.30)

1. Mittels des binomischen Lehrsatzes erhält man

$$(n_0 + 1)^{\nu+1} - 1 = (\nu + 1)\sum_n n^\nu + \binom{\nu+1}{2}\sum_n n^{\nu-1} + \ldots + \binom{\nu+1}{\nu}\sum_n n + n_0,$$

woraus die einzelnen Summen rekursiv bestimmt werden können. Man erhält für

$$\nu = 1 : \quad \frac{1}{2}(n_0^2 + n_0),$$

$$\nu = 2 : \quad \frac{1}{6}(2n_0^3 + 3n_0^2 + n_0),$$

$$\nu = 3 : \quad \frac{1}{4}(n_0^4 + 2n_0^3 + n_0^2).$$

4.6 Kernbewegung und einfache Moleküle

Wegen ihrer großen Masse bewegen sich Atomkerne im Atom und Molekül so langsam, daß sie sich in guter Näherung durch statische Kraftzentren darstellen lassen.

Bisher wurde der Atomkern als festes Kraftzentrum betrachtet, und wir müssen noch die Güte der Approximation bestimmen. Diese Frage wird besonders bei der nachher zu besprechenden Molekültheorie akut, da diese auf der sogenannten Born-Oppenheimer-Näherung beruht. In ihr werden die Kerne zunächst als fest angesehen, und die Elektronenbewegung wird in diesem Kraftfeld berechnet. Die so gewonnene Elektronenenergie dient dann als Potential für die Kernbewegung. Die intuitive Vorstellung ist dabei, daß sich die leichten Elektronen viel schneller als die schweren Kerne bewegen, letztere vom Standpunkt der Elektronen aus wie statische Potentiale wirken. Dies klingt wohl recht plausibel, entbindet uns aber nicht von der Pflicht, zu untersuchen, wieweit diese Trennung des Geschehens tatsächlich eine Folge der Schrödingergleichung für das Gesamtsystem ist.

Separieren des Schwerpunkts im Atom (4.6.1)

Wir knüpfen zuerst an den bisher betrachteten Fall eines Atoms mit N Elektronen an. Seien $(\vec{r}_0, \vec{k}_0)$ bzw. $(\vec{r}_1, \vec{k}_1, \ldots, \vec{r}_N, \vec{k}_N)$ Orte und Impulse von Kern (Masse M) bzw. den Elektronen (Masse m), alle dreidimensionale Vektoren. Die kinetische Energie ist

$$T = \frac{\vec{k}_0^2}{2M} + \sum_{i=1}^{N} \frac{\vec{k}_i^2}{2m}.$$

Unsere frühere Rechnung entsprach dem Limes $1/M \to 0$. Allerdings kann man nicht direkt eine Störungsentwicklung nach $1/M$ unternehmen. Für $1/M = 0$ sind die Zustände ja unendlich entartet, und für $1/M < 0$ ist T nicht mehr positiv definit. Daher führen wir die Schwerpunktskoordinate $\vec{x}_0$ und die Relativkoordinaten $\vec{x}_1, \ldots, \vec{x}_N$ ein:

$$\vec{x}_0 = \left(M\vec{r}_0 + m \sum_{i=1}^{N} \vec{r}_i \right)(M + Nm)^{-1}, \quad \vec{x}_i = \vec{r}_i - \vec{r}_0, \quad i = 1, \ldots, N.$$

Um die dazu konjugierten Impulse zu ermitteln, drückt man T durch die Geschwindigkeiten aus:

$$2T = M\dot{\vec{r}}_0^2 + m \sum_{i=1}^{N} \dot{\vec{r}}_i^2 = (M + Nm)\dot{\vec{x}}_0^2 + m \sum_{i=1}^{N} \dot{\vec{x}}_i^2 - \frac{m^2}{M + Nm} \left(\sum_{i=1}^{N} \dot{\vec{x}}_i \right)^2.$$

Die entsprechenden Impulse sind dann

$$\vec{p}_0 = \frac{\partial T}{\partial \dot{\vec{x}}_0} = (M + Nm)\dot{\vec{x}}_0, \quad p_i = \frac{\partial T}{\partial \dot{\vec{x}}_i} = m\left(\dot{\vec{x}}_i - \sum_{j=1}^{N} \dot{\vec{x}}_j \frac{m}{M + Nm} \right),$$

und geben oben eingesetzt die

Kinetische Energie in Schwerpunkt- und Relativkoordinaten (4.6.2)

$$T = \frac{\vec{p}_0^2}{2(M + Nm)} + \frac{M + m}{2mM} \sum_{i=1}^{N} \vec{p}_i^2 + \frac{1}{M} \sum_{i>j>0} \vec{p}_i \vec{p}_j.$$

Bemerkungen (4.6.3)

1. Wir finden also die kinetische Energie des Schwerpunktes mit der Gesamtmasse, die der Elektronen mit der bezüglich der Kernmasse reduzierten Masse und schließlich noch einen Korrekturterm $\sim 1/M$ (**Hughes-Eckart-Term**). Da er offensichtlich relativ zum Rest beschränkt ist, steht nichts im Wege, ihn mit der analytischen Störungstheorie zu behandeln. Allerdings kann er positiv und negativ sein.

2. Da der Hughes-Eckart-Term nicht zu T relativ-kompakt ist, erhebt sich die Frage, ob er das wesentliche Spektrum beeinflußt. Ohne diese Korrektur haben wir gesehen, daß das wesentliche Spektrum von H_N beim unteren Ende des Spektrums von H_{N-1} beginnt. Dies entspricht unserer Intuition, nach welcher diese Schwelle einem Ionisationsprozeß entspricht. Man kann es auch so aussprechen, daß wir ohne den $1/M$-Term bewiesen haben: $\inf \sigma_{\mathrm{ess}}(T + V_N) = \inf \mathrm{Sp}(T + V_{N-1})$, wobei V_{N-1} das Potential ohne das letzte Teilchen ist. Daran wird aber auch durch den $1/M$-Term nichts geändert. Die Kompaktheit der einzelnen Terme wird ja durch einen relativ beschränkten Zusatz nicht beeinträchtigt.

Abschätzung der Änderung der Energieeigenwerte durch endliches M (4.6.4)

Wir betrachten nur die Relativenergie

$$\sum_{i=1}^{N} \frac{\vec{p}_i^2}{2m} + \frac{\left(\sum_{i=1}^{N} \vec{p}_i\right)^2}{2M} + V,$$

die Schwerpunktsbewegung separiert sich ab. Da in Einheiten $\hbar = e = 1$ eine Masse die Dimension einer Energie hat und sonst keine dimensionsbehafteten Konstanten vorkommen, muß die Grundzustandsenergie von der Form

$$E = m\, f\!\left(\frac{m}{M}\right) < 0$$

sein. Der Koeffizient von $1/M$ ist positiv, also wächst f monoton. Da E in $(1/m, 1/M)$ konkav sein muß, gilt

$$\frac{\partial^2 E}{\partial \left(\frac{1}{m}\right)^2} \frac{\partial^2 E}{\partial \left(\frac{1}{M}\right)^2} - \left(\frac{\partial^2 E}{\partial \frac{1}{m} \partial \frac{1}{M}}\right)^2 \geq 0 \Rightarrow f'' \leq \frac{2f'^2}{f} \Rightarrow -\frac{1}{f} = \text{konkav.}$$

Da $f < 0$, verschärft dies die Konkavität $f'' < 0$. Also ist

$$-\frac{1}{f\left(\frac{m}{M}\right)} \leq -\frac{1}{f(0)} + \frac{f'(0)}{f(0)^2} \frac{m}{M},$$

oder

$$f\left(\frac{m}{M}\right) \leq \frac{f(0)}{1 - \frac{f'(0)}{f(0)}\frac{m}{M}}.$$

Um $f'(0)$ einzugrenzen, verwenden wir $\left(\sum_{i=1}^{N} \vec{p}_i\right)^2 \leq N \sum_{i=1}^{N} \vec{p}_i^{\,2}$. Nehmen wir den Erwartungswert von H mit dem Grundzustand für $m/M = 0$, ist $\langle \sum_i \vec{p}_i^{\,2}\rangle = 2mE(m/M = 0) = 2m|f(0)|$. Zunächst ergibt sich

$$f(0) \leq f\left(\frac{m}{M}\right) \leq f(0)\left(1 - N\frac{m}{M}\right). \tag{4.6.6}$$

Daraus folgt $0 \leq f'(0) \leq N|f(0)|$, und durch (4.6.5) wird (4.6.6) zu

$$f(0) \leq f\left(\frac{m}{M}\right) \leq \frac{f(0)}{1 + N\frac{m}{M}} \tag{4.6.7}$$

verschönert.

Bemerkungen (4.6.8)

1. Für $N = 1$ verbessert diese Methode die obere Grenze $f(0)(1 - m/M)$ zu $f(0)/(1 + m/M)$, was das exakte Resultat darstellt. (Korrektur der reduzierten Masse.)

2. Für $N = 2$, $Z = 1$ ist die obere Grenze wohl gut genug, um die Bindung von $e^- \mu^+ e^-$, nicht aber die von $e^- e^+ e^-$ zu beweisen. $f(0)$ ist ja die Energie von H^-, $-0,528$, und es müßte

$$\frac{-0,528}{1 + 2\frac{m}{M}} < \frac{-0,5}{1 + \frac{m}{M}} \Rightarrow \frac{m}{M} < 0,06$$

gelten. Nur sehr verfeinerte Testfunktionen zeigen, daß $e^- e^+ e^-$, wie experimentell auch verifiziert, gebunden ist.

3. Für neutrale Atome $M \geq N \cdot$Protonmasse ist die Korrektur durch die Kernbewegung stets kleiner als ‰ der Energie für $M = \infty$. Dies heißt: Kerngeschwindigkeit/Elektronengeschwindigkeit ist $O(m/M)$.

Wir kommen nun zu Problemen mit $\mathcal{N}$ Kernen, deren Koordinaten wir durch Großbuchstaben bezeichnen wollen. Dann schreibt sich die

Molekül-Hamiltonfunktion (4.6.9)

$$H = \sum_{i=1}^{N} \frac{\vec{p}_i^{\,2}}{2m} + \sum_{k=1}^{\mathcal{N}} \frac{\vec{P}_k^2}{2M_k} - \sum_{i=1}^{N}\sum_{k=1}^{\mathcal{N}} \frac{\alpha Z_k}{|\vec{x}_i - \vec{X}_k|} + \alpha \sum_{i<j} \frac{1}{|\vec{x}_i - \vec{x}_j|} + \alpha \sum_{k<\ell} \frac{Z_k Z_\ell}{|\vec{X}_k - \vec{X}_\ell|} =$$

$$=: H_\infty + \sum_{k=1}^{\mathcal{N}} \frac{\vec{P}_k^2}{2M_k}.$$

Bemerkungen (4.6.10)

1. Selbstadjungiertheit und Halbbeschränktheit bieten keine neuen Probleme.

2. Allgemeine Schlüsse, die aus dem Dilatationsverhalten des Coulombpotentials zu ziehen sind, gelten auch hier.

3. Im folgenden betrachten wir die Schwerpunktsbewegung als abgespalten.

(4.6.9) beschreibt ein schwer zugängliches Vielkörperproblem. Um detailliertere Aussagen machen zu können, benützt man das extreme Massenverhältnis $m/M_k < 0,001$, um die Bewegung in eine schnelle der Elektronen und eine langsame der Kerne zu trennen. Für erstere sollten die Kerne wie statische Kraftzentren wirken, und wir müssen nun untersuchen, wie genau eine solche Beschreibung ist.

Die Born-Oppenheimer-Näherung (4.6.11)

Man sucht zunächst die Energieeigenwerte $E_n(X)$, $X = (\vec{X}_1, \ldots, \vec{X}_N)$, von H_∞. Sie dienen als Potential für die Kernbewegung; dann bestimmt man die Eigenwerte E_{nj} von

$$H_n := \sum_{k=1}^{N} \frac{\vec{P}_k^2}{2M_k} + E_n(X).$$

Genauigkeit der Born-Oppenheimer-Näherung (4.6.12)

Sei E_1 der tiefste Eigenwert von H, $\Psi_X(x)$ der Grundzustand von H_∞ und $\Phi(X)$ der von H_k, dann gilt, mit $x = (\vec{x}_1, \ldots, \vec{x}_n)$:

$$E_{11} \leq E_1 \leq E_{11} + \sum_k \frac{1}{2M_k} \int d^{3N}x\, d^{3N}X\, \left| \Phi(X) \vec{\nabla}_{\vec{X}_k} \Psi_X(x) \right|^2.$$

Beweis

Untere Schranke: Sie folgt aus den Operatorungleichungen

$$H \geq E_1(X) + \sum_{k=1}^{N} \frac{\vec{P}_k^2}{2M_k} \geq E_{11}.$$

Obere Schranke: Verwenden wir $\Psi_X(x)\Phi(X)$ als Testfunktion, so gibt der Erwartungswert von H_∞ zunächst $E_1(X)$ und der Rest einerseits E_{11}. Andererseits wirkt $\sum_{k=1}^{N} \frac{\vec{P}_k^2}{2M_k}$ aber auch auf $\Psi_X(x)$ – die Elektronenfunktion hängt auch von den Kernkoordinaten ab – und man hat

$$P_k \Psi_X(x)\Phi(X) = -i \left[\Psi_X(x) \frac{\partial \Phi(X)}{\partial X_k} + \Phi(X) \frac{\partial \Psi_X(x)}{\partial X_k} \right].$$

Der erste Term gab quadriert zusammen mit $\langle E_1(X) \rangle$ gerade E_{11}, der letzte ist die Korrektur in (4.6.12). Die gemischten Glieder fallen wegen der Normierung von $\Psi_X(x)$ bei Integration über $d^{3N}x$ weg:

$$\int d^{3N}x \left(\Psi_X^*(x) \frac{\partial \Psi_X(x)}{\partial \vec{X}_k} + \frac{\partial \Psi_X^*(x)}{\partial \vec{X}_k} \Psi_X(x) \right) = \frac{\partial}{\partial \vec{X}_k} \int d^{3N}x\, |\Psi_X(x)|^2 = 0. \qquad \square$$

Bemerkungen (4.6.13)

1. Unter dem Integral ist nur Φ von den M_k abhängig. Solange dieser Term für $M_k \to \infty$ endlich bleibt, ist der Unterschied zwischen den Grenzen $O(\max_k\{1/M_k\})$.

2. Die Vibrationsenergie der Kerne ist von der Ordnung $(E(X)''/M_k)^{1/2}$, daher $O(M_k^{-1/2})$. Die Born-Oppenheimer-Näherung ist also genau genug, um die Berechnung dieser Energie sinnvoll zu machen.

3. Die Rotationsenergie geht wie [Trägheitsmoment]$^{-1}$, also für die Kerne wie $O(M_k^{-1})$. Dies ist von der Ordnung des Fehlers der Näherung, und wir können für sie keine Garantien übernehmen.

4. Für festes $\mathcal{N}$ geht also der Fehler in (4.6.11) mit $1/M_k$ gegen Null. Umgekehrt kann er für feste M_k mit wachsendem $\mathcal{N}$ so groß werden, daß für bosonische Elektronen die Born-Oppenheimer-Näherung die Grundzustandsenergie $\sim \mathcal{N}^{5/3}$ liefert, während sie für $M_k = M < \infty$ wie $\mathcal{N}^{7/3}$ geht.

Als nächstes wollen wir uns über einige allgemeine Eigenschaften von $E(X)$ orientieren.

Beschränktheit durch Energie des vereinigten Atoms (4.6.14)

Ohne Kernabstoßung hat $E(X)$ sein Infimum für $\vec{X}_i = \vec{X}_k \; \forall i, k$.

Beweis

$$H_\infty - \alpha \sum_{k>\ell} \frac{Z_k Z_\ell}{|\vec{X}_k - \vec{X}_\ell|} = \sum_{i=1}^{N} \frac{\vec{p}_i^2}{2m} - \sum_{i=1}^{N}\sum_{k=1}^{\mathcal{N}} \frac{\alpha Z_k}{|\vec{x}_i - \vec{X}_k|} + \alpha \sum_{i<j} \frac{1}{|\vec{x}_i - \vec{x}_j|} =$$

$$= \sum_{k=1}^{\mathcal{N}} \frac{Z_k}{Z} \left\{ \sum_{i=1}^{N} \left(\frac{\vec{p}_i^2}{2m} - \frac{Z\alpha}{|\vec{x}_i - \vec{X}_k|} \right) + \sum_{i>j} \frac{\alpha}{|\vec{x}_i - \vec{x}_j|} \right\},$$

$$Z = \sum_{k=1}^{\mathcal{N}} Z_k,$$

und { } ist gerade die Hamiltonfunktion für ein Atom mit Ladung Z. Ist deren tiefster Eigenwert $E(N, Z)$, so gilt dann

$$E(X) \geq \alpha \sum_{k>\ell} \frac{Z_k Z_\ell}{|\vec{X}_k - \vec{X}_\ell|} + E(N, Z).$$

$\square$

Bemerkung (4.6.15)

(4.6.14) besagt, daß im Grundzustand die Elektronen die Kerne am liebsten ganz beisammen haben wollen. Um die Molekülbildung zu erklären, bleibt noch zu zeigen, wo die Anziehung die Coulombabstoßung der Kerne überwiegt.

Konsequenzen der Dilatationsgruppe (4.6.16)

Sei $\vec{X}_i = R\vec{Y}_i$. Wir betrachten die $\vec{Y}_i$ als fest, so daß wir bei $\partial/\partial R$ das Molekül ohne Formänderung dilatieren. Ist $H_\infty = T + V$, $T = \sum \vec{p}_i^2/2m$, so gilt für den Erwartungswert $\langle\,\rangle$ mit der Elektronenwellenfunktion $H_\infty|\,\rangle = E(R)|\,\rangle$:

$$\langle\, T\,\rangle = -E(R) - R\,\frac{\partial E(R)}{\partial R}$$

$$\langle\, V\,\rangle = 2E(R) + R\,\frac{\partial E(R)}{\partial R}.$$

Beweis

Durch eine Dilatation $\vec{x}_i \to R\vec{x}_i$, $\vec{p}_i \to R^{-1}\vec{p}_i$, bringen wir H_∞ in die Form

$$H_\infty = \frac{1}{mR^2}\left(\sum \vec{p}_i^2 + mR\alpha V\right),$$

in der V nur von $\vec{x}_i$ und $\vec{Y}_i$, aber nicht von R abhängt. $E(R)$ ist daher von der Form $\frac{1}{mR^2}\,f(\alpha mR)$, wobei die $\vec{Y}$-Abhängigkeit nicht extra angezeigt wird. Nach Feynman-Hellmann (3.5.19,2) ist $\langle\, V\,\rangle = \alpha\,\frac{\partial}{\partial\alpha}E$ und $\langle\, T\,\rangle = E - \langle\, V\,\rangle = m\,\frac{\partial}{\partial(1/m)}E$, was (4.6.16) ergibt. $\square$

Bemerkungen (4.6.17)

1. An der Gleichgewichtslage, $\partial E/\partial R = 0$, hat das Virialtheorem für die Elektronen die übliche Form $\langle\, V\,\rangle = 2E = -2\langle\, T\,\rangle$. Ist $\partial E/\partial R \neq 0$, wird für $\partial E/\partial R > 0$ die kinetische Energie kleiner als $|E|$, sonst größer. Dies entspricht unserer Intuition, nach welcher für zu kleine R die kinetische Energie der Elektronen zu groß wird.

2. Gelegentlich trifft man das falsche Argument, daß man durch das größere Volumen der Moleküle kinetische Energie der Elektronen sparen könne, und daher käme die Molekülbildung. Es ist wohl richtig, daß $\langle\, T\,\rangle < |\langle\, V\,\rangle|/2$, wenn man von $R = \infty$ zum Gebiet $\partial E/\partial R > 0$ kommt. Aber an der Gleichgewichtslage ist $\langle\, T\,\rangle = |E|$ und daher größer als im Atom, wenn $|E|$ größer als die Energie in den isolierten Atomen sein soll.

3. Natürlich gilt für H insgesamt auch das Virialtheorem. Ist $\langle\!\langle\,\rangle\!\rangle$ Erwartungswert im Grundzustand E_1 von H und T_k die kinetische Energie der Kerne, so gilt

$$|E_1| = \langle\!\langle\, T\,\rangle\!\rangle + \langle\!\langle\, T_k\,\rangle\!\rangle < |E_{11}| = \langle\, T\,\rangle$$

oder

$$\langle\, T\,\rangle - \langle\!\langle\, T\,\rangle\!\rangle > \langle\!\langle\, T_k\,\rangle\!\rangle.$$

Der Unterschied zwischen dem exakten Erwartungswert und dem der Born-Oppenheimer-Näherung ist also $O(M_k^{-1})$.

4. Da V relativ zu T beschränkt ist, sind isolierte Eigenwerte in α analytisch, $\Rightarrow f$ ist analytisch, solange die Eigenwerte isoliert bleiben.

Obere Schranke an $E_1(R)$ (4.6.18)

Sei R_0 die Gleichgewichtslage: $\frac{\partial E_1}{\partial R}\big|_{R=R_0} = 0$. Dann ist $\forall R > 0$

$$E_1(R) \le E_1(R_0)\,\frac{R_0^2}{R^2}\left(1 + 2\,\frac{R - R_0}{R_0}\right).$$

Beweis

Im Beweis von (4.6.16) haben wir $E_1 = \frac{1}{mR^2}\,f(\alpha m R)$ gesehen, wobei f nach (3.5.23) eine konkave Funktion sein muß. Also ist $R^2 E_1(R)$ in R konkav und liegt stets unter der Tangente (siehe Fig. 4.7):

$$R^2 E(R) \le R_1^2 E(R_1) + (R - R_1)(2R_1 E(R_1) + R_1^2 E'(R_1)) \quad \forall R, R_1.$$

$\qquad\qquad\qquad\qquad\qquad\qquad\qquad\qquad\qquad\qquad\qquad\qquad\qquad\qquad$ □

Für $R_1 = R_0$ ergibt sich (4.6.18).

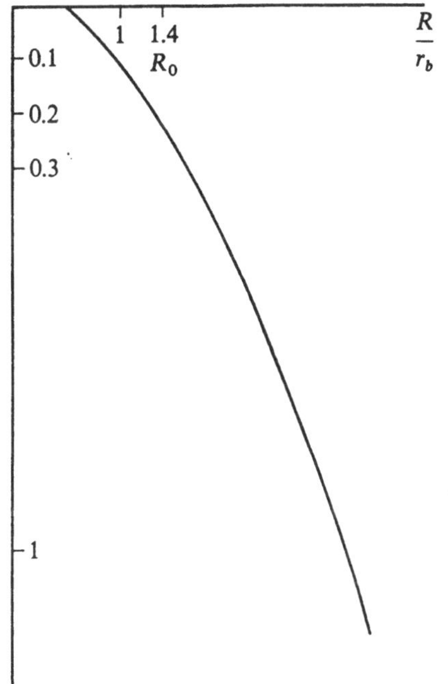

Fig. 4.7 ER^2 in atomaren Einheiten, für H_2

Anwendung auf zweiatomiges Molekül (4.6.19)

Wir können R mit $|\vec{X}_1 - \vec{X}_2|$ identifizieren und haben für die Kernbewegung die obere Schranke

$$H_k \le \frac{\vec{P}_s^{\,2}}{2M_s} + \frac{\vec{P}^{\,2}}{2M} + E(R_0)\,\frac{R_0^2}{R^2}\left(1 + 2\,\frac{R - R_0}{R}\right),$$

$M_s = M_1 + M_2$, $M = M_1 \cdot M_2 (M_1 + M_2)^{-1}$, $\vec{P}$ zu $\vec{X}_1 - \vec{X}_2$ konjugiert. Da es sich um eine Superposition von $1/R$ und $1/R^2$-Potentialen handelt, ist die Schrödingergleichung analytisch lösbar (Aufgabe 1), und wir haben die allgemeine Ungleichung

$$E(R_0) \le E_{11} \le \frac{E(R_0)}{\left(\sqrt{1-x} + \sqrt{x}\right)^2}, \quad x = \frac{1}{4 R_0^2 M |E(R_0)|}. \tag{4.6.20}$$

Bemerkungen (4.6.21)

1. Da $|E_0(R)| \sim m$, $R_0 \sim m^{-1}$, sehen wir hier explizit $E_{11} - E(R_0) = O\left(\left(\frac{m}{M}\right)^{1/2}\right)$.

2. Die Ungleichung (4.6.20) ist zu allgemein, um in Spezialfällen numerisch präzise zu sein. Etwa für H_2^+ und H_2 sagt sie, daß die Nullpunktsenergie der Vibration $E_{11} - E(R_0)$ kleiner als 0,24 bzw. 0,49 eV sein muß, die gemessenen Werte liegen aber bei 0,14 bzw. 0,26 eV.

Wie wir in (4.6.14) gesehen haben, liegt $E_1(X)$ immer über (Grundzustandsenergie des vereinigten Atoms + Coulombabstoßung der Kerne). Wieweit der Grundzustand eines zweiatomigen Moleküls über der Schranke liegen kann, sagt die

Beschränkung von $E_1(X)$ durch die Elektronendichte (4.6.22)

Sei $\rho(\vec{x})$ die Elektronendichte des Grundzustandes von

$$H_{N,Z} = \sum_{i=1}^{N} \frac{\vec{p}_i^2}{2m} - Z \sum_{i=1}^{N} \frac{1}{r_i} + \sum_{i<j} \frac{1}{|\vec{x}_i - \vec{x}_j|}, \quad Z = Z_1 + Z_2,$$

normiert mit $\int d^3x\, \rho(\vec{x}) = N$, $E(N,Z)$ seine Energie. Dann ist für ein zweiatomiges Molekül

$$E(N,Z) \le E_1(R) - \frac{Z_1 Z_2}{R} \le E(N,Z) + Z \int_{r \le R/2} d^3x\, \rho(\vec{x}) \left(\frac{1}{r} - \frac{2}{R}\right), \quad R = |\vec{X}_1 - \vec{X}_2|.$$

Beweis

Wir fassen H_∞ als Funktion $H_{\vec{R}}$ des Vektors $\vec{R} = \vec{X}_1 - \vec{X}_2$ auf und mitteln über die Winkel. Davon wird nur das Potential

$$-\sum_{i=1}^{N} \left(\frac{Z_1}{|\vec{x}_i - \vec{R}/2|} + \frac{Z_2}{|\vec{x}_i + \vec{R}/2|} \right)$$

berührt und verwandelt sich in das Potential

$$-\sum_{i=1}^{N} \frac{Z}{r_i} + Z \sum_{i=1}^{N} \left(\frac{1}{r_i} - \frac{2}{R} \right) \Theta\left(\frac{R}{2} - r_i \right), \quad R = |\vec{R}|, \; r_i = |\vec{x}_i|,$$

einer Kugelschale mit Radius $R/2$ und Ladung Z. Der Erwartungswert von

$$\int \frac{d\Omega}{4\pi} H_{\vec{R}} = H_{N,Z} + \frac{Z_1 Z_2}{R} + Z \sum_{i=1}^{N} \left(\frac{1}{r_i} - \frac{2}{R} \right) \Theta\left(\frac{R}{2} - r_i \right)$$

mit dem Grundzustand von $H_{N,Z}$ ist nach dem Mini-Max-Prinzip eine obere Schranke von $E_1(R)$. □

Bemerkung (4.6.23)

Mit $\rho_m := \sup_{\vec{x}} \rho(\vec{x})$ gilt

$$E(N, Z) \le E_1(R) - \frac{Z_1 Z_2}{R} \le E(N, Z) + \frac{Z\pi}{6} R^2 \rho_m.$$

Ohne $Z_1 Z_2 / R$ mündet $E(R)$ also mit horizontaler Tangente in $E(N, Z)$, wenn $R \to 0$. Dies folgt auch aus der etwas aufwendiger zu zeigenden Tatsache [19], daß $E(R)$ zwar nicht analytisch, aber für $R = 0$ immerhin noch C^2 ist.

Nachdem wir die allgemeinen Eigenschaften der verschiedenen Größen in groben Umrissen erkannt haben, wollen wir bei speziellen einfachen Molekülen feinere Details herausarbeiten.

Eigenschaften von $E_1(R)$ für H_2^+ (4.6.24)

Für $\mathcal{N} = 2$, $N = 1$, $Z_1 = Z_2$, $\vec{X}_1 - \vec{X}_2 = \vec{R}$ ist H_∞ aus (4.6.9) unitär zu $Z_1^2 m H$,

$$H = \frac{\vec{p}^2}{2} - \frac{\alpha}{|\vec{x} - \vec{R}/2|} - \frac{\alpha}{|\vec{x} + \vec{R}/2|} + \frac{\alpha}{R},$$

äquivalent. Für $E_1(R)$, den tiefsten Eigenwert von H gilt
(i) $E_1(R) - \alpha/R$ ist in R monoton wachsen,
(ii) $R^2 E_1(R) - R\alpha$ ist in R konkav und fallend.

Beweis
(i)   folgt aus (4.6.16), da $H - \alpha/R$ in α fallend, also

$$\frac{\partial}{\partial R} \left(R^2 \left(E_1 - \frac{\alpha}{R} \right) \right) = \frac{\alpha}{R} \frac{\partial}{\partial \alpha} \bar{f} < 0,$$

wenn $\bar{f} = R^2 \times$ (tiefster Eigenwert von $H - \alpha/R$).
(ii) ist weniger trivial, und wir benötigen dafür eine Variante von (4.3.41) für nicht notwendig positive Potentiale.

Monotonie der Schrödingerfunktion im Potential (4.6.25)

Sei Ω offen, $\subset \mathbf{R}^n$ und

(i) $f, g \in C^0(\overline{\Omega})$, $f, g > 0$,
(ii) $f(\vec{x}), g(\vec{x}) \to 0$ für $|\vec{x}| \to \infty$,
(iii) $f(\vec{x}) \ge g(\vec{x})$ $\forall \vec{x} \in \partial\Omega$,
(iv) $\triangle f, \triangle g \in L^1(\Omega)$,

(v)　$\forall \vec{x} \in \Omega$ sei $V(\vec{x}) < W(\vec{x})$ und $\quad \begin{aligned} -\triangle f + Vf &\geq 0 \\ -\triangle g + Wg &\leq 0 \end{aligned}$ (im Distributionssinn);

dann ist $f(\vec{x}) \geq g(\vec{x})\ \forall \vec{x} \in \overline{\Omega}$.

Beweis

Wir skizzieren ihn für genügend brave g, f und Ω, sonst verlangt er etwas mehr Aufwand. Wie im Beweis von (4.3.41) sei $D = \{\vec{x} \in \Omega : g(\vec{x}) > f(\vec{x})\}$. (i), (ii) und (iii) bedingen $g = f$ auf ∂D. Wegen (i), (v) und dem Satz von Grccn haben wir

$$0 < \int_D (W - V) fg\, d^3x \leq \int_D (f \triangle g - g \triangle f)\, d^3x = \int_{\partial D} dO\, f\, \frac{\partial}{\partial n}(g - f),$$

wobei $\partial/\partial n$ die Ableitung nach der nach außen gerichteten Normalen von ∂D ist. Da $g\big|_{\partial D} = f\big|_{\partial D}$ und $g > f$ in D, kann $g - f$ nicht nach außen hin zunehmen, und wir schließen $D = \emptyset$. $\qquad\square$

Vollendung des Beweises von (4.6.24)

$H - \alpha/R$ ist zu

$$h = -\frac{\triangle}{2} - \frac{\alpha}{r} - \frac{\alpha}{[(x - R)^2 + y^2 + z^2]^{1/2}}$$

unitär äquivalent. Nach Feynman-Hellmann gilt

$$\frac{\partial e_1}{\partial R} = \alpha \langle \psi\, |[(x - R)^2 + y^2 + z^2]^{-3/2} \psi \rangle =$$

$$= \alpha \int_{-\infty}^{\infty} \int_{-\infty}^{\infty} dy\, dz \int_R^{\infty} dx\, (x - R)[(x - R)^2 + y^2 + z^2]^{-3/2}[\psi^2(2R - x, y, z) - \psi^2(x, y, z)],$$

ψ der Grundzustand von h, $e_1 = E_1 - \alpha/R$ sein Eigenwert. Nun ist aber $\forall x > R$, $\psi(2R - x, y, z) \geq \psi(x, y, z)$, denn wählen wir in (4.6.25) $\Omega = \{(x, y, z) : x > R\}$, $f = \psi(2R - x, y, z)$, $g = \psi(x, y, z)$, sind die Voraussetzungen erfüllt: ψ ist nach (3.5.28) positiv, man kann sogar strikte Positivität zeigen [3]; auf $\partial\Omega = \{(x, y, z) : x = R\}$ ist $f = g$, und wir setzen

$$W(x) := -\frac{\alpha}{r} - \frac{\alpha}{[(x - R)^2 + y^2 + z^2]^{1/2}} - E_1(R) + \frac{\alpha}{R},$$

$$V := \frac{-\alpha}{[(x - 2R)^2 + y^2 + z^2]^{1/2}} - \frac{\alpha}{[(x - R)^2 + y^2 + z^2]^{1/2}} - E_1(R) + \frac{\alpha}{R},$$

offensichtlich ist $W > V\ \forall x > R$. Also ist $\partial e_1/\partial R \geq 0$. $\qquad\square\ \square$

Bemerkungen (4.6.26)

1. Nach (4.6.16) gilt jetzt $\forall R : \langle V \rangle - 2E_1 \geq -\alpha/R$.

2. Verwendet man H in der Form (4.6.24), sagt

$$\frac{\partial}{\partial R}\left(E_1 - \frac{\alpha}{R}\right) =$$

$$= \frac{\alpha}{4}\left\langle \psi\, \left|\left(\frac{R - 2x}{[(x - R/2)^2 + y^2 + z^2]^{3/2}} + \frac{R + 2x}{[(x + R/2)^2 + y^2 + z^2]^{3/2}}\right)\right|\, \psi \right\rangle \geq 0,$$

daß das Elektron sozusagen lieber zwischen den beiden Kernen ist.

3. Die Monotonie gilt sicher nicht für alle Zustände. Etwa der Eigenvektor zum Eigenwert $e_2(R)$, der für $R = 0$ der $2p$-Zustand ist, geht für $R \to \infty$ gegen $\exp(-|\vec{x} - \vec{R}/2|) - \exp(-|\vec{x} + \vec{R}/2|)$, der entsprechende Eigenwert ist dann die Grundzustandsenergie $-1/2$ des H-Atoms. Dies ist aber auch $e_2(0)$, und da $e_2(\vec{R})$ kaum konstant ist, kann es nicht monoton in R sein.

Schranken für $E_1(R)$ von H_2^+ (4.6.27)

Am günstigsten erweisen sich das Variationsprinzip und die Templesche Ungleichung (3.5.32,2): Mit den Versuchsfunktionen

$$\psi = (1 + \beta R^2 \nu^2/4)\exp(-\alpha R\mu/2),$$
$$(\mu, \nu) = \frac{1}{2}(|\vec{x} - \vec{R}/2| \pm |\vec{x} + \vec{R}/2|),$$

erreicht man durch Variation von α und β bereits $^0\!/\!_{00}$-Genauigkeit (siehe Tabelle und Fig. 4.8).

$$E_{1LB} \leq E_1(R) - \frac{\alpha}{R} \leq E_{1UB} \quad \text{für } H_2^+$$

	Templesche Formel			Variationsschranke		
R	E_{1LB}	α	β	E_{1UB}	α	β
0,2	$-1,929$	1,91	0,64	$-1,929$	1,94	0,67
0,4	$-1,801$	1,80	0,61	$-1,801$	1,84	0,61
0,6	$-1,672$	1,71	0,58	$-1,671$	1,75	0,57
0,8	$1,555$	1,62	0,55	$-1,554$	1,67	0,54
1,0	$-1,452$	1,55	0,52	$-1,451$	1,59	0,52
1,2	$-1,363$	1,49	0,50	$-1,362$	1,53	0,50
1,4	$-1,285$	1,44	0,49	$-1,284$	1,48	0,48
1,6	$-1,217$	1,40	0,48	$-1,216$	1,43	0,46
1,8	$-1,157$	1,36	0,47	$-1,156$	1,39	0,45
2,0	$-1,104$	1,32	0,47	$-1,102$	1,35	0,45

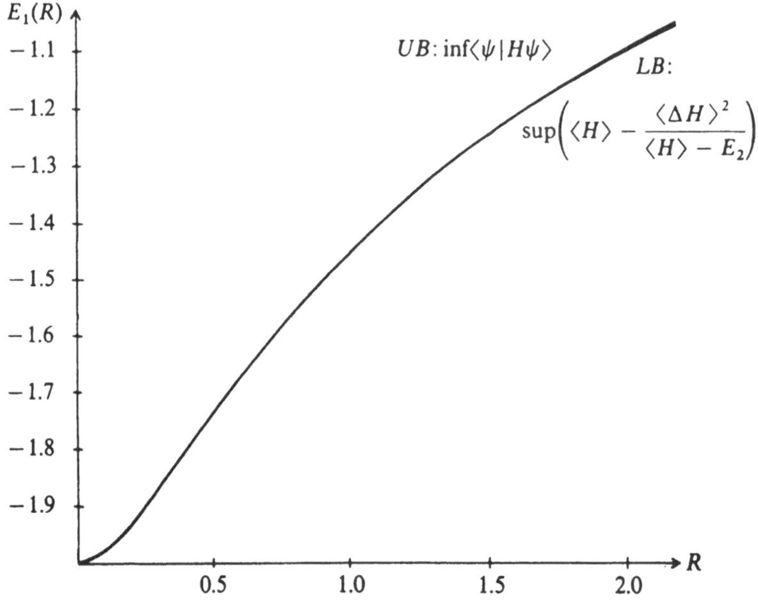

Fig. 4.8 Schranken für $E_1(R) - \frac{\alpha}{R}$ von H_2^+

Bemerkungen (4.6.28)

1. Für $E_2(R)$ als Energie des nächsten Zustandes wurde mangels besserer Schranken $-0,5 + 1/R$ genommen.

2. Im Gebiet großer R werden die Schranken ungenau. Man kann zeigen [20], daß

für $R \to \infty$ $E_1(R)$ asymptotisch wie $-(9/4)R^4$ geht.[1]

3. Da relativistische Korrekturen an die $^0/_{\infty}$-Grenze herankommen, ist weitere Verfeinerung der Genauigkeit im Rahmen der Schrödingergleichung nicht angebracht.

4. Durch ein Kettenbruchverfahren lassen sich die E_i für H_2^+ beliebig genau ausrechnen.

5. Bei Molekülen mit mehreren Elektronen erschwert die größere Zustandsdichte die Angabe genauerer unterer Schranken. Man braucht ja zunächst eine grobe untere Schranke für E_2, um dann bessere für E_1 zu bekommen. Deswegen ist ein ziemlicher Rechenaufwand erforderlich, um dieselbe Genauigkeit wie etwa für H_2^+ zu bekommen [21].

Aufgabe (4.6.29)

1. Studiere die Schrödingergleichung für $H = \frac{p^2}{2} + \frac{\alpha}{r^2} - \frac{\beta}{r}$.

Lösung (4.6.30)

1. Ersetze $\ell(\ell+1)$ durch $\ell(\ell+1) + 2\alpha$ (vgl. I, 3.4.27,6).

---

[1]Die Formeln für die Energien der geraden und der ungeraden Zustände sind in einer $1/R$-Entwicklung in jeder Ordnung identisch; es ist aber möglich, die Lücke zwischen ihnen zu berechnen [23].

Einige schwierige Probleme (4.6.31)

Manche wurden nach dem Erscheinen der ersten Auflage dieses Buches gelöst.

1. Betrachte das Dreiteilchen-Coulombsystem, Ladungen $+$, $-$, $-$, Massen m_1, m_2, 1. Wo in der m_1, m_2-Ebene gibt es σ_p? (Vgl. 4.3.27) [28].

2. Zwei Heliumatome ziehen sich für $R \to \infty$ durch $E_1(R) \sim -1/R^6$ an (Van der Waals). Finde eine untere Schranke zu $E_1(R)$, dessen Potentialminimum so flach ist, daß die beiden Atome nicht binden.

3. Finde Schranken für Im E der Resonanzen (4.4.13,1).

4. Gib Schranken für den Wirkungsquerschnitt e^-–H-Atom im Gebiet der Resonanzen (4.4.13,1) an.

5. Zeige die asymptotische Vollständigkeit für die e^-–H-Streuung über der Ionisationsenergie [29].

6. Studiere die Monotonie von $E_1(R) - Z_1 Z_2 / R$ für kompliziertere zweiatomige Moleküle.

7. Studiere Konvergenzfragen der Born-Oppenheimer-Näherung. $H \to H_\infty$ für $M_k \to \infty$, aber wie konvergiert $H_\infty(R)$ für $R \to \infty$ und wogegen?

8. Der Beweis von (4.3.38) gibt keine numerischen Werte für $c_\pm$ und r_0, man finde welche.

9. Für ein Teilchen stimmt die obere Schranke (4.3.43) für $\rho(0)$ mit dem Erwartungswert überein, die untere ist um einen Faktor 3/16 zu klein. Für mehrere Elektronen wird die obere Schranke etwas, die untere noch viel schlechter. Man suche genauere untere Schranken.

Literatur

Im Text zitierte Literatur

[1] **J. Dieudonné,** Eléments d'analyse, tomes I-IV, Gauthier-Villars, Paris, 1971-72

[2] **R.P. Halmos,** Measure Theory, Van Nostrand Company, New York, 1974

[3] **M. Reed, B. Simon,** Methods of Modern Mathematical Physics I, II, IV, Academic Press, New York-London, 1972-79

[4] **D.B. Pearson,** An Example in Potential Scattering Illustrating the Breakdown of Asymptotic Completeness, Commun. Math. Phys 40, 125-146 (1975)

[5] **F. Weinhold,** Criteria of Accuracy of Approximate Wavefunctions, J. Math. Phys. 11, 2127-2138 (1970)
T. Hoffmann-Ostenhof, M. Hoffmann-Ostenhof, G. Olbrich, J. Phys A 9, 27 (1976)

[6] **E. Lieb, W. Thirring,** Inequalities for the Moments of the Eigenvalues of the Schrödinger Hamiltonian and their Relation to Sobolev Inequalities. In: Studies in Mathematical Physics, Essays in Honor of Valentine Bargmann (E.H. Lieb, B. Simon, A.S. Wightman eds.), p. 269, Princeton University Press, 1976

[7] **Ph. Martin,** On the Time-Delay of Simple Scattering Systems, Commun. Math. Phys. 47, 221-227 (1976)

[8] **H. Narnhofer,** Continuity of the S-Matrix, Il Nuovo Cim. $30B$, 254-266 (1975)

[9] **L. Hostler,** Coulomb Green's Functions and the Furry Approximation, J. Math. Phys. 5, 591-611 (1964)
J. Schwinger, Coulomb Green's Function, J. Math. Phys. 5, 1606-1608 (1964)

[10] **M. Abramowitz, I. Stegun,** Handbook of Mathematical Functions. Applied Mathematics Series, vol 55, National Bureau of Standards, Washington 1964

[11] **R. Lavine,** Scattering Theory for Long Range Potentials, J. Functional Anal. 5, 368-382 (1970). Absolute Continuity of Positive Spectrum for Schrödinger Operators with Long-Range Potentials, J. Functional Anal. $12/1$, 30-54 (1973)
C.R. Putnam, Commutation Properties of Hilbert Space Operators and Related Topics. Ergebnisse der Mathematik und ihrer Grenzgebiete, vol. 36, Springer, Berlin-Heidelberg-New York, 1967

[12] **J. Avron, I. Herbst,** Spectral and Scattering Theory of Schrödinger Operators Related to the Stark Effect, Commun. Math. Phys. 52, 239-254 (1977)

[13] **I.W. Herbst, B. Simon,** The Stark Effect Revisted, Phys. Rev. 41, 67-69 (1978)
L. Benassi, V. Grecchi, E. Harrell, B. Simon, The Bender-Wu Formula and the Stark Effect in Hydrogen, Phys. Rev. Lett. 42, 704-707 (1979); erratum, ibid., p. 1430 (1978)

[14] **T. Kinoshita,** Ground State of the Helium Atom, Phys. Rev. *105*, 1490-1502 (1957)
T. Kinoshita, Ground State of the Helium Atom II, Phys. Rev. *115*, 366-374 (1959)

[15] **R.N. Hill,** Proof that the H^--Ion has Only One Bound State. Details and Extension to Finite Nuclear Mass, J. Math. Phys *18*, 2316-2330 (1977)

[16] **B. Simon,** Resonance and Complex Scaling: A Rigorous Overview. J. Quantum Chem. *14*, 529-542 (1978)

[17] **H. Behncke, F. Sommer,** Theorie der analytischen Funktionen einer komplexen Veränderlichen. Die Grundlehren der mathematischen Wissenschaften in Einzeldarstellungen, vol. 77, p. 178, Springer, Berlin-Heidelberg-New York, 1972
W. Rudin, Real and Complex Analysis, p. 316, McGraw-Hill, New York, 1966

[18] **E. Lieb, B. Simon,** The Hartree-Fock Theory for Coulomb Systems, Commun. Math. Phys. *53*, 185-194 (1977)

[19] **J.M. Combes,** The Born-Oppenheimer Approximation. In: The Schrödinger Equation, Acta Phys. Austr. Suppl. XVII (W. Thirring and P. Urban eds.), p. 139, Springer, Wien-New York, 1977

[20] **C.A. Coulson,** The Van der Waals Force between a Proton and a Hydrogen Atom, Proc. Roy. Soc. Edinburgh, *A 61*, 20-25 (1941)

[21] **W. Kolos,** Accurate Theoretical Determination of Molecular Energy Levels. In: The Schrödinger Equation, Acta Phys. Austr. Suppl. XVII (ed. W. Thirring and P. Urban), p. 161, Springer, Wien-New York, 1977

[22] **P. Perry, I. Sigal, B. Simon,** Absence of Singular Continuous Spectrum in N-Body Quantum Systems, Bull. Amer. Math. Soc *3*, 1019-1023 (1980)

[23] **E. Harrell,** Double Wells, Commun. Math. Phys. *75*, 2329-261 (1980).
R.J. Damburg, R.Kh. Propin, On Asymptotic Expansions of Electronic Terms of the Molecular Ion H_2^+, J. Phys. *B*, ser 2, 681-691 (1968)

[24] **T. Hoffmann-Ostenhof,** A Lower Bound to the Decay of Ground States of Two-Electron Atoms, Phys. Lett. *77A*, 140-142 (1980)

[25] **G.V. Rosenbljum,** The Distribution of the Discrete Spectrum for Singular Differential Operators, Sov. Math. Dokl. *13*, 245-249 (1972)
M. Cwickel, Weak Type Estimates and the Number of Bound States of Schrödinger Operators, Ann. Math. *106*, 93-100 (1977)
E.H. Lieb, The Number of Bound States of One-Body Schrödinger Operators and the Weyl Problem (unveröffentlicht)

[26] **F. Schwabl,** Quantenmechanik, Springer, New York, 1988

[27] **H. Grosse, L. Pittner,** On the Number of Unnatural Parity States of the H^--Ion, Journ. Math. Phys. *24*, 1142-1147 (1983)

[28] **A. Martin, J.M. Richard, T.T. Wu,** Stability of three-unit-charge systems, Phys. Rev. *A46*, 3697-3703 (1992)

[29] **I.M. Sigal, A. Soffer,** The N-particle scattering problem: asymptotic completeness for short range systems, Ann. Math. *126*, 35-108 (1987)

[30] **B. Baumgartner,** Postulates for Time-Evolution in Quantum Mechanics, Found. Phys. ($\sim$ 1994)

Weitere Literatur

zu Kapitel 2, allgemein

N.I. Achieser, I.M. Glazman, Theorie der linearen Operatoren im Hilbertraum, Akademie-Verlag, Berlin, 1954

N. Dunford, J.T. Schwartz, Linear Operators, vols. I - III, Interscience, New York, 1958-71

E. Hille, R.S. Phillips, Functional Analysis and Semigroups, Amer. Math. Soc. Colloqium Publications, vol. 31, American Mathematical Society, Providence, 1957

K. Jörgens, J. Weidmann, Spectral Properties of Hamiltonian Operators, Lecture Notes in Mathematics, vol 313, Springer, Berlin-Heidelberg-New York, 1973

T. Kato, Perturbation Theory for Linear Operators. Die Grundlehren der mathematischen Wissenschaften in Einzeldarstellungen, vol. 132, Springer, Berlin-Heidelberg-New York, 1966

G. Köthe, Topologische lineare Räume, Springer, Berlin-Heidelberg-New York, 1960

J. v. Neumann, Mathematische Grundlagen der Quantenmechanik, Springer, Berlin-Heidelberg-New York, 1968

F. Riesz, B. Sz.-Nagy, Vorlesungen über Funktionalanalysis, Deutscher Verlag der Wissenschaften, Berlin, 1956

A.P. Robertson, W.J. Robertson, Topologische Vektorräume, BI Mannheim, 1967

J. Weidmann, Lineare Operatoren in Hilberträumen, B.G. Teubner, Stuttgart, 1976

K. Yôsida, Functional Analysis. Die Grundlehren der mathematischen Wissenschaften in Einzeldarstellungen, vol. 123, Springer, Berlin-Heidelberg-New York, 1978

zu (2.2.34)

J.M. Jauch, Foundations of Quantum Mechanics, Addison-Wesley, Reading, Mass., 1968

G. Ludwig, Die Grundlagen der Quantenmechanik. Die Grundlehren der mathematischen Wissenschaften in Einzeldarstellungen, vol 70, Springer, Berlin-Göttingen-Heidelberg, 1954

G. Mackey, The Mathematical Foundations of Quantum Mechanics, Benjamin, New York, 1963

P. Mittelstaedt, Philosophische Probleme der modernen Physik, BI Mannheim, 1963

C. Piron, Foundations of Quantum Physics, Benjamin, New York, 1976

zu (2.3)

O. Bratteli, D.W. Robinson, Operator Algebras and Quantum Statistical Mechanics, vol I: C^* and W^* Algebras. Symmetry Groups. Decomposition of States. Texts and Monographs in Physics, Springer, Berlin-Heidelberg-New York, 1979

J. Dixmier, Les C^*-Algèbres et leurs représentations, Gauthier-Villars, Paris, 1969

M.A. Naimark, Normierte Algebren, Deutscher Verlag der Wissenschaften, Berlin, 1959

S. Sakai, C^*-Algebras and W^*-Algebras. Ergebnisse der Mathematik und ihrer Grenzgebiete, vol 60, Springer, Berlin-Heidelberg-New York, 1971

zu (2.4.9)

H. Trotter, On the Product of Semigroups of Operators, Proc. Amer. Math. Soc. *10*, 545-551 (1959)

F.S. Dyson, The Radiation Theories of Tomonaga, Schwinger, and Feynman, Phys. Rev. *75*, 486-502 (1949)

zu (2.5.14)

H. Narnhofer, Quantum Theory for $1/r^2$-Potentials, Acta Phys. Austr. *40*, 306-322 (1974)

zu (2.5.20)

G. Flamand, Applications of Mathematics to Problems in Theoretical Physics. In: Cargèse Lectures in Theor. Phys. (F. Lurçat, ed.), p. 247, Gordon-Breach, New York, 1967

zu Kapitel 3, allgemein

C. Cohen-Tannoudji, B. Diu, F. Laloë, Mécanique Quantique, Enseignement des sciences 16, 1973

A. Galindo, P. Pascual Mecánica cuántica, Alhambra, Madrid, 1978

G. Grawert, Quantenmechanik, Akademie Verlagsgesellschaft, Wiesbaden, 1977

R. Jost, Quantenmechanik I, II, Verlag des Vereins der Mathematiker und Physiker an der ETH Zürich, Zürich 1969

A. Messiah, Quantum Mechanics I, II, North Holland Company, Amsterdam, 1965

F.L. Pilar, Elementary Quantum Chemistry, McGraw-Hill, New York, 1968

L.I. Schiff, Quantum Mechanics, McGraw-Hill, New York, 1968

B. Simon, Quantum Mechanics for Hamiltonians Defined as Quadratic Forms, Princeton Univ. Press, Princeton, N.Y. (1974)

H. Weyl, Gruppentheorie und Quantenmechanik, S. Hirzel, Leipzig, 1931

zu (3.1.13)

A.M. Perelomov, Coherent States for Arbitrary Lie Group, Commun. Math. Phys. *26*, 222-236 (1972)

zu (3.1.16)

R. Jost, The General Theory of Quantized Fields, American Mathematical Society, Providence 1965

R.F. Streater, A.S. Wightman, PCT, Spin, Statistics, and All That, Benjamin, New York, 1964

zu (3.2)

siehe **H. Weyl,**

A.R. Edmonds, Drehimpulse in der Quantenmechanik, BI Mannheim, 1964

zu (3.3.1)

P. Ehrenfest, Bemerkung über die angenäherte Gültigkeit der klassischen Mechanik innerhalb der Quantenmechanik, Z. Physik *45*, 455-457 (1927)

zu (3.3.4)

T. Kato, On the Eigenfunctions of Many-Particle Systems in Quantum Mechanics. Commun. on Pure and Appl. Math. *10*, 151-177 (1957)

zu (3.3.13)

K. Hepp, The Classical Limit for Quantum Mechanical Correlation Functions, Commun. Math. Phys. *35*, 265-277 (1974)

zu (3.3.18)

wie bei (3.1.16)

zu (3.4.6)

W.O. Amrein, Ph.A. Martin, B. Misra, On the Asymptotic Condition of Scattering Theory, Helv. Phys. Acta *43*, 313-344 (1970)

zu (3.4.11)

T. Kato, Wave Operators and Similarity for some Non-Selfadjoint Operators, Math. Ann. *162*, 258-279 (1966)

S. Agmon, Spectral Properties of Schrödinger Operators and Scattering Theory, Ann. Scuola Norm. Sup. Pisa Cl. Sci., ser IV, *2*, 151-218 (1975)

zu (3.4.19)

P. Deift, B. Simon, A Time-Dependent Approach to the Completeness of Multiparticle Quantum Systems. Commun. on Pure and Appl. Math. *30*, 573-583 (1977)

zu (3.5.21)

A. Weinstein, W. Stenger, Methods of Intermediate Problems for Eigenvalues: Theory and Ramifications, Academic Press, New York, 1972

zu (3.5.28)

M.F. Barnsley, Lower Bounds for Quantum Mechanical Energy Levels, J. Phys. *A11*, 55-68 (1978)

B. Baumgartner, A Class of Lower Bounds for Hamilton Operators, J. Phys *A12*, 459-467 (1979)

R.J. Duffin, Lower Bounds for Eigenvalues, Phys. Rev. *71*, 827-828 (1947)

zu (3.5.30)

H. Grosse, private Mitteilung

zu (3.5.31)

wie (3.5.21)

P. Hertel, H. Grosse, W. Thirring, Lower Bounds to the Energy Levels of Atomic and Molecular Systems, Acta Phys. Austr. *49*, 89-112 (1978)

zu (3.5.36)

B. Simon, An Introduction to the Self-Adjointness and Spectral Analysis of Schrödinger Operators. In: The Schrödinger Equation, Acta Phys. Austr. Suppl. XVII (W. Thirring and P. Urban eds.), p. 19, Springer, Wien-New York, 1976

zu (3.5.38,1)

V. Glaser, H. Grosse, A. Martin, W. Thirring, A Family of Optimal Conditions for the Absence of Bound States in a Potential. In: Studies in Mathematical Physics (E.H. Lieb, B. Simon, A.S. Wightman eds.), p. 169, Princeton, 1976

siehe auch [6]

zu (3.6)

W.O. Amrein, J.M. Jauch, K.B. Sinha, Scattering Theory in Quantum Mechanics: Physical Principles and Mathematical Methods. Lecture Notes and Supplements in Physics, vol. 16, Benjamin, New York, 1977

M.L. Goldberger, K.M. Watson, Collision Theory, John Wiley and Sons Inc., New York, 1964

R.G. Newton, Scattering Theory of Waves and Particles, McGraw-Hill, New York, 1966

W. Sandhas, The N-Body Problem, Acta Physica Austriaca Supplementum, vol. 13, Springer, Wien-New York, 1974

J.R. Taylor, Scattering Theory, Wiley, New York, 1972

zu Kapitel 4, allgemein

K. Osterwalder, ed. Mathematical Problems in Theoretical Physics. Proceedings of the International Conference on Mathematical Physics Held in Lausanne, August 1979, Springer, Berlin-Heidelberg-New York, 1980

zu (4.1)

M.J. Englefield, Group Theory and the Coulomb Problem, Wiley-Interscience, New York, 1972

zu (4.1.18)

H. Grosse, H.-R. Grümm, H. Narnhofer, W. Thirring, Algebraic Theory of Coulomb Scattering, Acta Phys. Austr. *40*, 97-103 (1974)

zu (4.2.2)

siehe [3], X.5

E. Nelson, Time-Ordered Operator Products of Sharp-Time Quadratic Forms. J. Functional Anal. *11*, 211-219 (1972)

W. Faris, R. Lavine, Commutators and Self-Adjointness of Hamiltonian Operators, Commun. Math. Phys. *35*, 39-48 (1974)

zu (4.2.11)

R. Lavine, Spectral Densities and Sojourn Times. In: Atomic Scattering Theory, J. Nuttall, ed., University of Western Ontario Press, London, Ontario, 1978

zu (4.2.13)

R. Lavine, M. O'Carroll, Ground State Properties and Lower Bounds for energy Levels of a Particle in a Uniform Magnetic Field and External Potential, J. Math. Phys. *18*, 1908-1912 (1977)

zu (4.2.15)

siehe [13]

zu (4.2.19)

H. Narnhofer, W. Thirring, Convexity Properties for Coulomb Systems, Acta Phys. Austr. *41*, 281-297 (1975)

zu (4.3.27)

wie (3.5.38,1) a)

zu (4.3.36)

T. Kinoshita, Ground State of the Helium Atom, Phys. Rev. *105*, 1490-1502 (1957)

C.L. Pekeris, Ground State of Two-Electron Atoms, Phys. Rev. *112*, 1649-1658 (1958)

K. Frankowski, C.L. Pekeris, Logarithmic Terms in the Wave Function of the Ground State of Two-Electron Atoms, Phys. Rev. *146*, 46-49 (1966)

zu (4.3.38)

T. Hoffmann-Ostenhof, Lower and Upper Bounds to the Decay of the Ground State One-Electron Density of Helium-Like Systems, J. Phys. *A12*, 1181-1187 (1979)

R. Ahlrichs, M. Hoffmann-Ostenhof, T. Hoffmann-Ostenhof, J.D. Morgan, Bounds on the Decay of Electron Densities with Screening, Phys. Rev. *A23*, 2106 (1981)

zu (4.3.39)

P. Deift, W. Hunziker, B. Simon, E. Vock, Pointwise Bounds on Eigenfunctions and Wave Packets in N-Body Quantum Systems IV, Commun. Math. Phys. *64*, 1-34 (1978)

zu (4.3.40)

M. Hoffmann-Ostenhof, T. Hoffmann-Ostenhof, „Schrödinger Inequalities" and Asymptotic Behavior of the Electron Density of Atoms And Molecules, Phys. Rev. *A16*, 1782-1785 (1977)

T. Hoffmann-Ostenhof, M. Hoffmann-Ostenhof, R. Ahlrichs, „Schrödinger Inequalities" and Asymptotic Behavior of Many-Electron Densities, Phys. Rev. *A18*, 328-334 (1978)

zu (4.3.43)

M. Hoffmann-Ostenhof, T. Hoffmann-Ostenhof, W. Thirring, Simple Bounds to the Atomic One-Electron Density at the Nucleus and to Expectation Values of One-Electron Operators, J. Phys. *B11*, L571-L575 (1978)

zu (4.3.45,2)

wie bei (3.3.4)

zu (4.3.50)

wie bei (4.3.43)

W.G. Faris, Inequalities and Uncertainty Principles, J. Math. Phys. *19*, 461-466 (1978)

zu (4.4)

D.B. Pearson, Singular Continuous Measures in Scattering Theory, Commun. Math. Phys. *60*, 13-36 (1978)

L. Faddeev, Mathematical Aspects of the Three-Body Problem in the Quantum Scattering Theory. Translation of Trudy Steklov Mat. Inst. *69*, (1963). Israel Program for Scientific Translation, Jerusalem, 1965

J. Ginibre, M. Moulin, Hilbert Space Approach to the Quantum Mechanical Three-Body Problem, Ann. Inst. Henri Poincaré *21A*, 97-145 (1974)

S. Sigal, Mathematical Foundations of Quantum Scattering Theory for Multiparticle Systems, Memoirs of the Amer. Math. Soc. *16*, no. 209. American Mathematical Society, Providence, 1978

R. Blankenbecler, R. Sugar, Variational Upper and Lower Bounds for Multichannel Scattering, Phys. Rev. *136B*, 472-491 (1964)

L. Spruch, L. Rosenberg, Upper Bounds on Scattering Lengths for Static Potentials, Phys. Rev. *116*, 1034-1040 (1959)

L. Rosenberg, L. Spruch, Subsidiary Minimum Principles for Scattering Parameters, Phys. Rev. *A10*, 2002-2015 (1974)

zu (4.4.5)

W. Hunziker, On the Spectra of Schrödinger Multiparticle Hamiltonians, Helv. Phys. Acta *39*, 451-462 (1966)

C. Van Winter, Theory of Finite Systems of Particles I. The Green Function. Mat.-Fys. Skr. Danske Vid. Selsk. *2*, Nr. 8, 1 (1964)

G. Zhislin, Issledovaniye Spektra Operatora Shredingera dlya Sistemy Mnogikh Chastits, Trudy Mosk. Mat. Obs. *9*, 81-120 (1960)

S. Weinberg, Systematic Solution of Multiparticle Scattering Problems. Phys. Rev. *133B*, 232-256 (1964)

V. Enss, A Note on Hunziker's Theorem. Commun. Math. Phys. *52*, 233-238 (1977)

zu (4.4.10)

E. Balslev, J.M. Combes, Spectral Properties of Many-Body Schrödinger Operators with Dilatation-Analytic Interactions. Commun. Math. Phys. *22*, 280-294 (1971)

zu (4.4.13)

siehe [3], XII.6

B. Simon, Resonances in n-Body Quantum Systems with Dilatation Analytic Potentials and the Foundations of Time-Dependent Perturbation Theory, Ann. Math. *97*, 247-274 (1973)

zu (4.4.14)

B. Simon, N Body Scattering in the Two-Cluster Region, Commun. Math. Phys. *58*, 205-210 (1978)

V. Enss, Two-Cluster Scattering of N Charged Particles, Commun. Math. Phys. *65*, 151-165 (1979)

J.M. Combes, H. Narnhofer, private Mitteilung für den hier angegebenen Beweis

zu (4.4.18)

siehe (3.6)

H. Grosse, H. Narnhofer, W. Thirring, Accurate Determination of the Scattering Length of Electrons on $\mu^- p$ Atoms, J. Phys. *B12*, L189-192 (1979)

zu (4.5.20)

P. Hertel, E.H. Lieb, W. Thirring, Lower Bound to the Energy of Complex Atoms, J. Chem. Phys. *62*, 3355-3356 (1975)

zu (4.5.27,1)

E.H. Lieb, B. Simon, The Thomas-Fermi Theory of Atoms, Molecules and Solids, Adv. Math. *23*, 22-116 (1977)

zu (4.5.27,2)

wie (3.5.31) b)

zu (4.5.28)

siehe [6]

zu (4.6.4)

wie (4.2.19)

zu (4.6.12)

S.T. Epstein, Ground-State Energy of a Molecule in the Adiabatic Approximation, J. Chem. Phys. *44*, 838-839 (1966); erratum, ibid., p. 4062

siehe [19]

J.M. Combes, R. Seiler, Regularity and Asymptotic Properties of the Discrete Spectrum of Electronic Hamiltonians, Int. J. Quantum Chem. *14*, 213-229 (1978)

zu (4.6.18)

wie (4.2.19)

zu (4.6.24)

E. Lieb, B. Simon, Monotonicity of the Electronic Contribution to the Born-Oppenheimer Energy, J. Phys. *B11*, L537-L542 (1978)

zu (4.6.27)

wie (3.5.31) b)

zu (4.6.28,2)

eine nachträgliche Berechtigung der formalen Überlegung von C.A. Coulson: **R. Ahlrichs,** Convergence Properties of the Intermolecular Force Series ($1/R$-Expansion), Theor. Chim. Acta (Berlin) *41*, 7-15 (1976)

zu (4.6.28,5)

J.D. Power, Fixed Nuclei Two-Centre Problem in Quantum Mechanics, Phil. Trans. Roy. Soc. London *274*, 663-697 (1973)

zu (4.6.28,7)

siehe [19]

zu (4.6.31,1)

R.F. Alvarez-Estrada, A. Galindo, Bound States in some Coulomb Systems, Il Nuovo Cim. *44B*, 47-66 (1978)

Index

Walter Thirring

Lehrbuch der Mathematischen Physik

Band 4: **Quantenmechanik großer Systeme**
1980. 39 Abbildungen. X, 268 Seiten.
Broschiert DM 46,–, öS 322,–
Hörerpreis: öS 257,60
ISBN 3-211-81604-6

Band 2: **Klassische Feldtheorie**
Zweite, neubearbeitete Auflage.
1990. 74 Abbildungen. X. 257 Seiten.
Broschiert DM 62,–, öS 430,–
Hörerpreis: öS 344,–
ISBN 3-211-82169-4

Band 1: **Klassische Dynamische Systeme**
Zweite, neubearbeitete Auflage.
1988. 76 Abbildungen. XIII, 281 Seiten.
Broschiert DM 62,–, öS 430,–
Hörerpreis: öS 344,–
ISBN 3-211-82089-2

Preisänderungen vorbehalten

Sachsenplatz 4–6, P.O.Box 89, A-1201 Wien · 175 Fifth Avenue, New York, NY 10010, USA
Heidelberger Platz 3, D-14197 Berlin · 37-3, Hongo 3-chome, Bunkyo-ku, Tokyo 113, Japan

Roman Sexl, Helmuth K. Urbantke

Relativität, Gruppen, Teilchen

Spezielle Relativitätstheorie als Grundlage der Feld- und Teilchenphysik

Dritte, neubearbeitete Auflage.
1992. 57 Abbildungen. X, 374 Seiten.
Broschiert DM 88,–, öS 616,–
Hörerpreis: öS 492,80
ISBN 3-211-82355-7

Preisänderungen vorbehalten

Das Thema des Buches ist die spezielle Relativitätstheorie und die Beschreibung der relativistischen Symmetrie in der klassischen und Elementarteilchenphysik. Es werden weniger die Experimente zur Relativitätstheorie diskutiert, als vielmehr deren formale Struktur durchleuchtet, entwickelt und physikalisch gedeutet. Der besondere Reiz dieses Buches besteht in der Balance zwischen physikalischer Diskussion und formaler Struktur. Die Autoren gehen von einer elementaren Präsentation schrittweise zu einer abstrakteren, moderneren Darstellung über. Kleinere und auch ausgedehntere historische Noten sowie weiterführende mathematische Bemerkungen sind im Text verstreut.
Die Neuauflage geht - bei leicht geänderter Stoffanordnung und Einschub zweier Zusatzabschnitte - stärker als bisher ein auf die Rolle der Thomas-Rotation in der Struktur der Lorentzgruppe, auf mehrwertige Darstellungen und Spiegelungen.

Sachsenplatz 4–6, P.O.Box 89, A-1201 Wien · 175 Fifth Avenue, New York, NY 10010, USA
Heidelberger Platz 3, D-14197 Berlin · 37-3, Hongo 3-chome, Bunkyo-ku, Tokyo 113, Japan